学んで解いて身につける

大学数学入門教室

Basic Introduction to College Mathematics

藤岡 敦

著

共立出版

まえがき

　大学以降で扱われる数学では，高等学校まではあまり重視されていなかった側面が必要となってくる．そのため，たとえ数学が得意のつもりで大学の数学科などへ進学したとしても，それまでに自分が学んできた内容との違いに苦しい思いをしてしまう学生も珍しくない．もっとも最近は，筆者が大学へ入学してすぐに経験したイプシロン・デルタ論法や抽象ベクトル空間に関する講義は大学1年次の微分積分や線形代数といった授業科目ではあまり扱われることがなくなり，それらの科目の単位を取るだけならば，理論的背景を理解しなくとも計算の仕方を覚えるだけでなんとかなるのではないかと思う．しかし，それ以降の数学を学ぶ段階になると，そのような付け焼き刃の学習法ではまったく歯が立たなくなってしまう．一方，大学1年次で扱われる微分積分や線形代数のさらにその先の数学を学ぼうとする人達は数学系の学科に進学した大学生だけに限らない．本書は数学系の学科で学ぶ大学生はもちろんのこと，仕事や趣味などで数学を学ぼうとする人達が今後の学習を続けていく上での助けになることを目指したものである．

　ここで，大学以降の数学あるいは現代数学を学ぶための心得について，本書の内容と関連することを少し述べておこう．まず，現代数学は集合や写像といった言葉を用いて記述される．例えば，微分積分で扱われる1変数の実数値関数は，実数全体からなる集合の部分集合から実数全体からなる集合の部分集合への写像として表される（第2章）．また，線形代数ではベクトル空間とよばれる集合について考え，ベクトル空間からベクトル空間への写像として，線形写像とよばれる特別な写像を扱う（第7章）．ただし，最近の大学1年次を対象とした微分積分や線形代数は高等学校までの数学との接続を考慮していることもあり，集合や写像に関する概念はあまり用いずに扱われることが多い．しかし，このことが原因で逆にその後の数学の理解が困難となってしまうこともある．したがって，現代数学を学ぼうとする者は，**集合**

や写像に関する用語にできるだけ早いうちに慣れておいた方がよい.

　次に，大学以降の数学の本は高等学校までの数学の本に比べると，行間が広い．すなわち，単純に「○○ならば△△である」とか「○○なので△△である」といった表現の「○○」と「△△」の間にすでに現れてきた定理や式などを用いる必要があることが多く，読者はこれを**自ら補っていかなければならない**．初学者にありがちな過ちは，これらの行間を埋めることなく，数学的な主張を根拠なく，あるいは，なんとなく正しいと思い込んでしまうことである．

　さらに，命題や定理といった数学的な主張の証明は，公理や定義といったあらかじめ前提とされていることや用語の意味を用いて行われる．高等学校や大学 1 年次の数学では，計算を行う上での処方箋を身に付けることが重要な課題であろう．しかし，それ以降の数学では，数学的概念がどのように定められているのかといった用語の定義に戻って行う論理展開も身に付けるべきこととなる．すなわち，計算力ももちろんのことながら，**定義にしたがって示す**，あるいは，**定義にしたがって示されていることを理解する**，といったことも必要となるのである．

　上で述べたことをもとに，本書は全 10 章を次のような構成とした．まず，第 1 章，第 2 章を第 I 部とし，それぞれの章で集合，写像を扱う．なお，集合に関しては，数学系の学科で 2 年次以降に扱われるような本格的な内容には触れず，ごく基本的なものに留めている．第 3 章以降では，第 1 章と第 2 章で準備した集合や写像を用いるために，現代数学の基礎である微分積分や線形代数を題材とする．第 3 章から第 5 章までからなる第 II 部は微分積分に関する内容であり，順に，数列と関数，関数の微分，関数の積分を扱う．また，第 6 章から第 10 章までからなる第 III 部は線形代数に関する内容であり，順に，同値関係，ベクトル空間と線形写像，行列，基底変換行列と表現行列，行列式と複素数を扱う．

　なお，本書の目的とするところは先に述べた「心得」を身に付けることにあるので，微分積分や線形代数については必ずしも標準的な内容を一通り扱っているわけではなく，それらを必要知識として仮定することもない．また，中には証明なしに定理を事実として認め，それを用いることもある．省略され

た部分は必要あるいは興味にしたがって他書をあたっていただきたい．

　行間に関しては可能な限り何をどこで使うのかを述べた．参照する節や定義などは §1.1.1 などで示している．身近に適切な指導者がいる場合は，このような配慮は不要であろうが，本書は自学自習の役に資することを優先した．

　本文中にはところどころ「問」を設けた他，章末にも関連する内容や発展的な内容に関する「章末問題」を設けた．これらの問題については，易しいものには 易，難しいものには 難 の記号を付けた．また，本文の理解のためにとくに重要であると思われるものには 重要，問題の内容や結果を後で用いるものには ★ の記号を付けた．さらに，章末問題は「標準問題」と「発展問題」の 2 種類に分けて掲載した．とくに，定義にしたがって示すことを目的とした問題も意識的に取り入れるようにした．また，詳細な解答例も巻末に用意したので，是非活用してほしい．

　本書は筆者が関西大学のシステム理工学部数学科の 1 年生を対象とし，過去何年かにわたって担当してきた授業科目「オリエンテーションゼミナール」と「フレッシュマンゼミナール」がもとになっている．執筆にあたっては，これらの授業科目の履修者である学生達の意見や授業での質疑応答が大いに参考となった．彼らに深く感謝したい．また，貴重な意見を寄せてくれた関西大学数学教室の同僚諸氏にも同じく感謝したい．さらに，共立出版編集部の菅沼正裕氏には終始大変お世話になった．この場を借りて心より御礼申し上げたい．

2022 年 9 月　　藤岡　敦

目　次

第 I 部　集合と写像の基礎

第II部　微分積分の基礎

第 III 部　線形代数の基礎

ドイツ文字（大文字）

A	B	C	D	E	F	G	H	I	J	K	L	M
𝔄	𝔅	ℭ	𝔇	𝔈	𝔉	𝔊	ℌ	ℑ	𝔍	𝔎	𝔏	𝔐
N	O	P	Q	R	S	T	U	V	W	X	Y	Z
𝔑	𝔒	𝔓	𝔔	ℜ	𝔖	𝔗	𝔘	𝔙	𝔚	𝔛	𝔜	ℨ

ギリシャ文字

大文字	小文字	読み方	大文字	小文字	読み方
A	α	アルファ	N	ν	ニュー
B	β	ベータ	Ξ	ξ	クサイ（クシー）
Γ	γ	ガンマ	O	o	オミクロン
Δ	δ	デルタ	Π	π, ϖ	パイ（ピー）
E	ϵ, ε	イプシロン（エプシロン）	P	ρ, ϱ	ロー
Z	ζ	ゼータ（ツェータ）	Σ	σ, ς	シグマ
H	η	イータ（エータ）	T	τ	タウ
Θ	θ, ϑ	シータ（テータ）	Υ	υ	ウプシロン（ユープシロン）
I	ι	イオタ（イオータ）	Φ	ϕ, φ	ファイ（フィー）
K	κ	カッパ	X	χ	カイ（クヒー）
Λ	λ	ラムダ	Ψ	ψ	プサイ（プシー）
M	μ	ミュー	Ω	ω	オメガ

第 **I** 部

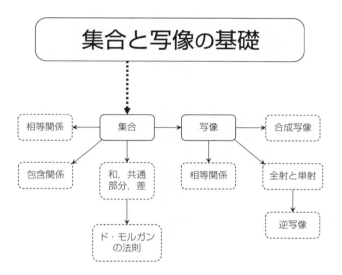

集合と写像の基礎

相等関係 ← 集合 → 写像 → 合成写像

包含関係

和，共通部分，差

相等関係

全射と単射

ド・モルガンの法則

逆写像

現代数学は集合や写像の概念を用いて記述される．大学 1 年次などで学ぶ微分積分や線形代数ではあまり用いずに済ませることのできるこれらの概念は，数学の学習が進むにつれて必要不可欠なものとなる．

第1章

集　合

1.1　集合に関する基本用語

本節では集合に関する基本用語を扱うことにする．まず，集合の定義から始め，その後，関連する基本用語について述べていこう．

§1.1.1　集合の定義と例

集合 (set) とはものの集まりのことである．ただし，ものの集まりといっても，数学では集められるものがはっきりと定まる必要がある．

◇ **例 1.1**（自然数全体の集合 **N**）　自然数全体の集まりは集合である．自然数全体の集合を **N** と表す．これに対して，例えば，かなり大きい自然数全体の集まりは集合とはいわない．「かなり大きい」という言葉の意味が数学的にははっきりしないからである．なお，**N** は「自然数」を意味する英単語 "natural number" の頭文字の太文字である．　　　　　　　　　　　　　　　　　　　　　　　　　◇

🖋 **注意 1.1**　「**例 1.1**」のような太文字を黒板やノートなどに手で書くときは，「例 1.1」のように下線を用いる．また，**N** を手で書くときは，「ℕ」のように原則として文字の左側を二重にする（図 1.1）．

```
例1.1　自然数全体；集合
Ｎと表す
かなり大きい自然数全体；集合ではない
```

図 1.1　例 1.1 をノートなどにまとめて書いた例

N 以外にも数学でよく現れる，数からなる集合を挙げておこう．

◇ **例 1.2**（整数全体の集合 **Z**）　整数全体の集合を **Z** と表す．なお，**Z** は「数」を意味するドイツ語 "Zahl" の頭文字の太文字である．また，**Z** を手で書くときは，「ℤ」のように書く．　　　　　　　　　　　　　　　　　　　　　　　　◇

◇ **例 1.3**（有理数全体の集合 **Q**）　有理数全体の集合を **Q** と表す．**Q** は「商」を意味する英単語 "quotient" の頭文字の太文字である．また，**Q** を手で書くときは，「ℚ」のように書く．　　　　　　　　　　　　　　　　　　　　　　◇

◇ **例 1.4**（実数全体の集合 **R**）　実数全体の集合を **R** と表す．**R** は「実数」を意味する英単語 "real number" の頭文字の太文字である．また，**R** を手で書くときは，「ℝ」のように書く．　　　　　　　　　　　　　　　　　　　　　　◇

◇ **例 1.5**（複素数全体の集合 **C**）　複素数全体の集合を **C** と表す．**C** は「複素数」を意味する英単語 "complex number" の頭文字の太文字である．また，**C** を手で書くときは，「ℂ」のように書く．　　　　　　　　　　　　　　　　　　　　◇

§1.1.2　集合の元 ···◇◇◇

A を集合とする．A を構成する 1 つ 1 つのものを A の**元** (element) または**要素**という．a が A の元であることを $a \in A$ または $A \ni a$ と表す．a が A の元であることを a は A に**属する** (belong)，a は A に**含まれる** (contained)，または，A は a を**含む** (contain) ともいう．a が A の元でないときは，否定を意味する記号「　/　」を用いて，$a \notin A$ または $A \not\ni a$ と表す．

◇ **例 1.6**　1 は自然数である．すなわち，$1 \in \mathbf{N}$ である．これを $\mathbf{N} \ni 1$ とも表す．一方，-2 は自然数ではない．すなわち，$-2 \notin \mathbf{N}$ である．これを $\mathbf{N} \not\ni -2$ とも表す．なお，$0 \in \mathbf{N}$ とする文献もあるが，本書では $0 \notin \mathbf{N}$ とする．　　　◇

例題 1.1　$a \in \mathbf{Z}$ かつ $a \in \mathbf{Q}$ かつ $a \in \mathbf{R}$ かつ $a \in \mathbf{C}$ かつ $a \notin \mathbf{N}$ となる a を 1 つ答えよ．

解説　まず，例 1.1〜1.5 で定めた集合 **N**，**Z**，**Q**，**R**，**C** が何であったのか，すなわち，それらの定義を思い出そう．また，すぐ上で述べた記号「$\in$」，「$\notin$」の定義も思い出そう．これらの定義より，求める a は整数，有理数，実数，複素数のいずれ

でもあるが，自然数ではないものとなる．このような a はいろいろ挙げることができるが，例えば，$a = -3$ が求めるものである．　　　　　　　　　　　□

✎注意 1.2　例題 1.1 の問題文のような「○○○かつ△△△」という表現は「かつ」の代わりにコンマ「，」を用いて，簡単に「○○○，△△△」と表すこともある．ただし，2 次方程式を解くときのように，「$x = a$ または $x = b$」というような表現に対しても「$x = a, b$」と表すことがある．

問 1.1　$a \in \mathbf{Q}$，$a \in \mathbf{R}$，$a \in \mathbf{C}$，$a \notin \mathbf{Z}$ となる a を 1 つ答えよ．🔄 ✪

問 1.2　$\sqrt{2} \in \mathbf{R}$ について，次の問に答えよ．✪

(1) $\sqrt{2}$ が有理数であると仮定する．このとき，$\sqrt{2}$ を既約分数として，

$$\sqrt{2} = \frac{m}{n} \tag{1.1}$$

と表すことができる．すなわち，$m, n \in \mathbf{N}$ であり，m と n は 1 以外の公約数をもたない．m は 2 の倍数であることを示せ．

(2) (1) において，さらに n も 2 の倍数となることを示せ．

補足　(1), (2) より，m と n は 2 を公約数としてもち，これは m と n が 1 以外の公約数をもたないことに矛盾する．よって，$\sqrt{2} \in \mathbf{R}$ であるが，$\sqrt{2} \notin \mathbf{Q}$，すなわち，$\sqrt{2}$ は無理数である [1]．なお，$\sqrt{2} \in \mathbf{C}$ でもある．

　A を集合とする．a および b が A の元であること，すなわち，$a \in A$，$b \in A$ であることを簡単に $a, b \in A$ と表す．また，a および b が A の元でないときは $a, b \notin A$ と表す．元の個数が 2 個を超える場合についても同様である．

◇ 例 1.7　i を虚数単位とする．このとき，i および $2 + 3i$ は複素数ではあるが，実数ではない．すなわち，$i, 2 + 3i \in \mathbf{C}$，$i, 2 + 3i \notin \mathbf{R}$ である．　　　　　◇

問 1.3　A を正の偶数全体の集合，B を正の奇数全体の集合，C を素数全体の集合とする [2]．

(1) 異なる x, y で，$x, y \in C$，$x, y \notin A$ となるものを 1 組答えよ．🔄

(2) 互いに異なる x, y, z で，$x, y, z \in B$，$x, y, z \notin C$ となるものを 1 組答えよ．🔄

---

[1] ある命題があたえられたとき，その命題がなりたたないと仮定し，矛盾を導くことにより，その命題がなりたつことを示す論法を **背理法** (proof by contradiction) という．

[2] これらの集合については，とくに特定の記号は用いられないので，アルファベット順に A, B, C とした．

§1.1.3 相等関係 ···◇◇◇

2つの集合が等しいという関係,すなわち,**相等関係** (identity relation) について述べておこう.A, B を集合とする.A のどの元も B に含まれ,B のどの元も A に含まれるとき,すなわち,$x \in A$ ならば $x \in B$ となり,$x \in B$ ならば $x \in A$ となるとき,$A = B$ と表し,A と B は**等しい** (equal),または,A は B と**等しい**という.また,A と B が等しくないとき,すなわち,$A = B$ でないときは $A \neq B$ と表す.$A = B$ でないとは,$x \in A$ であるが $x \notin B$ となる x が存在するか,または,$x \in B$ であるが $x \notin A$ となる x が存在することである.

◇ **例 1.8**　A を素数ではない正の偶数全体の集合,B を 2 より大きい偶数全体の集合とする.このとき,$A = B$ である.　　　　　　　　　　　　　　　◇

◇ **例 1.9**　例題 1.1,問 1.1,問 1.2 および例 1.7 より,**N**,**Z**,**Q**,**R**,**C** は互いに等しくない.例えば,**N** $\neq$ **Z** である.　　　　　　　　　　　　　◇

§1.1.4 外延的記法と内包的記法 ·····························◇◇◇

集合を表すには構成するすべての元を中括弧{ } の中に書き並べる方法が1つに挙げられる.これを**外延的記法** (roster notation) という.外延的記法においては,書き並べる元の順序は替えてもよいし,同じ元を複数回書き並べてもよい.

◇ **例 1.10**　1 と 2 からなる集合は {1, 2},{2, 1},{1, 1, 2} などと表すことができる.　　　　　　　　　　　　　　　　　　　　　　　　　　　　　　◇

問 1.4　次の (1),(2) の集合を外延的記法により表せ.
(1) 3 以下の自然数全体の集合.⑱　　　(2) 絶対値が 4 未満の整数全体の集合.⑱

自然数全体の集合 **N** の元を完全に書き尽くすことはできないが,

$$\{1, 2, 3, \dots\} \tag{1.2}$$

と表される集合は **N** と等しいと推察することができる.よって,(1.2) は **N** の外延的記法による表し方であるといえる.しかし,このような表し方は誤解が生じる恐れもある.また,100 個や 1000 個といった多くの元からなる集合に対しても,外延的記法はあまり向かない.そこで,集合を表すもう 1 つ

の方法として**内包的記法** (set-builder notation) が挙げられる．これはある
条件 C をみたすもの全体の集合を

$$\{x \mid x \text{ は条件 } C \text{ をみたす}\} \tag{1.3}$$

のように表す方法である．「$\mid$」の部分は代わりにコロン「$:$」やセミコロン
「$;$」を用いることもある．また，集合 A の元であり，さらに条件 C をみた
すもの全体の集合は

$$\{x \mid x \in A, \ x \text{ は条件 } C \text{ をみたす}\} \tag{1.4}$$

と表すことができるが，これを

$$\{x \in A \mid x \text{ は条件 } C \text{ をみたす}\} \tag{1.5}$$

とも表す．

◇ **例 1.11**　0 以上の実数全体の集合は

$$\{x \mid x \in \mathbf{R}, \ x \geq 0\} \tag{1.6}$$

または

$$\{x \in \mathbf{R} \mid x \geq 0\} \tag{1.7}$$

と表すことができる．なお，「$\geq$」は「$\geqq$」と同じ意味である．また，「$\leq$」は「$\leqq$」
と同じ意味である．　　　　　　　　　　　　　　　　　　　　　　　　◇

例題 1.2　内包的記法により表された集合

$$\{n \in \mathbf{N} \mid n \text{ は } 12 \text{ 以下の素数}\} \tag{1.8}$$

を外延的記法により表せ．

解説　12 以下の素数は 2, 3, 5, 7, 11 である．よって，(1.8) を外延的記法により表
すと，$\{2, 3, 5, 7, 11\}$ である．中括弧を用いることを忘れないようにしよう．　□

問 1.5　p, q を異なる素数とする．内包的記法により表された集合

$$\{n \in \mathbf{N} \mid n \text{ は } pq^2 \text{ の約数}\} \tag{1.9}$$

を外延的記法により表せ．

1

集
合

§1.1.5 空集合，有限集合，無限集合 ◇◇◇

元を1つも含まない集合も考え，これを**空**(empty)であるという．空である集合，すなわち，**空集合** (empty set) は外延的記法では { } と表すことができるが，$\emptyset$ と表すことが多い．

◇ **例 1.12** x の2次方程式

$$x^2 = -1 \tag{1.10}$$

の解は複素数の範囲では存在し，$x = \pm i$ であるが，実数の範囲では存在しない．よって，

$$\{x \in \mathbf{C} \mid x^2 = -1\} = \{\pm i\} \tag{1.11}$$

であるが，

$$\{x \in \mathbf{R} \mid x^2 = -1\} = \emptyset \tag{1.12}$$

である．ただし，集合 $\{i, -i\}$ を簡単に $\{\pm i\}$ と表した．　　　　◇

元を有限個しか含まない，すなわち，元の個数がある $n \in \mathbf{N}$ を用いて n 個となる集合と空集合 $\emptyset$ を合わせて**有限集合** (finite set) という．有限集合でない集合を**無限集合** (infinite set) という．

◇ **例 1.13** 集合

$$\{n \in \mathbf{N} \mid n \leq 1000\} \tag{1.13}$$

は 1000 個の元からなる有限集合である．一方，集合

$$\{n \in \mathbf{Z} \mid n \leq 1000\} \tag{1.14}$$

は無限集合である．　　　　◇

§1.1.6 包含関係 ◇◇◇

2つの集合に対して，次のように含む，あるいは，含まれないという関係，すなわち，**包含関係** (inclusion relation) というものを考えることができる．A, B を集合とする．A のどの元も B に含まれるとき，すなわち，$x \in A$ ならば $x \in B$ となるとき，$A \subset B$ または $B \supset A$ と表し，A を B の**部分集合** (subset) という．このとき，A は B に**含まれる** (included)，または，B は A を**含む** (include) ともいう．ただし，空集合は任意の集合の部分集合とみなす．すなわち，A がどのような集合であろうとも，$\emptyset \subset A$ である．また，$A \subset B$

でないときは $A \not\subset B$ または $B \not\supset A$ と表す.
$A \subset B$ でないとは,$x \in A$ であるが $x \notin B$ と
なる x が存在することである.なお,$A \subset B$,
$A \neq B$ のときは $A \subsetneq B$ または $B \supsetneq A$ とも表し,
A を B の**真部分集合** (proper subset) という.

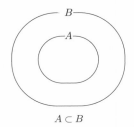

図 1.2 オイラー図による
包含関係の説明

包含関係は集合を丸などで囲まれた領域として
表した,**オイラー図** (Euler diagram) という図を
描いて説明することができる(図 1.2).

◇ **例 1.14** 自然数は整数,有理数,実数,複素数のいずれでもあるから,$\mathbf{N} \subset \mathbf{Z}$,
$\mathbf{N} \subset \mathbf{Q}$,$\mathbf{N} \subset \mathbf{R}$,$\mathbf{N} \subset \mathbf{C}$ である.また,例題 1.1 より,$\mathbf{N} \subsetneq \mathbf{Z}$,$\mathbf{N} \subsetneq \mathbf{Q}$,$\mathbf{N} \subsetneq \mathbf{R}$,
$\mathbf{N} \subsetneq \mathbf{C}$ と表すこともできる.   ◇

| **問 1.6** | $\mathbf{Z}$,$\mathbf{Q}$,$\mathbf{R}$,$\mathbf{C}$ の中から異なるものを 2 つ選んだときになりたつ包含関係

を記号「$\subset$」を用いてすべて書け.🔑

包含関係に関して,次がなりたつ.

定理 1.1 A,B,C を集合とすると,次の
(1)～(3) がなりたつ.
(1) $A \subset A$.
(2) $A \subset B$,$B \subset A$ ならば,$A = B$.
(3) $A \subset B$,$B \subset C$ ならば,$A \subset C$(図
1.3).

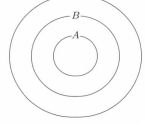

$A \subset B,\ B \subset C \underset{(2.15)}{\Longrightarrow} A \subset C$

図 1.3 オイラー図による定理
1.1 (3) の説明

【**証明**】 (1),(2) を示し,(3) の証明は問 1.7 とする.
(1) $x \in A$ ならば,$x \in A$ である.よって,包含関係の定義より,$A \subset A$ である [3].
(2) $A \subset B$ および包含関係の定義より,$x \in A$ ならば $x \in B$ である.また,$B \subset A$
および包含関係の定義より,$x \in B$ ならば $x \in A$ である.よって,集合の相
等関係の定義 §1.1.3 より,$A = B$ である.   □

| **問 1.7** | 定理 1.1 (3) を示せ.★

---

[3] この程度の議論は明らかなので,証明も単に「明らかである.」と済ませることが多い.

§1.1.7 区間 ···◇◇◇

ここでは，微分積分などでよく現れる **R** の部分集合である，区間とよばれるものを定義しておこう.

定義 1.1 $a, b \in \mathbf{R}$ とする.

(1) $a < b$ のとき，$(a, b) \subset \mathbf{R}$ を

$$(a, b) = \{x \in \mathbf{R} \mid a < x < b\} \tag{1.15}$$

により定め，これを**有界開区間** (bounded open interval) または**開区間** (open interval) という．**R** を数直線として表すと，有界開区間は図 1.4 のように描くことができる.

(2) $a < b$ のとき，$[a, b), (a, b] \subset \mathbf{R}$ をそれぞれ

$$[a, b) = \{x \in \mathbf{R} \mid a \leq x < b\}, \quad (a, b] = \{x \in \mathbf{R} \mid a < x \leq b\} \tag{1.16}$$

により定め，これらをそれぞれ**右半開区間** (right half-open interval)，**左半開区間** (left half-open interval) という（図 1.5）.

(3) $a \leq b$ のとき，$[a, b] \subset \mathbf{R}$ を

$$[a, b] = \{x \in \mathbf{R} \mid a \leq x \leq b\} \tag{1.17}$$

により定め，これを**有界閉区間** (bounded closed interval) または**閉区間** (closed interval) という（図 1.6）.

(4) $(a, +\infty), (-\infty, b) \subset \mathbf{R}$ をそれぞれ

$$(a, +\infty) = \{x \in \mathbf{R} \mid a < x\}, \quad (-\infty, b) = \{x \in \mathbf{R} \mid x < b\} \tag{1.18}$$

により定め，これらを**無限開区間** (infinite open interval) という（図 1.7）．また，$[a, +\infty), (-\infty, b] \subset \mathbf{R}$ をそれぞれ

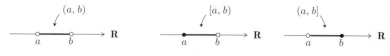

図 1.4 有界開区間 (a, b)　　**図 1.5** 右半開区間 $[a, b)$ と左半開区間 $(a, b]$

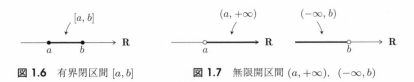

図 1.6 有界閉区間 $[a, b]$ **図 1.7** 無限開区間 $(a, +\infty)$, $(-\infty, b)$

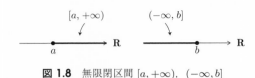

図 1.8 無限閉区間 $[a, +\infty)$, $(-\infty, b]$

$$[a, +\infty) = \{x \in \mathbf{R} \,|\, a \le x\}, \quad (-\infty, b] = \{x \in \mathbf{R} \,|\, x \le b\} \quad (1.19)$$

により定め,これらを**無限閉区間** (infinite closed interval) という(図 1.8).

(5) (1)〜(4) で定めた有界開区間,右半開区間,左半開区間,有界閉区間,無限開区間,無限閉区間と **R** を単に**区間** (interval) ともいう.また,**R** は $\mathbf{R} = (-\infty, +\infty)$ とも表す.

問 1.8　次の (1), (2) の集合は区間となる.それぞれの集合を式 (1.15)〜式 (1.19) の左辺のように,区間の記号を用いて表せ.

(1) $\{x \in \mathbf{R} \,|\, 2x + 3 < 5\}$. 🈭　　(2) $\{x \in \mathbf{R} \,|\, x^2 - 3x + 2 < 0\}$. 🈭

§1.1.8　べき集合 ···◇◇◇

集合を元とするような集合を考えることもある.ここでは,べき集合とよばれるものを定義しておこう.

定義 1.2　A を集合とする.A の部分集合全体からなる集合を 2^A や $\mathfrak{P}(A)$ などと表し,A の**べき集合** (power set) という.

注意 1.3　$\mathfrak{P}$ は P のドイツ文字である.数学では様々な文字を記号として用いるが,ラテン文字以外にはギリシャ文字やドイツ文字をよく用いる.ただし,ドイツ文字を手で書く場合は似たような字体で代用することもある.

◇ **例 1.15** $A = \emptyset$ のとき，A の部分集合は $\emptyset$ のみである．よって，$2^A = \{\emptyset\}$ である．$\emptyset$ が空集合を表すのに対して，$\{\emptyset\}$ は空集合という 1 つの集合を元とする集合であることに注意しよう． ◇

◇ **例 1.16** $A = \{1\}$ のとき，A の部分集合は $\emptyset$ と $\{1\}$ である．よって，$2^A = \{\emptyset, \{1\}\}$ である． ◇

$\boxed{\text{問 1.9}}$ 次の (1)，(2) の集合 A に対して，2^A を外延的記法 §1.1.4 により表せ．
(1) $A = \{1, 2\}$. (2) $A = \{1, 2, 3\}$.

$\boxed{\text{問 1.10}}$ n を 0 以上の整数とし，$k \in \{0, 1, 2, \ldots, n\}$ とする．このとき，n 個のものから k 個選ぶ組合せの総数を $_n\mathrm{C}_k$ と表す．すなわち，$_n\mathrm{C}_k$ は二項係数であり，

$$_n\mathrm{C}_k = \frac{n!}{k!(n-k)!} \tag{1.20}$$

である．また，A を n 個の元からなる有限集合とする．
(1) k 個以下の元からなる A の部分集合の個数を二項係数を用いて表せ．
(2) 二項係数に関して，二項定理

$$(x+y)^n = {}_n\mathrm{C}_0 x^n + {}_n\mathrm{C}_1 x^{n-1} y + \cdots + {}_n\mathrm{C}_k x^{n-k} y^k + \cdots + {}_n\mathrm{C}_n y^n$$

$$= \sum_{k=0}^{n} {}_n\mathrm{C}_k x^{n-k} y^k \tag{1.21}$$

がなりたつ．二項定理を用いて，A のべき集合は 2^n 個の元からなる有限集合であることを示せ．

$\boxed{\text{補足}}$ (2) の結果が一般の集合 A のべき集合に対しても 2^A と表す理由である．

本節のまとめ

☑ 集合とはものの集まりである． §1.1.1
☑ 自然数全体の集合を $\mathbf{N}$，整数全体の集合を $\mathbf{Z}$，有理数全体の集合を $\mathbf{Q}$，実数全体の集合を $\mathbf{R}$，複素数全体の集合を $\mathbf{C}$ と表す． §1.1.1
☑ 集合を構成する 1 つ 1 つのものを元という． §1.1.2
☑ 2 つの集合に対して，相等関係を考えることができる． §1.1.3
☑ 集合を表す方法として，外延的記法や内包的記法が挙げられる． §1.1.4

1

集合

☑ 元を 1 つも含まない集合を空集合という. §1.1.5
☑ 集合は有限集合と無限集合に分けることができる. §1.1.5
☑ 2 つの集合に対して，包含関係を考えることができる. §1.1.6
☑ **R** の部分集合として，区間が定められる. 定義 1.1
☑ 集合からなる集合として，べき集合が定められる. 定義 1.2

1.2　集合の演算

 集合に対して，いろいろな演算を考えることができる．すなわち，いくつかの集合から新たな集合を定めることができる．§1.1.8 で述べたべき集合もその例であるが，ここでは，2 つの集合に対して，和，共通部分，差といった演算を定める．さらに，それらの演算に関する基本的性質や全体集合という概念について述べる.

§1.2.1　和，共通部分，差

A, B を集合とする．まず，集合 $A \cup B$ を

$$A \cup B = \{x \mid x \in A \text{ または } x \in B\} \tag{1.22}$$

により定め，これを A と B の**和** (sum) という.

次に，集合 $A \cap B$ を

$$A \cap B = \{x \mid x \in A \text{ かつ } x \in B\} \tag{1.23}$$

により定め，これを A と B の**共通部分** (intersection) という．$A \cap B \neq \emptyset$ のとき，A と B は**交わる** (intersect) という．A と B が交わらないとき，すなわち，$A \cap B = \emptyset$ のとき，A と B は**互いに素** (mutually disjoint) であるともいう．また，このとき，$A \cup B$ を A と B の**直和** (direct sum) という．$A \cup B$ が A と B の直和であることを $A \sqcup B$ や $A \amalg B$ とも表す.

さらに，集合 $A \setminus B$ を

$$A \setminus B = \{x \mid x \in A \text{ かつ } x \notin B\} \tag{1.24}$$

により定め，これを A と B の**差** (difference) という．$A \setminus B$ は $A - B$ とも

表す.

注意 1.4 2 つの集合に対する和, 共通部分, 差は集合を丸などで囲まれた領域として表した, **ベン図** (Venn diagram) という図を描いて表すことができる (図 1.9〜図 1.11). なお, ベン図という用語に対して, §1.1.6 で述べたオイラー図は集合を表す各領域がすべて互いに交わっているとは限らない場合に用いられる.

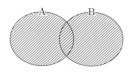

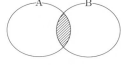

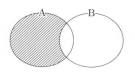

図 1.9 和 $A \cup B$　　　**図 1.10** 共通部分 $A \cap B$　　　**図 1.11** 差 $A \setminus B$

◇ **例 1.17** 集合 A, B を

$$A = \{1, 2\}, \quad B = \{2, 3, 4\} \tag{1.25}$$

により定める. このとき, 和, 共通部分, 差の定義 (1.22)〜(1.24) にしたがって考えると,

$$A \cup B = \{1, 2, 3, 4\}, \quad A \cap B = \{2\}, \quad A \setminus B = \{1\}, \quad B \setminus A = \{3, 4\} \tag{1.26}$$

である. とくに, (1.26) 第 2 式より, A と B は交わる. ◇

問 1.11 A を正の偶数全体の集合, B を正の奇数全体の集合, C を素数全体の集合とする. このとき, A, B, C の中から異なるものを 2 つ選び, 和, 共通部分, 差の演算のいずれかによって得られる集合を X とする. 例えば, $X = A \cup B$, $X = B \cap C$, $X = C \setminus A$ である. このとき, 次の (1)〜(5) のような X になる場合をそれぞれすべて求めよ。

(1) $X = \emptyset$.　　(2) $X = \{2\}$.　　(3) $X = A$.　　(4) $X = B$.　　(5) $X = \mathbf{N}$.

問 1.12 A を集合とすると, 7 つの集合

$$A \cup A, \quad A \cup \emptyset, \quad A \cap A, \quad A \cap \emptyset, \quad A \setminus A, \quad A \setminus \emptyset, \quad \emptyset \setminus A \tag{1.27}$$

は $\emptyset$ または A のいずれかに等しい. $\emptyset$ に等しいものをすべて挙げよ.

§1.2.2 和と共通部分に関する基本的性質

まず, 和および共通部分について, 次がなりたつ.

定理 1.2 A, B を集合とすると，次の (1)，(2) がなりたつ.

  (1) $A \subset A \cup B$, $B \subset A \cup B$.

  (2) $A \cap B \subset A$, $A \cap B \subset B$.

【証明】 (1) のみ示し，(2) の証明は問 1.13 とする.

(1) $x \in A$ ならば，和の定義 (1.22) より，$x \in A \cup B$ である. よって，包含関係の定義 §1.1.6 より，$A \subset A \cup B$ である. 同様に，$B \subset A \cup B$ である.   □

問 1.13 定理 1.2 (2) を示せ. ✪

また，次がなりたつ.

定理 1.3 A, B, C を集合とすると，次の (1)，(2) がなりたつ.

  (1) $A \subset C$, $B \subset C$ ならば，$A \cup B \subset C$.

  (2) $C \subset A$, $C \subset B$ ならば，$C \subset A \cap B$.

【証明】 (1) のみ示し，(2) の証明は問 1.14 とする.

(1) $x \in A \cup B$ とする. このとき，和の定義 (1.22) より，$x \in A$ または $x \in B$ である. $x \in A$ のとき，$A \subset C$ および包含関係の定義 §1.1.6 より，$x \in C$ である. また，$x \in B$ のとき，$B \subset C$ および包含関係の定義より，$x \in C$ である. よって，$x \in A \cup B$ ならば $x \in C$ となり，包含関係の定義より，$A \cup B \subset C$ である.   □

問 1.14 定理 1.3 (2) を示せ. ✪

✎注意 1.5 定理 1.2 (1) と定理 1.3 (1) より，$A \cup B$ は A と B を含む集合の中で，包含関係に関して最小のものであるという言い方をすることができる. また，定理 1.2 (2) と定理 1.3 (2) より，$A \cap B$ は A と B に含まれる集合の中で，包含関係に関して最大のものであるという言い方をすることができる.

さらに，和および共通部分の定義 (1.22)，(1.23) より，次がなりたつ.

定理 1.4 A, B, C を集合とすると，次の (1)〜(4) がなりたつ.

  (1) $A \cup B = B \cup A$. （和の**交換律**：commutative law）

  (2) $A \cap B = B \cap A$. （共通部分の**交換律**）

  (3) $(A \cup B) \cup C = A \cup (B \cup C)$. （和の**結合律**：associative law）

  (4) $(A \cap B) \cap C = A \cap (B \cap C)$. （共通部分の**結合律**）

✏ **注意 1.6** 和の結合律より，$(A \cup B) \cup C$ および $A \cup (B \cup C)$ は括弧を省略して，ともに $A \cup B \cup C$ と表しても構わない．さらに，和の交換律より，

$$A \cup B \cup C = A \cup C \cup B = B \cup A \cup C = B \cup C \cup A = C \cup A \cup B = C \cup B \cup A \quad (1.28)$$

である．共通部分についても同様である．

和および共通部分は次の分配律もみたす．

> **定理 1.5（分配律：distributive law）** A, B, C を集合とすると，次の (1),
> (2) がなりたつ．
> (1) $(A \cup B) \cap C = (A \cap C) \cup (B \cap C)$.
> (2) $(A \cap B) \cup C = (A \cup C) \cap (B \cup C)$.

【証明】 左辺の集合を内包的記法 §1.1.4 で表し，元に対する条件を言い換えていくことにより示す．(1) のみ示し，(2) の証明は問 1.16 とする．
(1) 集合の演算の定義 §1.2.1 より，

$$(A \cup B) \cap C = \{x \mid x \in (A \cup B) \cap C\} = \{x \mid x \in A \cup B \text{ かつ } x \in C\}$$
$$= \{x \mid \lceil x \in A \text{ または } x \in B \rfloor \text{ かつ } x \in C\}$$
$$= \{x \mid \lceil x \in A \text{ かつ } x \in C \rfloor \text{ または } \lceil x \in B \text{ かつ } x \in C \rfloor\}$$
$$= \{x \mid x \in A \cap C \text{ または } x \in B \cap C\} = (A \cap C) \cup (B \cap C) \quad (1.29)$$

である．よって，(1) がなりたつ． □

✏ **注意 1.7** 定理 1.5 の程度の事実であれば，ベン図を描いて確認することができる（図 1.12，問 1.15）．しかし，より多くの個数の集合が現れるような包含関係や相等関係を示す際には，ベン図も描けなくなり，元に対する条件の言い換えも難しくなるため，後で述べる例題 1.3 の解説のように，定理 1.1 (2) を用いて考えることが有効となる．

| 問 1.15 | 定理 1.5 (2) をベン図を描いて説明せよ． 🅔

| 問 1.16 | 定理 1.5 (2) を示せ． ✪

§1.2.3 差に関する基本的性質 ························· ◇◇◇

次に，差に関する基本的性質について述べよう．まず，例 1.17 において，

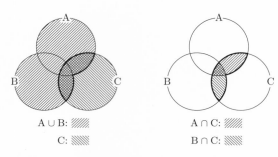

図 1.12 分配律 $(A \cup B) \cap C = (A \cap C) \cup (B \cap C)$ のベン図による説明

(1.26) 第 3 式, 第 4 式より, $A \setminus B \neq B \setminus A$ であり, 差は交換律をみたさない. また, 次の問からも分かるように, 差は結合律をみたさない.

問 1.17 集合 A, B, C を

$$A = \{1, 2, 3\}, \quad B = \{2, 3\}, \quad C = \{3, 4\} \tag{1.30}$$

により定める. $(A \setminus B) \setminus C$ および $A \setminus (B \setminus C)$ を外延的記法 §1.1.4 により表し, $(A \setminus B) \setminus C \neq A \setminus (B \setminus C)$ であることを確かめよ. 🕊

差について, 次がなりたつ.

定理 1.6 A, B, C を集合とする. $A \subset B$ ならば, 次の (1), (2) がなりたつ.
(1) $A \setminus C \subset B \setminus C$.
(2) $C \setminus B \subset C \setminus A$.

【証明】 (1) のみ示し, (2) の証明は問 1.19 とする.

(1) $x \in A \setminus C$ とする. このとき, 差の定義 (1.24) より, $x \in A$ かつ $x \notin C$ である. ここで, $x \in A$, $A \subset B$ および包含関係の定義 §1.1.6 より, $x \in B$ である. よって, $x \in B$ かつ $x \notin C$, すなわち, 差の定義より, $x \in B \setminus C$ である. したがって, $x \in A \setminus C$ ならば $x \in B \setminus C$ となり, 包含関係の定義より, (1) がなりたつ. □

問 1.18 (1) 定理 1.6 (1) がなりたつことをベン図を描いて説明せよ. 🕊
(2) 定理 1.6 (2) がなりたつことをベン図を描いて説明せよ. 🕊

問 1.19 定理 1.6 (2) を示せ. ✪

1

集

合

例題 1.3 A, B を集合とすると,

$$A \setminus B = (A \cup B) \setminus B \qquad (1.31)$$

がなりたつことを示せ.

解説 定理 1.1 (2) を用いることにより示す. まず,

$$A \setminus B \subset (A \cup B) \setminus B \qquad (1.32)$$

を示す. (1.32) は定理 1.2 (1) と定理 1.6 (1) を用いれば, 包含関係の定義 §1.1.6 を用いなくとも示すことができる. 実際, 定理 1.2 (1) より, $A \subset A \cup B$ なので, 定理 1.6 (1) より,

$$A \setminus B \subset (A \cup B) \setminus B \qquad (1.33)$$

となるからである [4].

次に, 包含関係の定義にしたがって,

$$(A \cup B) \setminus B \subset A \setminus B \qquad (1.34)$$

を示す. $x \in (A \cup B) \setminus B$ とする. このとき, $x \in A \cup B$ かつ $x \notin B$ である. よって, $x \in A$ かつ $x \notin B$, すなわち, $x \in A \setminus B$ である. したがって, 包含関係の定義より, (1.34) がなりたつ.

(1.33), (1.34) および定理 1.1 (2) より, (1.31) がなりたつ.   □

問 1.20 A, B を集合とする. 次の (1), (2) を示せ.

(1) $A \setminus B \subset A \setminus (A \cap B)$.   (2) $A \setminus (A \cap B) \subset A \setminus B$.

補足 (1), (2) および定理 1.1 (2) より,

$$A \setminus B = A \setminus (A \cap B) \qquad (1.35)$$

である.

§1.2.4 ド・モルガンの法則 ···◇◇◇

次に述べるド・モルガンの法則は多くの場面で用いられる重要な事実である.

---

[4] 定理 1.6 (1) における A, B, C をそれぞれ A, $A \cup B$, B に置き換えている.

> **定理 1.7（ド・モルガンの法則：De Morgan's law）** X, A, B を集合とし，$A, B \subset X$ とする．このとき，次の (1)，(2) がなりたつ．
> (1) $X \setminus (A \cup B) = (X \setminus A) \cap (X \setminus B)$.
> (2) $X \setminus (A \cap B) = (X \setminus A) \cup (X \setminus B)$.

【証明】 定理 1.5 の証明のように，左辺の集合を内包的記法 §1.1.4 で表し，元に対する条件を言い換えていくことにより示す．(1) のみ示し，(2) の証明は問 1.22 とする．

(1) 集合の演算の定義 §1.2.1 より，

$$X \setminus (A \cup B) = \{x \mid x \in X,\ x \notin A \cup B\} = \{x \in X \mid x \notin A \cup B\}$$
$$= \{x \in X \mid \lceil x \in A \text{ または } x \in B \rfloor \text{ ではない }\} = \{x \in X \mid x \notin A \text{ かつ } x \notin B\}$$
$$= \{x \mid x \in X \setminus A \text{ かつ } x \in X \setminus B\} = (X \setminus A) \cap (X \setminus B) \tag{1.36}$$

である．よって，(1) がなりたつ． $\square$

| 問 1.21 | 定理 1.7 (1)，(2) がなりたつことをベン図を描いて説明せよ． 🅔 |

| 問 1.22 | 定理 1.7 (2) を示せ． ✪ |

§1.2.5 全体集合 ··◇◇◇

集合を用いて数学を記述する際には，基礎となる集合を 1 つ固定しておき，その他の集合はその部分集合として表される場合がある．このとき，基礎となる集合を**全体集合** (universal set) または**普遍集合**という．

◇ **例 1.18** 1 変数関数の微分積分では，実数全体の集合 $\mathbf{R}$ の部分集合で定義された関数を扱う．この場合は $\mathbf{R}$ を全体集合として考え，$\mathbf{R}$ の部分集合としては区間 定義 1.1 を考えることが多い． ◇

X を全体集合とし，$A \subset X$ とする．このとき，$X \setminus A$ を A^c と表し，A の**補集合** (complement) という（図 1.13）．補集合の定義より，

$$A^c = \{x \in X \mid x \notin A\} \tag{1.37}$$

と表されるが，X を全体集合としているということは，X の元のみを考えることを意味するので，単に

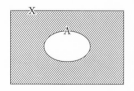

図 1.13 補集合 A^c

$$A^c = \{x \mid x \notin A\} \tag{1.38}$$

と表してもよい.

◇ **例 1.19**   ド・モルガンの法則 定理 1.7 は X を固定しておき, X の部分集合 A, B を任意にあたえたときになりたつ事実であるとみなすことができる. このとき, X を全体集合として考えていることになる. また, 補集合の記号を用いると, 定理 1.7 (1), (2) はそれぞれ

$$(A \cup B)^c = A^c \cap B^c, \quad (A \cap B)^c = A^c \cup B^c \tag{1.39}$$

となる.   ◇

また, 補集合の定義より, 次がなりたつ.

> **定理 1.8** X を全体集合とし, $A \subset X$ とする. このとき, 次の (1)〜(5) が なりたつ.
> (1) $A \cup A^c = X$.
> (2) $A \cap A^c = \emptyset$.
> (3) $(A^c)^c = A$.
> (4) $X^c = \emptyset$.
> (5) $\emptyset^c = X$.

例題 1.4 X を全体集合とし, $A, B \subset X$ とする. このとき,

$$(A \cup B) \cap (A \cup B^c) = A \tag{1.40}$$

がなりたつことを示せ.

解説   集合の演算に関する基本的性質を用いて式変形を行うと,

$$
\begin{aligned}
(A \cup B) \cap (A \cup B^c) &= \{A \cap (A \cup B^c)\} \cup \{B \cap (A \cup B^c)\} \quad \text{分配律} \\
&= \{(A \cup B^c) \cap A\} \cup \{(A \cup B^c) \cap B\} \quad \text{交換律} \\
&= (A \cap A) \cup (B^c \cap A) \cup (A \cap B) \cup (B^c \cap B) \quad \text{分配律} \\
&= A \cup (B^c \cap A) \cup (B \cap A) \cup (B \cap B^c) \quad \text{交換律} \\
&= A \cup (B^c \cap A) \cup (B \cap A) \cup \emptyset \quad \text{定理 1.8 (2)}
\end{aligned}
$$

1
集
合

$$= A \cup \{(B^c \cup B) \cap A\} \quad \boxed{\text{分配律}}$$

$$= A \cup (X \cap A) \quad \boxed{\text{交換律}} \text{ および } \boxed{\text{定理 1.8(1)}}$$

$$= A \cup A = A \tag{1.41}$$

である．よって，(1.40) がなりたつ．　　　　　　　　□

問 1.23　X を全体集合とし，$A, B \subset X$ とする．このとき，

$$A \cap (A^c \cup B) = A \cap B \tag{1.42}$$

がなりたつことを示せ．🔲

本節のまとめ

- ☑ 2 つの集合に対して，和，共通部分，差といった演算を定めることができる．　§1.2.1
- ☑ 和および共通部分は交換律，結合律，分配律をみたす．　定理 1.4　定理 1.5
- ☑ 集合に対して，ド・モルガンの法則がなりたつ．　定理 1.7
- ☑ 集合を用いる際には，基礎となる集合を全体集合として固定しておくことがある．　§1.2.5

章末問題

=== **標準問題** ===

問題 1.1　(1) $A = \{1, 2, 3\}$，$B = \{2, 3, 4\}$，$C = \{3, 4, 5\}$ のとき，

$$(A \cup B) \setminus C = (A \setminus C) \cup (B \setminus C) \tag{1.43}$$

がなりたつことを確かめよ．🔲

(2) 集合 A，B，C に対して，(1.43) がなりたつことを示せ．✪

(3) $A = \{1, 2, 3\}$，$B = \{2, 3, 4\}$，$C = \{3, 4, 5\}$ のとき，

$$A \setminus (B \cup C) = (A \setminus B) \cap (A \setminus C) \tag{1.44}$$

がなりたつことを確かめよ. 🔰

(4) 集合 A, B, C に対して, (1.44) がなりたつことを示せ. ✪

(5) $A = \{1, 2, 3\}$, $B = \{2, 3, 4\}$, $C = \{3, 4, 5\}$ のとき,

$$(A \cap B) \setminus C = (A \setminus C) \cap (B \setminus C) \tag{1.45}$$

がなりたつことを確かめよ. 🔰

(6) 集合 A, B, C に対して, (1.45) がなりたつことを示せ.

(7) $A = \{1, 2, 3\}$, $B = \{2, 3, 4\}$, $C = \{3, 4, 5\}$ のとき,

$$A \setminus (B \cap C) = (A \setminus B) \cup (A \setminus C) \tag{1.46}$$

がなりたつことを確かめよ. 🔰

(8) 集合 A, B, C に対して, (1.46) がなりたつことを示せ.

(9) $A = \{1, 2, 3\}$, $B = \{2, 3, 4\}$, $C = \{3, 4, 5\}$ のとき,

$$(A \setminus B) \setminus C = A \setminus (B \cup C) \tag{1.47}$$

がなりたつことを確かめよ. 🔰

(10) 集合 A, B, C に対して, (1.47) がなりたつことを示せ. ✪

(11) $A = \{1, 2, 3\}$, $B = \{2, 3, 4\}$, $C = \{3, 4, 5\}$ のとき,

$$A \setminus (B \setminus C) = (A \setminus B) \cup (A \cap C) \tag{1.48}$$

がなりたつことを確かめよ. 🔰

(12) 集合 A, B, C に対して, (1.48) がなりたつことを示せ. ✪

問題 1.2 A, B を集合とする. このとき, 集合 $A \ominus B$ を

$$A \ominus B = (A \setminus B) \cup (B \setminus A) \tag{1.49}$$

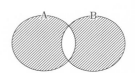

図 1.14 対称差 $A \ominus B$

により定め, これを A と B の**対称差** (symmetric difference) という (図 1.14). 対称差について, 次の (1)~(4) がなりたつことを示せ.

(1) $A \ominus A = \emptyset$. 🔰✪   (2) $A \ominus \emptyset = A$. 🔰✪

(3) $A \ominus B = B \ominus A$. (**交換律**) 🔰✪   (4) $A \ominus B = (A \cup B) \setminus (A \cap B)$. ✪

問題 1.3 X を全体集合とし，$A, B \subset X$ とする．このとき，

$$A \setminus B = A \cap B^c \tag{1.50}$$

がなりたつことを示せ． 重要

━━━━━━━━━━ **発展問題** ━━━━━━━━━━

問題 1.4 A, B, C を集合とする．(1.49) で定めた対称差に関して，次の問に答えよ．

(1) 等式

$$(A \ominus B) \setminus C = \{A \setminus (B \cup C)\} \cup \{B \setminus (C \cup A)\} \tag{1.51}$$

がなりたつことを示せ． 難

(2) 等式

$$C \setminus (A \ominus B) = \{C \setminus (A \cup B)\} \cup (A \cap B \cap C) \tag{1.52}$$

がなりたつことを示せ． 難

(3) 対称差の**結合律**

$$(A \ominus B) \ominus C = A \ominus (B \ominus C) \tag{1.53}$$

がなりたつことを示せ． 難 ✪

(4) (1.53) がなりたつことをベン図を描いて説明せよ． 易

第2章

写　像

2.1　写像に関する基本用語

 2つの集合があたえられたとき，一方の集合の元を選ぶごとにもう一方の集合の元を対応させる，ということを数学ではしばしば考える．写像とはこのような対応のことである．本節では写像に関する基本用語を扱う．また，「∃」，「∀」といった論理記号などについても述べる．

§2.1.1　写像の定義と例 ……………………………………………◇◇◇

まず，写像を次のように定める．

定義 2.1 X, Y を空でない集合とし，X の各元に対して Y のある元を1つ対応させる規則 f があたえられているとする．このことを

$$f : X \to Y \qquad (2.1)$$

と表し，f を X から Y への**写像**

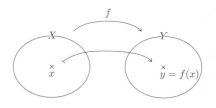

図 2.1　写像 $f : X \to Y$

(map) または X で定義された Y への**写像**という（図 2.1）．

　また，X を f の**定義域** (domain of definition)，**始域** (domain) または**始集合** (initial set)，Y を f の**値域** (range)，**終域** (codomain) または**終集合** (terminal set) という．

　$Y \subset \mathbf{R}$ や $Y \subset \mathbf{C}$ のときは，f をそれぞれ**実数値関数** (real-valued function)，**複素数値関数** (complex-valued function) ともいう．さらに，実数値関数，複素数値関数を単に**関数** (function) ともいう．

　写像 f により $x \in X$ に対して $y \in Y$ が対応するとき，$y = f(x)$ と

表す．このとき，y を f による x の**像** (image)，x を f による y の**逆像** (inverse image) または**原像**という．

✎注意 2.1　写像により元 x に対して元 y が対応することを，矢印「→」の始点に縦の棒を付け加えて，$x \mapsto y$ とも書く．

写像の例をいくつか挙げておこう．

◇ 例 2.1　1 変数関数の微分積分では，区間 定義 1.1 を定義域とする実数値関数を考える．I を区間とすると，I を定義域，$\mathbf{R}$ を値域とする実数値関数 f は $f : I \to \mathbf{R}$ と表すことができる．なお，「関数 f」のことを「関数 $f(x)$」のように書くことが多いが，厳密には $f(x)$ は関数ではなく，値域の元のことを意味するので注意しよう．
　例えば，$a \in \mathbf{R}$ を定数とし，関数 $f : I \to \mathbf{R}$ を

$$f(x) = a \quad (x \in I) \tag{2.2}$$

により定めると，f は任意の $x \in I$ に対して a を対応させる定数関数である．
　また，$a \in \mathbf{R} \setminus \{0\}$ を 0 でない定数，$b \in \mathbf{R}$ を定数とし，関数 $f : I \to \mathbf{R}$ を

$$f(x) = ax + b \quad (x \in I) \tag{2.3}$$

により定めると，f は 1 次関数である．
　さらに，$a \in \mathbf{R} \setminus \{0\}$ を 0 でない定数，$b, c \in \mathbf{R}$ を定数とし，関数 $f : I \to \mathbf{R}$ を

$$f(x) = ax^2 + bx + c \quad (x \in I) \tag{2.4}$$

により定めると，f は 2 次関数である．　　　　　　　　　　　　　　　　◇

◇ 例 2.2（定値写像）　X, Y を空でない集合とし，$y_0 \in Y$ を 1 つ選んで固定しておく．このとき，写像 $f : X \to Y$ を

$$f(x) = y_0 \quad (x \in X) \tag{2.5}$$

により定める．f を**定値写像** (constant map) という．(2.2) で定義した定数関数 f は定値写像の例でもある．　　　　　　　　　　　　　　　　　　　　　　◇

◇ 例 2.3（包含写像と恒等写像）　X, Y を空でない集合とし，$X \subset Y$ とする．このとき，$x \in X$ とすると，$X \subset Y$ より，$x \in Y$ なので，写像 $\overset{\text{イオタ}}{\iota} : X \to Y$ を

$$\iota(x) = x \quad (x \in X) \tag{2.6}$$

により定めることができる. ι を**包含写像** (inclusion map) という. とくに, $X = Y$ のときは ι を id_X または 1_X と表し, X 上の**恒等写像** (identity map) という. $\diamond$

◇ **例 2.4**（制限写像） X, Y を空でない集合, $f : X \to Y$ を写像とし, $A \subset X$, $A \neq \emptyset$ とする. このとき, $x \in A$ とすると, $A \subset X$ より, $x \in X$ であり, さらに, 写像 $f : X \to Y$ があたえられているので, 写像 $f|_A : A \to Y$ を

$$f|_A(x) = f(x) \quad (x \in A) \tag{2.7}$$

により定めることができる. $f|_A$ を f の A への**制限** (restriction) または**制限写像** (restriction map) という. $\diamond$

§2.1.2 相等関係 ◇◇◇

写像の相等関係について述べておこう. f, g を写像とする. (1) f と g の定義域が等しく, (2) f と g の値域も等しく, さらに, (3) f, g の定義域の任意の元 x に対して, $f(x) = g(x)$ がなりたつとき, $f = g$ と表し, f と g は**等しい**, または, f は g と**等しい**という. また, $f = g$ でないときは $f \neq g$ と表す. $f = g$ でないとは, 「f と g の定義域が等しくない」, 「f と g の値域が等しくない」, 「f と g の定義域は等しいが, f, g の定義域のある元 x に対して, $f(x) \neq g(x)$ となる」のいずれかがなりたつことである.

例題 2.1 例 2.4 において, $f = f|_A$ となる条件を f を用いないで表せ.

解説 2 つの写像 $f : X \to Y$ と $f|_A : A \to Y$ が等しくなるためには, 上で述べた 3 つの条件をみたす必要がある. まず, f と $f|_A$ の値域はともに Y であり, 等しい. 次に, f と $f|_A$ の定義域はそれぞれ X, A であり, これらが等しくなる条件は $X = A$ である. さらに, $X = A$ のとき, (2.7) より, f, g の定義域 $X = A$ の任意の元 x に対して, $f(x) = f|_A(x)$ である. よって, $X = A$ のとき, $f = f|_A$ となり, 求める条件は $X = A$ である. $\square$

問 2.1 関数 f_1, f_2, f_3, f_4 をそれぞれ

$$f_1 : \mathbf{R} \to \mathbf{R}, \quad f_1(x) = x \quad (x \in \mathbf{R}), \tag{2.8}$$
$$f_2 : \{0, 1\} \to \mathbf{R}, \quad f_2(x) = x \quad (x \in \{0, 1\}), \tag{2.9}$$
$$f_3 : \mathbf{R} \to \mathbf{R}, \quad f_3(x) = x^2 \quad (x \in \mathbf{R}), \tag{2.10}$$
$$f_4 : \{0, 1\} \to \mathbf{R}, \quad f_4(x) = x^2 \quad (x \in \{0, 1\}) \tag{2.11}$$

により定める.

(1) f_1, f_2, f_3, f_4 の中で, f_1 と等しいものが存在するかどうかを調べよ. 🔳

(2) f_1, f_2, f_3, f_4 の中で, f_2 と等しいものが存在するかどうかを調べよ. 🔳

§2.1.3　論理記号など ···◇◇◇

写像について話を進める前に, ここで, 2 つの写像が等しいという条件の 1 つとして現れた「f, g の定義域の任意の元 x に対して, $f(x) = g(x)$ がなりたつ」という表現に着目しておこう. このような「任意の○○○に対して, △△△である」という表現は簡単に

$$\forall \bigcirc\bigcirc\bigcirc, \triangle\triangle\triangle \tag{2.12}$$

と表す.「$\forall$」は「任意の」あるいは「すべての」という意味を表し, **全称記号** (universal quantifier) という.「$\forall$」は「∀」と大きく書くこともある. なお, この記号は「任意の」あるいは「すべての」を意味する英単語「any」あるいは「all」の頭文字の大文字「A」をひっくり返したものである.

また, 2 つの写像が等しくないという条件の 1 つとして現れた「f, g の定義域のある元 x に対して, $f(x) \neq g(x)$ となる」という表現は「f, g の定義域のある元 x が存在し, $f(x) \neq g(x)$ となる」と言い換えることができる. このような「ある○○○が存在し, △△△となる」という表現を簡単に

$$\exists \bigcirc\bigcirc\bigcirc \text{ s.t. } \triangle\triangle\triangle \tag{2.13}$$

または

$$\exists \bigcirc\bigcirc\bigcirc, \triangle\triangle\triangle \tag{2.14}$$

と表す.「$\exists$」は「存在する」という意味を表し, **存在記号** (existential quantifier) という.「$\exists$」は「∃」と大きく書くこともある. なお, この記号は「存在する」を意味する英単語「exist」の頭文字の大文字「E」をひっくり返したものである. また,「s.t.」は「such that」の略である. 存在するものが一意的である, すなわち, 1 つしかないときは,「$\exists!$」や「$\exists 1$」という記号を用いる.

さらに, 命題 P, Q に対して, 命題「P ならば Q である」を簡単に

$$P \Rightarrow Q \tag{2.15}$$

と表す．P と Q が同値である，すなわち，「$P \Rightarrow Q$」かつ「$Q \Rightarrow P$」であることを

$$P \Leftrightarrow Q \tag{2.16}$$

と表す．

　これらの記号は論理学で用いられる論理記号などであるが，数学においても黒板やノートなどに命題を書く際に用いれば，記述が簡潔になり，便利である．

> **例題 2.2**　命題「任意の自然数 n に対して，$f(n) = 0$ ではない」を論理記号などを用いて表せ．

解説　まず，「任意の」という表現に対しては全称記号「$\forall$」を用いる．また，「n が自然数である」という表現は，自然数全体の集合を表す記号 **N** を用いて，「$n \in \mathbf{N}$」と表すことができる．さらに，「$f(n) = 0$ ではない」という表現は，否定を意味する記号「$/$」を用いて，「$f(n) \neq 0$」と表すことができる．よって，あたえられた命題は論理記号などを用いると，「$\forall n \in \mathbf{N}, f(n) \neq 0$」と表される．　　　□

問 2.2　命題「ある整数 m が一意的に存在し，$g(m) \geq 1$ となる」を論理記号などを用いて表せ．

§2.1.4　直積とグラフ ···◇◇◇

　写像に対してグラフという集合を対応させることができる．まず，グラフを定義するための準備として，2 つの集合の直積について述べよう．X, Y を集合とする．このとき，$x \in X$, $y \in Y$ の組 (x, y) を考え，これら全体からなる集合を $X \times Y$ と表し，X と Y の**直積** (direct product) という．すなわち，

$$X \times Y = \{(x, y) \mid x \in X, y \in Y\} \tag{2.17}$$

である．ただし，上の組 (x, y) は順序も含めて考えたものであり，(x, y), (x', y') $\in X \times Y$ に対して，$(x, y) = (x', y')$ となるのは $x = x'$ かつ $y = y'$ のときであるとする [1)]．

[1)]　「$'$」は英語では "prime"（プライム）と読むが，日本語では「ダッシュ」とも読む．

例題 2.3 $X = \{1, 2\}$, $Y = \{3\}$ のとき，$X \times Y$ および $X \times X$ を外延的記法により表せ．

解説 直積の定義 (2.17) より，

$$X \times Y = \{(1,3), (2,3)\}, \quad X \times X = \{(1,1), (1,2), (2,1), (2,2)\} \qquad (2.18)$$

である．$X \times X$ の元 $(1,2)$ と $(2,1)$ は異なるものであることに注意しよう．なお，$X \times X$ は X^2 とも表す． □

問 2.3 $X = \{1, 2\}$, $Y = \{3\}$ のとき，$Y \times X$ および Y^2 を外延的記法により表せ． 🅔

写像のグラフは定義域と値域の直積の部分集合として，次のように定める．

定義 2.2 X, Y を空でない集合，$f : X \to Y$ を写像とする．このとき，$G(f) \subset X \times Y$ を

$$G(f) = \{(x, f(x)) \mid x \in X\} \qquad (2.19)$$

により定め，$G(f)$ を f の**グラフ** (graph) という．

◇ **例 2.5** 例 2.1 で述べた，区間 I を定義域とする実数値関数 $f : I \to \mathbf{R}$ のグラフは

$$G(f) = \{(x, f(x)) \mid x \in I\} \qquad (2.20)$$

である．$\mathbf{R}$ と $\mathbf{R}$ の直積 $\mathbf{R}^2$ を平面とみなすと，グラフ $G(f)$ は平面の部分集合となり，関数 f を視覚的に捉えることができる（図 2.2）． ◇

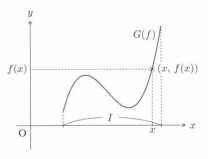

図 2.2 関数 f のグラフ $G(f)$

問 2.4 $X = \{1, 2, 3\}$, $Y = \{4, 5, 6\}$ のとき，写像 $f : X \to Y$ を $f(1) = 4$, $f(2) = 5$, $f(3) = 5$ により定める．f のグラフを外延的記法により表せ． 🅔

§2.1.5 像と逆像 ···◇◇◇

写像の定義域や値域の部分集合に対して，それぞれ次のような集合を考えることができる．

> **定義 2.3** X, Y を空でない集合，$f : X \to Y$ を写像とする．
>
> $A \subset X$ とする．このとき，$f(A) \subset Y$ を
>
> $$f(A) = \{f(x) \mid x \in A\} = \{y \mid \text{ある } x \in A \text{ が存在し，} y = f(x)\} \quad (2.21)$$
>
> により定め，$f(A)$ を f による A の**像**または**値域**という．ただし，$f(\emptyset) = \emptyset$ と定める．
>
> $B \subset Y$ とする．このとき，$f^{-1}(B) \subset X$ を
>
> $$f^{-1}(B) = \{x \in X \mid f(x) \in B\} \quad (2.22)$$
>
> により定め，$f^{-1}(B)$ を f による B の**逆像**または**原像**という [2]．ただし，$f^{-1}(\emptyset) = \emptyset$ と定める．

✏ 注意 2.2 像や逆像という用語は，定義 2.1 においても現れたが，定義 2.3 で定めたものは異なる概念であるので，混乱しないようにしよう．また，定義 2.3 において，$f(X)$ を f の値域ということもある．なお，B が一個の元 y からなる集合 $\{y\}$ のときは，$f^{-1}(\{y\})$ を単に $f^{-1}(y)$ と表すこともある．

> **例題 2.4** $X = \{1, 2, 3\}$, $Y = \{4, 5, 6\}$ のとき，写像 $f : X \to Y$ を $f(1) = 4$, $f(2) = 5$, $f(3) = 5$ により定める．次の (1), (2) の集合を外延的記法により表せ．
> (1) $f(\{1, 2\})$.   (2) $f^{-1}(\{4, 6\})$.

解説 (1) 像の定義 (2.21) および f の定義より，

$$f(\{1, 2\}) = \{f(1), f(2)\} = \{4, 5\} \quad (2.23)$$

である．

(2) f の定義より，$f(x) \in \{4, 6\}$ となる $x \in X$ を求めると，$x = 1$ である．よっ

---

[2] f^{-1} は「エフインバース」という．

て，逆像の定義 (2.22) より，

$$f^{-1}(\{4, 6\}) = \{1\} \tag{2.24}$$

である． □

問 2.5 例題 2.4 の f について，次の (1)，(2) の集合を外延的記法により表せ．
(1) $f(\{1\})$，$f(\{2\})$，$f(\{3\})$，$f(\{1, 3\})$，$f(\{2, 3\})$，$f(X)$．重要
(2) $f^{-1}(\{4\})$，$f^{-1}(\{5\})$，$f^{-1}(\{6\})$，$f^{-1}(\{4, 5\})$，$f^{-1}(\{5, 6\})$，$f^{-1}(Y)$．重要

§2.1.6 像と逆像に関する基本的性質 ·························◇◇◇

写像の像および逆像について，次がなりたつ．

定理 2.1 X，Y を空でない集合，$f : X \to Y$ を写像とし，A，A_1，$A_2 \subset X$，B，B_1，$B_2 \subset Y$ とする．このとき，次の (1)〜(10) がなりたつ．
(1) $A_1 \subset A_2$ ならば，$f(A_1) \subset f(A_2)$．
(2) $f(A_1 \cup A_2) = f(A_1) \cup f(A_2)$．
(3) $f(A_1 \cap A_2) \subset f(A_1) \cap f(A_2)$．
(4) $f(A_1 \setminus A_2) \supset f(A_1) \setminus f(A_2)$．
(5) $B_1 \subset B_2$ ならば，$f^{-1}(B_1) \subset f^{-1}(B_2)$．
(6) $f^{-1}(B_1 \cup B_2) = f^{-1}(B_1) \cup f^{-1}(B_2)$．
(7) $f^{-1}(B_1 \cap B_2) = f^{-1}(B_1) \cap f^{-1}(B_2)$．
(8) $f^{-1}(B_1 \setminus B_2) = f^{-1}(B_1) \setminus f^{-1}(B_2)$．
(9) $f^{-1}(f(A)) \supset A$．
(10) $f(f^{-1}(B)) \subset B$．

【証明】 (1)〜(3) のみ示し，(4)〜(10) の証明は問 2.7 とする．

(1) 包含関係の定義 §1.1.6 にしたがって示す．$y \in f(A_1)$ とする．このとき，像の定義 (2.21) より，ある $x \in A_1$ が存在し，$y = f(x)$ となる．ここで，$x \in A_1$，$A_1 \subset A_2$ および包含関係の定義より，$x \in A_2$ である．よって，像の定義より，$f(x) \in f(A_2)$，すなわち，$y \in f(A_2)$ である．したがって，$y \in f(A_1)$ ならば $y \in f(A_2)$ となり，包含関係の定義より，(1) がなりたつ．

(2) 左辺の集合を内包的記法で表し，元に対する条件を言い換えていくことにより示す．像の定義 (2.21) より，

$$f(A_1 \cup A_2) = \{y \in Y \,|\, \text{ある } x \in A_1 \cup A_2 \text{ が存在し，} y = f(x)\}$$

$$= \left\{ y \in Y \,\middle|\, \begin{array}{l} \text{「ある } x_1 \in A_1 \text{ が存在し, } y = f(x_1)\text{」または} \\ \text{「ある } x_2 \in A_2 \text{ が存在し, } y = f(x_2)\text{」} \end{array} \right\}$$

$$= \{y \in Y \,|\, y \in f(A_1) \text{ または } y \in f(A_2)\} = f(A_1) \cup f(A_2) \qquad (2.25)$$

である. よって, (2) がなりたつ.

(3) 像の定義 (2.21) より,

$$f(A_1 \cap A_2) = \{y \in Y \,|\, \text{ある } x \in A_1 \cap A_2 \text{ が存在し, } y = f(x)\}$$

$$\subset \left\{ y \in Y \,\middle|\, \begin{array}{l} \text{「ある } x_1 \in A_1 \text{ が存在し, } y = f(x_1)\text{」かつ} \\ \text{「ある } x_2 \in A_2 \text{ が存在し, } y = f(x_2)\text{」} \end{array} \right\}$$

$$= \{y \in Y \,|\, y \in f(A_1) \text{ かつ } y \in f(A_2)\} = f(A_1) \cap f(A_2) \quad (2.26)$$

である. よって, (3) がなりたつ. □

なお, 定理 2.1 (2) の証明において, (2.25) の部分は,

$$f(A_1 \cup A_2) = \{y \in Y \,|\, {}^\exists x \in A_1 \cup A_2 \text{ s.t. } y = f(x)\}$$

$$= \{y \in Y \,|\, \text{「}{}^\exists x_1 \in A_1 \text{ s.t. } y = f(x_1)\text{」または「}{}^\exists x_2 \in A_2 \text{ s.t. } y = f(x_2)\text{」}\}$$

$$= \{y \in Y \,|\, y \in f(A_1) \text{ または } y \in f(A_2)\} = f(A_1) \cup f(A_2) \qquad (2.27)$$

のように論理記号などを用いて書くことができる.

問 2.6 定理 2.1 (3) の証明において, (2.26) 部分を論理記号などを用いて書け.

問 2.7 (1) 定理 2.1 (4) を示せ. ✪　　　(2) 定理 2.1 (5) を示せ. ▣

(3) 定理 2.1 (6) を示せ. ▣　　　(4) 定理 2.1 (7) を示せ. ▣

(5) 定理 2.1 (8) を示せ. ▣　　　(6) 定理 2.1 (9) を示せ. ✪

(7) 定理 2.1 (10) を示せ. ✪

定理 2.1 (3), (4), (9), (10) の包含関係において, 等号はなりたつとは限らない. このことは図 2.3〜図 2.6 のような図を描いてみれば説明できるが, 次の問でも考えてみよう.

問 2.8 $X = \{1, 2\}$, $Y = \{3, 4\}$ のとき, 写像 $f : X \to Y$ を $f(1) = 4$, $f(2) = 4$ により定める. 次の (1)〜(4) の集合を外延的記法により表せ.

(1) $f(\{1\} \cap \{2\})$ および $f(\{1\}) \cap f(\{2\})$. ▣

(2) $f(\{1\} \setminus \{2\})$ および $f(\{1\}) \setminus f(\{2\})$. ▣

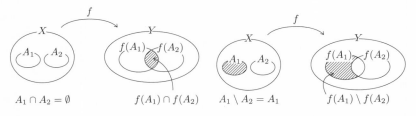

図 2.3 定理 2.1(3) において等号がなり
たたない場合

図 2.4 定理 2.1(4) において等号がなり
たたない場合

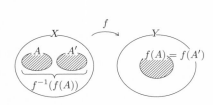

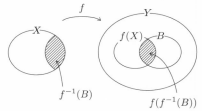

図 2.5 定理 2.1(9) において等号がなり
たたない場合

図 2.6 定理 2.1(10) において等号がな
りたたない場合

(3) $f^{-1}(f(\{1\}))$. 重要   (4) $f(f^{-1}(\{3, 4\}))$. 重要

補足 (1)〜(4) より，それぞれ定理 2.1 (3)，(4)，(9)，(10) において，等号はなり
たつとは限らないことが分かる.

本節のまとめ

☑ 写像とは，1 つの集合の各元に対して，もう 1 つの集合の元を対応さ
せる規則である. 定義 2.1

☑ 実数値関数，複素数値関数は写像の例であり，単に関数ともい
う. 定義 2.1

☑ 写像の例として，定値写像，包含写像，恒等写像，制限写像が挙げら
れる. 例 2.2 〜 例 2.4

☑ 2 つの写像に対して，相等関係を考えることができる. §2.1.2

☑ 論理記号などを用いると，命題の記述を簡潔にすることができ

る. §2.1.3

☑ 2つの集合の直積の概念を用いて，写像のグラフを考えることができ
る. §2.1.4

☑ 写像と定義域の部分集合に対して，像を定めることができる. 定義 2.3

☑ 写像と値域の部分集合に対して，逆像を定めることができる. 定義 2.3

2

写

像

2.2 合成写像と逆写像

 合成写像や逆写像はさまざまな場面で現れる重要な写像である．まず，
合成写像とは，2つの写像があたえられ，定義域や値域がある条件をみ
たしているときに定められるものである．本節では，はじめに合成写像
を扱う．続いて，全射，単射といった特別な性質をみたす写像について
述べ，それらをもとに，合成写像とも関連する逆写像を扱う．

§2.2.1 合成写像

X，Y，Z を空でない集合，$f : X \to Y$，$g : Y \to Z$ を写像とする．f の
値域と g の定義域はともに Y であることに注意しよう．このとき，$x \in X$
とすると，写像 $f : X \to Y$ があたえられていることより，$f(x) \in Y$ が定ま
る．すると，写像 $g : Y \to Z$ があたえられていることより，$g(f(x)) \in Z$ が
定まる．よって，写像 $g \circ f : X \to Z$ を

$$(g \circ f)(x) = g(f(x)) \quad (x \in X) \tag{2.28}$$

により定めることができる．$g \circ f$ を f と g の**合成写像** (composite map) ま
たは**合成** (composition) という（図 2.7）．

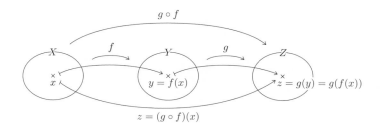

図 2.7 合成写像 $g \circ f : X \to Z$

> **例題 2.5** $X = \{1, 2, 3\}$, $Y = \{4, 5, 6\}$, $Z = \{7, 8, 9\}$ のとき，写像 $f : X \to Y$ を $f(1) = 4$, $f(2) = 4$, $f(3) = 5$, 写像 $g : Y \to Z$ を $g(4) = 9$, $g(5) = 8$, $g(6) = 7$ により定める．このとき，$(g \circ f)(1)$ を求めよ．

解説 f の値域と g の定義域はともに Y なので，合成写像 $g \circ f : X \to Z$ が定義されることに注意しよう．f, g の定義および合成写像の定義 (2.28) より，

$$(g \circ f)(1) = g(f(1)) = g(4) = 9 \tag{2.29}$$

である．   □

問 2.9   例題 2.5 の f, g について，$(g \circ f)(2)$ および $(g \circ f)(3)$ を求めよ．

写像の合成は結合律をみたす．すなわち，次がなりたつ．

定理 2.2（結合律） X, Y, Z, W を空でない集合，$f : X \to Y$, $g : Y \to Z$, $h : Z \to W$ を写像とする．このとき，

$$h \circ (g \circ f) = (h \circ g) \circ f \tag{2.30}$$

がなりたつ．

【証明】 §2.1.2 で述べた，写像の相等関係に対する 3 つの条件を確認する．

まず，f の定義域は X，値域は Y であり，g の定義域は Y，値域は Z なので，$g \circ f$ の定義域は X，値域は Z である．さらに，h の定義域は Z，値域は W なので，$h \circ (g \circ f)$ の定義域は X，値域は W である．一方，g の定義域は Y，値域は Z であり，h の定義域は Z，値域は W なので，$h \circ g$ の定義域は Y，値域は W である．さらに，f の定義域は X，値域は Y なので，$(h \circ g) \circ f$ の定義域は X，値域は W である．よって，$h \circ (g \circ f)$ と $(h \circ g) \circ f$ の定義域，値域はそれぞれ等しい．

次に，$x \in X$ とすると，合成写像の定義 (2.28) より，

$$\{h \circ (g \circ f)\}(x) = h((g \circ f)(x)) = h(g(f(x))) = (h \circ g)(f(x))$$
$$= \{(h \circ g) \circ f\}(x), \tag{2.31}$$

すなわち，

$$\{h \circ (g \circ f)\}(x) = \{(h \circ g) \circ f\}(x) \tag{2.32}$$

である.

したがって，(2.30) がなりたつ. □

注意 2.3 X を空でない集合，$f, g : X \to X$ を写像とする. このとき，2 つの
合成写像 $g \circ f$, $f \circ g : X \to X$ を考えることができるが，$g \circ f = f \circ g$ がなりた
つとは限らない.

例えば，$X = \mathbf{R}$ とし，関数 $f, g : \mathbf{R} \to \mathbf{R}$ を

$$f(x) = -x + 1, \quad g(x) = x^2 \quad (x \in \mathbf{R}) \tag{2.33}$$

により定める. このとき，合成写像の定義 (2.28) より，

$$(g \circ f)(-1) = g(f(-1)) = g(-(-1) + 1) = g(2) = 2^2 = 4, \tag{2.34}$$

$$(f \circ g)(-1) = f(g(-1)) = f((-1)^2) = f(1) = -1 + 1 = 0 \tag{2.35}$$

なので，

$$(g \circ f)(-1) \neq (f \circ g)(-1)$$

である. よって，$g \circ f \neq f \circ g$ である.

なお，上の $g \circ f$ や $f \circ g$ のような，関数と関数の合成は**合成関数** (composite
function) ともいう.

問 2.10 関数 $f, g : \{0, 1\} \to \{0, 1\}$ を

$$f(x) = -x + 1, \quad g(x) = x^2 \quad (x \in \{0, 1\}) \tag{2.36}$$

により定めることができることを示せ. さらに，$g \circ f = f \circ g$ であることを示せ.

§2.2.2　全射と単射 ···◇◇◇

次に，写像に関する基本的概念である，全射と単射について述べよう.

定義 2.4 X，Y を空でない集合，$f : X \to Y$ を写像とする.

任意の $y \in Y$ に対して，ある $x \in X$ が存在し，$y = f(x)$ となるとき，
f を**全射** (surjection) または**上への写像** (onto map) という (図 2.8).

$x_1, x_2 \in X$，$x_1 \neq x_2$ ならば，$f(x_1) \neq f(x_2)$ となるとき，f を**単射**
(injection) または **1 対 1 の写像** (one to one map) という (図 2.9).

全射かつ単射である写像を**全単射** (bijection) という.

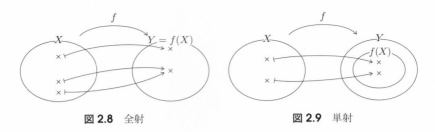

図 **2.8** 全射　　　　　　　　　　図 **2.9** 単射

✐ **注意 2.4**　定義 2.4 において，像の定義 (2.21) より，f が全射であるとは $f(X) = Y$ となることである．

　また，f が単射であるとは，対偶[3] を考えると，「$x_1, x_2 \in X$, $f(x_1) = f(x_2)$ ならば，$x_1 = x_2$ となる」ことである．よって，f がこの条件をみたすことを単射の定義としてもよい．

◇ **例 2.6**　X を空でない集合とする．また，$n \in \mathbf{N}$ に対して，1 から n までの自然数全体の集合を X_n とおく．すなわち，

$$X_n = \{1, 2, \ldots, n\} \tag{2.37}$$

である．このとき，X が n 個の元からなる有限集合 §1.1.5 であるとは，X から X_n への全単射が存在することに他ならない．　　　　　　　　　　　　　　　◇

> **例題 2.6**　X, Y を空でない集合とし，$X \subset Y$ とする．このとき，包含写像（例 2.3）$\iota : X \to Y$ は単射であることを示せ．

解説　ι が定義 2.4 の単射の条件をみたすことを示す．$x_1, x_2 \in X$, $x_1 \neq x_2$ とする．このとき，包含写像の定義より，

$$\iota(x_1) = x_1, \quad \iota(x_2) = x_2 \tag{2.38}$$

である．よって，$x_1 \neq x_2$ より，$\iota(x_1) \neq \iota(x_2)$ となる．したがって，ι は定義 2.4 の単射の条件をみたし，単射である．　　　　　　　　　　　　　　　□

---

[3] 命題 P, Q に対して，命題「P ならば Q」を考える．このとき，命題「Q でないならば P でない」を「P ならば Q」の**対偶** (contraposition) という．「P ならば Q」とその対偶「Q でないならば P でない」の真偽は一致する．すなわち，一方が正しいならばもう一方も正しく，一方が正しくないならばもう一方も正しくない．

2

写像

問 2.11 X を空でない集合とすると，恒等写像 例 2.3 $\mathrm{id}_X : X \to X$ は全単射であることを示せ． ✪

◇ **例 2.7** 関数 $f : \mathbf{R} \to \mathbf{R}$ を

$$f(x) = x^2 \quad (x \in \mathbf{R}) \tag{2.39}$$

により定める．このとき，定義 2.4 にしたがって，f は全射でも単射でもないことを示そう．

まず，例えば，-1 は f の値域の元，すなわち，$-1 \in \mathbf{R}$ である．しかし，$f(x) = -1$ となる定義域の元，すなわち，$x^2 = -1$ となる $x \in \mathbf{R}$ は存在しない．よって，f は定義 2.4 の全射の条件をみたさず，全射ではない．

また，例えば，-1 および 1 は定義域の異なる元，すなわち，$-1, 1 \in \mathbf{R}$，$-1 \neq 1$ である．しかし，$f(-1) = f(1) = 1$ となる．よって，f は定義 2.4 の単射の条件をみたさず，単射ではない． ◇

問 2.12 関数 $g : \mathbf{R} \to [0, +\infty)$ および $h : [0, +\infty) \to \mathbf{R}$ を

$$g(x) = x^2 \quad (x \in \mathbf{R}), \quad h(x) = x^2 \quad (x \in [0, +\infty)) \tag{2.40}$$

により定める．
(1) g は全射であるが，単射ではないことを示せ． 重要
(2) h は全射ではないが，単射であることを示せ． 重要

問 2.13 $X = \{1, 2\}$，$Y = \{3, 4\}$ のとき，写像 $f : X \to Y$ を $f(1) = 3$，$f(2) = 3$ により定める．f は全射でも単射でもないことを示せ． 重要

§2.2.3 全射と単射に関する基本的性質 ◇◇◇

定理 2.1 (3)，(4)，(9)，(10) の包含関係において，等号がなりたつとは限らないのであった．しかし，写像が全射あるいは単射であるという条件を付け加えると，次のように等号がなりたつ．

定理 2.3 X, Y を空でない集合，$f : X \to Y$ を写像とし，$A, A_1, A_2 \subset X$，$B \subset Y$ とする．このとき，次の (1)～(4) がなりたつ．
(1) f が単射ならば，$f(A_1 \cap A_2) = f(A_1) \cap f(A_2)$．
(2) f が単射ならば，$f(A_1 \setminus A_2) = f(A_1) \setminus f(A_2)$．
(3) f が単射ならば，$f^{-1}(f(A)) = A$．
(4) f が全射ならば，$f(f^{-1}(B)) = B$．

【証明】 (1) 定理 2.1 (3) および定理 1.1 (2) より,

$$f(A_1 \cap A_2) \supset f(A_1) \cap f(A_2) \tag{2.41}$$

がなりたつことを示せばよい. 以下は問 2.14(1) とする.

(2) 定理 2.1 (4) および定理 1.1 (2) より,

$$f(A_1 \setminus A_2) \subset f(A_1) \setminus f(A_2) \tag{2.42}$$

がなりたつことを示せばよい.

$y \in f(A_1 \setminus A_2)$ とする. このとき, 像の定義 (2.21) より, ある $x \in A_1 \setminus A_2$ が存在し, $y = f(x)$ となる. とくに, $x \in A_1$ なので, 像の定義より, $y \in f(A_1)$ である. ここで, $y \notin f(A_2)$ であることを背理法により示す.

$y \in f(A_2)$ であると仮定する. このとき, 像の定義より, ある $x' \in A_2$ が存在し, $y = f(x')$ となる. よって, $f(x) = f(x')$ となる. さらに, f は単射なので, $x = x'$ である 注意 2.4 . したがって, $x \in A_2$ となり, これは $x \in A_1 \setminus A_2$ であることに矛盾する. すなわち, $y \notin f(A_2)$ である.

以上より, $y \in f(A_1 \setminus A_2)$ ならば $y \in f(A_1) \setminus f(A_2)$ となり, 包含関係の定義 §1.1.6 より, (2.42) がなりたつ.

(3) 定理 2.1 (9) および定理 1.1 (2) より,

$$f^{-1}(f(A)) \subset A \tag{2.43}$$

がなりたつことを示せばよい.

$x \in f^{-1}(f(A))$ とする. このとき, 逆像の定義 (2.22) より, $f(x) \in f(A)$ である. さらに, 像の定義 (2.21) より, ある $x' \in A$ が存在し, $f(x) = f(x')$ となる. ここで, f は単射なので, $x = x'$ である 注意 2.4 . よって, $x \in A$ である. したがって, $x \in f^{-1}(f(A))$ ならば $x \in A$ となり, 包含関係の定義 §1.1.6 より, (2.43) がなりたつ.

(4) 定理 2.1 (10) および定理 1.1 (2) より,

$$f(f^{-1}(B)) \supset B \tag{2.44}$$

がなりたつことを示せばよい. 以下は問 2.14 (2) とする.   □

問 2.14 (1) 定理 2.3 (1) の証明において, (2.41) を示せ. ■
(2) 定理 2.3 (4) の証明において, (2.44) を示せ. ■

また, 写像の合成について, 次がなりたつ.

定理 2.4　X, Y, Z を空でない集合，$f : X \to Y$，$g : Y \to Z$ を写像とする．このとき，次の (1), (2) がなりたつ．とくに，f, g がともに全単射ならば，$g \circ f$ は全単射である．

(1) f, g がともに全射ならば，$g \circ f$ は全射である．

(2) f, g がともに単射ならば，$g \circ f$ は単射である．

【証明】　(1) のみ示し，(2) の証明は問 2.16 とする．

(1) $z \in Z$ とする．g は全射なので，ある $y \in Y$ が存在し，$z = g(y)$ となる．さらに，f は全射なので，ある $x \in X$ が存在し，$y = f(x)$ となる．このとき，$z = g(f(x))$，すなわち，合成写像の定義 (2.28) より，$z = (g \circ f)(x)$ となる．よって，$g \circ f$ は定義 2.4 の全射の条件をみたし，全射である．　　　□

問 2.15　$X = \{1, 2\}$，$Y = \{3, 4\}$，$Z = \{5\}$ のとき，写像 $f : X \to Y$ を $f(1) = 4$，$f(2) = 4$ により定め，写像 $g : Y \to Z$ を $g(3) = 5$，$g(4) = 5$ により定める．このとき，定理 2.4 (1) の逆[4]はなりたっていないことを説明せよ．重要

問 2.16　定理 2.4 (2) を示せ．

問 2.17　$X = \{1, 2\}$，$Y = \{3, 4, 5\}$，$Z = \{6, 7\}$ のとき，写像 $f : X \to Y$ を $f(1) = 4$，$f(2) = 5$ により定め，写像 $g : Y \to Z$ を $g(3) = 6$，$g(4) = 6$，$g(5) = 7$ により定める．このとき，定理 2.4 (2) の逆はなりたっていないことを説明せよ．重要

定理 2.4，問 2.15，問 2.17 に関して，次がなりたつ．

定理 2.5　X, Y, Z を空でない集合，$f : X \to Y$，$g : Y \to Z$ を写像とする．このとき，次の (1), (2) がなりたつ．

(1) $g \circ f$ が全射ならば，g は全射である．

(2) $g \circ f$ が単射ならば，f は単射である．

【証明】　(2) のみ示し，(1) の証明は問 2.18 とする．

(2) $x_1, x_2 \in X$，$f(x_1) = f(x_2)$ とする．このとき，$g(f(x_1)) = g(f(x_2))$，すなわち，合成写像の定義 (2.28) より，$(g \circ f)(x_1) = (g \circ f)(x_2)$ である．ここで，$g \circ f$ は単射なので，$x_1 = x_2$ である 注意 2.4．よって，f は定義 2.4 の単射の条件をみたし，単射である．　　　□

問 2.18　定理 2.5 (1) を示せ．❀

---

[4] 命題 P, Q に対して，命題「P ならば Q」を考える．このとき，命題「Q ならば P」を「P ならば Q」の**逆** (converse) という．

§2.2.4 逆写像 ··· ◇◇◇

全単射があたえられると，逆写像というものを考えることができる．X，Y を空でない集合，$f : X \to Y$ を全単射とする．このとき，$y \in Y$ とすると，f は全射なので，ある $x \in X$ が存在し，$y = f(x)$ となる．さらに，f は単射なので，このような x は一意的である．よって，y に対して x を対応

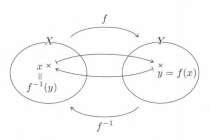

図 2.10　逆写像 $f^{-1} : Y \to X$

させる規則を考えることができる．これを f^{-1} と表し，f の**逆写像** (inverse map) という（図 2.10）．

f^{-1} は Y から X への全単射となる．また，f^{-1} の逆写像は f，すなわち，$(f^{-1})^{-1} = f$ である．さらに，逆写像の定義より，f および f^{-1} は

$$f^{-1} \circ f = \mathrm{id}_X, \quad f \circ f^{-1} = \mathrm{id}_Y \tag{2.45}$$

をみたす．ただし，id_X および id_Y はそれぞれ X 上，Y 上の恒等写像 例 2.3 である．なお，写像を関数という場合は，逆写像を**逆関数** (inverse function) ともいう．また，記号「f^{-1}」は逆像 (2.22) に対しても用いられるが，混乱しないようにしよう．

◇ **例 2.8**（指数関数と対数関数）　$a \in \mathbf{R}$ を $a > 0$，$a \neq 1$ をみたす定数とする．このとき，関数 $f : \mathbf{R} \to (0, +\infty)$ を

$$f(x) = a^x \quad (x \in \mathbf{R}) \tag{2.46}$$

により定める．すなわち，f は a を底とする指数関数である（図 2.11）．f は全単射となるので，f の逆関数 $f^{-1} : (0, +\infty) \to \mathbf{R}$ が存在するが，これは a を底とする対数関数に他ならない．すなわち，

$$f^{-1}(y) = \log_a y \quad (y \in (0, +\infty)) \tag{2.47}$$

である（図 2.12）．また，(2.45) は

$$\log_a a^x = x \quad (x \in \mathbf{R}), \quad a^{\log_a x} = x \quad (x \in (0, +\infty)) \tag{2.48}$$

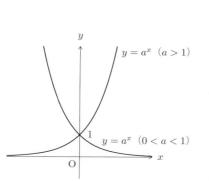

図 2.11 指数関数 $y = a^x$ のグラフ

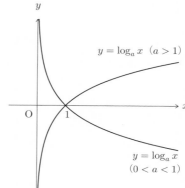

図 2.12 対数関数 $y = \log_a x$ のグラフ

と表すことができる. ◇

問 2.19 X, Y, Z を空でない集合, $f: X \to Y$, $g: Y \to Z$ を全単射とする.

(1) $(g \circ f)^{-1}: Z \to X$ および $f^{-1} \circ g^{-1}: Z \to X$ が定義できることを示せ. 重要

(2) $z \in Z$ とし, $y = g^{-1}(z)$, $x = f^{-1}(y)$ とおく. このとき, $(g \circ f)^{-1}(z) = x$ であることを示せ. 重要

(3) $z \in Z$ とし, $y = g^{-1}(z)$, $x = f^{-1}(y)$ とおく. このとき, $(f^{-1} \circ g^{-1})(z) = x$ であることを示せ. 重要

補足 (1)～(3) より,

$$(g \circ f)^{-1} = f^{-1} \circ g^{-1} \tag{2.49}$$

がなりたつ.

本節のまとめ

☑ 2 つの写像が定義域や値域に関する条件をみたしていると, 合成写像を考えることができる. §2.2.1

☑ 特別な性質をもつ写像として, 全射や単射が挙げられる. 定義 2.4

☑ 全単射な写像に対して, 逆写像を定めることができる. §2.2.4

章末問題

◇•·· ━━━━━━━━━━━━━━━━━━━━━━━━━━━━━━━━━━━━━ ••◇

━━━━━━━━━━━━━━━ **標準問題** ━━━━━━━━━━━━━━━

問題 2.1　X, Y, Z を空でない集合, $f : X \to Y$, $g : Y \to Z$ を写像とし, $A \subset X$, $C \subset Z$ とする. 次の (1), (2) を示せ.
(1) $(g \circ f)(A) = g(f(A))$.　　(2) $(g \circ f)^{-1}(C) = f^{-1}(g^{-1}(C))$.

問題 2.2　写像 $f : \mathbf{N} \to \mathbf{Z}$ を

$$f(n) = (-1)^n \left[\frac{n}{2} \right] \quad (n \in \mathbf{N}) \tag{2.50}$$

により定める. ただし, $[\ ]$ はガウス記号, すなわち, $x \in \mathbf{R}$ に対して, $[x]$ は x を超えない最大の整数である. 次の (1), (2) を示せ.
(1) f は全射である.　　(2) f は単射である.

補足　とくに, f は全単射である.

問題 2.3　X を偶数全体の集合, Y を奇数全体の集合とする. 次の問に答えよ.
(1) 写像 $f : \mathbf{Z} \to X$ を

$$f(m) = 2m \quad (m \in \mathbf{Z}) \tag{2.51}$$

により定める. f は全単射であることを示せ.
(2) 写像 $g : X \to Y$ を

$$g(l) = l + 1 \quad (l \in X) \tag{2.52}$$

により定める. g は全単射であることを示せ.

問題 2.4　X, X', Y, Y' を空でない集合, $f : X \to X'$, $g : Y \to Y'$ を全単射とする. このとき, 写像 $h : X \times Y \to X' \times Y'$ を

$$h(x, y) = (f(x), g(y)) \quad ((x, y) \in X \times Y) \tag{2.53}$$

により定める. 次の (1), (2) を示せ.
(1) h は全射である.　　(2) h は単射である.

補足　とくに, h は全単射である.

問題 2.5　X, Y, Z を空でない集合, $f : X \to Y$ を全射, $g : Y \to Z$, $g' : Y \to Z$ を写像とする. $g \circ f = g' \circ f$ ならば, $g = g'$ であることを示せ.

問題 2.6 X, Y, Z を空でない集合, $f : X \to Y$, $f' : X \to Y$ を写像, $g : Y \to Z$ を単射とする. $g \circ f = g \circ f'$ ならば, $f = f'$ であることを示せ.

問題 2.7 X, Y, Z を空でない集合, $f : X \to Y$, $g : Y \to Z$ を写像とする. 次の (1), (2) を示せ.
(1) $g \circ f$ が全射であり, g が単射ならば, f は全射である.
(2) $g \circ f$ が単射であり, f が全射ならば, g は単射である.

問題 2.8 X, Y を空でない集合, $f : X \to Y$, $g : Y \to X$, $g' : Y \to X$ を写像とする. $g \circ f = \mathrm{id}_X$, $f \circ g' = \mathrm{id}_Y$ ならば, 次の (1), (2) がなりたつことを示せ.
(1) f は全単射である. 　　　(2) $g = g' = f^{-1}$.

━━━━━━━━━━━━━ **発展問題** ━━━━━━━━━━━━━

問題 2.9 $A \subset \mathbf{N}$ を無限集合 §1.1.5 とする. このとき, $a \in A$ に対して a 以下の A の元の個数を対応させることにより得られる A から $\mathbf{N}$ への写像を f とおく. f は全単射であることを示せ.

問題 2.10 X を空でない集合とし, X を全体集合 §1.2.5 として考える. また, $A \subset X$ を 1 つ選んで固定しておく. このとき, 関数 $\chi_A : X \to \{0, 1\}$ を

$$\chi_A(x) = \begin{cases} 1 & (x \in A), \\ 0 & (x \in A^c) \end{cases} \tag{2.54}$$

により定めることができる. さらに, X を定義域, $\{0, 1\}$ を値域とする関数全体の集合を $F(X, \{0, 1\})$ と表すことにする. このとき, 写像 $\Phi : 2^X \to F(X, \{0, 1\})$ を

$$\Phi(A) = \chi_A \quad (A \in 2^X) \tag{2.55}$$

により定める. ただし, 2^X は X のべき集合 定義 1.2 である. 次の (1), (2) を示せ.
(1) Φ は全射である. 　　　(2) Φ は単射である.

補足 とくに, Φ は全単射である. また, χ_A を A の**定義関数** (defining function) または**特性関数** (characteristic function) という.

第 **II** 部

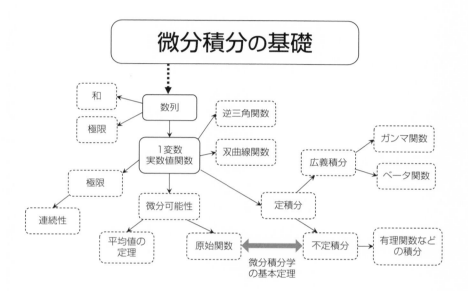

微分積分の基礎

第II部では, 微分積分に関する内容として, 順に, 数列と関数 (とくに1変数の実数値関数), 関数の微分, 関数の積分を扱う.

第3章

数列と関数

3.1 数列とその極限

本節では，写像の例として数列を考える．また，関連する話題として，数学的帰納法について述べる．さらに，数列の極限を定義し，その基本的な性質を扱う．

§3.1.1 数列の定義と例

数を

$$a_1, a_2, \ldots, a_n, \ldots \tag{3.1}$$

のように 1 列に並べたものを**数列** (sequence) という．数列 (3.1) を $\{a_n\}_{n=1}^{\infty}$ と表す．数列 $\{a_n\}_{n=1}^{\infty}$ は各自然数 n に対して数 a_n を対応させるものなので，$\mathbf{N}$ から $\mathbf{Q}$, $\mathbf{R}$, $\mathbf{C}$ といった数からなる集合への写像とみなすことができる．$\mathbf{N}$ から $\mathbf{Q}$, $\mathbf{R}$, $\mathbf{C}$ への写像として表される数列をそれぞれ**有理数列** (sequence of rational numbers), **実数列** (sequence of real numbers), **複素数列** (sequence of complex numbers) ともいう．例えば，有理数列 $\{a_n\}_{n=1}^{\infty}$ は任意の $n \in \mathbf{N}$ に対して，$a_n \in \mathbf{Q}$ である．数列 $\{a_n\}_{n=1}^{\infty}$ に対して，a_n を**第 n 項** (n-th term) という．なお，a_1 は**初項** (first term) ともいう．

基本的な数列の例を 2 つ挙げよう．

◇ **例 3.1**（等差数列）　$a, d \in \mathbf{C}$ を定数とすると，数列 $\{a_n\}_{n=1}^{\infty}$ を

$$a_1 = a, \quad a_{n+1} = a_n + d \quad (n \in \mathbf{N}) \tag{3.2}$$

により定めることができる．$\{a_n\}_{n=1}^{\infty}$ を**公差** (common difference) d の**等差数列** (arithmetic sequence) または**算術数列**という．このとき，$\{a_n\}_{n=1}^{\infty}$ の第 n 項は

$$a_n = a + (n-1)d \tag{3.3}$$

と表すことができる. 実際, $n = 1$ のとき, (3.3) はなりたち, $n \geq 2$ のとき, (3.2) より,

$$a_n = (a_n - a_{n-1}) + (a_{n-1} - a_{n-2}) + \cdots + (a_2 - a_1) + a_1$$
$$= \underbrace{d + d + \cdots + d}_{(n-1)\,個} + a = (n-1)d + a = a + (n-1)d \tag{3.4}$$

となるからである. (3.3) のように, a_n を n の具体的な式で表したものを**一般項** (general term) という. ◇

問 3.1 $a_2 = 10$, $a_6 = 22$ となる等差数列 $\{a_n\}_{n=1}^{\infty}$ の一般項を求めよ. 易

◇ **例 3.2** (等比数列) $a, r \in \mathbf{C}$ を定数とすると, 数列 $\{a_n\}_{n=1}^{\infty}$ を

$$a_1 = a, \quad a_{n+1} = ra_n \quad (n \in \mathbf{N}) \tag{3.5}$$

により定めることができる. $\{a_n\}_{n=1}^{\infty}$ を**公比** (common ratio) r の**等比数列** (geometric sequence) または**幾何数列**という. このとき, $\{a_n\}_{n=1}^{\infty}$ の一般項は

$$a_n = ar^{n-1} \tag{3.6}$$

によりあたえられる. 実際, $n = 1$ のとき, (3.6) はなりたち, $n \geq 2$ のとき, (3.5) より,

$$a_n = ra_{n-1} = r(ra_{n-2}) = r^2 a_{n-2} = \cdots = r^{n-1} a_1 = ar^{n-1} \tag{3.7}$$

となるからである. ◇

問 3.2 $a_3 = 20$, $a_6 = 160$ となり, 公比が実数の等比数列 $\{a_n\}_{n=1}^{\infty}$ の一般項を求めよ. 易

§3.1.2 数列の和 ◆◆◆

$\{a_n\}_{n=1}^{\infty}$ を数列とし, $\{a_n\}_{n=1}^{\infty}$ の初項から第 n 項までの和を $\sum_{k=1}^{n} a_k$ と表す. すなわち,

$$\sum_{k=1}^{n} a_k = a_1 + a_2 + \cdots + a_n \tag{3.8}$$

である.

◇ **例 3.3**　$a \in \mathbf{C}$ とし，数列 $\{a_n\}_{n=1}^{\infty}$ を

$$a_n = a \quad (n \in \mathbf{N}) \tag{3.9}$$

により定める．このとき，

$$\sum_{k=1}^{n} a_k = \underbrace{a + a + \cdots + a}_{n \text{ 個}} = na, \tag{3.10}$$

すなわち，

$$\sum_{k=1}^{n} a = an \tag{3.11}$$

である． ◇

$\{a_n\}_{n=1}^{\infty}$，$\{b_n\}_{n=1}^{\infty}$ を数列とすると，各 $n \in \mathbf{N}$ に対して，$a_n + b_n$ を対応させることにより，数列 $\{a_n + b_n\}_{n=1}^{\infty}$ を定めることができる．また，c を定数とすると，各 $n \in \mathbf{N}$ に対して，ca_n を対応させることにより，数列 $\{ca_n\}_{n=1}^{\infty}$ を定めることができる．数に対して，和の交換律や結合律，和と積に関する分配律がなりたつことより，次が得られる．

定理 3.1　次の (1)，(2) がなりたつ．
(1) $\displaystyle\sum_{k=1}^{n} (a_k + b_k) = \sum_{k=1}^{n} a_k + \sum_{k=1}^{n} b_k$.
(2) $\displaystyle\sum_{k=1}^{n} ca_k = c \sum_{k=1}^{n} a_k$.

例題 3.1　$\{a_n\}_{n=1}^{\infty}$ を初項 a，公差 d の等差数列とする．次の問に答えよ．
(1) $n \in \mathbf{N}$，$k \in \{1, 2, \dots, n\}$ とする．このとき，$a_k + a_{n+1-k}$ を n の式で表せ．
(2) $\displaystyle\sum_{k=1}^{n} (a_k + a_{n+1-k})$ を計算することにより，

$$\sum_{k=1}^{n} a_k = an + \frac{n(n-1)d}{2} \tag{3.12}$$

がなりたつことを示せ．

解説 (1) $\{a_n\}_{n=1}^{\infty}$ の一般項は (3.3) によりあたえられる. (3.3) において, n を k, $n+1-k$ に置き換えると,

$$a_k = a + (k-1)d, \quad a_{n+1-k} = a + (n-k)d \tag{3.13}$$

である. よって,

$$a_k + a_{n+1-k} = \{a + (k-1)d\} + \{a + (n-k)d\} = 2a + (n-1)d \tag{3.14}$$

である.

(2) (3.14) の最後の式は k に依存しないので, 例 3.3 と同様に考えると,

$$\sum_{k=1}^{n}(a_k + a_{n+1-k}) = \sum_{k=1}^{n}\{2a + (n-1)d\} = n\{2a + (n-1)d\}$$
$$= 2an + n(n-1)d \tag{3.15}$$

となる. また,

$$\sum_{k=1}^{n} a_{n+1-k} = a_n + a_{n-1} + \cdots + a_1 = a_1 + a_2 + \cdots + a_n = \sum_{k=1}^{n} a_k \tag{3.16}$$

なので, 定理 3.1 (1) より,

$$\sum_{k=1}^{n}(a_k + a_{n+1-k}) = \sum_{k=1}^{n} a_k + \sum_{k=1}^{n} a_{n+1-k} = \sum_{k=1}^{n} a_k + \sum_{k=1}^{n} a_k = 2\sum_{k=1}^{n} a_k \tag{3.17}$$

である. (3.15), (3.17) より, (3.12) が得られる. □

問 3.3 (3.12) を用いることにより,

$$\sum_{k=1}^{n} k = \frac{1}{2}n(n+1) \tag{3.18}$$

がなりたつことを示せ. 易 ✿

問 3.4 $\{a_n\}_{n=1}^{\infty}$ を初項 a, 公比 r の等比数列とする. $r \neq 1$ のとき, $(1-r)\sum_{k=1}^{n} a_k$ を計算することにより,

$$\sum_{k=1}^{n} a_k = \frac{a(1-r^n)}{1-r} \tag{3.19}$$

がなりたつことを示せ. 易 ✿

問 3.5 k についての恒等式

$$k^3 - (k-1)^3 = 3k^2 - 3k + 1 \tag{3.20}$$

がなりたつことを示し，これを用いることにより，

$$\sum_{k=1}^{n} k^2 = \frac{1}{6}n(n+1)(2n+1) \tag{3.21}$$

がなりたつことを示せ. ✪

問 3.6 次の数列の和 (1), (2) を求めよ.

(1) $\sum_{k=1}^{n}(1+2k+3^k)$.   (2) $\sum_{k=1}^{n} k(k+1)$.

§3.1.3 数学的帰納法 ···◇◇◇

各 $n \in \mathbf{N}$ に対して，命題 $P(n)$ があたえられているとし，次の (a), (b) がなりたつとする.

(a) $n = 1$ のとき，$P(n)$ はなりたつ.

(b) $n = k \ (k \in \mathbf{N})$ のとき，$P(k)$ がなりたつと仮定すると，$P(k+1)$ がなりたつ.

このとき，任意の $n \in \mathbf{N}$ に対して，$P(n)$ がなりたつ. このような方法で $n \in \mathbf{N}$ に関する命題 $P(n)$ が真であることを示す方法を**数学的帰納法** (mathematical induction) という.

◇ **例 3.4** (3.18) は $n \in \mathbf{N}$ に関する命題であり，任意の $n \in \mathbf{N}$ に対して (3.18) がなりたつことは，次のように数学的帰納法により示すことができる.

まず，$n = 1$ のとき，

$$\sum_{k=1}^{1} k = \frac{1}{2} \cdot 1 \cdot (1+1) = 1 \tag{3.22}$$

なので，(3.18) がなりたつ.

次に，$n = l \ (l \in \mathbf{N})$ のとき [1]，(3.18) がなりたつと仮定する. すなわち，

$$\sum_{k=1}^{l} k = \frac{1}{2}l(l+1) \tag{3.23}$$

---

[1] (3.18) の左辺の式に k が用いられているので，k とは異なる文字 l を用いた.

がなりたつと仮定する．このとき，

$$\sum_{k=1}^{l+1} k = \sum_{k=1}^{l} k + (l+1) = \frac{1}{2}l(l+1) + (l+1) = \frac{1}{2}\{l(l+1)+2(l+1)\}$$

$$= \frac{1}{2}(l+1)(l+2) = \frac{1}{2}(l+1)\{(l+1)+1\} \tag{3.24}$$

である．よって，$n = l+1$ のとき，(3.18) がなりたつ．

したがって，任意の $n \in \mathbf{N}$ に対して，(3.18) がなりたつ． ◇

(3.21) も $n \in \mathbf{N}$ に関する命題であり，任意の $n \in \mathbf{N}$ に対して (3.21) がなりたつことは，数学的帰納法により示すことができる．例 3.4 で扱った (3.18) の場合と同様に，$n = 1$ のときに (3.21) がなりたつことは，ほとんど明らかなので，次の問では数学的帰納法の後半部分を中心に考えることにしよう．

問 3.7 $n = 1$ のとき，(3.21) の両辺はともに 1 である．$n = l$ $(l \in \mathbf{N})$ のとき，(3.21) がなりたつと仮定し，$n = l+1$ のとき，(3.21) がなりたつことを示せ．つまり，数学的帰納法より，任意の $n \in \mathbf{N}$ に対して，(3.21) がなりたつ．

§3.1.4 数列の極限 ◇◇◇

次に，数列の極限について述べよう．簡単のため，以下ではとくに断らない限り，実数列を考え，これを単に数列ということにする．また，連続の公理とよばれる $\mathbf{R}$ の重要な性質や ε 論法あるいは ε-N 論法とよばれる厳密な議論は扱わないこととする[2]．

定義 3.1 $\{a_n\}_{n=1}^{\infty}$ を数列とする．

ある $\alpha \in \mathbf{R}$ が存在し，n を十分大きく選べば，a_n を α に限りなく近づけることができるとき，

$$\lim_{n\to\infty} a_n = \alpha \tag{3.25}$$

または

$$a_n \to \alpha \quad (n \to \infty) \tag{3.26}$$

と表し，$\{a_n\}_{n=1}^{\infty}$ は**極限** (limit) α に**収束する** (converge) という．

n を十分大きく選べば，a_n を限りなく大きくできるとき，

---

[2] これらの議論については，例えば，参考文献 [6] を見よ．

$$\lim_{n\to\infty} a_n = +\infty \tag{3.27}$$

または

$$a_n \to +\infty \quad (n \to \infty) \tag{3.28}$$

と表し，$\{a_n\}_{n=1}^{\infty}$ は**極限 $+\infty$** または**正の無限大** (positive infinity) に**発散する** (diverge) という．同様に，**極限 $-\infty$** または**負の無限大** (negative infinity) に**発散する**数列を定めることができる．

◇ **例 3.5** $r \in \mathbf{R}$ とし，等比数列 $\{r^n\}_{n=1}^{\infty}$ について考える.
$-1 < r \leq 1$ のとき，$\{r^n\}_{n=1}^{\infty}$ は収束し，

$$\lim_{n\to\infty} r^n = \begin{cases} 1 & (r = 1), \\ 0 & (-1 < r < 1) \end{cases} \tag{3.29}$$

となることが分かる.

$r \leq -1$ または $r > 1$ のとき，$\{r^n\}_{n=1}^{\infty}$ は収束しないことが分かる．とくに，$r > 1$ のとき，$\{r^n\}_{n=1}^{\infty}$ の極限は $+\infty$ である. ◇

✎ **注意 3.1** 実数列に関して，

$$\lim_{n\to\infty} \frac{1}{n} = 0, \quad \lim_{n\to\infty} n = +\infty, \quad \lim_{n\to\infty} 2^n = +\infty, \quad \lim_{n\to\infty} \frac{1}{2^n} = 0 \tag{3.30}$$

がなりたつが，これらは**アルキメデスの原理** (Archimedean principle) とよばれ，連続の公理と深く関わるものである．

◇ **例 3.6**（ネピアの数） 有理数列 $\{a_n\}_{n=1}^{\infty}$ を

$$a_n = \left(1 + \frac{1}{n}\right)^n \quad (n \in \mathbf{N}) \tag{3.31}$$

により定めると，連続の公理より，$\{a_n\}_{n=1}^{\infty}$ はある実数に収束することが分かる（図 3.1）[3]．$\{a_n\}_{n=1}^{\infty}$ の極限を e と表し，**ネピアの数** (Napier's constant) または**自然対数の底** (base of the natural logarithm) という．e は

$$e = 2.718281828459045\ldots \tag{3.32}$$

と表される無理数であることが分かる． ◇

$$
\begin{aligned}
a_1 &= 2 \\
a_{10} &= 2.59374\cdots \\
a_{10^2} &= 2.70481\cdots \\
a_{10^3} &= 2.71692\cdots \\
a_{10^4} &= 2.71814\cdots \\
a_{10^5} &= 2.71826\cdots \\
a_{10^6} &= 2.71828\cdots
\end{aligned}
$$

図 3.1 $a_n = \left(1 + \frac{1}{n}\right)^n$ の値

---

[3] 計算機の性能にもよるが，$\{a_n\}_{n=1}^{\infty}$ が e に近づく様子を確かめてみるとよい．

$\{a_n\}_{n=1}^{\infty}$, $\{b_n\}_{n=1}^{\infty}$ を数列とし，$c \in \mathbf{R}$ とする．このとき，数列 $\{a_n + b_n\}_{n=1}^{\infty}$, $\{ca_n\}_{n=1}^{\infty}$ が定められるが，同様に，$\mathbf{R}$ の差，積，商を用いて，数列 $\{a_n - b_n\}_{n=1}^{\infty}$, $\{a_n b_n\}_{n=1}^{\infty}$, $\{\frac{a_n}{b_n}\}_{n=1}^{\infty}$ を定めることができる．ただし，$b_n = 0$ となる $n \in \mathbf{N}$ に対しては，$\frac{a_n}{b_n}$ を考えることはできないが，$\{b_n\}_{n=1}^{\infty}$ が収束し，その極限が 0 でなければ，十分大きい任意の n に対して $\frac{a_n}{b_n}$ を考えることができる．このようにして得られる数列の極限に関して，次がなりたつ．

> **定理 3.2** $\{a_n\}_{n=1}^{\infty}$, $\{b_n\}_{n=1}^{\infty}$ をそれぞれ極限 $\alpha, \beta \in \mathbf{R}$ に収束する数列とする．このとき，次の (1)～(4) がなりたつ．
>
> (1) $\displaystyle\lim_{n\to\infty}(a_n \pm b_n) = \alpha \pm \beta$ （複号同順）.
>
> (2) $c \in \mathbf{R}$ とすると，$\displaystyle\lim_{n\to\infty} ca_n = c\alpha$.
>
> (3) $\displaystyle\lim_{n\to\infty} a_n b_n = \alpha\beta$.
>
> (4) $\beta \neq 0$ のとき，$\displaystyle\lim_{n\to\infty} \frac{a_n}{b_n} = \frac{\alpha}{\beta}$.

問 3.8 次の (1), (2) の数列の極限を求めよ．

(1) $\displaystyle\lim_{n\to\infty} \frac{2^n - 3^n}{2^n + 3^n}$. 易 (2) $\displaystyle\lim_{n\to\infty} \frac{n-2}{3n+4}$. 易

$\mathbf{R}$ については大小関係を考えることができるが，実数列の極限に関しては，次もなりたつ．

> **定理 3.3** $\{a_n\}_{n=1}^{\infty}$, $\{b_n\}_{n=1}^{\infty}$, $\{c_n\}_{n=1}^{\infty}$ を数列とすると，次の (1), (2) がなりたつ．
>
> (1) 十分大きい任意の n に対して，$a_n \leq b_n$ がなりたち，$\{a_n\}_{n=1}^{\infty}$, $\{b_n\}_{n=1}^{\infty}$ がそれぞれ $\alpha, \beta \in \mathbf{R}$ に収束するならば，$\alpha \leq \beta$ である．
>
> (2) 十分大きい任意の n に対して，$a_n \leq c_n \leq b_n$ がなりたち，$\{a_n\}_{n=1}^{\infty}$, $\{b_n\}_{n=1}^{\infty}$ がともに $\alpha \in \mathbf{R}$ に収束するならば，$\{c_n\}_{n=1}^{\infty}$ は α に収束する．（**はさみうちの原理**：squeeze theorem）

例題 3.2 はさみうちの原理を用いることにより，

$$\lim_{n\to\infty} \frac{\sin n}{n} = 0 \tag{3.33}$$

であることを示せ．

3

数列と関数

解説 $n \in \mathbf{N}$ とすると，$-1 \leq \sin n \leq 1$ なので，

$$-\frac{1}{n} \leq \frac{\sin n}{n} \leq \frac{1}{n} \tag{3.34}$$

である．ここで，

$$\lim_{n \to \infty} \left(\pm \frac{1}{n} \right) = 0 \tag{3.35}$$

となるので，はさみうちの原理より，(3.33) がなりたつ．　　　　□

問 3.9　(1) 二項定理 (1.21) を用いることにより，$n = 3, 4, 5, \ldots$ のとき，

$$2^n > \frac{n^2}{2} \tag{3.36}$$

がなりたつことを示せ[4]．

(2) 極限 $\displaystyle\lim_{n \to \infty} \frac{n}{2^n}$ の値を求めよ．**重要**

本節のまとめ

☑ 数列は $\mathbf{N}$ を定義域，数からなる集合を値域とする写像とみなすことができる．　§3.1.1

☑ 数列に対して，和を定めることができる．　§3.1.2

☑ 各自然数に対して命題があたえられているとき，その命題を数学的帰納法を用いて示すことができる場合がある．　§3.1.3

☑ 数列に対して，極限を考えることができる．　§3.1.4

3.2　関数の極限

 本節では，写像の例として $\mathbf{R}$ の部分集合で定義された実数値関数を考える．とくに，そのような関数の極限を定義し，その基本的な性質を扱う．また，関数の極限の概念を用いて，関数の連続性を定める．

---

[4] $n = 1, 2$ のときは，直接計算することにより，(3.36) がなりたつことが分かる．

§3.2.1 閉 包 ···◇◇◇

$\mathbf{R}$ の空でない部分集合 A を定義域とする実数値関数 $f : A \to \mathbf{R}$ があたえられたとしよう. このとき,「$x \to a$ のときの f の極限 $\lim\limits_{x \to a} f(x)$」というものを定めたいのであるが, a は必ずしも f の定義域 A の元である必要はない. すなわち, 各 $n \in \mathbf{N}$ に対して $a_n \in A$ となる数列 $\{a_n\}_{n=1}^{\infty}$ を考えたとき, $\lim\limits_{n \to \infty} a_n = a \notin A$ となることがある. このとき, a は f の定義域の元ではないので, $f(a)$ の値は定められない. しかし, 極限 $\lim\limits_{n \to \infty} f(a_n)$ は存在することがある. そこで, このような関数の極限を考えるための準備として, $\mathbf{R}$ の部分集合に対して, その閉包とよばれるものを次のように定めよう.

> **定義 3.2**　$A \subset \mathbf{R}$ に対して, $\overline{A} \subset \mathbf{R}$ を A の元からなる数列の極限となるもの全体の集合とする. すなわち,
>
> $$\overline{A} = \left\{ x \in \mathbf{R} \;\middle|\; \begin{array}{l} \text{ある数列 } \{a_n\}_{n=1}^{\infty} \text{ が存在し, 任意の } n \in \mathbf{N} \\ \text{に対して } a_n \in A, \text{ かつ, } \lim\limits_{n \to \infty} a_n = x \end{array} \right\} \tag{3.37}$$
>
> とおく. $\overline{A}$ を A の**閉包** (closure) という.

閉包について, 次がなりたつ.

> **定理 3.4**　$A, B \subset \mathbf{R}$ とすると, 次の (1), (2) がなりたつ.
> (1) $A \subset \overline{A}$.
> (2) $A \subset B$ ならば, $\overline{A} \subset \overline{B}$.

【証明】　(1) のみ示し, (2) の証明は問 3.10 とする.

(1) $x \in A$ に対して, 数列 $\{a_n\}_{n=1}^{\infty}$ を

$$a_n = x \quad (n \in \mathbf{N}) \tag{3.38}$$

により定める. このとき, 任意の $n \in \mathbf{N}$ に対して, $a_n \in A$ である. また, $\lim\limits_{n \to \infty} a_n = x$ である. よって, 閉包の定義 (3.37) より, $x \in \overline{A}$ である. したがって, $x \in A$ ならば $x \in \overline{A}$ となり, 包含関係の定義 §1.1.6 より, (1) がなりたつ. $\qquad\square$

問 3.10　定理 3.4 (2) を示せ. ✪

R の部分集合で定義された実数値関数を考える場合，定義域は区間 定義 1.1 とすることが多い．区間の閉包については，次がなりたつ．

> **定理 3.5**　$a, b \in \mathbf{R}$ とすると，次の (1)〜(6) がなりたつ．
> (1) $a < b$ のとき，$\overline{(a,b)} = [a,b]$.
> (2) $a < b$ のとき，$\overline{[a,b)} = \overline{(a,b]} = [a,b]$.
> (3) $a \le b$ のとき，$\overline{[a,b]} = [a,b]$.
> (4) $\overline{(a,+\infty)} = [a,+\infty)$, $\overline{(-\infty,b)} = (-\infty,b]$.
> (5) $\overline{[a,+\infty)} = [a,+\infty)$, $\overline{(-\infty,b]} = (-\infty,b]$.
> (6) $\overline{\mathbf{R}} = \mathbf{R}$.

【証明】　(1) のみ示し，(2)〜(6) の証明は問 3.11〜問 3.15 とする．
まず，

$$\overline{(a,b)} \subset [a,b] \tag{3.39}$$

を示す．$x \in \overline{(a,b)}$ とする．このとき，閉包の定義 (3.37) より，ある数列 $\{a_n\}_{n=1}^{\infty}$ が存在し，任意の $n \in \mathbf{N}$ に対して，$a_n \in (a,b)$，すなわち，$a < a_n < b$ であり，かつ，$\lim_{n \to \infty} a_n = x$ となる．よって，定理 3.3 (1) より，$a \le x \le b$，すなわち，$x \in [a,b]$ となる．したがって，$x \in \overline{(a,b)}$ ならば $x \in [a,b]$ となり，包含関係の定義 §1.1.6 より，(3.39) がなりたつ．
次に，

$$[a,b] \subset \overline{(a,b)} \tag{3.40}$$

を示す．$x \in [a,b]$ とする．このとき，$x \in (a,b)$ または $x = a$ または $x = b$ である．$x \in (a,b)$ のとき，定理 3.4 (1) より，$x \in \overline{(a,b)}$ である．$x = a$ のとき，数列 $\{a_n\}_{n=1}^{\infty}$ を

$$a_n = a + \frac{b-a}{n+1} \quad (n \in \mathbf{N}) \tag{3.41}$$

により定める．このとき，任意の $n \in \mathbf{N}$ に対して，$a_n \in (a,b)$ であり，かつ，$\lim_{n \to \infty} a_n = a$ となる．よって，閉包の定義より，$a \in \overline{(a,b)}$ である．$x = b$ のとき，数列 $\{a_n\}_{n=1}^{\infty}$ を

$$a_n = b - \frac{b-a}{n+1} \quad (n \in \mathbf{N}) \tag{3.42}$$

により定める．このとき，任意の $n \in \mathbf{N}$ に対して，$a_n \in (a,b)$ であり，かつ，$\lim_{n \to \infty} a_n = b$ となる．よって，閉包の定義より，$b \in \overline{(a,b)}$ である．したがって，$x \in [a,b]$ ならば $x \in \overline{(a,b)}$ となり，包含関係の定義より，(3.40) がなりたつ．

(3.39)，(3.40) および定理 1.1 (2) より，(1) がなりたつ．　　　　　□

問 3.11 $a, b \in \mathbf{R}$, $a < b$ とする．次の (1)，(2) を示せ．

(1) $\overline{[a,b)} \subset [a,b]$. ■重要 (2) $[a,b] \subset \overline{[a,b)}$. ■重要

補足 (1)，(2) および定理 1.1 (2) より，定理 3.5 (2) の $\overline{[a,b)} = [a,b]$ もなりたつ．同様に，定理 3.5 (2) の $\overline{(a,b]} = [a,b]$ もなりたつ．

問 3.12 $a, b \in \mathbf{R}$, $a \leq b$ とする．このとき，$\overline{[a,b]} \subset [a,b]$ を示せ．■重要

補足 定理 3.4 (1) より，$[a,b] \subset \overline{[a,b]}$ なので，定理 1.1 (2) より，定理 3.5 (3) がなりたつ．

問 3.13 $a \in \mathbf{R}$ とする．次の (1)，(2) を示せ．

(1) $\overline{(a,+\infty)} \subset [a,+\infty)$. ■重要 (2) $[a,+\infty) \subset \overline{(a,+\infty)}$. ■重要

補足 (1)，(2) および定理 1.1 (2) より，定理 3.5 (4) の $\overline{(a,+\infty)} = [a,+\infty)$ がなりたつ．同様に，定理 3.5 (4) の $\overline{(-\infty,b)} = (-\infty,b]$ もなりたつ．

問 3.14 $a \in \mathbf{R}$ とする．このとき，$\overline{[a,+\infty)} \subset [a,+\infty)$ を示せ．■重要

補足 定理 3.4 (1) より，$[a,+\infty) \subset \overline{[a,+\infty)}$ なので，定理 1.1 (2) より，定理 3.5 (5) の $\overline{[a,+\infty)} = [a,+\infty)$ がなりたつ．同様に，定理 3.5 (5) の $\overline{(-\infty,b]} = (-\infty,b]$ もなりたつ．

問 3.15 $\overline{\mathbf{R}} = \mathbf{R}$ を示せ．■重要

§3.2.2 関数の極限の定義（その1） ◇◇◇

以下では，$\mathbf{R}$ の部分集合で定義された実数値関数を簡単に関数ということにする．§3.2.1 の準備をもとに，関数の極限について，次のように定める．

定義 3.3 $A \subset \mathbf{R}$ を空でない集合，$f : A \to \mathbf{R}$ を関数とし，$a \in \overline{A}$ とする．

ある $l \in \mathbf{R}$ が存在し，$x \in A$ を $x \neq a$ をみたしながら a に十分近づければ，$f(x)$ を l に限りなく近づけることができるとき，

$$\lim_{x \to a} f(x) = l \tag{3.43}$$

または

$$f(x) \to l \quad (x \to a) \tag{3.44}$$

と表し，$f(x)$ は $x \to a$ のとき**極限 l に収束する**という．

$x \in A$ を $x \neq a$ をみたしながら a に十分近づければ，$f(x)$ を限りなく

大きくできるとき，

$$\lim_{x \to a} f(x) = +\infty \tag{3.45}$$

または

$$f(x) \to +\infty \quad (x \to a) \tag{3.46}$$

と表し，$f(x)$ は $x \to a$ のとき**極限 $+\infty$ または正の無限大に発散する**という．同様に，**極限 $-\infty$ または負の無限大に発散する**関数を定めることができる．

✒ **注意 3.2** 定義 3.3 において，A が定義 1.1 で定めた区間 (a,b)，$[a,b)$，$(a,b]$，$[a,b]$，$(a,+\infty)$，$[a,+\infty)$ の場合，$x \to a$ のときの極限を

$$\lim_{x \to a+0} f(x) \tag{3.47}$$

と表し，**右極限** (right limit) ともいう．また，A が定義 1.1 で定めた区間 (a,b)，$[a,b)$，$(a,b]$，$[a,b]$，$(-\infty,b)$，$(-\infty,b]$ の場合，$x \to b$ のときの極限を

$$\lim_{x \to b-0} f(x) \tag{3.48}$$

と表し，**左極限** (left limit) ともいう．なお，$x \to 0$ のときの右極限，左極限はそれぞれ

$$\lim_{x \to +0} f(x), \quad \lim_{x \to -0} f(x) \tag{3.49}$$

とも表す．

数列の極限の場合 定理 3.2 と同様に，次がなりたつ．

定理 3.6 $A \subset \mathbf{R}$ を空でない集合，$f, g : A \to \mathbf{R}$ を関数とし，$a \in \overline{A}$ とする．$l, m \in \mathbf{R}$ をそれぞれ $f(x)$，$g(x)$ の $x \to a$ のときの極限とすると，次の (1)～(4) がなりたつ．

(1) $\lim_{x \to a} (f(x) \pm g(x)) = l \pm m$（複号同順）．

(2) $c \in \mathbf{R}$ とすると，$\lim_{x \to a} cf(x) = cl$.

(3) $\lim_{x \to a} f(x)g(x) = lm$.

(4) $g(x), m \neq 0$ のとき，$\lim_{x \to a} \dfrac{f(x)}{g(x)} = \dfrac{l}{m}$.

なお，関数の極限を考える際には，とくに誤解を生じる心配がなければ，定義域をはっきりと述べないことも多い．

問 3.16 次の (1)〜(3) の関数の極限の値を求めよ.

(1) $\displaystyle\lim_{x\to 1}\frac{x^3-1}{x-1}$. 〔易〕　　(2) $\displaystyle\lim_{x\to 1+0}\frac{x}{x-1}$ および $\displaystyle\lim_{x\to 1-0}\frac{x}{x-1}$. 〔易〕

(3) $\displaystyle\lim_{x\to +0}\frac{x^2+x}{|x|}$ および $\displaystyle\lim_{x\to -0}\frac{x^2+x}{|x|}$. 〔易〕

また, 数列の極限の場合 定理 3.3 と同様に, 次がなりたつ.

> **定理 3.7** $A\subset\mathbf{R}$ を空でない集合, $f,g,h:A\to\mathbf{R}$ を関数とし, $a\in\overline{A}$ とすると, 次の (1), (2) がなりたつ.
>
> (1) a に十分近い任意の $x\in A$ に対して, $f(x)\le g(x)$ がなりたち, $f(x)$, $g(x)$ が $x\to a$ のとき, それぞれ $l,m\in\mathbf{R}$ に収束するならば, $l\le m$ である.
>
> (2) a に十分近い任意の $x\in A$ に対して, $f(x)\le h(x)\le g(x)$ がなりたち, $f(x)$, $g(x)$ が $x\to a$ のとき, ともに $l\in\mathbf{R}$ に収束するならば, $h(x)$ は $x\to a$ のとき l に収束する. (**はさみうちの原理**)

§3.2.3 関数の連続性 ◇◇◇

関数の極限の概念を用いて, 関数の連続性を次のように定めよう.

> **定義 3.4** $A\subset\mathbf{R}$ を空でない集合, $f:A\to\mathbf{R}$ を関数とする.
> $a\in A$ に対して,
> $$\lim_{x\to a}f(x)=f(a)\tag{3.50}$$
> がなりたつとき, $f(x)$ は $x=a$ で**連続** (continuous) であるという.
> 任意の $a\in A$ に対して, $f(x)$ が $x=a$ で連続なとき, f は**連続**であるという.

◇ **例 3.7** $A\subset\mathbf{R}$ を空でない集合とする. このとき, A を定義域とする実数値関数として, 1 変数の多項式で表される関数, 正弦関数, 余弦関数, 指数関数を考えると, これらは連続となる. また, $A\subset(0,+\infty)$ とすると, 対数関数は A を定義域とする実数値関数として連続となる.
◇

3

数列と関数

例題 3.3 次の問に答えよ.
(1) $\overline{\mathbf{R} \setminus \{0\}} = \mathbf{R}$ を示せ.
(2) 等式

$$\lim_{x \to 0} \frac{\sin x}{x} = 1 \tag{3.51}$$

を示せ.

解説 (1) まず, (3.37) で定めた A の閉包は $\mathbf{R}$ の部分集合として定められているので,

$$\overline{\mathbf{R} \setminus \{0\}} \subset \mathbf{R} \tag{3.52}$$

である. 次に, $x \in \mathbf{R}$ とする. このとき, $x \in \mathbf{R} \setminus \{0\}$ または $x = 0$ である. $x \in \mathbf{R} \setminus \{0\}$ のとき, 定理 3.4 (1) より, $x \in \overline{\mathbf{R} \setminus \{0\}}$ である. $x = 0$ のとき, 数列 $\{a_n\}_{n=1}^{\infty}$ を

$$a_n = \frac{1}{n} \tag{3.53}$$

により定める. このとき, 任意の $n \in \mathbf{N}$ に対して $a_n \in \mathbf{R} \setminus \{0\}$ であり, かつ, $\lim\limits_{n \to \infty} a_n = 0$ となる. よって, 閉包の定義より, $0 \in \overline{\mathbf{R} \setminus \{0\}}$ である. したがって, $x \in \mathbf{R}$ ならば $x \in \overline{\mathbf{R} \setminus \{0\}}$ となり, 包含関係の定義 §1.1.6 より,

$$\mathbf{R} \subset \overline{\mathbf{R} \setminus \{0\}} \tag{3.54}$$

である. (3.52), (3.54) および定理 1.1 (2) より, (1) がなりたつ.

(2) まず, $0 < x < \frac{\pi}{2}$ のとき, 半径 1, 中心角 x の扇形の面積を考えると, 不等式

$$\frac{1}{2} \sin x < \frac{1}{2} x < \frac{1}{2} \tan x \tag{3.55}$$

がなりたつ (図 3.2). (3.55) を $\sin x$ で割って逆数をとると,

$$\cos x < \frac{\sin x}{x} < 1 \tag{3.56}$$

である. また, $x \in \mathbf{R} \setminus \{0\}$ のとき,

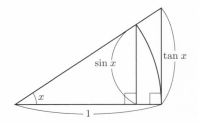

図 3.2 扇形と三角形の面積の比較

$$\cos(-x) = \cos x, \quad \frac{\sin(-x)}{-x} = \frac{\sin x}{x} \tag{3.57}$$

なので，(3.56) は $-\frac{\pi}{2} < x < 0$ のときもなりたつ．ここで，例 3.7 で述べた余弦関数の連続性より，

$$\lim_{x \to 0} \cos x = \cos 0 = 1 \tag{3.58}$$

である．よって，(3.56)，(3.58) およびはさみうちの原理より，(3.51) がなりたつ． □

問 3.17 等式

$$\lim_{x \to 0} x \sin \frac{1}{x} = 0 \tag{3.59}$$

を示せ [5]．

§3.2.4 関数の極限の定義（その2）

関数の極限には §3.2.2 で述べたものに加え，$x \to +\infty$ あるいは $x \to -\infty$ のときの極限というものも考えることができる．まず，準備として，$\mathbf{R}$ の部分集合の有界性に関して，次のように定めよう．

定義 3.5 $A \subset \mathbf{R}$ とする．ある $M \in \mathbf{R}$ が存在し，任意の $x \in A$ に対して，$x < M$ となるとき，A は **上に有界** (bounded above) であるという．また，ある $m \in \mathbf{R}$ が存在し，任意の $x \in A$ に対して，$m < x$ となるとき，A は **下に有界** (bounded below) であるという．A は上にも下にも有界なとき，単に **有界** (bounded) であるという．

◇ **例 3.8** 定義 1.1 で定めた区間 (a,b), $[a,b)$, $(a,b]$, $[a,b]$, $(a,+\infty)$, $(-\infty,b)$, $[a,+\infty)$, $(-\infty,b]$, $\mathbf{R}$ について考えよう．まず，(a,b), $[a,b)$, $(a,b]$, $[a,b]$, $(-\infty,b)$, $(-\infty,b]$ は上に有界である．実際，定義 3.5 における M として，例えば，$M = b+1$ とすればよいからである．次に，(a,b), $[a,b)$, $(a,b]$, $[a,b]$, $(a,+\infty)$, $[a,+\infty)$ は下に有界である．実際，定義 3.5 における m として，例えば，$m = a-1$ とすればよいからである．とくに，(a,b), $[a,b)$, $(a,b]$, $[a,b]$ は有界である． ◇

上あるいは下に有界でない $\mathbf{R}$ の部分集合で定義された実数値関数について，次のような極限を考えることができる．

---

[5] 例題 3.3 と同様に，$x \sin \frac{1}{x}$ は $x = 0$ では定義されていないが，$x \to 0$ のときの極限は考えることができる．

定義 3.6 $A \subset \mathbf{R}$ を空でない集合，$f : A \to \mathbf{R}$ を関数とする.

A が上に有界でないとする. ある $l \in \mathbf{R}$ が存在し，$x \in A$ を十分大きくすれば，$f(x)$ を l に限りなく近づけることができるとき，

$$\lim_{x \to +\infty} f(x) = l \tag{3.60}$$

または

$$f(x) \to l \quad (x \to +\infty) \tag{3.61}$$

と表し，$f(x)$ は $x \to +\infty$ のとき，**極限 l に収束する**という. また，$x \in A$ を十分大きくすれば，$f(x)$ を限りなく大きくできるとき，

$$\lim_{x \to +\infty} f(x) = +\infty \tag{3.62}$$

または

$$f(x) \to +\infty \quad (x \to +\infty) \tag{3.63}$$

と表し，$f(x)$ は $x \to +\infty$ のとき，**極限 $+\infty$ または正の無限大に発散する**という.

同様に，$x \to +\infty$ のとき，**極限 $-\infty$ または負の無限大に発散する**関数を定めることができる. さらに，A が下に有界でないときは $x \to -\infty$ のときの**極限**を定めることができる.

⚠注意 3.3 $x \to \pm\infty$ のときの極限についても，定理 3.6，定理 3.7 と同様の事実がなりたつ.

例題 3.4   はさみうちの原理を用いることにより，

$$\lim_{x \to +\infty} \left(1 + \frac{1}{x}\right)^x = e \tag{3.64}$$

であることを示せ.

解説 $x > 1$ のとき，$n \in \mathbf{N}$ を $n \le x < n+1$ となるように選んでおくと，不等式

$$\left(1 + \frac{1}{n+1}\right)^n \le \left(1 + \frac{1}{n+1}\right)^x < \left(1 + \frac{1}{x}\right)^x \le \left(1 + \frac{1}{n}\right)^x < \left(1 + \frac{1}{n}\right)^{n+1} \tag{3.65}$$

がなりたつ．ここで，定理 3.2 (3) およびネピアの数 e の定義 例 3.6 より，

$$\lim_{n\to\infty}\left(1+\frac{1}{n+1}\right)^n = \lim_{n\to\infty}\left\{\left(1+\frac{1}{n+1}\right)^{n+1}\frac{1}{1+\frac{1}{n+1}}\right\} = e\cdot 1 = e \quad (3.66)$$

となる．同様に，

$$\lim_{n\to\infty}\left(1+\frac{1}{n}\right)^{n+1} = \lim_{n\to\infty}\left\{\left(1+\frac{1}{n}\right)^n\left(1+\frac{1}{n}\right)\right\} = e\cdot 1 = e \quad (3.67)$$

となる．$x\to+\infty$ のとき，$n\to\infty$ なので，はさみうちの原理より，(3.64) が得られる． □

問 3.18 次の (1)，(2) の等式を示せ．

(1) $\displaystyle\lim_{x\to-\infty}\left(1+\frac{1}{x}\right)^x = e.$ (2) $\displaystyle\lim_{x\to 0}(1+x)^{\frac{1}{x}} = e.$ ✪

本節のまとめ

☑ $\mathbf{R}$ の部分集合に対して，閉包を定めることができる． 定義 3.2

☑ $\mathbf{R}$ の部分集合を定義域とする実数値関数に対して，定義域の閉包の元における極限を考えることができる． 定義 3.3

☑ 関数の極限の概念を用いて，関数の連続性を定めることができる． 定義 3.4

☑ 上あるいは下に有界でない $\mathbf{R}$ の部分集合を定義域とする実数値関数に対して，正または負の無限大における極限を考えることができる． 定義 3.6

章末問題

◇··· ━━━━━━━━━━━━━━━━━━━━━━━━━━━━━━ ···◇

━━━━━━━━━━ **標準問題** ━━━━━━━━━━

問題 3.1　任意の $n \in \mathbf{N}$ に対して，ド・モアブルの公式

$$(\cos\theta + i\sin\theta)^n = \cos n\theta + i\sin n\theta \tag{3.68}$$

がなりたつことを数学的帰納法により示せ．

問題 3.2　(1) $A \subset \mathbf{R}$ を空でない集合，$f, g : A \to \mathbf{R}$ を関数とし，$c \in \mathbf{R}$ とする．このとき，$x \in A$ に対して，

$$(f \pm g)(x) = f(x) \pm g(x) \quad (\text{複号同順}), \quad (cf)(x) = cf(x), \tag{3.69}$$

$$(fg)(x) = f(x)g(x), \quad \left(\frac{f}{g}\right)(x) = \frac{f(x)}{g(x)} \tag{3.70}$$

とおくことにより，関数 $f \pm g, cf, fg, \dfrac{f}{g} : A \to \mathbf{R}$ を定めることができる．ただし，$\dfrac{f}{g}$ については，任意の $x \in A$ に対して，$g(x) \neq 0$ であるとする．

　$x \in A$ とする．$f(x)$ および $g(x)$ が $x = a$ で連続ならば，$(f \pm g)(x)$, $(cf)(x)$, $(fg)(x)$, $\left(\dfrac{f}{g}\right)(x)$ は $x = a$ で連続であることを示せ．✪

補足　$A, B \subset \mathbf{R}$ を空でない集合とし，$f : A \to \mathbf{R}$, $g : B \to \mathbf{R}$ を $f(A) \subset B$ となる関数とする．このとき，(2.28) と同様に，f と g の合成関数 $g \circ f : A \to \mathbf{R}$ を定めることができる．さらに，$x \in A$ とし，$f(x)$ が $x = a$ で連続であり，$g(y)$ が $y = f(a)$ で連続ならば，$(g \circ f)(x)$ は $x = a$ で連続となる．

(2) $a \in \mathbf{R}$ とすると，$x \geq 0$ に対して，x^a を対応させることにより得られる関数は，無限閉区間 $[0, +\infty)$ を定義域とする連続な関数となる．これを**べき関数** (power function) という．

　　関数 $f : [2, +\infty) \to \mathbf{R}$ を

$$f(x) = \frac{x(x-2)^{\frac{1}{5}}}{3x + 4} \quad (x \in [2, +\infty)) \tag{3.71}$$

により定める．f は連続であることを示せ．**重要**

(3) 関数の極限

$$\lim_{x \to 0} \frac{\sqrt{x+4} - 2}{x} \tag{3.72}$$

の値を求めよ．**易**

問題 3.3　次の (1)，(2) の数列の極限の値を求めよ.
(1) $\displaystyle\lim_{n\to\infty} \sin\frac{n\pi}{2n+1}$. 易　　(2) $\displaystyle\lim_{n\to\infty}\left(\sqrt{n^2+1}-n\right)$. 易

問題 3.4　次の (1)，(2) の関数の極限の値を求めよ.
(1) $\displaystyle\lim_{x\to0}\frac{\sin 2x}{\sin 3x}$. 易　　(2) $\displaystyle\lim_{x\to0}\frac{1-\cos x}{x^2}$. 易

問題 3.5　$f:[a,b]\to\mathbf{R}$ を有界閉区間 $[a,b]$ を定義域とする連続な関数とする. このとき，次の (1)，(2) の問に答えよ.

(1) $f(a)\neq f(b)$ ならば，$f(a)$ と $f(b)$ の間の任意の $l\in\mathbf{R}$ に対して [6]，ある $c\in(a,b)$ が存在し，$f(c)=l$ となる (図 3.3).（**中間値の定理**：intermediate value theorem）

　　上の命題において，f が連続ではないとすると，$f(c)=l$ となる $c\in(a,b)$ が存在しない場合があることを，具体的な例を挙げることにより示せ. 重要

(2) ある $c_1,c_2\in[a,b]$ が存在し，任意の $x\in[a,b]$ に対して，$f(c_2)\leq f(x)\leq f(c_1)$ がなりたつ. すなわち，$f(x)$ は $x=c_1$ で最大値 $f(c_1)$，$x=c_2$ で最小値 $f(c_2)$ をとる (図 3.4).（**ワイエルシュトラスの定理**：Weierstrass theorem）

　　上の命題において，f の定義域を単に有界な区間とすると，最大値あるいは最小値のいずれかをとらない場合があることを，具体的な例を挙げることにより示せ. 重要

問題 3.6　次の (1)，(2) の等式を示せ.
(1) $\displaystyle\lim_{x\to0}\frac{\log(1+x)}{x}=1$.　　(2) $\displaystyle\lim_{x\to0}\frac{e^x-1}{x}=1$. ✪

問題 3.7　極限 $\displaystyle\lim_{x\to+\infty}\frac{\sin x}{x}$ の値を求めよ. 重要

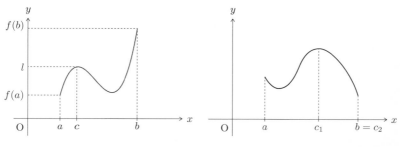

図 3.3　中間値の定理　　　　**図 3.4**　ワイエルシュトラスの定理

---

[6] $f(a)<f(b)$ のときは $f(a)<l<f(b)$ であり，$f(b)<f(a)$ のときは $f(b)<l<f(a)$ である.

第4章

関数の微分

4.1 微分に関する基本事項

関数の極限の概念を用いて，関数の微分を考えることができる．本節では，関数の微分に関する基本事項を扱う．また，双曲線関数を定義し，その基本的性質について述べる．

§4.1.1 微分の定義と例

以下では，簡単のため I を有界開区間，無限開区間，$\mathbf{R}$ のいずれかとし，I を定義域とする実数値関数 $f : I \to \mathbf{R}$ を考える．

まず，$a, b \in I$，$a \neq b$ とする．$x \in I$ が a から b へと変わるとき，$f(x)$ は $f(a)$ から $f(b)$ へと変わるが，これらの変化の量の比

$$\frac{f(b) - f(a)}{b - a} \tag{4.1}$$

を**平均変化率** (average rate of change) という．平均変化率は関数の値の変化の様子を知る1つの目安となるが，$f(x)$ を x で微分するということは，次のように a と b を限りなく近づけたときの「瞬間」の変化率を考えることである（図 4.1）．

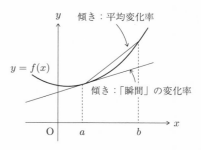

図 4.1 平均変化率と「瞬間」の変化率

定義 4.1 $f : I \to \mathbf{R}$ を関数とする．

$a \in I$ とする．極限

$$\lim_{x \to a} \frac{f(x) - f(a)}{x - a} = \lim_{h \to 0} \frac{f(a + h) - f(a)}{h} \in \mathbf{R} \tag{4.2}$$

が存在するとき，$f(x)$ は $x = a$ で**微分可能** (differentiable) であるという．このとき，(4.2) の値を $f'(a)$ または $\dfrac{df}{dx}(a)$ などと表し，$f(x)$ の $x = a$ における**微分係数** (differential coefficient) という．

任意の $a \in I$ に対して，$f(x)$ が $x = a$ で微分可能なとき，f は**微分可能**であるという．このとき，$x \in I$ に対して $f'(x)$ を対応させることにより得られる，I を定義域とする実数値関数を f' または $\dfrac{df}{dx}$ などと表し，f の**導関数** (derivative) という．導関数を求めることを**微分する** (differentiate) という．

次に示すように，定数関数は微分可能である．

例題 4.1　$c \in \mathbf{R}$ を定数とし，関数 $f : I \to \mathbf{R}$ を

$$f(x) = c \quad (x \in I) \tag{4.3}$$

により定める．このとき，任意の $x \in I$ に対して，$f'(x) = 0$ であることを示せ．

解説　まず，$a \in I$ とし，微分の定義 定義 4.1 にしたがって，$f(x)$ が $x = a$ で微分可能であることを示す．(4.3) について，(4.2) の極限を計算すると，

$$\lim_{x \to a} \frac{f(x) - f(a)}{x - a} = \lim_{x \to a} \frac{c - c}{x - a} = \lim_{x \to a} 0 = 0 \tag{4.4}$$

である．よって，$f(x)$ は $x = a$ で微分可能である．さらに，(4.4) の計算より，任意の $x \in I$ に対して，$f'(x) = 0$ である．　　　　□

連続性と微分可能性に関して，次がなりたつ．

定理 4.1　$f : I \to \mathbf{R}$ を関数とし，$a \in I$ とする．$f(x)$ が $x = a$ で微分可能ならば，$f(x)$ は $x = a$ で連続である [1]．

問 4.1　微分の定義 定義 4.1 と連続性の定義 定義 3.4 にしたがって，定理 4.1 を示せ．✪

---

[1] このようなことを「微分可能性は連続性よりも強い概念である」という言い方をすることがある．

問 4.2 関数 $f : \mathbf{R} \to \mathbf{R}$ を

$$f(x) = |x| \quad (x \in \mathbf{R}) \tag{4.5}$$

により定める. このとき, $f(x)$ は $x = 0$ で微分可能ではないことを示せ. **重要**

補足 定理 4.1 の逆はなりたたない.

$x \in \mathbf{R}$ に対して x^n $(n \in \mathbf{N})$, $\sin x$, $\cos x$, e^x を対応させることにより, $\mathbf{R}$ を定義域とする連続な関数が得られるが, 慣習にしたがい, これらをそのまま x^n, $\sin x$, $\cos x$, e^x と表すことにする. このとき, 次がなりたつ.

定理 4.2 次の (1)〜(4) がなりたつ.
(1) $(x^n)' = nx^{n-1}$.
(2) $(\sin x)' = \cos x$.
(3) $(\cos x)' = -\sin x$.
(4) $(e^x)' = e^x$.

$$\sin x + \sin y = 2 \sin \frac{x+y}{2} \cos \frac{x-y}{2}$$
$$\sin x - \sin y = 2 \cos \frac{x+y}{2} \sin \frac{x-y}{2}$$
$$\cos x + \cos y = 2 \cos \frac{x+y}{2} \cos \frac{x-y}{2}$$
$$\cos x - \cos y = -2 \sin \frac{x+y}{2} \sin \frac{x-y}{2}$$

図 4.2 和積の公式

【証明】 (2) のみ示し, (1), (3), (4) の証明は問 4.3 とする.

(2) 和積の公式(図 4.2)および (3.51) より,

$$
\begin{aligned}
(\sin x)' &= \lim_{h \to 0} \frac{\sin(x+h) - \sin x}{h} \\
&= \lim_{h \to 0} \frac{1}{h} \cdot 2 \cos \frac{(x+h)+x}{2} \sin \frac{(x+h)-x}{2} \\
&= \lim_{h \to 0} \frac{\sin \frac{h}{2}}{\frac{h}{2}} \cos \left(x + \frac{h}{2} \right) = 1 \cdot \cos x = \cos x
\end{aligned}
\tag{4.6}
$$

である. よって, (2) がなりたつ. □

問 4.3 (1) 定理 4.2 (1) を示せ. ✪   (2) 定理 4.2 (3) を示せ. ✪
(3) 定理 4.2 (4) を示せ. ✪

§4.1.2 微分に関する基本的性質 ·····················◇◇◇

$f, g : I \to \mathbf{R}$ を関数とし, $c \in \mathbf{R}$ とすると, 関数 $f \pm g$, cf, fg, $\dfrac{f}{g} : I \to \mathbf{R}$ を定めることができる **章末問題 3.2 (1)**. ただし, $\dfrac{f}{g}$ については, 任意の $x \in I$

に対して，$g(x) \neq 0$ である．これらの関数の微分について，次がなりたつ．

> **定理 4.3**　$f, g : I \to \mathbf{R}$ を微分可能な関数とすると，次の (1)〜(4) がなりたつ．
>
> (1) $(f \pm g)' = f' \pm g'$（複号同順）．
>
> (2) $c \in \mathbf{R}$ とすると，$(cf)' = cf'$．
>
> (3) $(fg)' = f'g + fg'$．（**積の微分法**：product rule）
>
> (4) $\left(\dfrac{f}{g}\right)' = \dfrac{f'g - fg'}{g^2}$．（**商の微分法**：quotient rule）

【証明】　(3)，(4) のみ示し，(1)，(2) の証明は問 4.4 とする．

(3) $x \in I$ とすると，定理 3.6 (1)〜(3) より，

$$
\begin{aligned}
(fg)'(x) &= \lim_{h \to 0} \frac{(fg)(x+h) - (fg)(x)}{h} = \lim_{h \to 0} \frac{f(x+h)g(x+h) - f(x)g(x)}{h} \\
&= \lim_{h \to 0} \frac{(f(x+h) - f(x))g(x+h) + f(x)(g(x+h) - g(x))}{h} \\
&= \lim_{h \to 0} \frac{f(x+h) - f(x)}{h} \lim_{h \to 0} g(x+h) + f(x) \lim_{h \to 0} \frac{g(x+h) - g(x)}{h} \\
&= f'(x)g(x) + f(x)g'(x) \tag{4.7}
\end{aligned}
$$

である．ただし，最後の等号では，g が微分可能であることから，定理 4.1 より，g は連続となることを用いた．よって，(3) がなりたつ．

(4) $x \in I$ とすると，定理 3.6 (1)，(2)，(4) より

$$
\begin{aligned}
\left(\frac{f}{g}\right)'(x) &= \lim_{h \to 0} \frac{\left(\dfrac{f}{g}\right)(x+h) - \left(\dfrac{f}{g}\right)(x)}{h} = \lim_{h \to 0} \frac{\dfrac{f(x+h)}{g(x+h)} - \dfrac{f(x)}{g(x)}}{h} \\
&= \lim_{h \to 0} \frac{f(x+h)g(x) - f(x)g(x+h)}{hg(x+h)g(x)} \\
&= \lim_{h \to 0} \frac{(f(x+h) - f(x))g(x) - f(x)(g(x+h) - g(x))}{hg(x+h)g(x)} \\
&= \frac{\left(\displaystyle\lim_{h \to 0} \frac{f(x+h) - f(x)}{h}\right)g(x) - f(x)\displaystyle\lim_{h \to 0} \frac{g(x+h) - g(x)}{h}}{\displaystyle\lim_{h \to 0} g(x+h)g(x)} \\
&= \frac{f'(x)g(x) - f(x)g'(x)}{(g(x))^2} \tag{4.8}
\end{aligned}
$$

である．よって，(4) がなりたつ．　　　　　　　　　　　　　　　　□

問 4.4   (1) 定理 4.3 (1) を示せ. ✪   (2) 定理 4.3 (2) を示せ. ✪

問 4.5 $\mathbf{R}$ を定義域とする実数値関数

$$2x + \sin x - e^x \cos x \tag{4.9}$$

の導関数を求めよ. ✪

問 4.6 $f, g, h : I \to \mathbf{R}$ を微分可能な関数とすると, 等式

$$(fgh)' = f'gh + fg'h + fgh' \tag{4.10}$$

がなりたつことを示せ. ✪

◇ **例 4.1** x の方程式

$$\cos x = 0 \tag{4.11}$$

の解は

$$x = \frac{\pi}{2} + n\pi \quad (n \in \mathbf{Z}) \tag{4.12}$$

である. よって, $A \subset \mathbf{R}$ を

$$A = \left\{ x \in \mathbf{R} \;\middle|\; x \neq \frac{\pi}{2} + n\pi \; (n \in \mathbf{Z}) \right\} \tag{4.13}$$

により定めると, $\tan x = \dfrac{\sin x}{\cos x}$ は A を定義域とする連続な関数となる. さらに, A は開区間, 無限開区間, $\mathbf{R}$ のいずれでもないが, $\tan x$ の微分可能性は定義 4.1 と同様に考えることができる. このとき, $x \in A$ とすると, 定理 4.2 (2), (3) および商の微分法より,

$$(\tan x)' = \left(\frac{\sin x}{\cos x} \right)' = \frac{(\sin x)' \cos x - (\sin x)(\cos x)'}{\cos^2 x} = \frac{\cos^2 x + \sin^2 x}{\cos^2 x}$$

$$= \frac{1}{\cos^2 x} \tag{4.14}$$

となる. ◇

問 4.7   商の微分法を用いることにより, 次の (1), (2) の等式を示せ.

(1) $\left(\dfrac{1}{x^n} \right)' = -\dfrac{n}{x^{n+1}}$, ただし, $n \in \mathbf{N}$ である. ✪   (2) $(e^{-x})' = -e^{-x}$. ✪

§4.1.3 双曲線関数 ◇◇◇

指数関数を用いて，**R** を定義域とする連続な関数 $\sinh x$, $\cosh x$ を

$$\sinh x = \frac{e^x - e^{-x}}{2}, \quad \cosh x = \frac{e^x + e^{-x}}{2} \quad (x \in \mathbf{R}) \tag{4.15}$$

により定める．$\sinh x$, $\cosh x$ をそれぞ
れ**双曲線正弦関数** (hyperbolic sine func-
tion)，**双曲線余弦関数** (hyperbolic co-
sine function) という（図 4.3[2]）．また，
これらを合わせて**双曲線関数** (hyper-
bolic function) という [3]．三角関数の
場合と同様に，$(\sinh x)^2$ などを $\sinh^2 x$
のように表すことが多い．なお，sinh,
cosh の「h」は「双曲的」を意味する英
単語 "hyperbolic" の頭文字である．定数

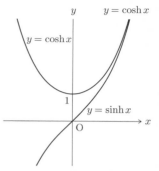

図 4.3 双曲線関数のグラフ

やパラメータを表しているのではないことに注意しよう．

　双曲線関数は三角関数と同様の公式をみたすが，符号が異なることもある
ので，注意する必要がある．例えば，次の例題を考えてみよう．

例題 4.2 $x \in \mathbf{R}$ とすると，等式

$$\cosh^2 x - \sinh^2 x = 1 \tag{4.16}$$

がなりたつことを示せ．

解説 双曲線関数の定義 (4.15) を用いて直接計算すると，

$$\cosh^2 x - \sinh^2 x = (\cosh x + \sinh x)(\cosh x - \sinh x)$$
$$= \left(\frac{e^x + e^{-x}}{2} + \frac{e^x - e^{-x}}{2} \right) \left(\frac{e^x + e^{-x}}{2} - \frac{e^x - e^{-x}}{2} \right)$$
$$= e^x e^{-x} = e^{x-x} = e^0 = 1 \tag{4.17}$$

---

[2] このような関数のグラフを凹凸まで調べて描くには，関数を 2 回まで微分する必要があ
るが，視覚的イメージを重視して，先に図だけを示しておくことにする．
[3] その他に双曲線正接関数 (4.22) も双曲線関数とよばれる．

となる. よって, (4.16) がなりたつ. □

✏ 注意 4.1 (4.15) 第 2 式より, $\cosh x >$
0 となるので, (4.16) より, xy 平面の
部分集合

$$\{(\cosh t, \sinh t) \mid t \in \mathbf{R}\} \qquad (4.18)$$

は双曲線

$$x^2 - y^2 = 1 \qquad (4.19)$$

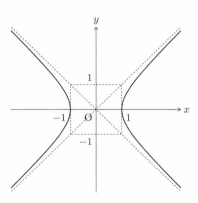

の x 座標が正の部分を表す（図 4.4）.
これが「双曲線関数」という言葉の由来
である.

図 4.4 双曲線 $x^2 - y^2 = 1$

問 4.8 $x, y \in \mathbf{R}$ とすると, 加法定理

$$\sinh(x + y) = \sinh x \cosh y + \cosh x \sinh y, \qquad (4.20)$$

$$\cosh(x + y) = \cosh x \cosh y + \sinh x \sinh y \qquad (4.21)$$

がなりたつことを示せ. 重要

双曲線正弦関数, 双曲線余弦関数は微分可能であり, 次がなりたつ.

定理 4.4 次の (1), (2) がなりたつ.
(1) $(\sinh x)' = \cosh x$.
(2) $(\cosh x)' = \sinh x$.

問 4.9 定理 4.4 を示せ. ✿

さらに, $\cosh x > 0$ であることに
注意すると, $\mathbf{R}$ を定義域とする連続
な関数 $\tanh x$ を

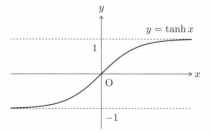

$$\tanh x = \frac{\sinh x}{\cosh x} \quad (x \in \mathbf{R}) \quad (4.22)$$

図 4.5 $y = \tanh x$ のグラフ

により定めることができる. これを**双
曲線正接関数** (hyperbolic tangent function) という（図 4.5）.

問 4.10 $x \in \mathbf{R}$ とすると，等式

$$1 - \tanh^2 x = \frac{1}{\cosh^2 x} \tag{4.23}$$

がなりたつことを示せ. ✪

双曲線正接関数は微分可能であり，次がなりたつ.

定理 4.5 等式

$$(\tanh x)' = \frac{1}{\cosh^2 x} \tag{4.24}$$

がなりたつ.

問 4.11 定理 4.5 を示せ. ✪

§4.1.4 合成関数の微分法 ················◇◇◇

I, J を有界開区間，無限開区間，$\mathbf{R}$ のいずれかであるとし，$f : I \to \mathbf{R}$, $g : J \to \mathbf{R}$ を $f(I) \subset J$ となる関数とする．このとき，合成関数 $g \circ f : I \to \mathbf{R}$ を定めることができる 章末問題 3.2 (1) 補足 .

合成関数の微分に関して，次がなりたつことが分かる.

定理 4.6（合成関数の微分法：chane rule） $f : I \to \mathbf{R}$, $g : J \to \mathbf{R}$ を $f(I) \subset J$ となる関数とし，$a \in I$ とする．$f(x)$ が $x = a$ で微分可能であり，$g(y)$ が $y = f(a)$ で微分可能ならば，$(g \circ f)(x)$ は $x = a$ で微分可能であり，

$$(g \circ f)'(a) = g'(f(a))f'(a) \tag{4.25}$$

がなりたつ.

問 4.12 次の (1)，(2) の関数の導関数を求めよ.

(1) e^{ax^2+bx+c}, ただし，$a, b, c \in \mathbf{R}$ は定数である． 重要
(2) $\sin(\cosh x) + \cosh(\sin x)$. 重要

本節のまとめ

☑ 関数の極限の概念を用いて，関数の微分可能性を定めることができる．
定義 4.1

☑ 指数関数を用いて，双曲線関数を定めることができる．§4.1.3

4.2　平均値の定理と逆関数の微分法

本節では，まず，微分可能な関数の値の変化の様子を調べる上で基本となる，平均値の定理を扱う．また，逆関数の微分法についても述べ，三角関数の逆関数として，逆三角関数を定める．

§4.2.1　ロルの定理

平均値の定理について述べる前に，いくつか準備をしておこう．

定義 4.2　$A \subset \mathbf{R}$ を空でない集合，$f : A \to \mathbf{R}$ を関数とし，$a \in A$ とする．$a \in I$ となるある有界開区間 I が存在し，任意の $x \in A \cap I$ に対して，$f(x) \leq f(a)$ となるとき，$f(a)$ を $f(x)$ の $x = a$ における**極大値** (maximal value) という．

また，$a \in I$ となるある有界開区間 I が存在し，任意の $x \in A \cap I$ に対して，$f(a) \leq f(x)$ となるとき，$f(a)$ を $f(x)$ の $x = a$ における**極小値** (minimal value) という．極大値と極小値を合わせて，単に**極値** (extremum) という．

⚠ 注意 4.2　定義 4.2 の極大値の定義において，「$f(x) \leq f(a)$」の部分を「$f(x) < f(a)$」とすることもある．極小値についても同様である．

　章末問題 3.5 (2) で述べたように，ワイエルシュトラスの定理より，有界閉区間を定義域とする連続な関数は最大値および最小値をもつのであった．しかし，この定理は最大値や最小値をあたえる点の存在は保証してくれるものの，実際にどこで最大値や最小値をとるのかまでは分からない．一方，微分

可能な関数の極値をあたえる点については，次がなりたつ.

> **定理 4.7** $f : (a, b) \to \mathbf{R}$ を有界開区間 (a, b) を定義域とする微分可能な関数とし，$c \in (a, b)$ とする．$f(c)$ が $f(x)$ の $x = c$ における極値ならば，$f'(c) = 0$ である（図 4.6）．とくに，$f(c)$ が $f(x)$ の $x = c$ における最大値または最小値ならば，$f'(c) = 0$ である.

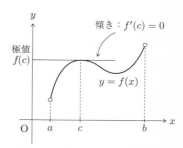

図 4.6 極値をあたえる点における微分係数は 0

【証明】 $f(c)$ が極大値の場合のみ示し，$f(c)$ が極小値の場合の証明は問 4.13 とする.

$f(c)$ が $f(x)$ の $x = c$ における極大値のとき，ある有界開区間 $I \subset (a, b)$ が存在し [4)]，任意の $x \in I$ に対して，$f(x) \leq f(c)$ となる．よって，$h > 0$, $c + h \in I$ ならば，

$$\frac{f(c+h) - f(c)}{h} \leq 0 \tag{4.26}$$

である．また，$h < 0$, $c + h \in I$ ならば，

$$\frac{f(c+h) - f(c)}{h} \geq 0 \tag{4.27}$$

である．よって，f の微分可能性および定理 3.7 (1) より，

$$f'(c) = \lim_{h \to 0} \frac{f(c+h) - f(c)}{h} = 0 \tag{4.28}$$

となる. □

問 4.13 定理 4.7 において，$f(c)$ が $f(x)$ の $x = c$ における極小値のとき，$f'(c) = 0$ となることを示せ. ✪

ワイエルシュトラスの定理と定理 4.7 を用いることにより，次のロルの定理を示すことができる.

[4)] はじめに (a, b) に含まれない有界開区間を選んできたとしても，(a, b) との共通部分をとったものを改めて I とおけばよい.

定理 4.8（**ロルの定理**：Rolle's theorem）
$f : [a, b] \to \mathbf{R}$ を有界閉区間 $[a, b]$ を定義域とする連続な関数とし，f は有界開区間 (a, b) で微分可能であるとする[5]．$f(a) = f(b)$ ならば，ある $c \in (a, b)$ が存在し，$f'(c) = 0$ となる（図 4.7）．

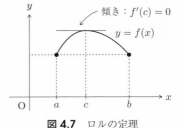

図 4.7 ロルの定理

【証明】 f が定数関数のとき，例題 4.1 より，$c \in (a, b)$ を任意に選んでおくと，$f'(c) = 0$ である．f が定数関数ではない場合の証明は問 4.14 とする． □

問 4.14 ロルの定理において，f が定数関数ではない場合を証明せよ．✪

§4.2.2 平均値の定理 ···◇◇◇

ロルの定理を用いることにより，次の平均値の定理を示すことができる．

定理 4.9（**平均値の定理**：mean value theorem） $f : [a, b] \to \mathbf{R}$ を有界閉区間 $[a, b]$ を定義域とする連続な関数とし，f は有界開区間 (a, b) で微分可能であるとする．このとき，ある $c \in (a, b)$ が存在し，

$$\frac{f(b) - f(a)}{b - a} = f'(c) \quad (4.29)$$

となる（図 4.8）．

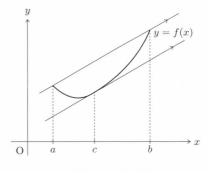

図 4.8 平均値の定理

問 4.15 平均値の定理において，関数 $g : [a, b] \to \mathbf{R}$ を

$$g(x) = f(x) - \frac{f(b) - f(a)}{b - a}(x - a) \quad (x \in [a, b]) \quad (4.30)$$

により定め，g に対してロルの定理を用いることにより，平均値の定理を示せ．✪

---

[5] f の (a, b) への制限 例 2.4 $f|_{(a,b)} : (a, b) \to \mathbf{R}$ が微分可能であるということである．

　次に，関数の値の変化の様子に関する基本的な概念である，単調増加性や単調減少性を定めよう．

定義 4.3　$A \subset \mathbf{R}$ を空でない集合とし，$f : A \to \mathbf{R}$ を関数とする．$x, y \in A, x < y$ ならば，$f(x) < f(y)$ となるとき，f は**単調増加** (monotone increasing) であるという．また，$x, y \in A, x < y$ ならば，$f(x) > f(y)$ となるとき，f は**単調減少** (monotone decreasing) であるという．単調増加，単調減少であることを合わせて，単に**単調** (monotone) であるという．

✐注意 4.3　定義 4.3 の単調増加性の定義において，「$f(x) < f(y)$」の部分を「$f(x) \leq f(y)$」とすることもある．この場合は f は**広い意味で** (in a wider sense) **単調増加**または**広義単調増加**であるともいう．これに対して，定義 4.3 の f は**狭い意味で** (in a narrow sense) **単調増加**または**狭義単調増加**であるともいう．単調減少性についても同様である．

　以下では，I を有界開区間，無限開区間，$\mathbf{R}$ のいずれかとする．このとき，平均値の定理を用いることにより，微分可能な関数の増減に関する次の定理を示すことができる．

定理 4.10　$f : I \to \mathbf{R}$ を微分可能な関数とすると，次の (1)〜(3) がなりたつ．

(1) 任意の $x \in I$ に対して $f'(x) = 0$ ならば，f は定数関数である．

(2) 任意の $x \in I$ に対して $f'(x) > 0$ ならば，f は単調増加である．

(3) 任意の $x \in I$ に対して $f'(x) < 0$ ならば，f は単調減少である．

【証明】　(2) のみ示し，(1)，(3) は問 4.16 とする．

(2) $a, b \in I, a < b$ とする．定理 4.1 より，f は連続なので，f の有界閉区間 $[a, b]$ への制限 $f|_{[a,b]} : [a, b] \to \mathbf{R}$ は連続となる．さらに，f は微分可能なので，$f|_{[a,b]}$ は有界開区間 (a, b) で微分可能である．よって，平均値の定理より，ある $c \in (a, b)$ が存在し，(4.29) がなりたつ．さらに，$f'(c) > 0, b - a > 0$ なので，$f(a) < f(b)$ となる．したがって，(2) がなりたつ．　□

問 4.16　(1) 定理 4.10 (1) を示せ．❂　　(2) 定理 4.10 (3) を示せ．❂

　平均値の定理から得られた定理 4.10 は，今後さまざまな関数の増減の様子を調べる際に頻繁に用いられる．

§4.2.3　逆関数の微分法 ⋯⋯⋯⋯⋯⋯⋯⋯⋯⋯⋯⋯⋯⋯⋯⋯◇◇◇

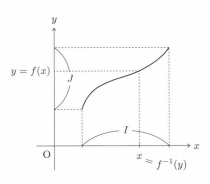

$f : I \to \mathbf{R}$ を微分可能な関数とし，「任意の $x \in I$ に対して $f'(x) > 0$ である」または「任意の $x \in I$ に対して $f'(x) < 0$ である」と仮定する．このとき，定理 4.10 (2) または (3) より，$J = f(I)$ とおくと，J は有界開区間，無限開区間，$\mathbf{R}$ のいずれかとなる．さらに，f を I から J への写像とみなすと，f の逆関数 §2.2.4 $f^{-1} : J \to I$ を考えることができる（図 4.9）．そして，f^{-1} の微分に関して，次がなりたつことが分かる．

図 4.9　$f : I \to J$ と $f^{-1} : J \to I$

> **定理 4.11**（**逆関数の微分法**：derivative of inverse functions）　上記の f^{-1} は微分可能であり，任意の $x \in I$ に対して，
>
> $$(f^{-1})'(f(x)) = \frac{1}{f'(x)} \tag{4.31}$$
>
> がなりたつ．

問 4.17　逆関数の微分法 定理 4.11 において，f^{-1} の微分可能性を仮定し，合成関数の微分法 定理 4.6 を用いることにより，(4.31) を導け．

例題 4.3　逆関数の微分法（定理 4.11）を用いることにより，$(0, +\infty)$ を定義域とする対数関数 $\log x$ について，

$$(\log x)' = \frac{1}{x} \quad (x \in (0, +\infty)) \tag{4.32}$$

がなりたつことを示せ．✪

解説　$\mathbf{R}$ を定義域とする指数関数 e^x は微分可能であり，定理 4.2 (4) より，任意の $x \in \mathbf{R}$ に対して，

$$(e^x)' = e^x > 0 \tag{4.33}$$

である．さらに，e^x による $\mathbf{R}$ の像は無限開区間 $(0, +\infty)$ であり，e^x の逆関数は

$(0, +\infty)$ を定義域とする対数関数 $\log y$ である. このとき, 逆関数の微分法より,

$$(\log y)' = \frac{1}{(e^x)'} = \frac{1}{e^x} = \frac{1}{y} \tag{4.34}$$

となる. よって, y を x に置き換えると, (4.32) が得られる. $\qquad\square$

問 4.18 $f : I \to \mathbf{R}$ を微分可能な関数とし, 任意の $x \in I$ に対して $f(x) \neq 0$ であると仮定する. このとき, 任意の $x \in I$ に対して,

$$(\log |f(x)|)' = \frac{f'(x)}{f(x)} \tag{4.35}$$

がなりたつことを示せ. ✪

関数 $f : I \to \mathbf{R}$ の導関数を求める際に, $y = f(x)$ とおき, 両辺の絶対値の対数をとった式の導関数を (4.35) を用いることにより計算する方法がある. これを**対数微分法** (logarithmic differentiation) という.

例題 4.4 $a \in \mathbf{R}$ を定数とする. 対数微分法を用いることにより, 等式

$$(x^a)' = ax^{a-1} \quad (x \in (0, +\infty)) \tag{4.36}$$

がなりたつことを示せ.

解説 まず, (4.32) より,

$$(\log x^a)' = (a \log x)' = \frac{a}{x} \tag{4.37}$$

である. よって, (4.35) より,

$$(x^a)' = x^a (\log x^a)' = x^a \cdot \frac{a}{x} = ax^{a-1} \tag{4.38}$$

となる. したがって, (4.36) がなりたつ. $\qquad\square$

問 4.19 対数微分法を用いることにより, 次の (1), (2) がなりたつことを示せ.
(1) $(a^x)' = (\log a)a^x \ (x \in \mathbf{R})$. ただし, a は $a > 0$, $a \neq 1$ をみたす定数である.
(2) $(x^x)' = x^x(\log x + 1) \ (x \in (0, +\infty))$.

§4.2.4 逆正弦関数 ··◇◇◇

逆三角関数は三角関数の逆関数として定められ，多項式によって定められる関数や三角関数，指数関数，対数関数，そして，双曲線関数 §4.1.3 と並んで基本的な関数である．まず，本項では，正弦関数の逆関数として定められる逆正弦関数について述べよう．

$\mathbf{R}$ を定義域とする正弦関数 $\sin x$ の有界閉区間 $[-\frac{\pi}{2}, \frac{\pi}{2}]$ への制限を $f : [-\frac{\pi}{2}, \frac{\pi}{2}] \to \mathbf{R}$ とする．$x \in (-\frac{\pi}{2}, \frac{\pi}{2})$ のとき，定理 4.2 (2) より，

$$f'(x) = \cos x > 0 \tag{4.39}$$

なので，定理 4.10 (2) と f の連続性より，f は単調増加となる．さらに，

$$f\left(-\frac{\pi}{2}\right) = \sin\left(-\frac{\pi}{2}\right) = -1,$$
$$f\left(\frac{\pi}{2}\right) = \sin\frac{\pi}{2} = 1 \tag{4.40}$$

なので，$f([-\frac{\pi}{2}, \frac{\pi}{2}]) = [-1, 1]$ であり，f を $[-\frac{\pi}{2}, \frac{\pi}{2}]$ から $[-1, 1]$ への写像とみなすと，f の逆関数 $f^{-1} : [-1, 1] \to [-\frac{\pi}{2}, \frac{\pi}{2}]$ を考えることができる．これを $\sin^{-1} y$ と表し，**逆正弦関数** (inverse sine function) という（図 4.10）．記号 $\sin^{-1}$ については，代わりに Sin^{-1},

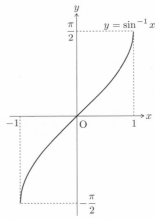

図 4.10 $y = \sin^{-1} x$ のグラフ

arcsin，Arcsin などが用いられることもある．例えば，(4.40) より，

$$\sin^{-1}(-1) = -\frac{\pi}{2}, \quad \sin^{-1} 1 = \frac{\pi}{2} \tag{4.41}$$

である．

例題 4.5 $\sin^{-1} 0$, $\sin^{-1} \dfrac{1}{2}$, $\sin^{-1} \dfrac{\sqrt{2}}{2}$, $\sin^{-1} \dfrac{\sqrt{3}}{2}$ の値を求めよ．

解説 逆正弦関数の定義より, $y \in [-1, 1]$ に対して, $x = \sin^{-1} y$ の値を求めるためには, $\sin x = y$ となる x を有界閉区間 $[-\frac{\pi}{2}, \frac{\pi}{2}]$ の中から見つける必要があることに注意しよう. すなわち, $x \in [-\frac{\pi}{2}, \frac{\pi}{2}]$ である. ここで,

$$\sin 0 = 0, \quad \sin \frac{\pi}{6} = \frac{1}{2}, \quad \sin \frac{\pi}{4} = \frac{\sqrt{2}}{2}, \quad \sin \frac{\pi}{3} = \frac{\sqrt{3}}{2} \tag{4.42}$$

である. よって,

$$\sin^{-1} 0 = 0, \quad \sin^{-1} \frac{1}{2} = \frac{\pi}{6}, \quad \sin^{-1} \frac{\sqrt{2}}{2} = \frac{\pi}{4}, \quad \sin^{-1} \frac{\sqrt{3}}{2} = \frac{\pi}{3} \tag{4.43}$$

である. □

問 4.20 $\sin^{-1}\left(-\frac{1}{2}\right)$, $\sin^{-1}\left(-\frac{\sqrt{2}}{2}\right)$, $\sin^{-1}\left(-\frac{\sqrt{3}}{2}\right)$ の値を求めよ. 重要

逆関数の微分法 定理 4.11 を用いて, 逆正弦関数の導関数について考えよう.

例題 4.6 逆関数の微分法を用いることにより, $x \in (-1, 1)$ のとき, 等式

$$(\sin^{-1} x)' = \frac{1}{\sqrt{1 - x^2}} \tag{4.44}$$

がなりたつことを示せ.

解説 $y = \sin x$ とおくと, $x = \sin^{-1} y$ である. このとき, 逆関数の微分法および定理 4.2 (2) より,

$$(\sin^{-1} y)' = \frac{1}{(\sin x)'} = \frac{1}{\cos x} \tag{4.45}$$

となる. ここで, 逆正弦関数の定義より, $y \in (-1, 1)$ のとき, $x \in (-\frac{\pi}{2}, \frac{\pi}{2})$ なので, $\cos x > 0$ である. よって, (4.45) の計算はさらに,

$$(\sin^{-1} y)' = \frac{1}{\cos x} = \frac{1}{\sqrt{1 - \sin^2 x}} = \frac{1}{\sqrt{1 - y^2}} \tag{4.46}$$

となる. したがって, y を x に置き換えると, (4.44) が得られる. □

§4.2.5　逆余弦関数 ◇◇◇

次に, 余弦関数の逆関数として定められる逆余弦関数について述べよう. **R** を定義域とする余弦関数 $\cos x$ の有界閉区間 $[0, \pi]$ への制限を $g : [0, \pi] \to \mathbf{R}$ とする. $x \in (0, \pi)$ のとき, 定理 4.2 (3) より,

$$g'(x) = -\sin x < 0 \tag{4.47}$$

なので，定理 4.10 (3) と g の連続性
より，g は単調減少となる．さらに，

$$g(0) = \cos 0 = 1,$$
$$g(\pi) = \cos \pi = -1 \qquad (4.48)$$

なので，$g([0,\pi]) = [-1,1]$ であり，
g を $[0,\pi]$ から $[-1,1]$ への写像とみ
なすと，g の逆関数 $g^{-1} : [-1,1] \to$
$[0,\pi]$ を考えることができる．これ
を $\cos^{-1} y$ と表し，**逆余弦関数** (in-
verse cosine function) という（図
4.11）．記号 $\cos^{-1}$ については，代わ
りに Cos^{-1}, arccos, Arccos などが
用いられることもある．例えば，(4.48) より，

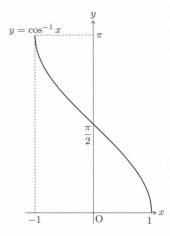

図 4.11 $y = \cos^{-1} x$ のグラフ

$$\cos^{-1} 1 = 0, \quad \cos^{-1}(-1) = \pi \qquad (4.49)$$

である．

逆余弦関数についても，例題 4.5 や例題 4.6 と同様の方法で，その値や導
関数を考えることができる．

問 4.21   次の (1), (2) の逆余弦関数の値を求めよ．
(1) $\cos^{-1} 0$, $\cos^{-1} \frac{1}{2}$, $\cos^{-1} \frac{\sqrt{2}}{2}$, $\cos^{-1} \frac{\sqrt{3}}{2}$. 重要
(2) $\cos^{-1}\left(-\frac{1}{2}\right)$, $\cos^{-1}\left(-\frac{\sqrt{2}}{2}\right)$, $\cos^{-1}\left(-\frac{\sqrt{3}}{2}\right)$. 重要

問 4.22   逆関数の微分法 定理 4.11 を用いることにより，$x \in (-1,1)$ のとき，等式

$$(\cos^{-1} x)' = -\frac{1}{\sqrt{1-x^2}} \qquad (4.50)$$

がなりたつことを示せ．✪

◇ **例 4.2** $x \in (0, 1)$ とすると，$\angle \mathrm{C} = \frac{\pi}{2}$，$\mathrm{AB} = 1$，
$\mathrm{AC} = x$ の直角三角形 $\triangle \mathrm{ABC}$ を考えることができ
る（図 4.12）．なお，角は弧度法で考え，$\angle \mathrm{A}$, $\angle \mathrm{B} \in$
$(0, \frac{\pi}{2})$ である．このとき，

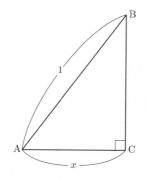

$$\cos \angle \mathrm{A} = x, \quad \sin \angle \mathrm{B} = x \qquad (4.51)$$

である．よって，逆余弦関数の定義より，

$$\cos^{-1} x = \angle \mathrm{A}, \quad \sin^{-1} x = \angle \mathrm{B} \qquad (4.52)$$

である．したがって，

図 4.12 直角三角形 $\triangle \mathrm{ABC}$

$$\sin^{-1} x + \cos^{-1} x = \angle \mathrm{A} + \angle \mathrm{B} = \angle \mathrm{A} + \left(\frac{\pi}{2} - \angle \mathrm{A}\right) = \frac{\pi}{2} \qquad (4.53)$$

である．すなわち，

$$\sin^{-1} x + \cos^{-1} x = \frac{\pi}{2} \qquad (4.54)$$

がなりたつ． ◇

問 4.23 定理 4.10 (1) を用いることにより，$x \in (-1, 1)$ に対して，(4.54) がな
りたつことを示せ． ✪

補足 さらに，(4.41)，(4.49) より，(4.54) は $x \in [-1, 1]$ に対してなりたつ．

§4.2.6 逆正接関数 ‥‥‥‥‥‥‥‥‥‥‥‥‥‥‥‥‥‥‥◇◇◇

さらに，正接関数の逆関数として定められる逆正接関数について述べよう．
(4.13) で定めた $A \subset \mathbf{R}$ を定義域とする正接関数 $\tan x$ の有界開区間 $(-\frac{\pi}{2}, \frac{\pi}{2})$
への制限を $h : (-\frac{\pi}{2}, \frac{\pi}{2}) \to \mathbf{R}$ とする．$x \in (-\frac{\pi}{2}, \frac{\pi}{2})$ のとき，(4.14) より，

$$h'(x) = \frac{1}{\cos^2 x} > 0 \qquad (4.55)$$

なので，定理 4.10 (2) より，h は単調増加となる．さらに，

$$\lim_{x \to -\frac{\pi}{2} + 0} h(x) = -\infty, \quad \lim_{x \to \frac{\pi}{2} - 0} h(x) = +\infty \qquad (4.56)$$

なので，$h((-\frac{\pi}{2}, \frac{\pi}{2})) = \mathbf{R}$ であり，h の逆関数 $h^{-1} : \mathbf{R} \to (-\frac{\pi}{2}, \frac{\pi}{2})$ を考えるこ
とができる．これを $\tan^{-1} y$ と表し，**逆正接関数** (inverse tangent function)

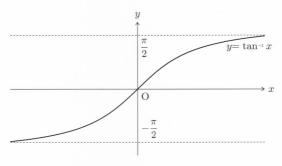

図 4.13 $y = \tan^{-1} x$ のグラフ

という（図 4.13）．記号 $\tan^{-1}$ については，代わりに Tan^{-1}, arctan, Arctan が用いられることもある．ここまでに述べた逆正弦関数，逆余弦関数，逆正接関数を合わせて，単に**逆三角関数** (inverse trigonometric function) という．

逆正接関数についても，例題 4.5 や例題 4.6 と同様の方法で，その値や導関数を考えることができる．

問 4.24 次の (1), (2) の逆正接関数の値を求めよ．
(1) $\tan^{-1} 0$, $\tan^{-1} \frac{\sqrt{3}}{3}$, $\tan^{-1} 1$, $\tan^{-1} \sqrt{3}$. 重要
(2) $\tan^{-1} \left(-\frac{\sqrt{3}}{3} \right)$, $\tan^{-1}(-1)$, $\tan^{-1}(-\sqrt{3})$. 重要

問 4.25 逆関数の微分法 定理 4.11 を用いることにより，$x \in \mathbf{R}$ のとき，等式

$$(\tan^{-1} x)' = \frac{1}{1 + x^2} \tag{4.57}$$

がなりたつことを示せ．❂

問 4.26 (1) 例 4.2 のように，直角三角形に対する三角比を考えることにより，$x \in (0, +\infty)$ のとき，等式

$$\tan^{-1} x + \tan^{-1} \frac{1}{x} = \frac{\pi}{2} \tag{4.58}$$

がなりたつことを示せ．重要
(2) 定理 4.10 (1) を用いることにより，$x \in (0, +\infty)$ のとき，(4.58) がなりたつことを示せ．重要

┌─────────────────────────────────────┐

本節のまとめ

☑ ロルの定理を用いて，平均値の定理を示すことができる． 定理 4.8 定理 4.9

☑ 関数の微分係数の符号を調べることにより，関数の値の増減の様子が分かる． 定理 4.10

☑ 微分係数が常に正または常に負となる関数の逆関数に対して，逆関数の微分法がなりたつ． 定理 4.11

☑ 三角関数の逆関数として，逆正弦関数，逆余弦関数，逆正接関数といった逆三角関数を定めることができる． §4.2.4 〜 §4.2.6

└─────────────────────────────────────┘

章末問題

◇‥────────────────────────────────‥◇

───── **標準問題** ─────

問題 4.1　$n \in \mathbf{N}$ とし，関数 $f : \mathbf{R} \to \mathbf{R}$ を

$$f(x) = \begin{cases} x^n \sin \dfrac{1}{x} & (x \neq 0), \\ 0 & (x = 0) \end{cases} \tag{4.59}$$

により定める．次の問に答えよ．

(1) f は連続であることを示せ． 重要

(2) $x \in \mathbf{R} \setminus \{0\}$ のとき，等式

$$f'(x) = nx^{n-1} \sin \frac{1}{x} - x^{n-2} \cos \frac{1}{x} \tag{4.60}$$

がなりたつことを示せ．

(3) $f'(0)$ が存在するための n の条件を求めよ． 重要

(4) (3) の条件のもとで，さらに f の導関数 $f' : \mathbf{R} \to \mathbf{R}$ が連続となるための n の条件を求めよ． 重要

問題 4.2　$f, g : [a,b] \to \mathbf{R}$ を有界閉区間 $[a,b]$ を定義域とする連続な関数とし，f, g は有界開区間 (a,b) で微分可能であるとする．さらに，任意の $x \in (a,b)$ に対

して，$g'(x) \neq 0$ であるとする．このとき，ロルの定理 定理 4.8 の対偶を考えると，$g(a) \neq g(b)$ である．よって，関数 $h : [a, b] \to \mathbf{R}$ を

$$h(x) = f(x) - \frac{f(b) - f(a)}{g(b) - b(a)}(g(x) - g(a)) \quad (x \in [a, b]) \tag{4.61}$$

により定めることができる．h に対してロルの定理を用いることにより，ある $c \in (a, b)$ が存在し，

$$\frac{f(b) - f(a)}{g(b) - g(a)} = \frac{f'(c)}{g'(c)} \tag{4.62}$$

となることを示せ．この事実を**コーシーの平均値の定理** (Cauchy's mean value theorem) という．

━━━━━━━━━━━ 発展問題 ━━━━━━━━━━━

問題 4.3 双曲線正弦関数 $\sinh x$ §4.1.3 について，次の問に答えよ．
(1) $x \in \mathbf{R}$ に対して，$y = \sinh x$ とおくと，x は y の式で

$$x = \log\left(y + \sqrt{y^2 + 1}\right) \quad (y \in \mathbf{R}) \tag{4.63}$$

と表されることを示せ． 重要

補足 $\mathbf{R}$ を定義域および値域とする双曲線正弦関数 $\sinh x$ に対して，$\mathbf{R}$ を定義域および値域とする逆関数を考えることができる．この逆関数を $\sinh^{-1} y$ と表し，**逆双曲線正弦関数** (inverse hyperbolic sine function) という（図 4.14）．すなわち，$\sinh^{-1} y$ は (4.63) の右辺の式によりあたえられる．

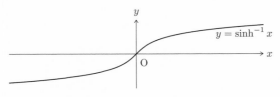

図 4.14 $y = \sinh^{-1} x$ のグラフ

(2) (4.63) の右辺の y を x に置き換えた式を直接微分することにより，$x \in \mathbf{R}$ のとき，等式

$$(\sinh^{-1} x)' = \frac{1}{\sqrt{x^2 + 1}} \tag{4.64}$$

がなりたつことを示せ. 重要

(3) 逆関数の微分法を用いることにより, $x \in \mathbf{R}$ のとき, (4.64) がなりたつことを示せ. 重要

問題 4.4 双曲線余弦関数 $\cosh x$ §4.1.3 について, 次の問に答えよ.

(1) $x \in [0, +\infty)$ に対して, $y = \cosh x$ とおくと, x は y の式で

$$x = \log \left(y + \sqrt{y^2 - 1} \right) \quad (y \in [1, +\infty)) \tag{4.65}$$

と表されることを示せ. 重要

補足 双曲線余弦関数 $\cosh x$ を $[0, +\infty)$ から $[1, +\infty)$ への写像として考えると, 定義域を $[1, +\infty)$, 値域を $[0, +\infty)$ とする逆関数を考えることができる. この逆関数を $\cosh^{-1} y$ と表し, **逆双曲線余弦関数** (inverse hyperbolic cosine function) という (図 4.15). すなわち, $\cosh^{-1} y$ は (4.65) の右辺の式によりあたえられる.

図 4.15 $y = \cosh^{-1} x$ のグラフ

(2) (4.65) の右辺の y を x に置き換えた式を直接微分することにより, $x \in (1, +\infty)$ のとき, 等式

$$(\cosh^{-1} x)' = \frac{1}{\sqrt{x^2 - 1}} \tag{4.66}$$

がなりたつことを示せ. 重要

(3) 逆関数の微分法を用いることにより, $x \in (1, +\infty)$ のとき, (4.66) がなりたつことを示せ. 重要

4

関数の微分

第5章

関数の積分

5.1 原始関数と積分

 本節では，実数を変数とする実数値関数に対して，微分とは逆の操作を考え，原始関数というものを定める．また，関数のグラフから定められる図形の面積として，定積分や不定積分を定める．さらに，原始関数と不定積分をつなげる微分積分学の基本定理について述べ，積分に関する基本事項を扱う．

§5.1.1　原始関数

実数を変数とする実数値関数に対して，次のように微分とは逆の操作を考えよう．なお，以下では，簡単のため I は開区間，無限開区間，$\mathbf{R}$ のいずれかであるとする．

> **定義 5.1**　$f, F : I \to \mathbf{R}$ を関数とする．F が I で微分可能であり，$F' = f$ となるとき，
> $$F = \int f(x)\,dx \tag{5.1}$$
> と表し，F を f の**原始関数** (primitive function) という．

1つの関数に対する原始関数は一通りには定まらない．実際，次がなりたつからである．

> **定理 5.1**　$f : I \to \mathbf{R}$ を関数，$F : I \to \mathbf{R}$ を f の1つの原始関数とする．このとき，f の任意の原始関数 $G : I \to \mathbf{R}$ はある $C \in \mathbf{R}$ を用いて，
> $$G(x) = F(x) + C \quad (x \in I) \tag{5.2}$$
> と表される．なお，(5.2) の C を**積分定数** (constant of integration) という．

問 5.1 定理 4.10 (1) を用いることにより，定理 5.1 を示せ． ✪

原始関数の定義 定義 5.1 と第 4 章で扱ったことより，次の定理がなりたつ．
なお，以下では積分定数は省略することにする．また，原始関数

$$\int \frac{1}{f(x)}\,dx \tag{5.3}$$

を

$$\int \frac{dx}{f(x)} \tag{5.4}$$

とも表す．

> **定理 5.2** 次の (1)〜(11) がなりたつ．
>
> (1) $a \in \mathbf{R}$, $a \neq -1$ とすると，$\displaystyle\int x^a\,dx = \frac{1}{a+1}x^{a+1}$.
>
> (2) $\displaystyle\int \frac{dx}{x} = \log|x|$.
>
> (3) $\displaystyle\int \sin x\,dx = -\cos x$.
>
> (4) $\displaystyle\int \cos x\,dx = \sin x$.
>
> (5) $\displaystyle\int \frac{dx}{\cos^2 x} = \tan x$.
>
> (6) $\displaystyle\int \sinh x\,dx = \cosh x$.
>
> (7) $\displaystyle\int \cosh x\,dx = \sinh x$.
>
> (8) $\displaystyle\int \frac{dx}{\cosh^2 x} = \tanh x$.
>
> (9) $a > 0$, $a \neq 1$ とすると，$\displaystyle\int a^x\,dx = \frac{1}{\log a}a^x$.
>
> (10) $\displaystyle\int \frac{dx}{\sqrt{1-x^2}} = \sin^{-1}x$ または $\displaystyle\int \frac{dx}{\sqrt{1-x^2}} = -\cos^{-1}x$.
>
> (11) $\displaystyle\int \frac{dx}{1+x^2} = \tan^{-1}x$.

✏ **注意 5.1** 定理 5.1 より，1 つの関数に対する原始関数は一通りには定まらず，定数分の違いがありうる．定理 5.2 (10) において，$\sin^{-1}x$ と $-\cos^{-1}x$ の差は (4.54) より，定数となることに注意しよう．

§5.1.2　原始関数に関する基本的性質 ⋯⋯⋯⋯⋯⋯⋯⋯◇◇◇

原始関数に関して，次がなりたつ．

定理 5.3　$f, g : I \to \mathbf{R}$ を原始関数をもつ関数とすると，次の (1)〜(4) が
なりたつ．

(1) $\displaystyle\int (f \pm g)(x)\, dx = \int f(x)\, dx \pm \int g(x)\, dx$（複号同順）．

(2) $c \in \mathbf{R}$ とすると，$\displaystyle\int (cf)(x)\, dx = c \int f(x)\, dx$.

(3)　(**部分積分法**：integration by parts）$f,\ g$ が微分可能ならば，

$$\int (f'g)(x)\, dx = fg - \int (fg')(x)\, dx. \tag{5.5}$$

(4)　(**置換積分法**：integration by substitution）I に加え，J も有界開区
間，無限開区間，$\mathbf{R}$ のいずれかであるとし，$x : J \to \mathbf{R}$ を $x(J) \subset I$
となる微分可能な関数とする．このとき，

$$\int f(x)\, dx = \int \{(f \circ x)x'\}\,(t)\, dt. \tag{5.6}$$

【証明】　(1) のみ示し，(2)〜(4) の証明は問 5.2 とする．

(1) 原始関数の定義 定義 5.1 および定理 4.3 (1) より，

$$\left\{ \int (f \pm g)(x)\, dx \right\}' = f \pm g = \left(\int f(x)\, dx \right)' \pm \left(\int g(x)\, dx \right)'$$

$$= \left(\int f(x)\, dx \pm \int g(x)\, dx \right)' \tag{5.7}$$

である．よって，原始関数の定義より，(1) がなりたつ．　□

問 5.2　(1) 定理 5.3 (2) を示せ．🈠✪　　　(2) 定理 5.3 (3) を示せ．🈠✪
(3) 定理 5.3 (4) を示せ．🈠✪

例題 5.1　関数 $\log x$ の原始関数を求めよ．

解説　部分積分法 定理 5.3 (3) および定理 5.2 (1) より，

$$\int \log x \, dx = \int 1 \cdot \log x \, dx = \int x' \log x \, dx = x \log x - \int x (\log x)' \, dx$$

$$= x \log x - \int x \cdot \frac{1}{x} \, dx = x \log x - \int 1 \, dx = x \log x - x \quad (5.8)$$

である．なお，

$$\int 1 \, dx = \int dx \quad (5.9)$$

と表すこともある． □

問 5.3 次の (1)，(2) の関数の原始関数を求めよ．
(1) $x \sin x$. 易重要 (2) $x \cos x$. 易重要

置換積分法 定理 5.3 (4) を用いる計算については，合成関数の微分法 定理 4.6 に慣れていれば，直ちに原始関数が求められる場合がある．例えば，次の例題を考えてみよう．

例題 5.2 $\alpha, \beta > 0$, $\alpha \neq \beta$ とする．関数 $\sin \alpha x \cos \beta x$ の原始関数を求めよ．

解説 まず，積和の公式（図 5.1）および定理 5.3 (1)，(2) より，

$$\int \sin \alpha x \cos \beta x \, dx$$

$$= \int \frac{1}{2} \{\sin(\alpha + \beta)x + \sin(\alpha - \beta)x\} \, dx$$

$$= \frac{1}{2} \int \sin(\alpha + \beta)x \, dx$$

$$+ \frac{1}{2} \int \sin(\alpha - \beta)x \, dx \quad (5.10)$$

$$\sin x \cos y = \frac{1}{2} \{\sin(x+y) + \sin(x-y)\}$$
$$\cos x \sin y = \frac{1}{2} \{\sin(x+y) - \sin(x-y)\}$$
$$\cos x \cos y = \frac{1}{2} \{\cos(x+y) + \cos(x-y)\}$$
$$\sin x \sin y = -\frac{1}{2} \{\cos(x+y) - \cos(x-y)\}$$

図 5.1 積和の公式

である．ここで，合成関数の微分法 定理 4.6 より，

$$\left\{ -\frac{1}{\alpha \pm \beta} \cos(\alpha \pm \beta)x \right\}' = \sin(\alpha \pm \beta) \quad \text{（複号同順）} \quad (5.11)$$

となることに気付けば，

$$\int \sin \alpha x \cos \beta x \, dx = -\frac{1}{2(\alpha + \beta)} \cos(\alpha + \beta)x - \frac{1}{2(\alpha - \beta)} \cos(\alpha - \beta)x \quad (5.12)$$

が得られる.

　置換積分法 定理 5.3 (4) を用いるのであれば，まず，$t = (\alpha + \beta)x$ とおく．このとき，

$$x = \frac{1}{\alpha + \beta}t, \quad x'(t) = \frac{1}{\alpha + \beta} \tag{5.13}$$

となるので，定理 5.2 (3) より，(5.10) の最後の式の第 1 項の積分は

$$\int \sin(\alpha + \beta)x \, dx = \int (\sin t)\frac{1}{\alpha + \beta} \, dt = -\frac{1}{\alpha + \beta}\cos t$$
$$= -\frac{1}{\alpha + \beta}\cos(\alpha + \beta)x \tag{5.14}$$

となる．(5.10) の最後の式の第 2 項の積分についても同様である．なお，(5.13) の第 2 式は

$$\frac{dx}{dt} = \frac{1}{\alpha + \beta} \tag{5.15}$$

と表されるが，(5.14) の計算は (5.15) の左辺を通常の分数のように扱い，

$$dx = \frac{dt}{\alpha + \beta} \tag{5.16}$$

と変形したものを代入したものとみることができる．　　　　　　　　　　□

問 5.4　$\alpha, \beta > 0$, $\alpha \neq \beta$ とする．次の (1), (2) の関数の原始関数を求めよ.
(1) $\sin \alpha x \sin \beta x$.　　(2) $\cos \alpha x \cos \beta x$.

問 5.5　$a, b \in \mathbf{R}$, $a \neq 0$ とし，

$$I = \int e^{ax}\sin bx \, dx, \quad J = \int e^{ax}\cos bx \, dx \tag{5.17}$$

とおく.
(1) 部分積分法 定理 5.3 (3) を用いることにより，等式

$$aI + bJ = e^{ax}\sin bx, \quad bI - aJ = -e^{ax}\cos bx \tag{5.18}$$

がなりたつことを示せ.
(2) I, J を求めよ.

例題 5.3　$a > 0$ とする．$x = at$ とおき，置換積分法を用いることにより，関数 $\dfrac{1}{\sqrt{a^2 - x^2}}$ の原始関数を求めよ.

解説 (5.16) のような表し方を用いて計算してみよう. $x = at$ とおくと,

$$t = \frac{x}{a}, \quad dx = a\,dt \tag{5.19}$$

である. よって, 置換積分法 定理 5.3 (4) および定理 5.2 (10) より,

$$\int \frac{dx}{\sqrt{a^2 - x^2}} = \int \frac{a\,dt}{\sqrt{a^2 - (at)^2}} = \int \frac{dt}{\sqrt{1 - t^2}} = \sin^{-1} t = \sin^{-1} \frac{x}{a} \tag{5.20}$$

である. □

問 5.6 $a > 0$ とする. $x = at$ とおき, 置換積分法 定理 5.3 (4) を用いることにより, 関数 $\dfrac{1}{a^2 + x^2}$ の原始関数を求めよ. **重要** ✪

§5.1.3 定積分 ◇◇◇

原始関数は平面内の図形の面積と深い関係がある[1]. そこで, 有界閉区間を定義域とする実数値関数に対する定積分を次のように定めよう. ただし, 面積の厳密な定義は本書の程度を超えるので, 省略する[2].

> **定義 5.2** $f : [a, b] \to \mathbf{R}$ を有界閉区間 $[a, b]$ を定義域とする関数とする. 曲線 $y = f(x)$ と直線 $x = a$, $x = b$ および x 軸で囲まれた図形の面積を, x 軸より上の部分は正, 下の部分は負として加えたものが存在するとき, これを
>
> $$\int_a^b f(x)\,dx \tag{5.21}$$
>
> と表し, f の**定積分** (definite integral) という (図 5.2). このとき, f は**積分可能** (integrable) であるという. また, f を**被積分関数** (integrand) という.

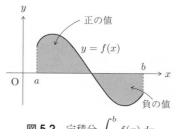

図 5.2 定積分 $\displaystyle\int_a^b f(x)\,dx$

正の値
$y = f(x)$
負の値

---

[1] 多変数の実数値関数に対しては, 積分は微分の逆の操作というよりも, むしろ図形の面積あるいは体積として捉える必要がある.

[2] 定積分に関する厳密な扱いについては, 例えば, 参考文献 [6] の第 5 章を見よ.

5
関数の積分

◇ **例 5.1**   関数 $f : [0, 1] \to \mathbf{R}$ を

$$f(x) = \begin{cases} 1 & (x \in [0, 1], \ x \in \mathbf{Q}), \\ 0 & (x \in [0, 1], \ x \notin \mathbf{Q}) \end{cases} \tag{5.22}$$

により定める. このとき, f は積分可能ではないことがわかる.   ◇

関数の積分可能性については, 次が基本的である.

定理 5.4 $f : [a, b] \to \mathbf{R}$ を有界閉区間 $[a, b]$ を定義域とする連続な関数とする. このとき, f は積分可能である.

簡単のため, 以下では定積分を考える際には被積分関数は連続であるとする.

§5.1.4   不定積分 ···◇◇◇

定積分を用いて, 不定積分とよばれる関数を定めよう. $f : [a, b] \to \mathbf{R}$ を有界閉区間 $[a, b]$ を定義域とする連続な関数とする. このとき, $x \in [a, b]$ とすると, f の $[a, x]$ への制限 $f|_{[a,x]} : [a, x] \to \mathbf{R}$ は連続となる. よって, 定理 5.4 より,

$$F(x) = \int_a^x f(t)\, dt = \int_a^x f|_{[a,b]}(t)\, dt \quad (x \in [a, b]) \tag{5.23}$$

とおくことにより, 関数 $F : [a, b] \to \mathbf{R}$ を定めることができる [3]. これを f の**不定積分** (indefinite integral) という.

不定積分は被積分関数の原始関数であることが分かる. すなわち, 次がなりたつ.

定理 5.5 (微分積分学の基本定理：fundamental theorem of calculus)
$f : [a, b] \to \mathbf{R}$ を有界閉区間 $[a, b]$ を定義域とする連続な関数, F を f の不定積分とする. このとき, F は f の原始関数である, すなわち,

$$F' = f \tag{5.24}$$

がなりたつ. ただし,

---

[3] 定積分 $\int_a^b f(x)\, dx$ に現れている文字 x は他の文字に変えても同じものを意味する. (5.23) は関数 F の変数として x を用いているため, 被積分関数 f の変数は t とした.

$$F'(a) = \lim_{h \to a+0} \frac{F(a+h) - F(a)}{h}, \quad F'(b) = \lim_{h \to b-0} \frac{F(b+h) - F(b)}{h} \tag{5.25}$$

である[4].

次のように，定積分は原始関数を用いて表すことができる．

定理 5.6　$f : [a, b] \to \mathbf{R}$ を有界閉区間 $[a, b]$ を定義域とする連続な関数，F を f の原始関数とする．このとき，

$$\int_a^b f(x)\, dx = F(b) - F(a) \tag{5.26}$$

がなりたつ．

【証明】　定理 5.1 および微分積分学の基本定理 定理 5.5 より，ある $C \in \mathbf{R}$ が存在し，任意の $x \in [a, b]$ に対して，

$$\int_a^x f(x)\, dx = F(x) + C \tag{5.27}$$

となる．(5.27) において，$x = a$ とすると，定積分の定義 定義 5.2 より，

$$\int_a^a f(x)\, dx = 0 \tag{5.28}$$

となるので，$C = -F(a)$ である．よって，(5.27) において，$C = -F(a)$ を代入し，$x = b$ とすると，(5.26) が得られる．　　　　　　　　　　　　□

✎ 注意 5.2　(5.26) において，

$$F(b) - F(a) = [F(x)]_a^b \tag{5.29}$$

と表すことが多い．また，定積分の計算をする際には，

$$\int_b^a f(x)\, dx = -\int_a^b f(x)\, dx \tag{5.30}$$

などと表すこともある．さらに，定理 5.1 と微分積分学の基本定理 定理 5.5 より，原始関数と不定積分は定数分のみの違いしかないため，これらの用語を区別しないことも多い．

---

[4] $F'(a)$ を $F(x)$ の $x = a$ における**右微分係数** (right differential coefficient) という．また，$F'(b)$ を $F(x)$ の $x = b$ における**左微分係数** (left differential coefficient) という．

§5.1.5 定積分に関する基本的性質 ···◇◇◇

定積分に関して, 次がなりたつ.

> **定理 5.7**　$f, g : [a,b] \to \mathbf{R}$ を有界閉区間 $[a,b]$ で定義された連続な関数とすると, 次の $(1)\sim(4)$ がなりたつ.
>
> (1) $\displaystyle\int_a^b (f \pm g)(x)\,dx = \int_a^b f(x)\,dx \pm \int_a^b g(x)\,dx$ （複号同順）.
>
> (2) $c \in \mathbf{R}$ とすると, $\displaystyle\int_a^b (cf)(x)\,dx = c\int_a^b f(x)\,dx$.
>
> (3) （**部分積分法**：integration by parts）f, g が微分可能ならば,
>
> $$\int_a^b (f'g)(x)\,dx = [(fg)(x)]_a^b - \int_a^b (fg')(x)\,dx. \qquad (5.31)$$
>
> (4) （**置換積分法**：integration by substitution）$x : [\alpha, \beta] \to \mathbf{R}$ を $x([\alpha,\beta]) = [a,b]$, $x(\alpha) = a$, $x(\beta) = b$ となる有界閉区間 $[\alpha, \beta]$ を定義域とする微分可能な関数とし[5], x の導関数 $x' : [\alpha, \beta] \to \mathbf{R}$ が連続であるとする. このとき,
>
> $$\int_a^b f(x)\,dx = \int_\alpha^\beta \{(f \circ x)x'\}(t)\,dt. \qquad (5.32)$$

【証明】 (1) のみ示し, (2)〜(4) の証明は問 5.7 とする.

(1) 定理 5.3 (1) と定理 5.1 より, ある $C \in \mathbf{R}$ が存在し, 任意の $x \in [a,b]$ に対して,

$$\int_a^x (f \pm g)(t)\,dt = \int_a^x f(t)\,dt \pm \int_a^x g(t)\,dt + C \qquad (5.33)$$

となる. 定積分の定義 定義 5.2 より,

$$\int_a^a (f \pm g)(t)\,dt = \int_a^a f(t)\,dt = \int_a^a g(t)\,dt = 0 \qquad (5.34)$$

となるので, (5.33) において, $x = a$ とすると, $C = 0$ である. よって, (5.33) において, $C = 0$ を代入し, $x = b$ とすると, (1) が得られる. $\qquad \square$

問 5.7　(1) 定理 5.7 (2) を示せ. ✿　　(2) 定理 5.7 (3) を示せ. ✿
(3) 定理 5.7 (4) を示せ. ✿

---

[5] $x : [\alpha, \beta] \to \mathbf{R}$ が有界閉区間 $[\alpha, \beta]$ で微分可能であるとは, 任意の $c \in (\alpha, \beta)$ に対して, $x(t)$ は $t = c$ で微分可能であり, $x(t)$ の $t = \alpha$ における右微分係数 $x'(\alpha)$ および $t = \beta$ における左微分係数 $x'(\beta)$ が存在することをいう.

例題 5.4 定積分 $\displaystyle\int_0^{\frac{\pi}{4}} \tan x \, dx$ の値を求めよ.

解説 まず, $f : I \to \mathbf{R}$ を微分可能な関数とし, 任意の $x \in I$ に対して $f(x) \neq 0$ であると仮定する. このとき, (4.35) および原始関数の定義 定義 5.1 より,

$$\int \frac{f'(x)}{f(x)} \, dx = \log |f(x)| \tag{5.35}$$

がなりたつ [6]. よって,

$$\int_0^{\frac{\pi}{4}} \tan x \, dx = \int_0^{\frac{\pi}{4}} \frac{\sin x}{\cos x} \, dx = \int_0^{\frac{\pi}{4}} \frac{-(\cos x)'}{\cos x} \, dx = -\left[\log(\cos x)\right]_0^{\frac{\pi}{4}}$$

$$= -\left(\log\left(\cos\frac{\pi}{4}\right) - \log(\cos 0)\right) = -\left(\log\frac{1}{\sqrt{2}} - \log 1\right) = \frac{1}{2}\log 2 \tag{5.36}$$

となる. □

問 5.8 定積分 $\displaystyle\int_0^1 \tanh x \, dx$ の値を求めよ. 重要

例題 5.5 定積分 $\displaystyle\int_0^{\frac{1}{2}} \sin^{-1} x \, dx$ の値を求めよ.

解説 部分積分法 定理 5.7 (3) より,

$$\int_0^{\frac{1}{2}} \sin^{-1} x \, dx = \int_0^{\frac{1}{2}} 1 \cdot \sin^{-1} x \, dx = \int_0^{\frac{1}{2}} x' \sin^{-1} x \, dx$$

$$= \left[x\sin^{-1} x\right]_0^{\frac{1}{2}} - \int_0^{\frac{1}{2}} x \left(\sin^{-1} x\right)' \, dx$$

$$= \frac{1}{2}\sin^{-1}\frac{1}{2} - 0\sin^{-1} 0 - \int_0^{\frac{1}{2}} \frac{x}{\sqrt{1-x^2}} \, dx = \frac{1}{2}\cdot\frac{\pi}{6} - \left[-\sqrt{1-x^2}\right]_0^{\frac{1}{2}}$$

$$= \frac{\pi}{12} + \left\{\sqrt{1-\left(\frac{1}{2}\right)^2} - \sqrt{1-0^2}\right\} = \frac{\pi}{12} + \frac{\sqrt{3}}{2} - 1 \tag{5.37}$$

---

[6] $t = f(x)$ とおくと, $dt = f'(x) \, dx$ となり, 置換積分法を用いて示すこともできる.

となる.なお,上の計算では,合成関数の微分法 定理 4.6 より,

$$\left(\sqrt{1-x^2}\right)' = -\frac{x}{\sqrt{1-x^2}} \tag{5.38}$$

となることを用いて,定積分

$$\int_0^{\frac{1}{2}} \frac{x}{\sqrt{1-x^2}}\, dx \tag{5.39}$$

の値を求めているが,次のように置換積分法を用いることもできる.

まず,$t = 1 - x^2$ とおくと,$x = 0$ のとき $t = 1$,$x = \frac{1}{2}$ のとき $t = \frac{3}{4}$ となる.また,$dt = -2x\, dx$ となる.よって,置換積分法 定理 5.7 (4) より,

$$\int_0^{\frac{1}{2}} \frac{x}{\sqrt{1-x^2}}\, dx = \int_1^{\frac{3}{4}} \frac{-\frac{1}{2}\, dt}{\sqrt{t}} = -\int_1^{\frac{3}{4}} \frac{1}{2\sqrt{t}}\, dt = -\left[\sqrt{t}\right]_1^{\frac{3}{4}} = -\left(\sqrt{\frac{3}{4}} - \sqrt{1}\right)$$
$$= -\frac{\sqrt{3}}{2} + 1 \tag{5.40}$$

となる. □

問 5.9 定積分 $\displaystyle\int_0^1 \tan^{-1} x\, dx$ の値を求めよ. 重要

問 5.10 $t = 2x$ とおき,置換積分法 定理 5.7 (4) を用いることにより,定積分 $\displaystyle\int_0^{\frac{\pi}{8}} \frac{dx}{\cos^2 2x}$ の値を求めよ.

本節のまとめ

☑ 実数を変数とする実数値関数に対して,微分とは逆の操作を考え,原始関数を定めることができる. 定義 5.1

☑ 関数のグラフから定められる図形の面積として,定積分を定めることができる. 定義 5.2

☑ 不定積分は被積分関数の原始関数である(微分積分学の基本定理).とくに,定積分の計算は原始関数を求めることに帰着される. 定理 5.5 定理 5.6

5.2 積分の計算 (その1)

本節では，1変数の多項式の比として表される関数の積分や漸化式を用いて表される積分について述べる．

§5.2.1 有理関数の部分分数分解 ·································◇◇◇

多項式の比として表される関数を**有理関数** (rational function) という[7]．本節では，まず，有理関数の積分を考えよう．

◇ **例 5.2** x を変数とする次の (i)〜(iii) の形をした関数はすべて有理関数である．

(i) x を変数とする多項式で表される関数．

(ii) $\dfrac{A}{(x-\alpha)^n}$ $(A, \alpha \in \mathbf{R}, \ n \in \mathbf{N})$.

(iii) $\dfrac{Ax+B}{\{(x-\alpha)^2+\beta^2\}^n}$ $(A, B, \alpha, \beta \in \mathbf{R}, \ \beta \neq 0, \ n \in \mathbf{N})$. ◇

x を変数とする有理関数を例 5.2 (i)〜(iii) の形をした関数の和として表すことを**部分分数分解** (partial fraction decomposition) という．多項式 $g(x)$ と $h(x)$ の比として表される有理関数 $f(x) = \dfrac{g(x)}{h(x)}$ の部分分数分解は，一般に次の (a), (b) の手順により求めることができる．

(a) $g(x)$ を $h(x)$ で割り，商を $q(x)$，余りを $r(x)$ とする．このとき，$f(x) = q(x) + \dfrac{r(x)}{h(x)}$ となり，$q(x)$ が (i) の形をした関数である．

(b) $h(x)$ を実数を係数とする多項式の積に因数分解する．このとき，$h(x)$ は (ii) または (iii) の分母の形をした多項式の積となり，$\dfrac{r(x)}{h(x)}$ は (ii) または (iii) の形をした関数の和として表される．

◇ **例 5.3** （未定係数法） 有理関数

$$f(x) = \frac{x^4 + x^3 + 3x^2 + 9x + 10}{x^3 + 8} \tag{5.41}$$

の部分分数分解を考えよう．まず，

---

[7] 有理数が整数の比として表されることの類似である．

$$f(x) = \frac{x(x^3 + 8) + (x^3 + 8) + 3x^2 + x + 2}{x^3 + 8} = x + 1 + \frac{3x^2 + x + 2}{x^3 + 8} \tag{5.42}$$

である (図 5.3).

ここで,

$$x^3 + 8 = (x + 2)(x^2 - 2x + 4)$$
$$= (x + 2)\left\{(x - 1)^2 + 3\right\} \tag{5.43}$$

であることに注意し,

$$
\begin{array}{r}
x +\ 1 \\
x^3 + 8\ )\overline{\ x^4 + x^3 + 3x^2 + 9x + 10\ } \\
\underline{x^4 \qquad\qquad\ + 8x} \\
x^3 + 3x^2 +\ \ x + 10 \\
\underline{x^3 \qquad\qquad + 8} \\
3x^2 +\ \ x +\ 2
\end{array}
$$

図 5.3　筆算による計算

$$\frac{3x^2 + x + 2}{x^3 + 8} = \frac{a}{x + 2} + \frac{bx + c}{x^2 - 2x + 4} \quad (a,\, b,\, c \in \mathbf{R}) \tag{5.44}$$

とおく. このとき, (5.44) の右辺を通分すると,

$$\frac{a}{x + 2} + \frac{bx + c}{x^2 - 2x + 4} = \frac{a(x^2 - 2x + 4) + (bx + c)(x + 2)}{x^3 + 8}$$
$$= \frac{(a + b)x^2 + (-2a + 2b + c)x + 4a + 2c}{x^3 + 8} \tag{5.45}$$

となるので,

$$\frac{3x^2 + x + 2}{x^3 + 8} = \frac{(a + b)x^2 + (-2a + 2b + c)x + 4a + 2c}{x^3 + 8} \tag{5.46}$$

である. (5.46) の両辺の分子の係数を比較すると,

$$a + b = 3, \quad -2a + 2b + c = 1, \quad 4a + 2c = 2 \tag{5.47}$$

である. これを解くと,

$$a = 1 \quad b = 2, \quad c = -1 \tag{5.48}$$

である. よって, $f(x)$ の部分分数分解は

$$f(x) = x + 1 + \frac{1}{x + 2} + \frac{2x - 1}{x^2 - 2x + 4} \tag{5.49}$$

となる. このように部分分数分解を求める方法を**未定係数法** (method of undetermined coefficients) という. ◇

§5.2.2 有理関数の不定積分 ·······················◇◇◇

定理 5.3 (1), (2) より, x を変数とする有理関数の不定積分は, その関数の部分分数分解を求め, 例 5.2 (i)〜(iii) の形をした関数に対する不定積分をそれぞれ計算することによって得られる.

まず, (i) の場合は定理 5.2 (1) および定理 5.3 (1), (2) を用いればよい.

次に, (ii) の場合は

$$\int \frac{A}{(x-\alpha)^n} \, dx = \begin{cases} A\log|x-\alpha| & (n=1), \\ \dfrac{A}{(1-n)(x-\alpha)^{n-1}} & (n \geq 2) \end{cases} \tag{5.50}$$

となる.

さらに, (iii) の場合は原理的には次を用いて計算することができる [8].

> **定理 5.8** 例 5.2 (iii) の形をした関数の不定積分について, 次の (1)〜(3) がなりたつ.
>
> (1) $n=1$ のとき,
>
> $$\int \frac{Ax+B}{(x-\alpha)^2 + \beta^2} \, dx$$
> $$= \frac{A}{2} \log\{(x-\alpha)^2 + \beta^2\} + \frac{A\alpha + B}{\beta} \tan^{-1} \frac{x-\alpha}{\beta} \tag{5.51}$$
>
> である.
>
> (2) $n = 2, 3, 4, \dots$ のとき,
>
> $$I_n = \int \frac{dx}{\{(x-\alpha)^2 + \beta^2\}^n} \tag{5.52}$$
>
> とおく. このとき,
>
> $$\int \frac{Ax+B}{\{(x-\alpha)^2 + \beta^2\}^n} \, dx$$
> $$= \frac{A}{2(1-n)\{(x-\alpha)^2 + \beta^2\}^{n-1}} + (A\alpha + B)I_n \tag{5.53}$$
>
> である.

---

[8] n が大きくなると, (5.54) の漸化式を繰り返し用いることになるため, 実際に計算することは難しくなる.

(3) (2) の I_n は漸化式

$$I_n = \frac{1}{2(n-1)\beta^2} \left[\frac{x-\alpha}{\{(x-\alpha)^2+\beta^2\}^{n-1}} + (2n-3)I_{n-1} \right] \quad (5.54)$$

をみたす.

【証明】 (1) まず,

$$\begin{aligned}
\int \frac{Ax+B}{(x-\alpha)^2+\beta^2}\,dx &= \int \frac{A(x-\alpha)+A\alpha+B}{(x-\alpha)^2+\beta^2}\,dx \\
&= A\int \frac{x-\alpha}{(x-\alpha)^2+\beta^2}\,dx + (A\alpha+B)\int \frac{dx}{(x-\alpha)^2+\beta^2} \\
&= \frac{A}{2}\log\{(x-\alpha)^2+\beta^2\} + (A\alpha+B)\int \frac{dx}{(x-\alpha)^2+\beta^2} \quad (5.55)
\end{aligned}$$

となる. ここで,

$$x-\alpha = \beta\tan t \quad (5.56)$$

とおくと,

$$dx = \frac{\beta}{\cos^2 t}\,dt \quad (5.57)$$

である. よって, 置換積分法 定理 5.3 (4) より,

$$\begin{aligned}
\int \frac{dx}{(x-\alpha)^2+\beta^2} &= \int \frac{1}{\beta^2\tan^2 t + \beta^2}\frac{\beta}{\cos^2 t}\,dt = \int \frac{1}{\beta(\tan^2 t + 1)}\frac{1}{\cos^2 t}\,dt \\
&= \int \frac{dt}{\beta} = \frac{1}{\beta}t = \frac{1}{\beta}\tan^{-1}\frac{x-\alpha}{\beta} \quad (5.58)
\end{aligned}$$

となる. (5.55), (5.58) より, (5.51) がなりたつ.
(2) I_n の定義 (5.52) より,

$$\begin{aligned}
\int \frac{Ax+B}{\{(x-\alpha)^2+\beta^2\}^n}\,dx &= \int \frac{A(x-\alpha)+A\alpha+B}{\{(x-\alpha)^2+\beta^2\}^n}\,dx \\
&= A\int \frac{x-\alpha}{\{(x-\alpha)^2+\beta^2\}^n}\,dx + (A\alpha+B)\int \frac{dx}{\{(x-\alpha)^2+\beta^2\}^n} \\
&= \frac{A}{2(1-n)\{(x-\alpha)^2+\beta^2\}^{n-1}} + (A\alpha+B)I_n \quad (5.59)
\end{aligned}$$

となる. よって, (5.53) がなりたつ.
(3) 部分積分法 定理 5.3 (3) より,

$$I_{n-1} = \int \frac{dx}{\{(x-\alpha)^2 + \beta^2\}^{n-1}} = \int \frac{(x-\alpha)^2 + \beta^2}{\{(x-\alpha)^2 + \beta^2\}^n}\, dx$$

$$= \int \frac{(x-\alpha)^2}{\{(x-\alpha)^2 + \beta^2\}^n}\, dx + \int \frac{\beta^2}{\{(x-\alpha)^2 + \beta^2\}^n}\, dx$$

$$= \int \left[\frac{1}{2(1-n)\,\{(x-\alpha)^2 + \beta^2\}^{n-1}} \right]' (x-\alpha)\, dx + \beta^2 \int \frac{dx}{\{(x-\alpha)^2 + \beta^2\}^n}$$

$$= \frac{x-\alpha}{2(1-n)\,\{(x-\alpha)^2 + \beta^2\}^{n-1}} - \int \frac{(x-\alpha)'}{2(1-n)\,\{(x-\alpha)^2 + \beta^2\}^{n-1}}\, dx + \beta^2 I_n$$

$$= \frac{x-\alpha}{2(1-n)\,\{(x-\alpha)^2 + \beta^2\}^{n-1}} - \frac{1}{2(1-n)} \int \frac{dx}{\{(x-\alpha)^2 + \beta^2\}^{n-1}} + \beta^2 I_n$$

$$= \frac{x-\alpha}{2(1-n)\,\{(x-\alpha)^2 + \beta^2\}^{n-1}} - \frac{1}{2(1-n)} I_{n-1} + \beta^2 I_n \tag{5.60}$$

となる. よって,

$$I_{n-1} = \frac{x-\alpha}{2(1-n)\,\{(x-\alpha)^2 + \beta^2\}^{n-1}} - \frac{1}{2(1-n)} I_{n-1} + \beta^2 I_n \tag{5.61}$$

となり, (5.54) が得られる. □

問 5.11 (5.51) の右辺を微分することにより, (5.51) がなりたつことを示せ. ■

ここまでに述べたことは次のようにまとめることができる.

定理 5.9 1 変数の有理関数の不定積分は有理関数, 対数関数, 逆正接関数を用いて表すことができる.

§5.2.3 有理関数の不定積分の計算 ・・・・・・・・・・・・・・・・・・・・・◇◇◇

本項では, 有理関数の不定積分に関する問題をいくつか挙げておこう.

例題 5.6 例 5.3 の有理関数 $f(x)$ の部分分数分解 (5.49) の右辺の不定積分を求めることにより,

$$\int f(x)\, dx = \frac{1}{2}x^2 + x + \log|x+2| + \log(x^2 - 2x + 4) + \frac{1}{\sqrt{3}} \tan^{-1} \frac{x-1}{\sqrt{3}} \tag{5.62}$$

であることを示せ.

解説 まず，(5.49) より，

$$\int f(x)\,dx = \int (x+1)\,dx + \int \frac{dx}{x+2} + \int \frac{2x-1}{x^2-2x+4}\,dx \tag{5.63}$$

である．次に，

$$\int (x+1)\,dx = \frac{1}{2}x^2 + x, \quad \int \frac{dx}{x+2} = \log|x+2| \tag{5.64}$$

である．さらに，(5.63) の右辺の第3項を定理 5.8 (1) の証明にしたがって計算する[9]．まず，

$$\begin{aligned}
\int \frac{2x-1}{x^2-2x+4}\,dx &= \int \frac{2(x-1)+1}{(x-1)^2+3}\,dx \\
&= \int \frac{2(x-1)}{(x-1)^2+3}\,dx + \int \frac{dx}{(x-1)^2+3} \\
&= \log\left\{(x-1)^2+3\right\} + \int \frac{dx}{(x-1)^2+3}
\end{aligned} \tag{5.65}$$

である．ここで，

$$x-1 = \sqrt{3}\tan t \tag{5.66}$$

とおくと，

$$dx = \frac{\sqrt{3}}{\cos^2 t}\,dt \tag{5.67}$$

である．よって，置換積分法 定理 5.3 (4) より，

$$\begin{aligned}
\int \frac{dx}{(x-1)^2+3} &= \int \frac{1}{3\tan^2 t + 3}\frac{\sqrt{3}}{\cos^2 t}\,dt = \int \frac{1}{\sqrt{3}(\tan^2 t + 1)}\frac{1}{\cos^2 t}\,dt \\
&= \int \frac{dt}{\sqrt{3}} = \frac{1}{\sqrt{3}}t = \frac{1}{\sqrt{3}}\tan^{-1}\frac{x-1}{\sqrt{3}}
\end{aligned} \tag{5.68}$$

となる．(5.63)〜(5.65)，(5.68) より，(5.62) が得られる． □

問 5.12 $a > 0$ とする．次の問に答えよ．

(1) 未定係数法を用いることにより，部分分数分解

$$\frac{1}{a^2-x^2} = \frac{1}{2a}\left(\frac{1}{a+x} + \frac{1}{a-x}\right) \tag{5.69}$$

がなりたつことを示せ[10]．易重要

---

[9] あまり覚えやすい式ではないが，もちろん (5.51) を直接用いることもできる．

[10] 慣れてくると，この程度の部分分数分解であれば，わざわざ未定係数法を用いるまでもなくなるが，ここでは $\frac{1}{a^2-x^2} = \frac{b}{a+x} + \frac{c}{a-x}$ $(b, c \in \mathbf{R})$ とおいて計算してみよう．

(2) (5.69) の右辺の不定積分を求めることにより,

$$\int \frac{dx}{a^2 - x^2} = \frac{1}{2a} \log \left| \frac{a+x}{a-x} \right| \tag{5.70}$$

であることを示せ. （易）（重要）

問 5.13 (1) 未定係数法を用いることにより, 部分分数分解

$$\frac{1}{x^3 + 1} = \frac{1}{3(x+1)} + \frac{-x+2}{3(x^2 - x + 1)} \tag{5.71}$$

がなりたつことを示せ. （重要）

(2) (5.71) の右辺の不定積分を求めることにより,

$$\int \frac{dx}{x^3 + 1} = \frac{1}{3} \log |x+1| - \frac{1}{6} \log(x^2 - x + 1) + \frac{1}{\sqrt{3}} \tan^{-1} \frac{2x-1}{\sqrt{3}} \tag{5.72}$$

であることを示せ. （重要）（★）

§5.2.4 漸化式で表される積分 ◇◇◇

不定積分や定積分は (5.54) のように, 漸化式で表される場合がある. まず, (5.52) の特別な場合を次の例題で改めて考えてみよう.

例題 5.7 $n \in \mathbf{N}$ に対して,

$$I_n = \int \frac{dx}{(x^2 + 1)^n} \tag{5.73}$$

とおく. I_n は漸化式

$$I_n = \frac{x}{2(n-1)(x^2+1)^{n-1}} + \frac{2n-3}{2n-2} I_{n-1} \quad (n = 2, 3, 4, \dots) \tag{5.74}$$

をみたすことを示せ.

解説 $n = 2, 3, 4, \dots$ とすると, 部分積分法 定理 5.3 (3) より,

$$I_{n-1} = \int \frac{dx}{(x^2+1)^{n-1}} = \int \frac{x^2+1}{(x^2+1)^n} dx = \int \frac{x^2}{(x^2+1)^n} dx + \int \frac{dx}{(x^2+1)^n}$$
$$= \int \left\{ \frac{1}{2(1-n)(x^2+1)^{n-1}} \right\}' x \, dx + I_n$$

$$= \frac{x}{2(1-n)(x^2+1)^{n-1}} - \int \frac{x'}{2(1-n)(x^2+1)^{n-1}}\,dx + I_n$$

$$= \frac{x}{2(1-n)(x^2+1)^{n-1}} - \frac{1}{2(1-n)} \int \frac{dx}{(x^2+1)^{n-1}} + I_n$$

$$= \frac{x}{2(1-n)(x^2+1)^{n-1}} - \frac{1}{2(1-n)} I_{n-1} + I_n \tag{5.75}$$

である．よって，

$$I_{n-1} = \frac{x}{2(1-n)(x^2+1)^{n-1}} - \frac{1}{2(1-n)} I_{n-1} + I_n \tag{5.76}$$

となり，(5.74) が得られる．   □

問 5.14 $n \in \mathbf{N}$ に対して，

$$J_n = \int_0^1 \frac{dx}{(x^2+1)^n} \tag{5.77}$$

とおく．J_n は漸化式

$$J_n = \frac{1}{(n-1) \cdot 2^n} + \frac{2n-3}{2n-2} J_{n-1} \quad (n = 2, 3, 4, \dots) \tag{5.78}$$

をみたすことを示せ．さらに，J_1, J_2, J_3 の値を求めよ．🔲

問 5.15 $n = 0, 1, 2, \dots$ に対して，

$$I_n = \int \sin^n x\,dx \tag{5.79}$$

とおく．

(1) I_n は漸化式

$$I_n = -\frac{1}{n} \sin^{n-1} x \cos x + \frac{n-1}{n} I_{n-2} \quad (n = 2, 3, 4, \dots) \tag{5.80}$$

をみたすことを示せ．🔲

(2) $k = -1, 0, 1, 2, \dots$ に対して，$k!! \in \mathbf{N}$ を

$$(-1)!! = 0!! = 1, \quad k!! = \begin{cases} k(k-2)(k-4)\cdots 2 & (k \text{ は正の偶数}), \\ k(k-2)(k-4)\cdots 1 & (k \text{ は正の奇数}) \end{cases} \tag{5.81}$$

により定め，これを k の **2 重階乗** (double factorial) という．また，

$$J_n = \int_0^{\frac{\pi}{2}} \sin^n x \, dx \tag{5.82}$$

とおく．このとき，

$$J_n = \begin{cases} \dfrac{(n-1)!!}{n!!} \dfrac{\pi}{2} & (n \text{ は偶数}), \\[2mm] \dfrac{(n-1)!!}{n!!} & (n \text{ は奇数}) \end{cases} \tag{5.83}$$

であることを示せ．重要 ★

本節のまとめ

☑ 1 変数の有理関数は部分分数分解することができる． §5.2.1

☑ 1 変数の有理関数の不定積分は有理関数，対数関数，逆正接関数を用いて表すことができる． 定理 5.9

☑ 不定積分や定積分は漸化式を用いて表される場合がある． §5.2.4

5.3　積分の計算（その2）

 本節では，2 変数の有理関数に三角関数や根号を用いて表される関数を代入し，そのようにして得られる関数の積分で，前節で述べた有理関数の積分に帰着されるものを扱う．

§5.3.1　有理関数の積分に帰着される積分 ◇◇◇

まず，2 変数 u, v を変数とする有理関数 $f(u,v)$ を考えよう．すなわち，$f(u,v)$ は u と v の多項式の比として表される関数である．このとき，$f(u,v)$ の変数 u, v に三角関数や根号を用いて表される関数を代入したものを被積分関数とする，次の (i)～(iii) の形をした不定積分を考えよう．

(i)　$\displaystyle \int f(\sin x, \cos x) \, dx$.

(ii) $\displaystyle\int f\left(x, \sqrt[n]{\frac{ax+b}{cx+d}}\right) dx \quad (a, b, c, d \in \mathbf{R},\ ad - bc \neq 0).$

(iii) $\displaystyle\int f\left(x, \sqrt{ax^2 + bx + c}\right) dx \quad (a, b, c \in \mathbf{R},\ a \neq 0).$

以下に述べるように，(i)〜(iii) の不定積分は置換積分法 定理 5.3 (4) により，1 変数の有理関数の不定積分に帰着される．よって，これらの不定積分は前節で述べたことを用いて，さらに計算することができる．なお，実際には以下の定理で述べるものとは異なる方法を用いた方が計算が簡単になる場合もある．

§5.3.2 三角関数を含む場合 ‥‥‥‥‥‥‥‥‥‥‥‥‥‥‥‥‥‥‥◇◇◇

三角関数を用いて表される関数に関して，次がなりたつ．

定理 5.10 §5.3.1 の (i) の形をした関数の不定積分について，

$$t = \tan\frac{x}{2} \tag{5.84}$$

とおくと，

$$\int f(\sin x, \cos x)\, dx = \int f\left(\frac{2t}{1+t^2}, \frac{1-t^2}{1+t^2}\right) \frac{2}{1+t^2}\, dt \tag{5.85}$$

である．とくに，(5.85) の右辺の被積分関数は t を変数とする有理関数である．

【証明】 (5.85) および置換積分法 定理 5.3 (4) より，

$$\sin x = \frac{2t}{1+t^2}, \quad \cos x = \frac{1-t^2}{1+t^2}, \quad dx = \frac{2}{1+t^2}\, dt \tag{5.86}$$

となることを示せばよい．以下は問 5.16 とする．   □

問 5.16 定理 5.10 において，(5.86) がなりたつことを示せ．易重要

◇ **例 5.4** $t = \tan\frac{x}{2}$ とおくと，定理 5.10 より，

$$\int \frac{dx}{\sin x} = \int \frac{1}{\frac{2t}{1+t^2}} \frac{2}{1+t^2}\, dt = \int \frac{dt}{t} = \log|t| = \log\left|\tan\frac{x}{2}\right| \tag{5.87}$$

である．さらに，半角の公式より，(5.87) の最後の式を変形すると，

$$\log\left|\tan\frac{x}{2}\right| = \frac{1}{2}\log\tan^2\frac{x}{2} = \frac{1}{2}\log\frac{\sin^2\frac{x}{2}}{\cos^2\frac{x}{2}} = \frac{1}{2}\log\frac{\frac{1-\cos x}{2}}{\frac{1+\cos x}{2}} = \frac{1}{2}\log\frac{1-\cos x}{1+\cos x} \tag{5.88}$$

となる．よって，

$$\int \frac{dx}{\sin x} = \frac{1}{2} \log \frac{1 - \cos x}{1 + \cos x} \tag{5.89}$$

と表すこともできる． ◇

問 5.17 $t = \cos x$ とおき，置換積分法を用いることにより，(5.89) がなりたつことを示せ．

問 5.18 定理 5.10 を用いることにより，

$$\int \frac{1 + \sin x}{1 + \cos x} dx = \tan \frac{x}{2} + \log \left(1 + \tan^2 \frac{x}{2} \right) \tag{5.90}$$

であることを示せ． 重

§5.3.3 根号を用いて表される関数を含む場合（その1）····◇◇◇

続いて，根号を用いて表される関数を含む場合について述べよう．

定理 5.11 §5.3.1 の (ii) の形をした関数の不定積分について，

$$t = \sqrt[n]{\frac{ax + b}{cx + d}} \tag{5.91}$$

とおくと，

$$\int f \left(x, \sqrt[n]{\frac{ax + b}{cx + d}} \right) dx = \int f \left(\frac{dt^n - b}{-ct^n + a}, t \right) \frac{n(ad - bc)t^{n-1}}{(-ct^n + a)^2} dt \tag{5.92}$$

である．とくに，(5.92) の右辺の被積分関数は t を変数とする有理関数である．

【証明】 (5.91) より，

$$(cx + d)t^n = ax + b \tag{5.93}$$

となり，

$$x = \frac{dt^n - b}{-ct^n + a} \tag{5.94}$$

である．よって，

$$dx = \frac{ndt^{n-1}(-ct^n + a) - (dt^n - b)(-nct^{n-1})}{(-ct^n + a)^2} dt = \frac{n(ad - bc)t^{n-1}}{(-ct^n + a)^2} dt \tag{5.95}$$

である．したがって，置換積分法 定理 5.3 (4) より，(5.92) がなりたつ． □

例題 5.8　(1) $a, b \in \mathbf{R}$ とし,

$$t = \sqrt{\frac{x+a}{x+b}} \tag{5.96}$$

とおくと,

$$\int \sqrt{\frac{x+a}{x+b}} \, dx = 2(b-a) \int \frac{t^2}{(t^2-1)^2} \, dt \tag{5.97}$$

であることを示せ.

(2) 未定係数法を用いることにより, 部分分数分解

$$\frac{t^2}{(t^2-1)^2} = -\frac{1}{4} \left\{ \frac{1}{t+1} - \frac{1}{(t+1)^2} - \frac{1}{t-1} - \frac{1}{(t-1)^2} \right\} \tag{5.98}$$

がなりたつことを示せ.

(3) (5.98) の不定積分を求めることにより,

$$\int \frac{t^2}{(t^2-1)^2} \, dt = -\frac{1}{2} \frac{t}{t^2-1} - \frac{1}{4} \log \left| \frac{t+1}{t-1} \right| \tag{5.99}$$

であることを示せ.

(4) x を $x+a$, $x+b > 0$ となる範囲で考える. (5.97), (5.99) を用いることにより,

$$\int \sqrt{\frac{x+a}{x+b}} \, dx = \sqrt{(x+a)(x+b)} + (a-b) \log \left| \sqrt{x+a} + \sqrt{x+b} \right| \tag{5.100}$$

であることを示せ.

解説　(1) (5.96) より,

$$(x+b)t^2 = x+a \tag{5.101}$$

となり,

$$x = \frac{bt^2 - a}{-t^2 + 1} \tag{5.102}$$

である. よって,

$$dx = \frac{2bt(-t^2+1)-(bt^2-a)(-2t)}{(-t^2+1)^2}\,dt = \frac{2(b-a)t}{(t^2-1)^2}\,dt \tag{5.103}$$

である．したがって，置換積分法 定理 5.3 (4) より，(5.97) がなりたつ[11]．

(2) まず，

$$(t^2-1)^2 = (t+1)^2(t-1)^2 \tag{5.104}$$

であることに注意し，

$$\frac{t^2}{(t^2-1)^2} = \frac{p}{t+1} + \frac{q}{(t+1)^2} + \frac{r}{t-1} + \frac{s}{(t-1)^2} \quad (p,\,q,\,r,\,s \in \mathbf{R}) \tag{5.105}$$

とおく．このとき，(5.105) の右辺を通分すると，

$$\begin{aligned}
&\frac{p}{t+1} + \frac{q}{(t+1)^2} + \frac{r}{t-1} + \frac{s}{(t-1)^2} \\
&= \frac{p(t^2-1)(t-1) + q(t-1)^2 + r(t^2-1)(t+1) + s(t+1)^2}{(t^2-1)^2} \\
&= \frac{(p+r)t^3 + (-p+q+r+s)t^2 + (-p-2q-r+2s)t + p+q-r+s}{(t^2-1)^2}
\end{aligned}$$
$$\tag{5.106}$$

となるので，(5.105) の左辺と (5.106) の最後の式の分子の係数を比較すると，

$$p+r = 0, \quad -p+q+r+s = 1, \quad -p-2q-r+2s = 0, \quad p+q-r+s = 0 \tag{5.107}$$

である．これを解くと，

$$p = -\frac{1}{4}, \quad q = \frac{1}{4}, \quad r = \frac{1}{4}, \quad s = \frac{1}{4} \tag{5.108}$$

である．よって，(5.98) がなりたつ．

(3) (5.98) より，

$$\begin{aligned}
\int \frac{t^2}{(t^2-1)^2}\,dt &= -\frac{1}{4}\left\{ \int \frac{dt}{t+1} - \int \frac{dt}{(t+1)^2} - \int \frac{dt}{t-1} - \int \frac{dt}{(t-1)^2} \right\} \\
&= -\frac{1}{4}\left\{ \log|t+1| + \frac{1}{t+1} - \log|t-1| + \frac{1}{t-1} \right\} \\
&= -\frac{1}{2}\frac{t}{t^2-1} - \frac{1}{4}\log\left|\frac{t+1}{t-1}\right|
\end{aligned}$$
$$\tag{5.109}$$

である．よって，(5.99) がなりたつ．

---

[11] あまり覚えやすい式ではないが，もちろん (5.92) を直接用いることもできる．

(4) (5.97), (5.99) より,

$$\int \sqrt{\frac{x+a}{x+b}}\, dx = 2(b-a)\left(-\frac{1}{2}\frac{t}{t^2-1}-\frac{1}{4}\log\left|\frac{t+1}{t-1}\right|\right)$$

$$= (a-b)\frac{\sqrt{\frac{x+a}{x+b}}}{\frac{x+a}{x+b}-1}+\frac{1}{2}(a-b)\log\left|\frac{\sqrt{\frac{x+a}{x+b}}+1}{\sqrt{\frac{x+a}{x+b}}-1}\right|$$

$$= \sqrt{(x+a)(x+b)}+\frac{1}{2}(a-b)\log\left|\frac{\sqrt{\frac{x+a}{x+b}}+1}{\sqrt{\frac{x+a}{x+b}}-1}\frac{\sqrt{\frac{x+a}{x+b}}+1}{\sqrt{\frac{x+a}{x+b}}+1}\right|$$

$$= \sqrt{(x+a)(x+b)}+\frac{1}{2}(a-b)\log\left|\frac{\left(\sqrt{\frac{x+a}{x+b}}+1\right)^2}{\frac{x+a}{x+b}-1}\right|$$

$$= \sqrt{(x+a)(x+b)}+\frac{1}{2}(a-b)\log\frac{\left(\sqrt{x+a}+\sqrt{x+b}\right)^2}{|a-b|} \tag{5.110}$$

となる．ここで，1 つの関数に対する原始関数は定数分の違いがありうることに注意すると，(5.100) が得られる． □

問 5.19　部分積分法 定理 5.3 (3) を用いることにより，(5.99) の不定積分を計算せよ．

問 5.20　(1) $a, b \in \mathbf{R}$ とし，

$$t = \sqrt{\frac{a+x}{b-x}} \tag{5.111}$$

とおくと，

$$\int \sqrt{\frac{a+x}{b-x}}\, dx = 2(a+b)\int \frac{t^2}{(t^2+1)^2}\, dt \tag{5.112}$$

であることを示せ．重要

(2) 未定係数法を用いることにより，部分分数分解

$$\frac{t^2}{(t^2+1)^2} = \frac{1}{t^2+1}-\frac{1}{(t^2+1)^2} \tag{5.113}$$

がなりたつことを示せ．

(3) 例題 5.7 の結果を用いて，(5.113) の右辺の不定積分を求めることにより，

$$\int \frac{t^2}{(t^2+1)^2}\, dt = -\frac{1}{2}\frac{t}{t^2+1}+\frac{1}{2}\tan^{-1} t \tag{5.114}$$

であることを示せ．

(4) x を $a + x, b - x > 0$ となる範囲で考える．(5.112), (5.114) を用いることにより，

$$\int \sqrt{\frac{a+x}{b-x}}\,dx = -\sqrt{(a+x)(b-x)} + (a+b)\tan^{-1}\sqrt{\frac{a+x}{b-x}} \quad (5.115)$$

であることを示せ．

§5.3.4 根号を用いて表される関数を含む場合（その2） ⋯◇◇◇

引き続き，根号を用いて表される関数を含む場合を考えていこう．次の定理では，根号の中身が正となる範囲で考えられるように，場合分けを行う．

> **定理 5.12** §5.3.1 の (iii) の形をした関数の不定積分について，次の (1), (2) がなりたつ．
>
> (1) $a > 0$ のとき，
>
> $$\sqrt{ax^2 + bx + c} = t - \sqrt{a}\,x \qquad (5.116)$$
>
> とおくと，
>
> $$\int f\left(x, \sqrt{ax^2 + bx + c}\right) dx$$
> $$= \int f\left(\frac{t^2 - c}{2\sqrt{a}t + b}, t - \frac{\sqrt{a}(t^2 - c)}{2\sqrt{a}t + b}\right) \frac{2(\sqrt{a}t^2 + bt + \sqrt{a}c)}{(2\sqrt{a}t + b)^2}\,dt$$
> $$(5.117)$$
>
> である．とくに，(5.117) の右辺の被積分関数は t を変数とする有理関数である．
>
> (2) $a < 0,\ b^2 - 4ac > 0$ のとき，x の 2 次方程式
>
> $$ax^2 + bx + c = 0 \qquad (5.118)$$
>
> の解を $\alpha, \beta \in \mathbf{R}\ (\alpha < \beta)$ とし（図 5.4），
>
> $$t = \sqrt{\frac{\beta - x}{x - \alpha}} \qquad (5.119)$$
>
> とおくと，

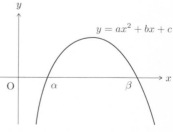

図 5.4 関数 $y = ax^2 + bx + c\ (a < 0,\ b^2 - 4ac > 0)$ のグラフ

$$\int f\left(x, \sqrt{ax^2 + bx + c}\right) dx$$
$$= \int f\left(\frac{\alpha t^2 + \beta}{t^2 + 1}, \frac{\sqrt{-a}(\beta - \alpha)t}{t^2 + 1}\right) \frac{2(\alpha - \beta)t}{(t^2 + 1)^2} dt \quad (5.120)$$

である.

【証明】 (1) (5.116) より,

$$ax^2 + bx + c = t^2 - 2\sqrt{a}tx + ax^2 \quad (5.121)$$

となり,

$$x = \frac{t^2 - c}{2\sqrt{a}t + b} \quad (5.122)$$

である. よって,

$$dx = \frac{2t(2\sqrt{a}t + b) - (t^2 - c) \cdot 2\sqrt{a}}{(2\sqrt{a}t + b)^2} dt = \frac{2(\sqrt{a}t^2 + bt + \sqrt{a}c)}{(2\sqrt{a}t + b)^2} dt \quad (5.123)$$

である. したがって, 置換積分法 定理 5.3 (4) より, (5.117) がなりたつ.

(2) (5.119) より,

$$(x - \alpha)t^2 = \beta - x \quad (5.124)$$

となり,

$$x = \frac{\alpha t^2 + \beta}{t^2 + 1} \quad (5.125)$$

である. よって,

$$dx = \frac{2\alpha t(t^2 + 1) - (\alpha t^2 + \beta) \cdot 2t}{(t^2 + 1)^2} dt = \frac{2(\alpha - \beta)t}{(t^2 + 1)^2} dt \quad (5.126)$$

である. また,

$$ax^2 + bx + c = a(x - \alpha)(x - \beta)$$
$$= a \frac{\alpha t^2 + \beta - \alpha(t^2 + 1)}{t^2 + 1} \frac{\alpha t^2 + \beta - \beta(t^2 + 1)}{t^2 + 1} = \frac{-a(\beta - \alpha)^2 t^2}{(t^2 + 1)^2} \quad (5.127)$$

となるので, $a < 0$, $\alpha < \beta$ より,

$$\sqrt{ax^2 + bx + c} = \frac{\sqrt{-a}(\beta - \alpha)t}{t^2 + 1} \quad (5.128)$$

である. したがって, 置換積分法 定理 5.3 (4) より, (5.120) がなりたつ. □

◇ **例 5.5**　$a \in \mathbf{R} \setminus \{0\}$ のとき，

$$\int \frac{dx}{\sqrt{x^2+a}} = \log \left| x + \sqrt{x^2+a} \right| \tag{5.129}$$

であることを定理 5.12 (1) の証明にしたがって示そう．まず，

$$\sqrt{x^2+a} = t - x \tag{5.130}$$

とおくと，

$$x^2 + a = t^2 - 2tx + x^2 \tag{5.131}$$

となり，

$$x = \frac{t^2 - a}{2t} \tag{5.132}$$

である．よって，

$$dx = \frac{2t \cdot 2t - (t^2-a) \cdot 2}{(2t)^2} dt = \frac{t^2+a}{2t^2} dt \tag{5.133}$$

である．したがって，置換積分法 定理 5.3 (4) より，

$$\int \frac{dx}{\sqrt{x^2+a}} = \int \frac{1}{t - \frac{t^2-a}{2t}} \frac{t^2+a}{2t^2} dt = \int \frac{dt}{t} = \log|t| = \log \left| x + \sqrt{x^2+a} \right| \tag{5.134}$$

となり，(5.129) が得られる．　◇

◇ **例 5.6**　$a \in \mathbf{R} \setminus \{0\}$ とし，不定積分

$$\int \sqrt{x^2+a} \, dx \tag{5.135}$$

について考える．例 5.5 と同じく，t を (5.130) により定めると，(5.132)，(5.133) が得られる．よって，置換積分法 定理 5.3 (4) より，

$$\int \sqrt{x^2+a} \, dx = \int \left(t - \frac{t^2-a}{2t} \right) \frac{t^2+a}{2t^2} dt = \int \frac{(t^2+a)^2}{4t^3} dt \tag{5.136}$$

である．以下は問 5.21 とする．　◇

問 **5.21**　(5.136) の最後の式を計算することにより，

$$\int \sqrt{x^2+a} \, dx = \frac{1}{2} \left(x\sqrt{x^2+a} + a \log \left| x + \sqrt{x^2+a} \right| \right) \tag{5.137}$$

であることを示せ.

問 5.22 (1) $a > 0$ とし,

$$t = \sqrt{\frac{a - x}{x + a}} \tag{5.138}$$

とおくと,

$$\int \frac{dx}{x\sqrt{a^2 - x^2}} = \frac{1}{a} \int \frac{2}{t^2 - 1}\, dt \tag{5.139}$$

であることを示せ.

(2) (5.139) の右辺を計算することにより,

$$\int \frac{dx}{x\sqrt{a^2 - x^2}} = \frac{1}{a} \log \left| \frac{\sqrt{a - x} - \sqrt{a + x}}{\sqrt{a - x} + \sqrt{a + x}} \right| \tag{5.140}$$

であることを示せ.

本節のまとめ

☑ 三角関数の有理関数として表される関数の不定積分は有理関数の不定積分に帰着される. 定理 5.10

☑ 根号を用いて表される関数の不定積分は有理関数の不定積分に帰着できることがある. 定理 5.11 定理 5.12

5.4 ガンマ関数とベータ関数

本節では,定積分と関数の極限を組み合わせることにより定義される広義積分について述べる.また,広義積分を用いて定義される重要な関数として,ガンマ関数とベータ関数を紹介し,その基本的性質を扱う.

§5.4.1 広義積分の定義と例

有界閉区間を定義域とする実数値関数に対する定積分 §5.1.3 と関数の極限 3.2節 を組み合わせることにより,有界閉区間以外の区間を定義域とする実数値関数に対して,広義積分というものを考えることができる.

まず，$f : [a, +\infty) \to \mathbf{R}$ を無限閉区間 $[a, +\infty)$ を定義域とする実数値関数
とする．$a < b$ をみたす任意の $b \in \mathbf{R}$ に対して，f が有界閉区間 $[a, b]$ で積分
可能であり [12]，極限

$$\lim_{b \to +\infty} \int_a^b f(x)\,dx \in \mathbf{R} \tag{5.141}$$

が存在するとき，これを

$$\int_a^{+\infty} f(x)\,dx \tag{5.142}$$

と表し，f は**広義積分可能** (improperly integrable) であるという．

f の定義域がその他の区間の場合についても，同様に広義積分を考えるこ
とができる．例えば，右半開区間 $[a, b)$ を定義域とする関数 $f : [a, b) \to \mathbf{R}$
に対しては，極限

$$\lim_{\varepsilon \to +0} \int_a^{b-\varepsilon} f(x)\,dx \tag{5.143}$$

を考え，広義積分可能である，すなわち，(5.143) の極限が存在するときは，
その値を

$$\int_a^b f(x)\,dx \tag{5.144}$$

と表し，$\mathbf{R}$ を定義域とする関数 $f : \mathbf{R} \to \mathbf{R}$ に対しては，2 つの極限を独立
に考え，

$$\int_{-\infty}^{+\infty} f(x)\,dx = \lim_{\substack{a \to -\infty \\ b \to +\infty}} \int_a^b f(x)\,dx \tag{5.145}$$

とするのである．

また，関数が定義されている区間を分割して広義積分可能になる場合
は，分割した区間ごとに考える．例えば，開区間 (a, b) を定義域とする関
数 $f : (a, b) \to \mathbf{R}$ が $c \in (a, b)$ に対して開区間 (a, c) および (c, b) で広義積分
可能な場合は，

$$\int_a^b f(x)\,dx = \int_a^c f(x)\,dx + \int_c^b f(x)\,dx \tag{5.146}$$

とする．なお，定積分の性質より，(5.146) の値は c の選び方に依存しないこ
とが分かる．

---

[12] f の $[a, b]$ への制限 例 2.4 $f|_{[a,b]} : [a, b] \to \mathbf{R}$ が積分可能であるということである．

◇ **例 5.7**　無限閉区間 $[0, +\infty)$ を定義域とする関数 $\dfrac{1}{1+x^2}$ の広義積分は

$$\int_0^{+\infty} \frac{dx}{1+x^2} = \lim_{b\to+\infty}\int_0^b \frac{dx}{1+x^2} = \lim_{b\to+\infty}\left[\tan^{-1}x\right]_0^b$$
$$= \lim_{b\to+\infty}\left(\tan^{-1}b - \tan^{-1}0\right) = \frac{\pi}{2} - 0 = \frac{\pi}{2} \tag{5.147}$$

となる．　　　　　　　　　　　　　　　　　　　　　　　　　　　◇

✐ **注意 5.3**　広義積分の計算をする際には，

$$\lim_{b\to+\infty}\left[F(x)\right]_a^b = \left[F(x)\right]_a^{+\infty} \tag{5.148}$$

などと表すことが多い．

◇ **例 5.8**　$a \in \mathbf{R}$ とする．定理 5.2 (1), (2) に注意すると，無限閉区間 $[1, +\infty)$ を定義域とする関数 x^a が広義積分可能となるのは，$a < -1$ のときである．さらに，$a < -1$ のとき，

$$\int_1^{+\infty} x^a\,dx = \left[\frac{1}{a+1}x^{a+1}\right]_1^{+\infty} = 0 - \frac{1}{a+1} = -\frac{1}{a+1} \tag{5.149}$$

となる．　　　　　　　　　　　　　　　　　　　　　　　　　　　◇

問 5.23　次の (1), (2) の広義積分の値を求めよ．
(1) $\displaystyle\int_0^{+\infty} \frac{dx}{\cosh^2 x}$. 重要　　(2) $\displaystyle\int_0^1 \frac{\sin^{-1}x}{\sqrt{1-x^2}}\,dx$. 重要

問 5.24　(1) $t = \sinh x$ とおき，置換積分法 定理 5.3 (4) を用いることにより，

$$\int \frac{dx}{\cosh x} = \tan^{-1}\sinh x \tag{5.150}$$

であることを示せ．
(2) 広義積分 $\displaystyle\int_0^{+\infty} \frac{dx}{\cosh x}$ の値を求めよ．重要

問 5.25　次の (1), (2) の広義積分の値を求めよ．
(1) $\displaystyle\int_{-1}^1 \frac{x\cos^{-1}x}{\sqrt{1-x^2}}\,dx$. 重要　　(2) $\displaystyle\int_0^2 \frac{dx}{\sqrt{|x^2-1|}}$. 重要

§5.4.2　ガンマ関数 ···◇◇◇

関数が広義積分可能であるかどうかは次の定理を用いて調べることがで

きる.

> **定理 5.13** $f, g : [a, b) \to \mathbf{R}$ を右半開区間 $[a, b)$ を定義域とする関数とす
> る. 任意の $x \in [a, b)$ に対して,
>
> $$|f(x)| \leq g(x) \tag{5.151}$$
>
> であり, g が広義積分可能ならば, f は広義積分可能である.
> 　任意の $x \in [a, b)$ に対して,
>
> $$0 \leq g(x) \leq f(x) \tag{5.152}$$
>
> であり, g が広義積分可能でないならば, f は広義積分可能でない.
> 　f, g の定義域がその他の区間の場合についても, 同様の事実がなりたつ.

　定理 5.13 を用いることにより, ガンマ関数とよばれる関数を定めることが
できる. まず, $x > 0$ とし, 関数 $f : (0, +\infty) \to \mathbf{R}$ を

$$f(t) = e^{-t}t^{x-1} \quad (t \in (0, +\infty)) \tag{5.153}$$

により定める. このとき, 定理 5.13 より, f は広義積分可能であることが分
かる [13]. よって, 関数 $\overset{\text{ガンマ}}{\Gamma} : (0, +\infty) \to \mathbf{R}$ を

$$\Gamma(x) = \int_0^{+\infty} e^{-t}t^{x-1}\, dt \quad (x \in (0, +\infty)) \tag{5.154}$$

により定めることができる. 関数 Γ を**ガンマ関数** (Gamma function) という.

◇ **例 5.9** (5.154) において, $x = 1$ とすると,

$$\Gamma(1) = \int_0^{+\infty} e^{-t}\, dt = \left[-e^{-t}\right]_0^{+\infty} = 0 - (-1) = 1 \tag{5.155}$$

である. ◇

　次に示すように, ガンマ関数は階乗の一般化とみなすことができる.

---

[13] ある $c > 0$ が存在し, $t \geq c$ ならば, $f(t) < e^{-t/2}$ となることを用いる. 例えば, 参考
文献 [6] の §23.4 を見よ.

定理 5.14   次の (1), (2) がなりたつ.
(1) $\Gamma(x+1) = x\Gamma(x)$.
(2) $n \in \mathbf{N}$ とすると, $\Gamma(n) = (n-1)!$.

【証明】 (1) のみ示し, (2) の証明は問 5.26 とする.

(1) まず, ガンマ関数の定義 (5.154) および部分積分法 定理 5.7 (3) より,

$$\Gamma(x+1) = \int_0^{+\infty} e^{-t} t^{(x+1)-1}\, dt = \int_0^{+\infty} (-e^{-t})' t^x\, dt$$
$$= \left[-e^{-t} t^x \right]_0^{+\infty} + \int_0^{+\infty} e^{-t} (t^x)'\, dt \tag{5.156}$$

となる. ここで,

$$\lim_{t \to +\infty} e^{-t} t^x = 0 \tag{5.157}$$

となることが分かるので [14], (5.156) はさらに

$$\Gamma(x+1) = 0-0+\int_0^{+\infty} e^{-t} x t^{x-1}\, dt = x \int_0^{+\infty} e^{-t} t^{x-1}\, dt = x\Gamma(x) \tag{5.158}$$

となり, (1) がなりたつ.   □

問 5.26   定理 5.14 (2) を示せ. 🔢✪

また, 次がなりたつことが分かる.

定理 5.15（相補公式：complement formula） $x \in (0,1)$ とすると,

$$\Gamma(x)\Gamma(1-x) = \frac{\pi}{\sin \pi x} \tag{5.159}$$

である.

さらに, 次がなりたつ.

定理 5.16   次の (1), (2) がなりたつ.
(1) $\Gamma\left(\frac{1}{2}\right) = \sqrt{\pi}$.
(2) $n \in \mathbf{N}$ とすると, $\Gamma\left(n+\frac{1}{2}\right) = \dfrac{(2n-1)!!}{2^n}\sqrt{\pi}$. ただし, $k = -1, 0, 1, 2, \ldots$ に対して, $k!!$ は k の 2 重階乗 (5.81) である [15].

---

[14] 本書では扱わないが, 例えば, ロピタルの定理を用いて示すことができる.
[15] $n = 0$ とすると, (1) の場合となる.

【証明】 (1) のみ示し，(2) の証明は問 5.27 とする．

(1) (5.159) において，$x = \frac{1}{2}$ とすると，

$$\left(\Gamma\left(\frac{1}{2}\right)\right)^2 = \pi \tag{5.160}$$

である．ここで，ガンマ関数の定義 (5.154) より，$\Gamma(x) > 0$ である．よって，(1) がなりたつ． ☐

| 問 5.27 | 定理 5.16 (2) を示せ．✪

◇ **例 5.10**（ガウス積分） 不定積分を用いて表される関数

$$\frac{2}{\sqrt{\pi}}\int_0^x e^{-t^2}\,dt \tag{5.161}$$

を**ガウスの誤差関数** (Gauss error function) という．ガウスの誤差関数は多項式で表される関数や三角関数，指数関数，対数関数，逆三角関数といった，馴染みのある関数を用いて表せないことが知られている．しかし，広義積分

$$\int_{-\infty}^{+\infty} e^{-x^2}\,dx \tag{5.162}$$

の値は次のように具体的に求めることができる．まず，e^{-x^2} が偶関数であることに注意すると [16)]，

$$\int_{-\infty}^{+\infty} e^{-x^2}\,dx = 2\int_0^{+\infty} e^{-x^2}\,dx \tag{5.163}$$

である（図 5.5）．

ここで，$x \geq 0$ に対して，$x = \sqrt{t}$ とおくと，置換積分法 定理 5.7 (4)，ガンマ関数の定義 (5.154) および定理 5.16 (1) より，

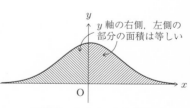

図 5.5 式 (5.163) の意味

$$\int_0^{+\infty} e^{-x^2}\,dx = \int_0^{+\infty} e^{-t}\frac{1}{2\sqrt{t}}\,dt = \frac{1}{2}\int_0^{+\infty} e^{-t}t^{\frac{1}{2}-1}\,dt = \frac{1}{2}\Gamma\left(\frac{1}{2}\right) = \frac{\sqrt{\pi}}{2} \tag{5.164}$$

となる．よって，(5.163)，(5.164) より，

[16)] 1 変数の実数値関数 $f(x)$ は，任意の x に対して $f(-x) = f(x)$ となるとき**偶関数** (even function)，任意の x に対して $f(-x) = -f(x)$ となるとき**奇関数** (odd function) という．

$$\int_{-\infty}^{+\infty} e^{-x^2} dx = \sqrt{\pi} \tag{5.165}$$

である. この広義積分を**ガウス積分** (Gaussian integral) という.   ◇

§5.4.3 ベータ関数 ···◇◇◇

次に, ベータ関数とよばれる 2 変数の関数を定めよう. まず, $x, y > 0$ とし, 関数 $f : (0, 1) \to \mathbf{R}$ を

$$f(t) = t^{x-1}(1-t)^{y-1} \quad (t \in (0, 1)) \tag{5.166}$$

により定める. このとき, 定理 5.13 より, f は広義積分可能であることが分かる [17]. よって, $(0, +\infty)$ と $(0, +\infty)$ の直積 $(0, +\infty) \times (0, +\infty)$ を定義域とする関数 $\overset{\text{ベータ}}{\mathrm{B}} : (0, +\infty) \times (0, +\infty) \to \mathbf{R}$ を

$$\mathrm{B}(x, y) = \int_0^1 t^{x-1}(1-t)^{y-1} dt \quad ((x, y) \in (0, +\infty) \times (0, +\infty)) \tag{5.167}$$

により定めることができる. 関数 B を**ベータ関数** (Beta function) という.

ベータ関数について, 次がなりたつ.

> **定理 5.17**　次の (1)～(3) がなりたつ.
> (1) $\mathrm{B}(x, y) = \mathrm{B}(y, x)$.
> (2) $x\mathrm{B}(x, y+1) = y\mathrm{B}(x+1, y)$.
> (3) $\mathrm{B}(x, y) = 2\int_0^{\frac{\pi}{2}} \sin^{2x-1}\theta \cos^{2y-1}\theta \, d\theta$.

【証明】　(1) のみ示し, (2), (3) の証明は問 5.28 とする.

(1) $t = 1 - s$ とおくと, ベータ関数の定義 (5.167) および置換積分法 定理 5.7 (4) より,

$$\mathrm{B}(x, y) = \int_1^0 (1-s)^{x-1} s^{y-1}(-ds) = \int_0^1 s^{y-1}(1-s)^{x-1} ds = \mathrm{B}(y, x) \tag{5.168}$$

である. よって, (1) がなりたつ.   □

---

[17] ある $c_1 \in (0, 1)$ およびある $c_2 \in (c_1, 1)$ が存在し, $0 < t \leq c_1$ ならば $f(t) < \frac{3}{2} t^{x-1}$, $c_2 \leq t < 1$ ならば $f(t) < \frac{3}{2}(1-t)^{y-1}$ となるのを用いる. 例えば, 参考文献 [6] の問 23.4 を見よ.

5

問 5.28 (1) 定理 5.17 (2) を示せ. ✪   (2) 定理 5.17 (3) を示せ. ✪

ガンマ関数とベータ関数は次の関係で結ばれていることが分かる.

> **定理 5.18** 等式
> $$B(x, y) = \frac{\Gamma(x)\Gamma(y)}{\Gamma(x + y)} \tag{5.169}$$
> がなりたつ.

問 5.29 定理 5.18 を用いて，ベータ関数の値を計算することにより，定理 5.16 (1) を示せ. 🔲🔳

> **例題 5.9** ガンマ関数およびベータ関数の性質を用いることにより，定積分 $\int_0^{\frac{\pi}{2}} \sin^4 \theta \cos^3 \theta \, d\theta$ の値を求めよ.

解説 定理 5.17 (3)，定理 5.18，定理 5.14 (2) および定理 5.16 (2) を用いて計算していくと，

$$\int_0^{\frac{\pi}{2}} \sin^4 \theta \cos^3 \theta \, d\theta = \int_0^{\frac{\pi}{2}} \sin^{2 \cdot \frac{5}{2} - 1} \theta \cos^{2 \cdot 2 - 1} \theta \, d\theta = \frac{1}{2} B\left(\frac{5}{2}, 2\right) = \frac{1}{2} \frac{\Gamma\left(\frac{5}{2}\right)\Gamma(2)}{\Gamma\left(\frac{9}{2}\right)}$$

$$= \frac{1}{2} \frac{\Gamma\left(2 + \frac{1}{2}\right)\Gamma(2)}{\Gamma\left(4 + \frac{1}{2}\right)} = \frac{1}{2} \frac{\frac{(2 \cdot 2 - 1)!!}{2^2}\sqrt{\pi} \cdot (2 - 1)!}{\frac{(2 \cdot 4 - 1)!!}{2^4}\sqrt{\pi}} = \frac{1}{2} \cdot \frac{\frac{3 \cdot 1}{2^2} \cdot 1}{\frac{7 \cdot 5 \cdot 3 \cdot 1}{2^4}} = \frac{2}{35} \tag{5.170}$$

である. □

問 5.30 ガンマ関数およびベータ関数の性質を用いることにより，定積分 $\int_0^{\frac{\pi}{2}} \sin^4 \theta \cos^5 \theta \, d\theta$ の値を求めよ. 🔳

問 5.31 (1) $a > -1$ とすると，

$$\int_0^{\frac{\pi}{2}} \sin^a \theta \, d\theta = \frac{\sqrt{\pi}}{2} \frac{\Gamma\left(\frac{a + 1}{2}\right)}{\Gamma\left(\frac{a}{2} + 1\right)} \tag{5.171}$$

であることを示せ. 🔳

(2) (1) を用いることにより，$n = 0, 1, 2, \ldots$ とすると，

$$\int_0^{\frac{\pi}{2}} \sin^n x\,dx = \begin{cases} \dfrac{(n-1)!!}{n!!}\dfrac{\pi}{2} & (n \text{ は偶数}), \\[3mm] \dfrac{(n-1)!!}{n!!} & (n \text{ は奇数}) \end{cases} \tag{5.172}$$

であることを示せ 問 5.15 (2) .

◇ **例 5.11**　$x, z > 0$, $y > \dfrac{x}{z}$ とすると,

$$\int_0^{+\infty} \frac{t^{x-1}}{(1+t^z)^y}\,dt = \frac{\Gamma\left(y - \frac{x}{z}\right)\Gamma\left(\frac{x}{z}\right)}{z\Gamma(y)} \tag{5.173}$$

であることを示そう. まず,

$$s = \frac{1}{1+t^z} \tag{5.174}$$

とおくと,

$$t = \left(\frac{1-s}{s}\right)^{\frac{1}{z}}, \quad dt = -\frac{1}{zs^2}\left(\frac{1-s}{s}\right)^{\frac{1}{z}-1}\,ds \tag{5.175}$$

となる. また, $t = 0$ のとき, $s = 1$ であり, $t \to +\infty$ のとき, $s \to +0$ である. よって, 置換積分法 定理 5.7 (4) , ベータ関数の定義 (5.167) および定理 5.18 より,

$$\begin{aligned}
\int_0^{+\infty} \frac{t^{x-1}}{(1+t^z)^y}\,dt &= \int_1^0 \left(\frac{1-s}{s}\right)^{\frac{x-1}{z}} s^y \left\{ -\frac{1}{zs^2}\left(\frac{1-s}{s}\right)^{\frac{1}{z}-1} \right\}\,ds \\
&= \frac{1}{z}\int_0^1 s^{\frac{1-x}{z}+y-2+\left(1-\frac{1}{z}\right)}(1-s)^{\frac{x-1}{z}+\left(\frac{1}{z}-1\right)}\,ds \\
&= \frac{1}{z}\int_0^1 s^{y-\frac{x}{z}-1}(1-s)^{\frac{x}{z}-1}\,ds = \frac{1}{z}\mathrm{B}\left(y-\frac{x}{z}, \frac{x}{z}\right) \\
&= \frac{\Gamma\left(y-\frac{x}{z}\right)\Gamma\left(\frac{x}{z}\right)}{z\Gamma(y)}
\end{aligned} \tag{5.176}$$

となる. すなわち, (5.173) がなりたつ.

とくに, $y = 1$ のとき, $1 > \frac{x}{z}$ となるので, $z > x$ であり, (5.155) および相補公式 定理 5.15 より,

$$\int_0^{+\infty} \frac{t^{x-1}}{1+t^z}\,dt = \frac{\Gamma\left(1-\frac{x}{z}\right)\Gamma\left(\frac{x}{z}\right)}{z\Gamma(1)} = \frac{\frac{\pi}{\sin \pi \frac{x}{z}}}{z \cdot 1} = \frac{\pi}{z\sin\frac{x}{z}\pi} \tag{5.177}$$

となる.　　　　　　　　　　　　　　　　　　　　　　　　　　　　　◇

問 5.32 　$n \in \mathbf{N}$ に対して,

$$I_n = \int \frac{dt}{(t^2+1)^n}, \quad J_n = \int_0^{+\infty} \frac{dt}{(t^2+1)^n} \tag{5.178}$$

とおく. 次の問に答えよ.

(1) I_n は漸化式

$$I_n = \frac{t}{2(n-1)(t^2+1)^{n-1}} + \frac{2n-3}{2n-2}I_{n-1} \quad (n = 2, 3, 4, \ldots) \tag{5.179}$$

をみたす 例題 5.7. (5.179) を用いることにより,

$$J_n = \frac{(2n-3)!!}{(2n-2)!!}\frac{\pi}{2} \quad (n \in \mathbf{N}) \tag{5.180}$$

であることを示せ. 易

(2) (5.173) を用いることにより, (5.180) を示せ. 重要

5

関数の積分

本節のまとめ

☑ 定積分と関数の極限を組み合わせることにより広義積分を定めることができる. §5.4.1

☑ 広義積分を用いてガンマ関数とベータ関数を定めることができる. §5.4.2 §5.4.3

章末問題

標準問題

問題 5.1 (1) 未定係数法を用いることにより, 部分分数分解

$$\frac{1}{1-x^3} = -\frac{1}{3(x-1)} + \frac{x+2}{3(x^2+x+1)} \tag{5.181}$$

がなりたつことを示せ.

(2) (5.181) の右辺の不定積分を求めることにより,

$$\int \frac{dx}{1-x^3} = -\frac{1}{3}\log|x-1| + \frac{1}{6}\log(x^2+x+1) + \frac{1}{\sqrt{3}}\tan^{-1}\frac{2x+1}{\sqrt{3}} \tag{5.182}$$

であることを示せ. 重要

問題 5.2 $n \in \mathbf{N}$ に対して,

$$I_n = \int \tan^n x \, dx, \quad J_n = \int_0^{\frac{\pi}{4}} \tan^n x \, dx \tag{5.183}$$

とおく. 次の問に答えよ.

(1) I_n は漸化式

$$I_n = \frac{1}{n-1} \tan^{n-1} x - I_{n-2} \quad (n = 2, 3, 4, \dots) \tag{5.184}$$

をみたすことを示せ. 重要

(2) J_n は漸化式

$$J_n = \frac{1}{n-1} - J_{n-2} \quad (n = 2, 3, 4, \dots) \tag{5.185}$$

をみたすことを示せ. さらに, J_1, J_2, J_3 の値を求めよ. 易

問題 5.3 $n = 0, 1, 2, \dots$ に対して,

$$I_n = \int \left(\sin^{-1} x \right)^n dx, \quad J_n = \int_0^1 \left(\sin^{-1} x \right)^n dx \tag{5.186}$$

とおく. 次の問に答えよ.

(1) I_n は漸化式

$$I_n = x \left(\sin^{-1} x \right)^n + n \sqrt{1 - x^2} \left(\sin^{-1} x \right)^{n-1} - n(n-1) I_{n-2}$$

$$(n = 2, 3, 4, \dots) \tag{5.187}$$

をみたすことを示せ.

(2) J_n は漸化式

$$J_n = \left(\frac{\pi}{2} \right)^n - n(n-1) J_{n-2} \quad (n = 2, 3, 4, \dots) \tag{5.188}$$

をみたすことを示せ. さらに, J_0, J_1, J_2 の値を求めよ.

問題 5.4   次の問に答えよ.

(1) 定理 5.10 を用いることにより,

$$\int \frac{dx}{\cos x} = \frac{1}{2} \log \frac{1 + \sin x}{1 - \sin x} \tag{5.189}$$

であることを示せ. 重要

(2) $t = \sin x$ とおき, 置換積分法 定理 5.3 (4) を用いることにより, (5.189) がなり

たつことを示せ. ▣

問題 5.5　$-1 < a < 1$ とする. 定理 5.10 を用いることにより,

$$\int \frac{1-a^2}{1-2a\cos x + a^2}\,dx = 2\tan^{-1}\left(\frac{1+a}{1-a}\tan\frac{x}{2}\right) \tag{5.190}$$

であることを示せ.

問題 5.6　$t = \sqrt[3]{1-x}$ とおき, 置換積分法 定理 5.3 (4) を用いることにより,

$$\int x\sqrt[3]{1-x}\,dx = -\frac{3}{28}(1-x)^{\frac{4}{3}}(4x+3) \tag{5.191}$$

であることを示せ. ▣

問題 5.7　$a \in \mathbf{R} \setminus \{0\}$ とする. 部分積分法 定理 5.3 (3) を用いることにより,

$$\int \sqrt{x^2+a}\,dx = \frac{1}{2}\left(x\sqrt{x^2+a} + a\log\left|x+\sqrt{x^2+a}\right|\right) \tag{5.192}$$

であることを示せ. ▣

問題 5.8　$a > 0$ とする. 部分積分法 定理 5.3 (3) を用いることにより,

$$\int \sqrt{a^2-x^2}\,dx = \frac{1}{2}\left(x\sqrt{a^2-x^2} + a^2\sin^{-1}\frac{x}{a}\right) \tag{5.193}$$

であることを示せ. ▣

問題 5.9　(1) $x, y, z > 0$ とする. $s = t^z$ とおき, 置換積分法 定理 5.3 (4) を用いることにより,

$$\int_0^1 t^{x-1}(1-t^z)^{y-1}\,dt = \frac{\Gamma\left(\frac{x}{z}\right)\Gamma(y)}{z\Gamma\left(\frac{x}{z}+y\right)} \tag{5.194}$$

であることを示せ.
(2) $a > 0$ とすると,

$$\int_0^1 \frac{t^{a-1}}{\sqrt{1-t^{4a}}}\,dt = \frac{\left(\Gamma\left(\frac{1}{4}\right)\right)^2}{4\sqrt{2\pi a}} \tag{5.195}$$

であることを示せ.

問題 5.10　(1) (5.72) を用いることにより,

$$\int_0^{+\infty} \frac{dt}{1+t^3} = \frac{2\sqrt{3}}{9}\pi \tag{5.196}$$

であることを示せ.
(2) (5.177) を用いることにより, (5.196) を示せ. ▣

第 **III** 部

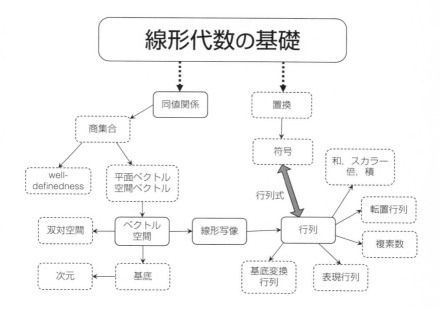

第III部では，線形代数に関する内容として，順に，同値関係，
ベクトル空間と線形写像，行列，基底変換行列と表現行列，行
列式と複素数を扱う．

同値関係

6.1　同値関係と商集合

集合は単なるものの集まりとしてとらえるのではなく，その元をいくつか選んだときに何らかの関係を考えることが多い．その中でも二項関係とよばれるものが基本的であるが，第 6 章ではとくに重要な二項関係である同値関係に関わる概念を扱う．まず，本節では，同値関係を定義し，同値関係による商集合について述べる．さらに，これらの概念を用いて，平面上の有向線分をもとに平面ベクトルを定める．

§6.1.1　二項関係と同値関係

　数学では，あたえられた集合の中から 2 つの元を任意に選んだときに，みたすかみたさないかを判定できるような規則を考えることがある．このような規則のことをその集合上の**二項関係** (binary relation) という．

　同値関係とはおおざっぱに言えば，もともとは異なるものを同じものとみなすような規則のことである．まず，次の例から始めよう．

◇ **例 6.1**（有理数）　有理数とは整数と 0 ではない整数の比として表される数である．すなわち，$r \in \mathbf{Q}$ とすると，ある $m \in \mathbf{Z}$ および $n \in \mathbf{Z} \setminus \{0\}$ が存在し，$r = \dfrac{m}{n}$ である．ただし，$m, m' \in \mathbf{Z}$ および $n, n' \in \mathbf{Z} \setminus \{0\}$ を用いて表される 2 つの有理数 $\dfrac{m}{n}$ と $\dfrac{m'}{n'}$ は，等式 $mn' = nm'$ がなりたつとき，$\dfrac{m}{n} = \dfrac{m'}{n'}$ であると定める．例えば，

$$-\frac{2}{3} = \frac{-2}{3} = \frac{2}{-3} = \frac{-4}{6} = \frac{4}{-6} \tag{6.1}$$

である．よって，整数と 0 ではない整数の組が異なるものであったとしても，その比は同じ有理数を表すことがある．　　　　　　　　　　　　　　　　　　　　◇

　そこで，次のように定める．

定義 6.1 X を空でない集合, $\sim^{1)}$ を X 上の二項関係とし, $a, b \in X$ が $\sim$ をみたすとき, $a \sim b$ と表すことにする. 次の (1)〜(3) がなりたつとき, $\sim$ を**同値関係** (equivalence relation) という. また, $a \sim b$ となる $a, b \in X$ に対して, a と b は**同値** (equivalent) であるという.

(1) 任意の $a \in X$ に対して, $a \sim a$ である. (**反射律**：reflexive law)

(2) 任意の $a, b \in X$ に対して, $a \sim b$ ならば $b \sim a$ である. (**対称律**：symmetric law)

(3) 任意の $a, b, c \in X$ に対して, $a \sim b$ かつ $b \sim c$ ならば $a \sim c$ である. (**推移律**：transitive law)

同値関係の例をいくつか挙げておこう.

◇ **例 6.2**（自明な同値関係） X を空でない集合とし, X 上の二項関係 $\sim$ を, 任意の $a, b \in X$ に対して $a \sim b$ とすることにより定める. このとき, $\sim$ は明らかに定義 6.1 の条件 (1)〜(3) をみたし, $\sim$ は同値関係である. これを**自明な** (trivial) 同値関係という.   ◇

◇ **例 6.3**（相等関係） X を空でない集合とし, X 上の二項関係 $\sim$ を, $a, b \in X$ に対して $a = b$ のとき $a \sim b$ とすることにより定める. このとき, $\sim$ は明らかに定義 6.1 の条件 (1)〜(3) をみたし, $\sim$ は同値関係である. これを**相等関係**という.   ◇

例 6.1 で述べたことは, 同値関係の用語を用いると, 次の例題 6.1 のように表すことができる.

例題 6.1   集合 X を

$$X = \mathbf{Z} \times (\mathbf{Z} \setminus \{0\}) \tag{6.2}$$

により定める. このとき, X 上の二項関係 $\sim$ を, $(m, n), (m', n') \in X$ に対して $mn' = nm'$ となるとき $(m, n) \sim (m', n')$ とすることにより定める. 次の (1)〜(3) を示すことにより, $\sim$ は同値関係となることを示せ.

(1) $\sim$ は反射律をみたす.   (2) $\sim$ は対称律をみたす.

(3) $\sim$ は推移律をみたす.

---

1) 「$\sim$」は "tilde"（ティルダ）と読む.

解説 (1) $(m, n) \in X$ とする. このとき, $mn = nm$ なので, $\sim$ の定義より, $(m, n) \sim (m, n)$ である. よって, $\sim$ は反射律をみたす.

(2) $(m, n), (m', n') \in X$, $(m, n) \sim (m', n')$ とする. このとき, $\sim$ の定義より, $mn' = nm'$ である. よって, $m'n = n'm$ となり, $\sim$ の定義より, $(m', n') \sim (m, n)$ である. したがって, $\sim$ は対称律をみたす.

(3) $(m, n), (m', n'), (m'', n'') \in X$, $(m, n) \sim (m', n')$, $(m', n') \sim (m'', n'')$ とする. このとき, $\sim$ の定義より,

$$mn' = nm', \quad m'n'' = n'm'' \tag{6.3}$$

である. (6.3) の 2 式を掛けると,

$$mn'm'n'' = nm'n'm'' \tag{6.4}$$

である. ここで, $n' \neq 0$ であることに注意し, (6.4) の両辺を n' で割ると,

$$mm'n'' = nm'm'' \tag{6.5}$$

である.

$m' \neq 0$ のとき, (6.5) の両辺を m' で割ると, $mn'' = nm''$ である.

$m' = 0$ のとき, (6.3) および $n' \neq 0$ より, $m = m'' = 0$ となるので, $mn'' = nm''$ である.

よって, $\sim$ の定義より, $(m, n) \sim (m'', n'')$ である. したがって, $\sim$ は推移律をみたす. $\square$

問 6.1 $n \in \mathbf{N}$ を固定しておく. このとき, $\mathbf{Z}$ 上の二項関係 $\sim$ を, $k, l \in \mathbf{Z}$ に対して k と l が n を法として合同なとき, すなわち, $k - l$ が n で割り切れるとき, $k \sim l$ とすることにより定める. 次の (1)〜(3) を示すことにより, $\sim$ は同値関係となることを示せ.

(1) $\sim$ は反射律をみたす. ✪重要   (2) $\sim$ は対称律をみたす. ✪重要

(3) $\sim$ は推移律をみたす. ✪重要

補足 この場合は $k \sim l$ であることを

$$k \equiv l \mod n \tag{6.6}$$

などと表すことが多い. また, この同値関係を n を**法** (modulus) とする**合同関係** (congruence relation) という.

6

問 6.2 A を空でない集合とし，A を定義域とする実数値関数全体の集合を X とおく．このとき，X 上の二項関係 $\sim$ を，$f, g \in X$ に対してある $C \in \mathbf{R}$ が存在し，任意の $x \in A$ に対して

$$g(x) = f(x) + C \tag{6.7}$$

となるとき $f \sim g$ とすることにより定める．次の (1)～(3) を示すことにより，$\sim$ は同値関係となることを示せ．

(1) $\sim$ は反射律をみたす． ■要　　(2) $\sim$ は対称律をみたす． ■要

(3) $\sim$ は推移律をみたす． ■要

問 6.3 $\mathbf{R}^2 = \mathbf{R} \times \mathbf{R}$ 上の二項関係 $\sim$ を，$(a, b), (a', b') \in \mathbf{R}^2$ に対して

$$b - a = b' - a' \tag{6.8}$$

となるとき $(a, b) \sim (a', b')$ とすることにより定める．次の (1)～(3) を示すことにより，$\sim$ は同値関係となることを示せ．

(1) $\sim$ は反射律をみたす． ■要✪　　(2) $\sim$ は対称律をみたす． ■要✪

(3) $\sim$ は推移律をみたす． ■要✪

§6.1.2　同値類 ◦◇◇

　例 6.1 の有理数の構成のように，一般に同値関係のあたえられた集合から商集合という新たな集合を構成しよう．まず，本項では，準備として，同値類について述べる．X を空でない集合，$\sim$ を X 上の同値関係とする．このとき，$a \in X$ に対して，$C(a) \subset X$ を

$$C(a) = \{x \in X \mid a \sim x\} \tag{6.9}$$

により定める．すなわち，$C(a)$ は a と同値な X の元全体からなる集合である．$C(a)$ を $\sim$ による a の**同値類** (equivalence class)，$C(a)$ の各元を $C(a)$ の**代表元** (representative element) または**代表** (representative) という．$C(a)$ は $[a]$ などと表すこともある[2]．

　同値類に関して，次がなりたつ．

定理 6.1　X を空でない集合，$\sim$ を X 上の同値関係とする．このとき，次の (1)，(2) がなりたつ．

---

[2] ガウス記号 章末問題 2.2 と同じ記号であるが，ともによく用いられる．混同しないようにしよう．

> (1) 任意の $a \in X$ に対して，$a \in C(a)$ である．とくに，任意の $a \in X$ に対して，$C(a) \neq \emptyset$ である．
>
> (2) $a, b \in X$ とすると，次の (a)～(c) は互いに同値である．
>
> (a) $a \sim b$. (b) $C(a) = C(b)$. (c) $C(a) \cap C(b) \neq \emptyset$.

【証明】 (1) 反射律より，明らかである．

(2) (a) $\Rightarrow$ (b)，(b) $\Rightarrow$ (c)，(c) $\Rightarrow$ (a) (2.15) を示せばよい [3]．(a) $\Rightarrow$ (b) および (b) $\Rightarrow$ (c) のみ示し，(c) $\Rightarrow$ (a) の証明は問 6.4 とする．

> (a) $\Rightarrow$ (b) $C(a) \subset C(b)$ および $C(b) \subset C(a)$ を示せばよい 定理 1.1 (2)．
> $\underline{C(a) \subset C(b)}$ $x \in C(a)$ とする．このとき，同値類の定義 (6.9) より，$a \sim x$ である．また，(a) および対称律より，$b \sim a$ である．よって，推移律より，$b \sim x$ となり，同値類の定義より，$x \in C(b)$ である．したがって，$x \in C(a)$ ならば $x \in C(b)$ となり，$C(a) \subset C(b)$ である §1.1.6．
> $\underline{C(b) \subset C(a)}$ $x \in C(b)$ とする．このとき，同値類の定義より，$b \sim x$ である．よって，(a) および推移律より，$a \sim x$ となり，同値類の定義より，$x \in C(a)$ である．したがって，$x \in C(b)$ ならば $x \in C(a)$ となり，$C(b) \subset C(a)$ である．

> (b) $\Rightarrow$ (c) (b) および (1) より，
>
> $$C(a) \cap C(b) = C(a) \neq \emptyset \tag{6.10}$$
>
> となる．よって，(b) $\Rightarrow$ (c) がなりたつ． $\square$

問 6.4 定理 6.1 (2) の証明において，(c) $\Rightarrow$ (a) を示せ．✪

§6.1.3 商集合 ···◇◇◇

さらに，同値関係による商集合について述べよう．X を空でない集合，$\sim$ を X 上の同値関係とする．このとき，$\sim$ による同値類全体の集合を $X/\sim$ と表す．すなわち，(6.9) により X の部分集合として定められた $\sim$ による同値類をそれぞれ 1 つの元とみなし，それらの集まりからなる集合を考え，$X/\sim$ とするのである．$X/\sim$ を $\sim$ による X の**商集合** (quotient set) という．

定理 6.1 より，$\sim$ による同値類全体は X を互いに素な部分集合の和に分解する．すなわち，

---

[3] 命題 P，Q，R に対して，命題「$P \Rightarrow Q$」および命題「$Q \Rightarrow R$」が真ならば，命題「$P \Rightarrow R$」は真となる．

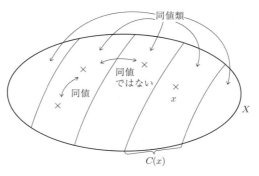

図 6.1 同値類による分解

$$X = \{x \mid \text{ある } C \in X/\sim \text{ が存在し,} \ x \in C\} \tag{6.11}$$

であり[4],$C, C' \in X/\sim$ かつ $C \neq C'$ ならば,$C \cap C' = \emptyset$ である(図 6.1).

さらに,写像 $\pi : X \to X/\sim$ を

$$\pi(x) = C(x) \quad (x \in X) \tag{6.12}$$

により定める.π を**自然な射影** (natural projection) という.商集合 $X/\sim$ はそもそも X の元 x を用いて $C(x)$ と表される同値類すべてを集めたものなので,π は全射である 定義 2.4 .

◇ **例 6.4** 例 6.2 の自明な同値関係を考える.このとき,自然な射影 $\pi : X \to X/\sim$ は

$$\pi(x) = X \quad (x \in X) \tag{6.13}$$

により定められる.よって,$X/\sim = \{X\}$ であり,$X/\sim$ は 1 個の元のみからなる有限集合である.集合 $\{X\}$ は X という 1 つの集合のみを構成要素とする集合であることに注意しよう. ◇

◇ **例 6.5** 例 6.3 の相等関係を考える.このとき,自然な射影 $\pi : X \to X/\sim$ は

$$\pi(x) = \{x\} \quad (x \in X) \tag{6.14}$$

により定められる.よって,

---

[4] 実際には,定理 6.1 (1) より,$x \in C$ となる $C \in X/\sim$ として $C(x)$ を選ぶことができる.

$$X/ \sim = \{\{x\} \mid x \in X\} \tag{6.15}$$

である. とくに, π は全単射であり 定義 2.4 , $X/ \sim$ は π によって X 自身とみなすことができる.   ◇

◇ **例 6.6**   例題 6.1 において, $X/ \sim = \mathbf{Q}$ である. この場合, $(m,n) \in X$ に対して, $C((m,n))$ は $\dfrac{m}{n}$ と表す. また, $\mathbf{Q}$ の元の代表としては既約分数を選ぶことが多い.   ◇

◇ **例 6.7**   問 6.1 の $n \in \mathbf{N}$ を法とする合同関係を考える. まず, 任意の $k \in \mathbf{Z}$ に対して, ある $q \in \mathbf{Z}$ および $r \in \{0, 1, 2, \ldots, n-1\}$ が一意的に存在し,

$$k = qn + r \tag{6.16}$$

となる. すなわち, q, r はそれぞれ k を n で割ったときの商および余りである. このことをもとに, 次の問について考えよう.   ◇

問 6.5   例 6.7 において, $\mathbf{Z}/ \sim$ の元の個数を求めよ. また, $n = 2$ のとき, $\mathbf{Z}/ \sim$ の元はどのようなものであるかを答えよ. 重要

◇ **例 6.8** (原始関数)   1つの関数に対する原始関数は一通りには定まらないのであった 注意 5.1 . このことを同値関係や商集合の用語で述べてみよう.
　まず, I を開区間, 無限開区間, $\mathbf{R}$ のいずれかであるとし,

$$X = \{F : I \to \mathbf{R} \mid F \text{ は微分可能}\} \tag{6.17}$$

とおく. 次に, X 上の二項関係 $\sim$ を, $F, G \in X$ に対して $F' = G'$ となるとき $F \sim G$ とすることにより定める. このとき, $\sim$ が同値関係となることはほとんど明らかであろう. $F, G \in X$ がともに関数 $f : I \to \mathbf{R}$ の原始関数であれば,

$$F' = G' = f \tag{6.18}$$

がなりたつということなので, $\sim$ の定義より, $F \sim G$ である. よって, f の原始関数とは $F' = f$ となる F の同値類 $C(F) \in X/ \sim$ の代表のことを意味する. さらに, 定理 5.1 より, $C(F)$ の任意の元 G はある $C \in \mathbf{R}$ を用いて,

$$G(x) = F(x) + C \quad (x \in I) \tag{6.19}$$

と表される.   ◇

§6.1.4 平面ベクトル ⋯⋯⋯⋯⋯⋯⋯⋯⋯⋯⋯⋯⋯⋯ ◇◇◇

平面ベクトルを改めて同値関係の立場から述べておこう. まず, 平面上の**有向線分** (directed line segment) とは平面上の 2 点を選び, その内の一方を始点, もう一方を終点とすることによって得られる, 向きをもつ線分のことである. また, 有向線分の**大きさ** (magnitude) とは, その線分の長さのことである (図 6.2).

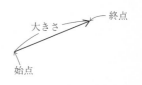

図 6.2 有向線分

次に, 同じ向きと同じ大きさをもつ有向線分は同じものであるとすることによって, 平面ベクトルを定める. まず, $\mathbf{R}^2$ を平面とみなし, $A(a_1, a_2)$, $B(b_1, b_2) \in \mathbf{R}^2$ とすると, 有向線分 AB が得られる. ただし, (a_1, a_2) は A の座標を表す. また, $A'(a'_1, a'_2)$, $B'(b'_1, b'_2) \in \mathbf{R}^2$ とすると, 有向線分 A'B' が得られる. 2 つの有向線分 AB および A'B' が同じ向きと同じ大きさをもつのは

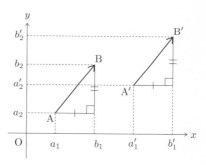

図 6.3 同じ向きと同じ大きさをもつ有向線分 AB, A'B'

$$b_1 - a_1 = b'_1 - a'_1, \quad b_2 - a_2 = b'_2 - a'_2 \tag{6.20}$$

となるときである (図 6.3).

そこで, 平面 $\mathbf{R}^2$ 上の有向線分全体の集合を X とおき, X 上の二項関係 ∼ を, 上のように表される 2 つの有向線分 AB および A'B' に対して (6.20) がなりたつときに「有向線分 AB ∼ 有向線分 A'B'」とすることにより定める. このとき, 問 6.3 と同様に, ∼ は同値関係となる. 同値関係 ∼ による同値類を平面ベクトルという. また, 有向線分 AB の同値類を $\overrightarrow{AB}$ と表す. よって, 同値な有向線分 AB と有向線分 A'B' に対しては, $\overrightarrow{AB} = \overrightarrow{A'B'}$ である.

例題 6.2 $A(a_1, a_2)$, $B(b_1, b_2) \in \mathbf{R}^2$ とし, $O(0, 0) \in \mathbf{R}^2$ を原点とする. $C \in \mathbf{R}^2$ が $\overrightarrow{AB} = \overrightarrow{OC}$ をみたすとき, C の座標を求めよ.

解説 C の座標を (x, y) とすると，$\mathbf{R}^2$ 上の有向線分全体の集合 X に定めた同値関係の条件 (6.20) より，

$$b_1 - a_1 = x - 0, \quad b_2 - a_2 = y - 0 \tag{6.21}$$

である．よって，

$$x = b_1 - a_1, \quad y = b_2 - a_2 \tag{6.22}$$

となり，C の座標は $(b_1 - a_1, b_2 - a_2)$ である． $\qquad\square$

問 6.6 次の (1)，(2) の A, B, A′, B′ $\in \mathbf{R}^2$ に対して，$\overrightarrow{\mathrm{AB}} = \overrightarrow{\mathrm{A'B'}}$ となるように x，y の値を定めよ．

(1) A$(x, -x)$，B$(2x, -y+2)$，A′$(2y, x-1)$，B′$(y+3, y)$． 易重要

(2) A$(1, 0)$，B(x^2, y)，A′$(3, x)$，B′(y, x^3)． 易重要

本節のまとめ

☑ 同値関係は反射律，対称律，推移律をみたす二項関係である． 定義 6.1

☑ 同値関係による商集合は同値類全体からなる集合である． §6.1.3

☑ 同値関係および商集合の考え方を用いて，平面上の有向線分から平面ベクトルを定めることができる． §6.1.4

6.2 well-definedness と平面ベクトルの演算

同値関係をもとに得られた商集合に新たな概念を定めるときは，同値類の代表を用いることになる．このとき，定めたものが代表の選び方によらずにうまく定められているということが well-definedness である．本節では，well-definedness について扱い，とくに，平面ベクトルに対して，和やスカラー倍が定められることを述べる．さらに，平面上の点に対しても和やスカラー倍を定め，平面ベクトルと平面上の点がこれらの演算も含めて同じものとみなせることを示す．

§6.2.1 **well-definedness の意味と例** ·······················◇◇◇

数学では，すでに定められた概念から新たな概念を定める際に，いったん別の概念を経由することがあるが，このときに別の概念が複数定まってしまうことがある．それにもかかわらず，最終的に定まる概念がうまく1つに確定するとき，その定義は **well-defined** であるという [5]．また，well-defined であることを **well-definedness** という．例えば，同値関係をもとに得られた商集合に関する概念はしばしば代表を用いて定義されるが，このとき，その定義が代表の選び方に依存せず，well-defined であることを示す必要がある．

well-definedness の具体的な例をいくつか挙げよう．

◇ **例 6.9** $a, b \in \mathbf{Q}$ とし，

$$a = \frac{k}{l}, \quad b = \frac{m}{n} \quad (k, m \in \mathbf{Z}, \, l, n \in \mathbf{Z} \setminus \{0\}) \tag{6.23}$$

と表しておく．このとき，a と b の和 $a + b \in \mathbf{Q}$ はいわゆる通分を行い，

$$a + b = \frac{kn + lm}{ln} \tag{6.24}$$

により定められる．しかし，a, b は (6.23) 以外の表し方もあるので，(6.23) とは異なる表し方を用いても，(6.24) のように定められるものが変わらないことを示しておく必要がある．このことが確認されれば，(6.24) により定めた和の定義は well-defined であるということになる． ◇

例 6.9 で述べた和の定義の well-definedness は，例題 6.1 や例 6.6 で述べた同値関係や商集合の用語を用いて，次の例題で確かめることにしよう．

例題 6.3 集合 X を

$$X = \mathbf{Z} \times (\mathbf{Z} \setminus \{0\}) \tag{6.25}$$

により定め，X 上の同値関係 $\sim$ を，$(m, n), (m', n') \in X$ に対して $mn' = nm'$ となるとき $(m, n) \sim (m', n')$ とすることにより定める（例題 6.1）．$(k, l), (m, n), (k', l'), (m', n') \in X$，$(k, l) \sim (k', l')$，$(m, n) \sim (m', n')$ とすると，

$$(kn + lm, ln) \sim (k'n' + l'm', l'n') \tag{6.26}$$

であることを示せ．

---

[5] "well-defined" の日本語訳は「うまく定義されている」のようになるであろうが，本書では慣習にしたがい，英語のまま表記する．

解説 ∼ の定義より，$kl' = lk'$, $mn' = nm'$ である．よって，

$$(kn + lm)(l'n') = (kn)(l'n') + (lm)(l'n') = (kl')(nn') + (mn')(ll')$$
$$= (lk')(nn') + (nm')(ll') = (ln)(k'n') + (ln)(l'm') = (ln)(k'n' + l'm')$$
(6.27)

となる．すなわち，

$$(kn + lm)(l'n') = (ln)(k'n' + l'm')$$
(6.28)

である．したがって，∼ の定義より，(6.26) がなりたつ． □

補足 $C((k,l))$, $C((m,n)) \in X/\sim$ に対して，$C((k,l))$ と $C((m,n))$ の和 $C((k,l)) + C((m,n)) \in X/\sim$ を

$$C((k,l)) + C((m,n)) = C((kn + lm, ln))$$
(6.29)

により定めると，この定義は well-defined である．

2 つの有理数の積の定義が well-defined となることは次の問で考えよう．

問 6.7　例題 6.3 と同じ集合 X および同値関係 ∼ を考える．(k,l), (m,n), (k',l'), $(m',n') \in X$, $(k,l) \sim (k',l')$, $(m,n) \sim (m',n')$ とすると，

$$(km, ln) \sim (k'm', l'n')$$
(6.30)

であることを示せ．**重要**

補足　$C((k,l))$, $C((m,n)) \in X/\sim$ に対して，$C((k,l))$ と $C((m,n))$ の積 $C((k,l))C((m,n)) \in X/\sim$ を

$$C((k,l))C((m,n)) = C((km, ln))$$
(6.31)

により定めると，この定義は well-defined である．

整数を固定された自然数で割ることを考えると，その余りだけに注目して，和や積を定めることができる．このことは問 6.1 や例 6.7 で扱った自然数を法とする合同関係や商集合の用語を用いて，次の問のようにして考えることができる．

問 6.8 **Z** 上の $n \in \mathbf{N}$ を法とする合同関係 $\sim$ を考える. 次の問に答えよ.

(1) $k, l, p, q \in \mathbf{Z}$, $k \sim p$, $l \sim q$ とすると,

$$(k + l) \sim (p + q) \tag{6.32}$$

であることを示せ. 重要

補足 $C(k), C(l) \in \mathbf{Z}/\sim$ に対して, $C(k)$ と $C(l)$ の和 $C(k) + C(l) \in \mathbf{Z}/\sim$ を

$$C(k) + C(l) = C(k + l) \tag{6.33}$$

により定めると, この定義は well-defined である.

(2) $k, l, p, q \in \mathbf{Z}$, $k \sim p$, $l \sim q$ とすると,

$$kl \sim pq \tag{6.34}$$

であることを示せ. 重要

補足 $C(k), C(l) \in \mathbf{Z}/\sim$ に対して, $C(k)$ と $C(l)$ の積 $C(k)C(l) \in \mathbf{Z}/\sim$ を

$$C(k)C(l) = C(kl) \tag{6.35}$$

により定めると, この定義は well-defined である.

§6.2.2 平面ベクトルの和とスカラー倍 ⬦⬦⬦

平面ベクトルに対して, 和やスカラー倍といった演算を定めよう. なお, スカラーとは実数などの数のことを意味する.

まず, 2つの平面ベクトルの和を定めよう. ただし, 定義に際しては平面ベクトルの代表である有向線分を用いるため, その well-definedness を確かめる必要がある. A, B, C, D $\in \mathbf{R}^2$ に対して, 平面ベクトル $\overrightarrow{AB}$, $\overrightarrow{CD}$ を考える. このとき, $E \in \mathbf{R}^2$ を $\overrightarrow{CD} = \overrightarrow{BE}$ となる点とし, $\overrightarrow{AB}$ と $\overrightarrow{CD}$ の和 $\overrightarrow{AB} + \overrightarrow{CD}$ を

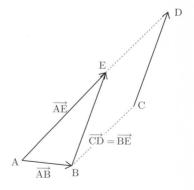

図 6.4 平面ベクトルの和

$$\overrightarrow{AB} + \overrightarrow{CD} = \overrightarrow{AE} \tag{6.36}$$

により定める（図 6.4）．すなわち，同値類として定められた平面ベクトル $\overrightarrow{CD}$ の代表として，有向線分 CD を考えるのではなく，有向線分 AB の終点 B を始点とする有向線分 BE を選び，$\overrightarrow{AB}$ と $\overrightarrow{CD}$ の和は有向線分 AE を代表とする平面ベクトル $\overrightarrow{AE}$ として定めるのである．

和の定義 (6.36) が well-defined となることは次の問で確かめよう．

問 6.9 A, B, C, D $\in \mathbf{R}^2$ とする．次の問に答えよ．

(1) B, C, D の座標をそれぞれ (b_1, b_2), (c_1, c_2), (d_1, d_2) とする．$E(x, y) \in \mathbf{R}^2$ を $\overrightarrow{CD} = \overrightarrow{BE}$ となる点とすると，

$$x = b_1 - c_1 + d_1, \quad y = b_2 - c_2 + d_2 \tag{6.37}$$

であることを示せ．

(2) A′, B′, C′, D′ $\in \mathbf{R}^2$, $\overrightarrow{AB} = \overrightarrow{A'B'}$, $\overrightarrow{CD} = \overrightarrow{C'D'}$ とする．$E' \in \mathbf{R}^2$ を $\overrightarrow{C'D'} = \overrightarrow{B'E'}$ となる点とすると，$\overrightarrow{AE} = \overrightarrow{A'E'}$ であることを示せ． ✪

補足 とくに，和の定義 (6.36) は well-defined である．

次に，平面ベクトルの実数によるスカラー倍を定めよう．和の場合と同様に，スカラー倍についても定義の well-definedness を確かめる必要がある．A, B $\in \mathbf{R}^2$ に対して，平面ベクトル $\overrightarrow{AB}$ を考え，$k \in \mathbf{R}$ とする．さらに，C $\in \mathbf{R}^2$ を次の (i)〜(iii) により定める．

(i) $k > 0$ のとき，A を始点とする $\overrightarrow{AB}$ と同じ向きの有向線分を考え，大きさが有向線分 AB の大きさの k 倍となるように終点 C $\in \mathbf{R}^2$ を選ぶ（図 6.5）．

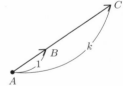

図 6.5 $k > 0$ のとき

(ii) $k < 0$ のとき，A を始点とする $\overrightarrow{AB}$ と逆向きの有向線分を考え，大きさが有向線分 AB の大きさの $-k$ 倍となるように終点 C $\in \mathbf{R}^2$ を選ぶ（図 6.6）．

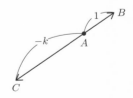

図 6.6 $k < 0$ のとき

(iii) $k = 0$ のとき，C = A とする．

このとき，$\overrightarrow{AB}$ の k 倍 $k\overrightarrow{AB} \in \mathbf{R}^2$ を

$$k\overrightarrow{AB} = \overrightarrow{AC} \tag{6.38}$$

により定める．とくに，$k = 0$ のとき，(6.38) は

$$0\overrightarrow{AB} = \overrightarrow{AA} \tag{6.39}$$

となり，これは向きも大きさももたない平面ベクトルである．これを $\vec{0}$ と表し，**零ベクトル** (zero vector) という．

A，B，C の座標をそれぞれ (a_1, a_2)，(b_1, b_2)，(x, y) とすると，C の定義より，

$$x = a_1 + k(b_1 - a_1), \quad y = a_2 + k(b_2 - a_2) \tag{6.40}$$

である．さらに，スカラー倍の定義 (6.38) が well-defined となることを次の問で確かめよう．

問 6.10 A, B $\in \mathbf{R}^2$，$k \in \mathbf{R}$ とし，C $\in \mathbf{R}^2$ を上の (i)〜(iii) により定める．さらに，A′, B′ $\in \mathbf{R}^2$，$\overrightarrow{AB} = \overrightarrow{A'B'}$ とし，C と同様に，C′ $\in \mathbf{R}^2$ を上の (i)〜(iii) のように定める．このとき，$\overrightarrow{AC} = \overrightarrow{A'C'}$ であることを示せ．✿

補足 とくに，スカラー倍の定義 (6.38) は well-defined である．

§6.2.3 平面上の点への同一視 ◈◈◈

同値類として定められた平面ベクトルの代表として，原点を始点とする有向線分を考えることにより，平面ベクトルは平面上の点とみなすことができる．まず，§6.1.4 で述べたように，X を $\mathbf{R}^2$ 上の有向線分全体の集合とし，(6.20) で表される X 上の同値関係 $\sim$ を考える．このとき，平面ベクトルは商集合 $X/\sim$ の元として定められるのであった．ここで，$O(0, 0) \in \mathbf{R}^2$ を原点とし，$\overrightarrow{AB} \in X/\sim$ に対して，P $\in \mathbf{R}^2$ を $\overrightarrow{AB} = \overrightarrow{OP}$ となる点とする．このとき，$\overrightarrow{AB}$ から P への対応を考えることにより，写像 $\overset{ファイ}{\Phi} : X/\sim \to \mathbf{R}^2$ が得られる．すなわち，

$$\Phi(\overrightarrow{AB}) = P \tag{6.41}$$

である．なお，A，B の座標をそれぞれ (a_1, a_2)，(b_1, b_2) とすると，例題 6.2 より，

$$\Phi(\overrightarrow{AB}) = (b_1 - a_1, b_2 - a_2) \tag{6.42}$$

である. とくに, 零ベクトルは $\mathbf{R}^2$ の原点へ写る. すなわち,

$$\Phi(\overrightarrow{0}) = (0, 0) \tag{6.43}$$

である. また, 次がなりたつ.

定理 6.2 Φ は全単射である 定義 2.4 .

【証明】 Φ が全射かつ単射であることを示せばよい.

全射であること $P \in \mathbf{R}^2$ とすると, Φ の定義より, $\Phi(\overrightarrow{OP}) = P$ である. よって, Φ は全射である.

単射であること $\Phi(\overrightarrow{AB}) = \Phi(\overrightarrow{A'B'})$ $(\overrightarrow{AB}, \overrightarrow{A'B'} \in X/\sim)$ とする. このとき,

$$P = \Phi(\overrightarrow{AB}) = \Phi(\overrightarrow{A'B'}) \tag{6.44}$$

とおくと, Φ の定義より,

$$\overrightarrow{AB} = \overrightarrow{A'B'} = \overrightarrow{OP} \tag{6.45}$$

である. よって, Φ は単射である. $\square$

定理 6.2 より, 平面ベクトルは Φ を通して平面上の点と同一視することができる. 次は, §6.2.2 で定めた平面ベクトル全体の集合 $X/\sim$ に対する和とスカラー倍がこの同一視によって, 平面 $\mathbf{R}^2$ の上ではどのように表されるのかを見てみよう.

まず, 次の定理がなりたつ.

定理 6.3 Φ について, 次の (1), (2) がなりたつ.

(1) $A(a_1, a_2)$, $B(b_1, b_2)$, $C(c_1, c_2)$, $D(d_1, d_2) \in \mathbf{R}^2$ とすると,

$$\Phi(\overrightarrow{AB} + \overrightarrow{CD}) = ((b_1 - a_1) + (d_1 - c_1), (b_2 - a_2) + (d_2 - c_2)) \tag{6.46}$$

である.

(2) $A(a_1, a_2)$, $B(b_1, b_2) \in \mathbf{R}^2$, $k \in \mathbf{R}$ とすると,

$$\Phi(k\overrightarrow{AB}) = (k(b_1 - a_1), k(b_2 - a_2)) \tag{6.47}$$

である.

【証明】 (1) のみ示し, (2) の証明は問 6.11 とする.

(1) $E \in \mathbf{R}^2$ を $\overrightarrow{CD} = \overrightarrow{BE}$ となる点とすると，(6.37) より，E の座標は

$$(b_1 - c_1 + d_1, b_2 - c_2 + d_2) \tag{6.48}$$

である．よって，和の定義 (6.36) および (6.42) より，

$$\Phi(\overrightarrow{AB} + \overrightarrow{CD}) = \Phi(\overrightarrow{AE}) = ((b_1 - c_1 + d_1) - a_1, (b_2 - c_2 + d_2) - a_2)$$
$$= ((b_1 - a_1) + (d_1 - c_1), (b_2 - a_2) + (d_2 - c_2)) \tag{6.49}$$

となる．すなわち，(6.46) がなりたつ． □

問 6.11 定理 6.3 (2) を示せ． ✿

定理 6.3 で得られた (6.46), (6.47) をもとに，$\mathbf{R}^2$ に対しても和やスカラー倍を定めよう．まず，$(x_1, x_2), (y_1, y_2) \in \mathbf{R}^2$ に対して，(x_1, x_2) と (y_1, y_2) の和 $(x_1, x_2) + (y_1, y_2) \in \mathbf{R}^2$ を

$$(x_1, x_2) + (y_1, y_2) = (x_1 + y_1, x_2 + y_2) \tag{6.50}$$

により定める．また，$(x_1, x_2) \in \mathbf{R}^2$, $k \in \mathbf{R}$ に対して，(x_1, x_2) の k 倍 $k(x_1, x_2) \in \mathbf{R}^2$ を

$$k(x_1, x_2) = (kx_1, kx_2) \tag{6.51}$$

により定める．このとき，次がなりたつ．

定理 6.4 Φ について，次の (1), (2) がなりたつ．
(1) $A, B, C, D \in \mathbf{R}^2$ とすると，

$$\Phi(\overrightarrow{AB} + \overrightarrow{CD}) = \Phi(\overrightarrow{AB}) + \Phi(\overrightarrow{CD}) \tag{6.52}$$

である．
(2) $A, B \in \mathbf{R}^2$, $k \in \mathbf{R}$ とすると，

$$\Phi(k\overrightarrow{AB}) = k\Phi(\overrightarrow{AB}) \tag{6.53}$$

である．

問 6.12 (1) 定理 6.4 (1) を示せ． ✿   (2) 定理 6.4 (2) を示せ． ✿

Φ は全単射なので, 逆写像 $\Phi^{-1} : \mathbf{R}^2 \to X/\sim$ を考えることができる §2.2.4 . このとき, 次がなりたつ.

> **定理 6.5** Φ^{-1} について, 次の (1), (2) がなりたつ.
> (1) P, Q $\in \mathbf{R}^2$ とすると,
> $$\Phi^{-1}(\mathrm{P} + \mathrm{Q}) = \Phi^{-1}(\mathrm{P}) + \Phi^{-1}(\mathrm{Q}) \tag{6.54}$$
> である.
> (2) P $\in \mathbf{R}^2$, $k \in \mathbf{R}$ とすると,
> $$\Phi^{-1}(k\mathrm{P}) = k\Phi^{-1}(\mathrm{P}) \tag{6.55}$$
> である.

【証明】 (1) のみ示し, (2) の証明は問 6.13 とする.
(1) まず, 逆写像の定義 §2.2.4 より,

$$\Phi(\Phi^{-1}(\mathrm{P} + \mathrm{Q})) = \mathrm{P} + \mathrm{Q} \tag{6.56}$$

である. また, (6.52) および逆写像の定義より,

$$\Phi(\Phi^{-1}(\mathrm{P}) + \Phi^{-1}(\mathrm{Q})) = \Phi(\Phi^{-1}(\mathrm{P})) + \Phi(\Phi^{-1}(\mathrm{Q})) = \mathrm{P} + \mathrm{Q} \tag{6.57}$$

である. (6.56), (6.57) および Φ が単射であることより, (6.54) がなりたつ.   □

問 6.13   定理 6.5 (2) を示せ. 重要

✦ **注意 6.1**   定理 6.4 および定理 6.5 より, 平面ベクトル全体の集合 $X/\sim$ と平面 $\mathbf{R}^2$ は, 全単射 Φ を通して単なる集合として同一視できるばかりでなく, それぞれに定められた和やスカラー倍も含めて同一視できることになる.

§6.2.4   和とスカラー倍のみたす性質 ‥‥‥‥‥‥‥‥‥◇◇◇

$\mathbf{R}^2$ に対して定めた和とスカラー倍のみたす基本的性質として, 次に述べるものが挙げられる. なお, 注意 6.1 より, 平面ベクトル全体の集合に対しても, 同様の性質がなりたつ.

定理 6.6 $(x_1, x_2), (y_1, y_2), (z_1, z_2) \in \mathbf{R}^2$, $k, l \in \mathbf{R}$ とすると，$\mathbf{R}^2$ の和およびスカラー倍に関して，次の (1)〜(8) がなりたつ.

(1) $(x_1, x_2) + (y_1, y_2) = (y_1, y_2) + (x_1, x_2)$.（和の**交換律**）

(2) $((x_1, x_2) + (y_1, y_2)) + (z_1, z_2) = (x_1, x_2) + ((y_1, y_2) + (z_1, z_2))$.（和の**結合律**）

(3) $(x_1, x_2) + (0, 0) = (0, 0) + (x_1, x_2) = (x_1, x_2)$.

(4) $k(l(x_1, x_2)) = (kl)(x_1, x_2)$.（スカラー倍の**結合律**）

(5) $(k + l)(x_1, x_2) = k(x_1, x_2) + l(x_1, x_2)$.（**分配律**）

(6) $k((x_1, x_2) + (y_1, y_2)) = k(x_1, x_2) + k(y_1, y_2)$.（**分配律**）

(7) $1(x_1, x_2) = (x_1, x_2)$.

(8) $0(x_1, x_2) = (0, 0)$.

【証明】 (1) のみ示し，(2)〜(8) の証明は問 6.14 とする.

(1) 実数に対する和については交換律がなりたつことに注意すると，和の定義 (6.50) より，

$$(x_1, x_2) + (y_1, y_2) = (x_1 + y_1, x_2 + y_2) = (y_1 + x_1, y_2 + x_2)$$
$$= (y_1, y_2) + (x_1, x_2) \qquad (6.58)$$

となる. よって，(1) がなりたつ. □

問 6.14　(1) 定理 6.6 (2) を示せ. ✪　　(2) 定理 6.6 (3) を示せ. ✪

(3) 定理 6.6 (4) を示せ. ✪　　(4) 定理 6.6 (5) を示せ. ✪

(5) 定理 6.6 (6) を示せ. ✪　　(6) 定理 6.6 (7)，(8) を示せ. ✪

本節のまとめ

☑ 同値関係の代表を用いて商集合に新たな概念を定める際には，well-definedness を確かめる必要がある. §6.2.1

☑ 平面ベクトルに対して，和やスカラー倍を定めることができる. §6.2.2

☑ 平面ベクトルと平面上の点は和やスカラー倍も含めて同一視することができる. §6.2.3

6

同値関係

章末問題

================================ 標準問題 ================================

問題 6.1 $A \subset \mathbf{R}$ を空でない集合とし，$a \in \overline{A}$ とする 定義 3.2．このとき，A を定義域とし，正の値をとる実数値関数全体の集合を X とする．すなわち，

$$X = \{f : A \to \mathbf{R} \mid 任意の\ x \in A\ に対して，\ f(x) > 0\} \tag{6.59}$$

である．また，X 上の二項関係 $\sim$ を，$f, g \in X$ に対して

$$\lim_{x \to a} \frac{f(x)}{g(x)} = 1 \tag{6.60}$$

となるとき $f \sim g$ とすることにより定める．次の (1)〜(3) を示すことにより，$\sim$ は同値関係となることを示せ．
(1) $\sim$ は反射律をみたす． 重   (2) $\sim$ は対称律をみたす． 重
(3) $\sim$ は推移律をみたす． 重

問題 6.2 $\mathbf{R}$ 上の二項関係 $\sim$ を，$x, y \in \mathbf{R}$ に対して $x - y \in \mathbf{Q}$ となるとき $x \sim y$ とすることにより定める．次の問に答えよ．
(1) $\sim$ は反射律をみたすことを示せ． 重   (2) $\sim$ は対称律をみたすことを示せ． 重
(3) $\sim$ は推移律をみたすことを示せ． 重
(4) (1)〜(3) より，$\sim$ は同値関係となる．$x, y, u, v \in \mathbf{R}$，$x \sim u$，$y \sim v$ とすると，

$$(x + y) \sim (u + v) \tag{6.61}$$

であることを示せ． 重

補足 $C(x), C(y) \in \mathbf{R}/\sim$ に対して，$C(x)$ と $C(y)$ の和 $C(x) + C(y) \in \mathbf{R}/\sim$ を

$$C(x) + C(y) = C(x + y) \tag{6.62}$$

により定めると，この定義は well-defined である．

(5) $x, u \in \mathbf{R}$，$x \sim u$，$k \in \mathbf{Q}$ とすると，

$$kx \sim ku \tag{6.63}$$

であることを示せ． 重

補足 $C(x) \in \mathbf{R}/\sim$，$k \in \mathbf{Q}$ に対して，$C(x)$ の k 倍 $kC(x) \in \mathbf{R}/\sim$ を

$$kC(x) = C(kx) \tag{6.64}$$

により定めると，この定義は well-defined である.

問題 6.3 $\mathbf{R}^2 \setminus \{(0,0)\}$ 上の二項関係 $\sim$ を，$(x_1, x_2), (y_1, y_2) \in \mathbf{R}^2 \setminus \{(0,0)\}$ に対して，ある $\lambda \in \mathbf{R} \setminus \{0\}$ が存在し

$$(y_1, y_2) = \lambda(x_1, x_2) \tag{6.65}$$

となるとき $(x_1, x_2) \sim (y_1, y_2)$ とすることにより定める．次の問に答えよ.
(1) $\sim$ は反射律をみたすことを示せ. 重要　(2) $\sim$ は対称律をみたすことを示せ. 重要
(3) $\sim$ は推移律をみたすことを示せ. 重要
(4) (1)〜(3) より，$\sim$ は同値関係となる．$a, b, c \in \mathbf{R}$ を定数とし，$(x_1, x_2), (y_1, y_2) \in \mathbf{R}^2 \setminus \{(0,0)\}$，$(x_1, x_2) \sim (y_1, y_2)$ とすると，

$$\frac{ax_1^2 + bx_1x_2 + cx_2^2}{x_1^2 + x_2^2} = \frac{ay_1^2 + by_1y_2 + cy_2^2}{y_1^2 + y_2^2} \tag{6.66}$$

であることを示せ. 重要

補足 関数 $\left(\mathbf{R}^2 \setminus \{(0,0)\}\right)/\sim \to \mathbf{R}$ を

$$f\left(C((x_1, x_2))\right) = \frac{ax_1^2 + bx_1x_2 + cx_2^2}{x_1^2 + x_2^2} \quad \left(C((x_1, x_2)) \in \left(\mathbf{R}^2 \setminus \{(0,0)\}\right)/\sim\right) \tag{6.67}$$

により定めると，この定義は well-defined である．なお，商集合 $\left(\mathbf{R}^2 \setminus \{(0,0)\}\right)/\sim$ を $\mathbf{R}P^1$ などと表し，**実射影直線** (real projective line) という.

6
同値関係

━━━━━━━━ **発展問題** ━━━━━━━━

問題 6.4 X を空でない集合，R を X 上の二項関係とし，$a, b \in X$ が R をみたすとき，aRb と表すことにする．次の (i)〜(iii) がなりたつとき，R を**順序関係** (order relation) という.

(i) 任意の $a \in X$ に対して，aRa である．（**反射律**）
(ii) 任意の $a, b \in X$ に対して，aRb かつ bRa ならば $a = b$ である.
　　（**反対称律**：anti-symmetric law）
(iii) 任意の $a, b, c \in X$ に対して，aRb かつ bRc ならば aRc である．（**推移律**）

例えば，**N**，**Z**，**Q**，**R** 上の大小関係 $\leq$ は順序関係となる．また，X を集合とすると，定理 1.1 より，包含関係 $\subset$ はべき集合 2^X 上の順序関係となる．

N 上の二項関係 R を，$m, n \in \mathbf{N}$ に対して n が m で割り切れるとき mRn とすることにより定める．次の (1)〜(3) を示すことにより，R は順序関係となることを示せ．

(1) R は反射律をみたす．   (2) R は反対称律をみたす．

(3) R は推移律をみたす．

補足 この場合は mRn であることを $m \mid n$ と表すことが多い．また，この順序関係を**整序関係** (divisivility relation) という．

第7章

ベクトル空間と線形写像

7.1 ベクトル空間

集合は単なるものの集まりではなく，何らかの構造を兼ね備えていることが多い．本章では，ベクトル空間とよばれる和やスカラー倍といった演算が定められた集合や線形写像とよばれるベクトル空間の間の特別な写像を扱う．まず，本節では，ベクトル空間の例や定義，その基本的性質について扱う．

§7.1.1 空間ベクトル

平面ベクトルの場合と同様に，空間ベクトルも同値関係の立場から捉えることができる．§6.1.4 や §6.2.2～§6.2.4 の流れに沿って簡単に述べておこう．

まず，空間上の**有向線分**とは空間上の 2 点を選び，その内の一方を始点，もう一方を終点とすることによって得られる向きをもつ線分のことである．また，有向線分の**大きさ**とは，その線分の長さのことである．

次に，集合 $\mathbf{R}^3$ を

$$\mathbf{R}^3 = \{(x_1, x_2, x_3) \mid x_1, x_2, x_3 \in \mathbf{R}\} \tag{7.1}$$

により定める．このとき，$\mathbf{R}^3$ を空間とみなすことができる．すなわち，$\mathrm{P}(x_1, x_2, x_3) \in \mathbf{R}^3$ は空間内の座標が (x_1, x_2, x_3) の点 P を表す．ここで，$\mathrm{A}(a_1, a_2, a_3), \mathrm{B}(b_1, b_2, b_3), \mathrm{A}'(a_1', a_2', a_3'), \mathrm{B}'(b_1', b_2', b_3') \in \mathbf{R}^3$ とすると，有向線分 AB および $\mathrm{A}'\mathrm{B}'$ が得られる．これらが同じ向きと同じ大きさをもつのは

$$b_1 - a_1 = b_1' - a_1', \quad b_2 - a_2 = b_2' - a_2', \quad b_3 - a_3 = b_3' - a_3' \tag{7.2}$$

となるときである（図 7.1）．

そこで，空間 $\mathbf{R}^3$ 内の有向線
分全体の集合を X とおき，X
上の二項関係 $\sim$ を，上のように
表される2つの有向線分 AB お
よび $A'B'$ に対して (7.2) がな
りたつときに「有向線分 AB $\sim$
有向線分 $A'B'$」とすることに
より定める．このとき，$\sim$ は同
値関係となる．同値関係 $\sim$ に
よる同値類を空間ベクトルとい
う．また，有向線分 AB の同値
類を $\overrightarrow{AB}$ と表す．

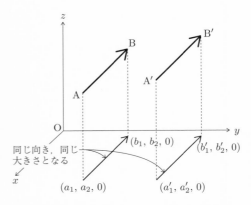

図 7.1 同じ向きと同じ大きさをもつ有向線分 AB,
$A'B'$

さらに，2つの空間ベクトルの和を定めよう．$A, B, C, D \in \mathbf{R}^3$ に対して，
空間ベクトル $\overrightarrow{AB}$, $\overrightarrow{CD}$ を考える．このとき，$E \in \mathbf{R}^3$ を $\overrightarrow{CD} = \overrightarrow{BE}$ となる点
とし，$\overrightarrow{AB}$ と $\overrightarrow{CD}$ の和 $\overrightarrow{AB} + \overrightarrow{CD}$ を

$$\overrightarrow{AB} + \overrightarrow{CD} = \overrightarrow{AE} \tag{7.3}$$

により定めると，この定義は well-defined となる．

続いて，空間ベクトルの実数によるスカラー倍を定めよう．$A, B \in \mathbf{R}^3$ に
対して，空間ベクトル $\overrightarrow{AB}$ を考え，$k \in \mathbf{R}$ とする．さらに，$C \in \mathbf{R}^3$ を次の
(i)〜(iii) により定める．

(i) $k > 0$ のとき，A を始点とする $\overrightarrow{AB}$ と同じ向きの有向線分を考え，大き
    さが有向線分 AB の大きさの k 倍となるように終点 $C \in \mathbf{R}^3$ を選ぶ．
(ii) $k < 0$ のとき，A を始点とする $\overrightarrow{AB}$ と逆向きの有向線分を考え，大き
    さが有向線分 AB の大きさの $-k$ 倍となるように終点 $C \in \mathbf{R}^3$ を選ぶ．
(iii) $k = 0$ のとき，$C = A$ とする．

このとき，$\overrightarrow{AB}$ の k 倍 $k\overrightarrow{AB} \in \mathbf{R}^3$ を

$$k\overrightarrow{AB} = \overrightarrow{AC} \tag{7.4}$$

により定めると，この定義は well-defined となる．とくに，$k = 0$ のとき，
(7.4) は

$$0\overrightarrow{AB} = \overrightarrow{AA} \tag{7.5}$$

となり，これは向きも大きさももたない空間ベクトルである．これを $\overrightarrow{0}$ と表し，**零ベクトル**という．

　平面ベクトルの場合と同様に，空間ベクトルは空間上の点とみなすことができる．まず，X を $\mathbf{R}^3$ 内の有向線分全体の集合とし，(7.2) で表される X 上の同値関係 $\sim$ を考える．このとき，空間ベクトルは商集合 $X/\sim$ の元として定められる．ここで，$O(0, 0, 0) \in \mathbf{R}^3$ を原点とし，$\overrightarrow{AB} \in X/\sim$ に対して，$P \in \mathbf{R}^3$ を $\overrightarrow{AB} = \overrightarrow{OP}$ となる点とする．このとき，$\overrightarrow{AB}$ から P への対応を考えることにより，写像 $\Phi : X/\sim \to \mathbf{R}^3$ が得られ，Φ は全単射となる．また，定理 6.3 と同様の命題がなりたつ．

問 7.1　$\Phi : X/\sim \to \mathbf{R}^3$ について，定理 6.3 と同様になりたつ命題を書け [1]．

　そこで，$(x_1, x_2, x_3), (y_1, y_2, y_3) \in \mathbf{R}^3$ に対して，(x_1, x_2, x_3) と (y_1, y_2, y_3) の和 $(x_1, x_2, x_3) + (y_1, y_2, y_3) \in \mathbf{R}^3$ を

$$(x_1, x_2, x_3) + (y_1, y_2, y_3) = (x_1 + y_1, x_2 + y_2, x_3 + y_3) \tag{7.6}$$

により定める．また，$(x_1, x_2, x_3) \in \mathbf{R}^3$，$k \in \mathbf{R}$ に対して，(x_1, x_2, x_3) の k 倍 $k(x_1, x_2, x_3) \in \mathbf{R}^3$ を

$$k(x_1, x_2, x_3) = (kx_1, kx_2, kx_3) \tag{7.7}$$

により定める．このとき，定理 6.4，定理 6.5 と同様の命題がなりたつ．よって，空間ベクトル全体の集合 $X/\sim$ と空間 $\mathbf{R}^3$ は，全単射 Φ を通して単なる集合として同一視できるばかりでなく，それぞれに定められた和やスカラー倍も含めて同一視できることになる．

問 7.2　次の問に答えよ．
(1) $\Phi : X/\sim \to \mathbf{R}^3$ について，定理 6.4 と同様になりたつ命題を書け．
(2) $\Phi^{-1} : \mathbf{R}^3 \to X/\sim$ について，定理 6.5 と同様になりたつ命題を書け．

　さらに，$\mathbf{R}^3$ に対して定めた和およびスカラー倍に関して，定理 6.6 と同

----
[1] 本章の内容は今後の数学の学習のためには重要なものであるが，抽象度も若干高くなるので，問題については解答を見ながら考えるのもよいだろう．

様の命題がなりたつ．また，空間ベクトル全体の集合に対する和およびスカラー倍に関しても，同様の命題がなりたつ．

§7.1.2 数ベクトル空間 ···◇◇◇

和やスカラー倍といった演算を兼ね備えた平面 $\mathbf{R}^2$ や空間 $\mathbf{R}^3$ は数ベクトル空間というものへと一般化することができる．

まず，2 つの集合に対して定められた直積 §2.1.4 を，有限個の集合に対する直積へと一般化しておこう．X_1, X_2, ..., X_n を集合とする．このとき，$x_1 \in X_1$, $x_2 \in X_2$, ..., $x_n \in X_n$ の組 $(x_1, x_2, ..., x_n)$ 全体からなる集合を $X_1 \times X_2 \times \cdots \times X_n$ と表し，X_1, X_2, ..., X_n の**直積**という．すなわち，

$$X_1 \times X_2 \times \cdots \times X_n = \{(x_1, x_2, ..., x_n) \mid x_1 \in X_1, x_2 \in X_2, ..., x_n \in X_n\} \tag{7.8}$$

である．ただし，上の組 $(x_1, x_2, ..., x_n)$ は順序も含めて考えたものであり，$(x_1, x_2, ..., x_n), (x_1', x_2', ..., x_n') \in X_1 \times X_2 \times \cdots \times X_n$ に対して，$(x_1, x_2, ..., x_n) = (x_1', x_2', ..., x_n')$ となるのは $x_1 = x_1'$, $x_2 = x_2'$, ..., $x_n = x_n'$ のときであるとする．また，X を集合とするとき，X の n 個の直積は単に X^n とも表す．なお，$n = 1$ のときは，$X^1 = X$ とみなす．さらに，$(x_1, x_2, ..., x_n) \in X_1 \times X_2 \times \cdots \times X_n$ のとき，$i = 1, 2, ..., n$ に対して，x_i を $(x_1, x_2, ..., x_n)$ の**第 i 成分** (i-th component) という．

さて，$\mathbf{R}$ の n 個の直積 $\mathbf{R}^n$ を考えよう．すなわち，

$$\mathbf{R}^n = \{(x_1, x_2, ..., x_n) \mid x_1, x_2, ..., x_n \in \mathbf{R}\} \tag{7.9}$$

である．$\mathbf{R}^1$ は $\mathbf{R}$ のことである．また，$\mathbf{R}^2$, $\mathbf{R}^3$ はそれぞれ平面 $\mathbf{R}^2$，空間 $\mathbf{R}^3$ のことに他ならない．そこで，$\mathbf{R}^2$ や $\mathbf{R}^3$ に対して定めた和やスカラー倍を一般化し [2]，

$$\boldsymbol{x} = (x_1, x_2, ..., x_n), \quad \boldsymbol{y} = (y_1, y_2, ..., y_n) \in \mathbf{R}^n, \quad k \in \mathbf{R} \tag{7.10}$$

に対して，$\boldsymbol{x}$ と $\boldsymbol{y}$ の和 $\boldsymbol{x} + \boldsymbol{y} \in \mathbf{R}^n$ および $\boldsymbol{x}$ の k 倍 $k\boldsymbol{x} \in \mathbf{R}^n$ をそれぞれ

$$\boldsymbol{x} + \boldsymbol{y} = (x_1 + y_1, x_2 + y_2, ..., x_n + y_n), \quad k\boldsymbol{x} = (kx_1, kx_2, ..., kx_n) \tag{7.11}$$

---

[2] $\mathbf{R}^1 = \mathbf{R}$ の場合は，和やスカラー倍は通常の和と積のことに他ならない．

により定める．なお，$\mathbf{R}^n$ の元を簡単に表す場合は $\boldsymbol{x}$，$\boldsymbol{y}$ のように太文字を用いることにする[3]．このようにして，$\mathbf{R}^n$ を和やスカラー倍といった演算を兼ね備えた集合と考えるとき，$\mathbf{R}^n$ を **n 次元数ベクトル空間** (*n*-dimensional numerical vector space)，$\mathbf{R}^n$ の元を **n 次** (order *n*) の**行ベクトル** (row vector) または**横ベクトル**という．さらに，$\mathbf{R}^n$ の和およびスカラー倍に関して，定理 6.6 と同様の命題がなりたつ．以下では，$\mathbf{R}^n$ を単なる集合ではなく，数ベクトル空間として考える．

| 問 7.3 | $\mathbf{R}^n$ の和およびスカラー倍に関して，定理 6.6 と同様になりたつ命題を書け．重要

なお，線形代数では，$\mathbf{R}^n$ を

$$\mathbf{R}^n = \left\{ \begin{pmatrix} x_1 \\ x_2 \\ \vdots \\ x_n \end{pmatrix} \,\middle|\, x_1, x_2, \ldots, x_n \in \mathbf{R} \right\} \tag{7.12}$$

と表すことも多い．この場合は，$\mathbf{R}^n$ の元を **n 次の列ベクトル** (column vector) または**縦ベクトル**という．また，行ベクトルと列ベクトルを合わせて**数ベクトル** (numerical vector) という．

§7.1.3 ベクトル空間の定義と例 ◇◇◇

　数ベクトル空間のみたす基本的性質 定理 6.6 問 7.3 をもとに，ベクトル空間とよばれる和とスカラー倍といった演算を兼ね備えた集合を次のように定める．

| 定義 7.1 | V を集合とし，$\boldsymbol{x}, \boldsymbol{y} \in V$，$k \in \mathbf{R}$ に対して，$\boldsymbol{x}$ と $\boldsymbol{y}$ の和 $\boldsymbol{x}+\boldsymbol{y} \in V$ および $\boldsymbol{x}$ の k 倍 $k\boldsymbol{x} \in V$ が定められているとする．$\boldsymbol{x}, \boldsymbol{y}, \boldsymbol{z} \in V$，$k, l \in \mathbf{R}$ とすると，次の (1)〜(8) がなりたつとき，V を **$\mathbf{R}$ 上** (over $\mathbf{R}$) の**ベクトル空間** (vector space) または**線形空間** (linear space) という．また，V の元を**ベクトル** (vector) ともいう．

---

[3] $\boldsymbol{x}$，$\boldsymbol{y}$ や $\boldsymbol{z}$ を手で書くときは，それぞれ「x」，「y」，「z」のように書く 注意 1.1 ．

(1) $x + y = y + x$. （和の**交換律**）

(2) $(x + y) + z = x + (y + z)$. （和の**結合律**）

(3) ある特別な元 $0 \in V$ が存在し，任意の x に対して，$x + 0 = 0 + x = x$ となる[4]．この 0 を**零ベクトル**という．

(4) $k(lx) = (kl)x$. （スカラー倍の**結合律**）

(5) $(k + l)x = kx + lx$. （**分配律**）

(6) $k(x + y) = kx + ky$. （**分配律**）

(7) $1x = x$.

(8) $0x = 0$.

✐ 注意 7.1　定義 7.1 において，条件 (2) より，$(x + y) + z$ および $x + (y + z)$ は，通常の数の和と同様に，ともに $x + y + z$ と書いても構わない．

　以下では，とくに断らない限り，$\mathbf{R}$ 上のベクトル空間を考え[5]，単にベクトル空間ということにする．ベクトル空間に関する基本的事実について述べる前に，まず，ベクトル空間の例をいくつか挙げておこう．

◇ 例 7.1　数ベクトル空間 $\mathbf{R}^n$ はベクトル空間である．なお，$\mathbf{R}^n$ の零ベクトル 0 は

$$0 = (0, 0, \ldots, 0) \tag{7.13}$$

によりあたえられる．

　同様に，平面ベクトル全体の集合や空間ベクトル全体の集合もベクトル空間である．なお，これらのベクトル空間の零ベクトルは $\vec{0}$ と表したものである．

　平面ベクトルや空間ベクトルといった概念は高等学校までの数学にも現れるものであるが，それまでは特定の 2 つのベクトルの和や特定の 1 つのベクトルの定数倍を考えることが中心であっただろう．これに対して，線形代数では平面ベクトル全体や空間ベクトル全体からなる集合を考え，その中の任意の 2 つのベクトルの和や任意のベクトルの定数倍を考えるようになるのである．　　　　　　　　　　◇

◇ 例 7.2（零空間）　定義 7.1 の条件 (3) より，ベクトル空間は零ベクトルを元として必ず含むが，零ベクトルのみからなるベクトル空間 $\{0\}$ を考えることができる．実際，和やスカラー倍はすべて零ベクトルになると定めればよいからである．ベクトル空間 $\{0\}$ を**零空間** (null space) という．　　　　　　　　　　◇

---

[4] 0 を手で書くときは，「$\mathbb{0}$」のように書く 注意 1.1 ．
[5] $\mathbf{C}$ 上のベクトル空間なども同様に考えることができる．

7

ベクトル空間と線形写像

　例 7.1，例 7.2 に挙げたベクトル空間，とくに，数ベクトル空間 $\mathbf{R}^n$ はもっとも基本的かつ重要なベクトル空間の例といえる．しかし，実際に数学が用いられるさまざまな場面では，ベクトル空間ははじめから数ベクトル空間 $\mathbf{R}^n$ として現れるのではなく，数列や関数からなるベクトル空間として現れることも多い．以下にそのような例を挙げよう．

◇ **例 7.3**　実数列全体の集合を Σ と表すことにする．このとき，$\{a_n\}_{n=1}^{\infty}, \{b_n\}_{n=1}^{\infty}$ $\in \Sigma, k \in \mathbf{R}$ に対して，$\{a_n\}_{n=1}^{\infty}$ と $\{b_n\}_{n=1}^{\infty}$ の和 $\{a_n\}_{n=1}^{\infty}+\{b_n\}_{n=1}^{\infty} \in \Sigma$，$\{a_n\}_{n=1}^{\infty}$ の k 倍 $k\{a_n\}_{n=1}^{\infty} \in \Sigma$ を

$$\{a_n\}_{n=1}^{\infty} + \{b_n\}_{n=1}^{\infty} = \{a_n + b_n\}_{n=1}^{\infty}, \quad k\{a_n\}_{n=1}^{\infty} = \{ka_n\}_{n=1}^{\infty} \tag{7.14}$$

により定める．このような演算自体はすでに §3.1.2 でも述べている．しかし，例 7.1 でも述べたように，線形代数では実数列全体からなる集合 Σ を考えるのである．このことによって，例えば，漸化式を用いて表される数列の一般項が求められたりするようになる [6]．

　さて，(7.14) で定めた和とスカラー倍により，Σ はベクトル空間となるのであるが，このことは例題 7.1 と問 7.4 で確かめよう．　　　　　　　　　　◇

> **例題 7.1**　例 7.3 において，Σ がベクトル空間の定義 (定義 7.1) の条件 (1) をみたすことを示せ．

解説　定理 6.6 (1) の証明と同様に，和の定義にしたがって示す．
　$\{a_n\}_{n=1}^{\infty}, \{b_n\}_{n=1}^{\infty} \in \Sigma$ とする．実数に対する和については交換律がなりたつことに注意すると，和の定義 (7.14) 第 1 式 より，

$$\{a_n\}_{n=1}^{\infty} + \{b_n\}_{n=1}^{\infty} = \{a_n + b_n\}_{n=1}^{\infty} = \{b_n + a_n\}_{n=1}^{\infty} = \{b_n\}_{n=1}^{\infty} + \{a_n\}_{n=1}^{\infty} \tag{7.15}$$

となる．よって，Σ はベクトル空間の定義の条件 (1) をみたす．　　　□

問 7.4　例 7.3 の Σ について，次の問に答えよ．
(1) Σ はベクトル空間の定義 定義 7.1 の条件 (2) をみたすことを示せ． 重要
(2) Σ の零ベクトルはどのような元であるかを答え，Σ はベクトル空間の定義の条件 (3) および (8) をみたすことを示せ． 重要

---

[6] 詳しくは，例えば，参考文献 [7] の §11 を見よ．

(3) Σ はベクトル空間の定義の条件 (4) をみたすことを示せ. 重要

(4) Σ はベクトル空間の定義の条件 (5) をみたすことを示せ. 重要

(5) Σ はベクトル空間の定義の条件 (6) をみたすことを示せ. 重要

(6) Σ はベクトル空間の定義の条件 (7) をみたすことを示せ. 重要

◇ **例 7.4** $A \subset \mathbf{R}$ を空でない集合とし,A を定義域とする連続な実数値関数全体の集合を $C(A)$ と表す.すなわち,

$$C(A) = \{f : A \to \mathbf{R} \mid f \text{ は連続 }\} \tag{7.16}$$

である.このとき,$f, g \in C(A)$,$k \in \mathbf{R}$ とすると,章末問題 3.2(1) で述べたように,$f + g, kf \in C(A)$ となる.ここでも,平面ベクトルや空間ベクトル,さらに,例 7.3 の数列の場合と同様に,和やスカラー倍の演算自体は既知のものである.しかし,線形代数では $C(A)$ のような関数を元とする集合を考えるのである.このことによって,例えば,微分方程式の解が求められたりするようになる[7].

さて $C(A)$ もベクトル空間となるのであるが,このことは問 7.5 で確かめよう. ◇

問 7.5 例 7.4 の $C(A)$ について,次の問に答えよ.

(1) $C(A)$ はベクトル空間の定義 定義 7.1 の条件 (1) をみたすことを示せ. 重要✪

(2) $C(A)$ はベクトル空間の定義の条件 (2) をみたすことを示せ. 重要✪

(3) $C(A)$ の零ベクトルはどのような元であるかを答え,$C(A)$ はベクトル空間の定義の条件 (3) および (8) をみたすことを示せ. 重要✪

(4) $C(A)$ はベクトル空間の定義の条件 (4) をみたすことを示せ. 重要✪

(5) $C(A)$ はベクトル空間の定義の条件 (5) をみたすことを示せ. 重要✪

(6) $C(A)$ はベクトル空間の定義の条件 (6) をみたすことを示せ. 重要✪

(7) $C(A)$ はベクトル空間の定義の条件 (7) をみたすことを示せ. 重要✪

§7.1.4 零ベクトルの一意性と逆ベクトル ·····················◇◇◇

ベクトル空間の定義から導かれる基本的な事実をいくつか述べておこう.

‖ **定理 7.1** ベクトル空間の零ベクトルは一意的である.

【証明】 V をベクトル空間とし,$\mathbf{0}, \mathbf{0}'$ をともに V の零ベクトルとする.このとき,

$$\mathbf{0}' = \mathbf{0}' + \mathbf{0} = \mathbf{0} \tag{7.17}$$

---

[7] 詳しくは,例えば,参考文献 [7] の §12 を見よ.

である．ただし，1つめの等号では $\mathbf{0}$ を零ベクトルとみなし，2つめの等号では $\mathbf{0}'$ を零ベクトルとみなし，定義 7.1 の条件 (3) を用いた．よって，$\mathbf{0} = \mathbf{0}'$ となり，零ベクトルは一意的である．　　　　　　　　　　　　　　　　　　　□

　次に，逆ベクトルについて述べよう．

定義 7.2　V をベクトル空間とし，$\boldsymbol{x} \in V$ とする．このとき，

$$\boldsymbol{x} + \boldsymbol{x}' = \mathbf{0} \tag{7.18}$$

をみたす $\boldsymbol{x}' \in V$ を $\boldsymbol{x}$ の**逆ベクトル** (opposite vector) という．

　逆ベクトルに関して，次がなりたつ．

定理 7.2　V をベクトル空間とすると，任意の $\boldsymbol{x} \in V$ に対して，$\boldsymbol{x}$ の逆ベクトルが一意的に存在する．

【証明】　逆ベクトルの存在のみ示し，一意性の証明は問 7.6 とする．
逆ベクトルの存在　ベクトル空間の定義 定義 7.1 の条件を適宜用いると，

$$\boldsymbol{x} + (-1)\boldsymbol{x} = 1\boldsymbol{x} + (-1)\boldsymbol{x} = \{1 + (-1)\}\boldsymbol{x} = 0\boldsymbol{x} = \mathbf{0} \tag{7.19}$$

となる．よって，定義 7.2 より，$(-1)\boldsymbol{x}$ は $\boldsymbol{x}$ の逆ベクトルである．　　□

✒注意 7.2　通常の数の演算の場合と同様に，ベクトル $\boldsymbol{x}$ の逆ベクトルを $-\boldsymbol{x}$ と表す．さらに，$\boldsymbol{x} + (-\boldsymbol{y})$ を $\boldsymbol{x} - \boldsymbol{y}$ と表す．

問 7.6　定理 7.2 において，逆ベクトルの一意性を示せ．

問 7.7　V を定義 7.1 において，(8) を除く (1)〜(7) の条件をみたすような和とスカラー倍の定められた集合とする．V が次の (8)' の条件をみたすならば，V は定義 7.1 の条件 (8) をみたすことを示せ．

　(8)' 任意の $\boldsymbol{x} \in V$ に対して，ある $\boldsymbol{x}' \in V$ が存在し，$\boldsymbol{x} + \boldsymbol{x}' = \mathbf{0}$ となる．

すなわち，定義 7.1 において，条件 (8) を逆ベクトルが存在するという条件 (8)' に置き換えても，ベクトル空間の同値な定義が得られる．

問 7.8　V をベクトル空間，$\mathbf{0}$ を V の零ベクトルとする．このとき，任意の $k \in \mathbf{R}$ に対して，$k\mathbf{0} = \mathbf{0}$ であることを示せ．　重要 ✿

7

ベクトル空間と線形写像

§7.1.5 部分空間 ···◇◇◇

ベクトル空間の部分集合を考える際には，単なる部分集合ではなく，次に定めるようなそれ自身がベクトル空間となるようなものを考えることが多い．

定義 7.3 V をベクトル空間，W を V の空でない部分集合とする．W が V の和およびスカラー倍により，ベクトル空間となるとき，W を V の**部分空間** (subspace) という．

注意 7.3 定義 7.3 において，W が V の部分空間のとき，$x \in W$ を 1 つ選んでおくと，定義 7.1 の条件 (8) より，

$$0 = 0x \in W \tag{7.20}$$

となる．ただし，0 は V の零ベクトルである．さらに定義 7.1 の条件 (3) より，0 は W の零ベクトルでもある．

ベクトル空間の部分集合が部分空間となるためには，定義 7.1 の条件 (1)～(8) をすべてみたさなければならないが，実は，次の定理の 3 つの条件のみからこれらすべての条件を導くことができる．

定理 7.3 V をベクトル空間，W を V の部分集合とする．W が V の部分空間であることと，次の条件 (a)～(c) がなりたつことは同値である．

 (a) $0 \in W$.

 (b) $x, y \in W$ ならば，$x + y \in W$.

 (c) $x \in W$，$k \in \mathbf{R}$ ならば，$kx \in W$.

【証明】 まず，W が V の部分空間ならば，注意 7.3 および部分空間の定義 定義 7.3 より，条件 (a)～(c) がなりたつ．

次に，W が条件 (a)～(c) をみたすとする．このとき，条件 (b)，(c) より，V の和およびスカラー倍はそれぞれ W の和およびスカラー倍を定めることに注意する．ここで，V は定義 7.1 の条件 (1)，(2)，(4)～(7) をみたすので，W も定義 7.1 の条件 (1)，(2)，(4)～(7) をみたす．次に，(a) より，$0 \in W$ である．また，0 は V の零ベクトルであり，V は定義 7.1 の条件 (3) をみたす．よって，0 は W の零ベクトルとなり，W は定義 7.1 の条件 (3) をみたす．さらに，V は定義 7.1 の条件 (8) をみたし，0 は W の零ベクトルでもあるので，W は定義 7.1 の条件 (8) をみたす．したがって，W は V の部分空間である．

以上より，W が V の部分空間であることと，条件 (a)〜(c) がなりたつことは同値である. $\qquad\square$

部分空間の例について考えよう.

◇ **例 7.5** V をベクトル空間とする．このとき，V および零空間 $\{\mathbf{0}\}$ は V の空でない部分集合であり，V の和およびスカラー倍により，ベクトル空間となる．よって，V および $\{\mathbf{0}\}$ はともに V の部分空間である． $\qquad\diamond$

◇ **例 7.6**（連立 1 次方程式）　数を実数の範囲で考えると，n 個の未知変数 x_1, x_2, ..., x_n についての連立 1 次方程式は定数 a_{11}, a_{12}, ..., a_{mn}, b_1, b_2, ..., $b_m \in \mathbf{R}$ を用いて，

$$\begin{cases} a_{11}x_1 + a_{12}x_2 + \cdots + a_{1n}x_n = b_1, \\ a_{21}x_1 + a_{22}x_2 + \cdots + a_{2n}x_n = b_2, \\ \qquad\qquad\vdots \\ a_{m1}x_1 + a_{m2}x_2 + \cdots + a_{mn}x_n = b_m \end{cases} \tag{7.21}$$

と表すことができる．とくに，

$$b_1 = b_2 = \cdots = b_m = 0 \tag{7.22}$$

のとき，連立 1 次方程式 (7.21) は**同次** (homogeneous) または**斉次**であるという．実は，$\mathbf{R}^n$ の部分空間はある同次連立 1 次方程式の解全体の集合として表されることが分かる． $\qquad\diamond$

次の問 7.9 で定める $\mathbf{R}^2$ の部分集合は例 7.6 で述べた事実を認めれば，ただちに部分空間ではないことが分かるが，定理 7.3 の (a)〜(c) のいずれかがなりたないことを確かめてみよう.

問 7.9　次の (1)〜(3) により定めた $\mathbf{R}^2$ の部分集合 W が定理 7.3 の条件 (a)〜(c) をみたすかどうかを調べよ.
(1) $W = \{(x_1,\, x_2) \in \mathbf{R}^2 \mid x_1 + x_2 = 1\}$. 重要
(2) $W = \{(x_1,\, x_2) \in \mathbf{R}^2 \mid x_1 x_2 = 0\}$. 重要
(3) $W = \{(x_1,\, x_2) \in \mathbf{R}^2 \mid x_1 \geq 0\}$. 重要

補足　とくに，(1)〜(3) の W は $\mathbf{R}^2$ の部分空間ではない.

本節のまとめ

- ☑ ベクトル空間には和やスカラー倍が定められている. 定義 7.1
- ☑ ベクトル空間の例として，数ベクトル空間や零空間が挙げられる. 例 7.1 例 7.2
- ☑ ベクトル空間の部分空間はベクトル空間となる. 定義 7.3

7.2　線形写像

ベクトル空間の間の写像について考える際は，単なる写像ではなく，ベクトル空間としての構造を保つ線形写像とよばれるものを考えることが多い. 本節では，線形写像について扱い，その具体的な例や基本的性質について述べる. さらに，線形写像を用いて，像や核とよばれる部分空間を定める.

§7.2.1　線形写像の定義 ⋯⋯⋯⋯⋯⋯⋯⋯⋯⋯⋯⋯⋯⋯⋯⋯◇◇◇

平面ベクトルについて，§6.2.3 で述べたことを簡単に振り返ってみよう[8]. X を $\mathbf{R}^2$ 上の有向線分全体の集合とし，(6.20) で表される X 上の同値関係 $\sim$ を考える. このとき，平面ベクトルは商集合 $X/\sim$ の元として定められる. ここで，$\mathrm{O}(0,0) \in \mathbf{R}^2$ を原点とし，$\overrightarrow{\mathrm{AB}} \in X/\sim$ に対して，$\mathrm{P} \in \mathbf{R}^2$ を $\overrightarrow{\mathrm{AB}} = \overrightarrow{\mathrm{OP}}$ となる点とする. このとき，$\overrightarrow{\mathrm{AB}}$ から P への対応を考えることにより，写像 $\Phi : X/\sim \to \mathbf{R}^2$ が得られる. さらに，定理 6.4 で述べたように，A, B, C, D $\in \mathbf{R}^2$，$k \in \mathbf{R}$ とすると，

$$\Phi(\overrightarrow{\mathrm{AB}} + \overrightarrow{\mathrm{CD}}) = \Phi(\overrightarrow{\mathrm{AB}}) + \Phi(\overrightarrow{\mathrm{CD}}), \quad \Phi(k\overrightarrow{\mathrm{AB}}) = k\Phi(\overrightarrow{\mathrm{AB}}) \tag{7.23}$$

がなりたつ. そこで，一般のベクトル空間の間の写像に対しても (7.23) のような性質をみたすものを考え，次のように定めよう.

---

[8] 空間ベクトルの場合も同様である §7.1.1 .

> **定義 7.4** V, W をベクトル空間，$f : V \to W$ を写像とする．次の (1)，(2) がなりたつとき，f を**線形写像** (linear map) という．
> (1) 任意の $\boldsymbol{x}$, $\boldsymbol{y} \in V$ に対して，$f(\boldsymbol{x} + \boldsymbol{y}) = f(\boldsymbol{x}) + f(\boldsymbol{y})$．
> (2) 任意の $\boldsymbol{x} \in V$ および任意の $k \in \mathbf{R}$ に対して，$f(k\boldsymbol{x}) = kf(\boldsymbol{x})$．

✐ **注意 7.4** 定義 7.4 において，線形写像 f がみたす (1)，(2) の性質のことを「f は和とスカラー倍を保つ」という言い方をする．

まず，線形写像について，次がなりたつ．

> **定理 7.4** V, W をベクトル空間，$f : V \to W$ を線形写像とする．このとき，次の (1)，(2) がなりたつ．
> (1) $f(\boldsymbol{0}_V) = \boldsymbol{0}_W$．ただし，$V$, W の零ベクトルをそれぞれ $\boldsymbol{0}_V$, $\boldsymbol{0}_W$ と表すことにする．
> (2) $\boldsymbol{x}_1, \boldsymbol{x}_2, \ldots, \boldsymbol{x}_m \in V$，$k_1, k_2, \ldots, k_m \in \mathbf{R}$ とすると，
>
> $$f(k_1\boldsymbol{x}_1 + k_2\boldsymbol{x}_2 + \cdots + k_m\boldsymbol{x}_m) = k_1 f(\boldsymbol{x}_1) + k_2 f(\boldsymbol{x}_2) + \cdots + k_m f(\boldsymbol{x}_m) \tag{7.24}$$
>
> である．

【証明】 (1) のみ示し，(2) の証明は問 7.10 とする．
(1) 定義 7.1 の条件 (8) および定義 7.4 の条件 (2) より，

$$f(\boldsymbol{0}_V) = f(0 \cdot \boldsymbol{0}_V) = 0 f(\boldsymbol{0}_V) = \boldsymbol{0}_W \tag{7.25}$$

となる．すなわち，(1) がなりたつ． $\square$

問 7.10 $m = 1$ のとき，定義 7.4 の条件 (1) より，(7.24) がなりたつ．$m = l$ ($l \in \mathbf{N}$) のとき，(7.24) がなりたつと仮定し，$m = l + 1$ のとき，(7.24) がなりたつことを示せ．つまり，数学的帰納法 §3.1.3 より，任意の $m \in \mathbf{N}$ に対して，(7.24) がなりたつ． ✿

§7.2.2 線形写像の例 ◇◇◇

線形写像の例について考えよう．

◇ **例 7.7**（零写像） V, W をベクトル空間とし，写像 $f : V \to W$ を

$$f(\boldsymbol{x}) = \boldsymbol{0}_W \quad (\boldsymbol{x} \in V) \tag{7.26}$$

により定める. このとき, $\boldsymbol{x}, \boldsymbol{y} \in V$ とすると, f の定義 (7.26) および零ベクトルの条件より,

$$f(\boldsymbol{x} + \boldsymbol{y}) = \mathbf{0}_W = \mathbf{0}_W + \mathbf{0}_W = f(\boldsymbol{x}) + f(\boldsymbol{y}) \tag{7.27}$$

となる. よって, f は定義 7.4 の条件 (1) をみたす.

さらに, $k \in \mathbf{R}$ とすると, f の定義 (7.26) および問 7.8 より,

$$f(k\boldsymbol{x}) = \mathbf{0}_W = k\mathbf{0}_W = kf(\boldsymbol{x}) \tag{7.28}$$

となる. よって, f は定義 7.4 の条件 (2) をみたす.

したがって, f は線形写像である. これを**零写像** (zero map) という. ◇

◇ **例 7.8**（線形変換） V をベクトル空間とする. このとき, V から V への線形写像を V の**線形変換** (linear transformation) ともいう. ◇

| 問 7.11 | $1_V : V \to V$ を V 上の恒等写像とする 例 2.3 . 1_V は V の線形変換であることを示せ. 重要

補足 この 1_V を**恒等変換** (identity transformation) ともいう.

数ベクトル空間 §7.1.2 の間の線形写像がどのように表されるのかについて考えよう. まず, $n \in \mathbf{N}$ とし, $\boldsymbol{e}_1, \boldsymbol{e}_2, \ldots, \boldsymbol{e}_n \in \mathbf{R}^n$ を

$$\boldsymbol{e}_1 = (1, 0, \ldots, 0), \quad \boldsymbol{e}_2 = (0, 1, \ldots, 0), \quad \ldots, \quad \boldsymbol{e}_n = (0, 0, \ldots, 1) \tag{7.29}$$

により定める [9]. すなわち, $i = 1, 2, \ldots, n$ に対して, $\boldsymbol{e}_i$ は第 i 成分が 1 であり, その他の成分がすべて 0 である, n 次の行ベクトルである. $\boldsymbol{e}_1, \boldsymbol{e}_2, \ldots, \boldsymbol{e}_n$ を $\mathbf{R}^n$ の**基本ベクトル** (elementary vector) という. $\mathbf{R}^n$ の和およびスカラー倍の定義 (7.11) より, 次がなりたつ.

> **定理 7.5** $\boldsymbol{x} \in \mathbf{R}^n$ とする. $i = 1, 2, \ldots, n$ に対して, x_i を $\boldsymbol{x}$ の第 i 成分とすると,
>
> $$\boldsymbol{x} = x_1\boldsymbol{e}_1 + x_2\boldsymbol{e}_2 + \cdots + x_n\boldsymbol{e}_n \tag{7.30}$$
>
> である. 逆に, $x_1, x_2, \ldots, x_n \in \mathbf{R}$ に対して, $\boldsymbol{x} \in \mathbf{R}^n$ を (7.30) により定めると, 各 $i = 1, 2, \ldots, n$ に対して, $\boldsymbol{x}$ の第 i 成分は x_i である.

---

[9] $\boldsymbol{e}$ を手で書くときは, 「e」のように書く 注意 1.1 .

定理 7.4 (2) と定理 7.5 を用いることにより，次を示すことができる.

> **定理 7.6** $m, n \in \mathbf{N}$ とし，$f : \mathbf{R}^m \to \mathbf{R}^n$ を線形写像とする. このとき，ある mn 個の実数 $a_{11}, a_{21}, \ldots, a_{mn} \in \mathbf{R}$ が一意的に存在し，任意の $\boldsymbol{x} \in \mathbf{R}^m$ に対して，$f(\boldsymbol{x})$ は
>
> $$f(\boldsymbol{x}) = (x_1 a_{11} + x_2 a_{21} + \cdots + x_m a_{m1}, \ldots, x_1 a_{1n} + x_2 a_{2n} + \cdots + x_m a_{mn}) \tag{7.31}$$
>
> と表すことができる. ただし，$i = 1, 2, \ldots, n$ に対して，x_i は $\boldsymbol{x}$ の第 i 成分である. 逆に，$a_{11}, a_{21}, \ldots, a_{mn} \in \mathbf{R}$ に対して，写像 $f : \mathbf{R}^m \to \mathbf{R}^n$ を (7.31) により定めると，f は線形写像である.

【証明】 前半部分，すなわち，線形写像 f が (7.31) のように表されることのみ示し，後半部分の証明は問 7.12 とする.

<u>前半部分</u> まず，$\boldsymbol{e}_1, \boldsymbol{e}_2, \ldots, \boldsymbol{e}_m$ を $\mathbf{R}^m$ の基本ベクトルとする. このとき，定理 7.5 より，$\boldsymbol{x}$ は

$$\boldsymbol{x} = x_1 \boldsymbol{e}_1 + x_2 \boldsymbol{e}_2 + \cdots + x_m \boldsymbol{e}_m \quad (x_1, x_2, \ldots, x_m \in \mathbf{R}) \tag{7.32}$$

と表すことができる.

次に，$\boldsymbol{e}'_1, \boldsymbol{e}'_2, \ldots, \boldsymbol{e}'_n$ を $\mathbf{R}^n$ の基本ベクトルとする. このとき，$i = 1, 2, \ldots, m$ とすると，定理 7.5 より，$f(\boldsymbol{e}_i)$ は

$$f(\boldsymbol{e}_i) = a_{i1} \boldsymbol{e}'_1 + a_{i2} \boldsymbol{e}'_2 + \cdots + a_{in} \boldsymbol{e}'_n \quad (a_{i1}, a_{i2}, \ldots, a_{in} \in \mathbf{R}) \tag{7.33}$$

と表すことができる. また，$a_{11}, a_{21}, \ldots, a_{mn}$ は一意的である.

(7.32)，定理 7.4 (2) および (7.33) より，

$$f(\boldsymbol{x}) = f(x_1 \boldsymbol{e}_1 + x_2 \boldsymbol{e}_2 + \cdots + x_m \boldsymbol{e}_m) = x_1 f(\boldsymbol{e}_1) + x_2 f(\boldsymbol{e}_2) + \cdots + x_m f(\boldsymbol{e}_m)$$

$$= x_1(a_{11} \boldsymbol{e}'_1 + a_{12} \boldsymbol{e}'_2 + \cdots + a_{1n} \boldsymbol{e}'_n) + x_2(a_{21} \boldsymbol{e}'_1 + a_{22} \boldsymbol{e}'_2 + \cdots + a_{2n} \boldsymbol{e}'_n) + \cdots$$

$$\qquad + x_m(a_{m1} \boldsymbol{e}'_1 + a_{m2} \boldsymbol{e}'_2 + \cdots + a_{mn} \boldsymbol{e}'_n)$$

$$= (x_1 a_{11} + x_2 a_{21} + \cdots + x_m a_{m1}, \ldots, x_1 a_{1n} + x_2 a_{2n} + \cdots + x_m a_{mn}) \tag{7.34}$$

となる. すなわち，(7.31) がなりたつ. $\qquad\qquad\square$

問 7.12 定理 7.6 において，$a_{11}, a_{21}, \ldots, a_{mn} \in \mathbf{R}$ に対して，写像 $f : \mathbf{R}^m \to \mathbf{R}^n$ を (7.31) により定める. 次の (1)，(2) を示すことにより，f は線形写像となるこ

とを示せ.

(1) f は定義 7.4 の条件 (1) をみたす. ✪

(2) f は定義 7.4 の条件 (2) をみたす. ✪

例題 7.2 Σ を実数列全体からなるベクトル空間とし (例 7.3), 写像 $\Phi : \Sigma \to \Sigma$ を

$$\Phi(\{a_n\}_{n=1}^\infty) = \{b_n\}_{n=1}^\infty$$

$$(\{a_n\}_{n=1}^\infty \in \Sigma), \quad b_n = a_{n+1}$$

$$(n \in \mathbf{N}) \tag{7.35}$$

により定める (図 7.2). Φ は Σ の線形変換であることを示せ.

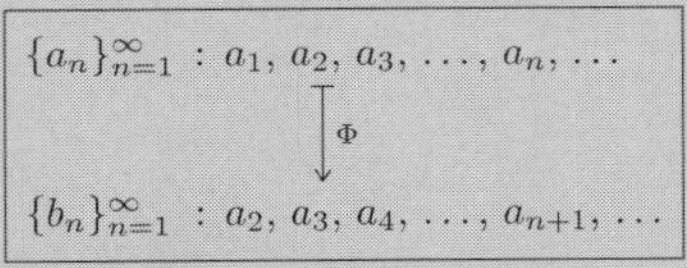

$$\{a_n\}_{n=1}^\infty : a_1, a_2, a_3, \ldots, a_n, \ldots$$
$$\downarrow \Phi$$
$$\{b_n\}_{n=1}^\infty : a_2, a_3, a_4, \ldots, a_{n+1}, \ldots$$

図 7.2 線形変換 $\Phi : \Sigma \to \Sigma$

解説 Φ の定義 (7.35) や Σ の和およびスカラー倍の定義 (7.14) を用いて, Φ が定義 7.4 の条件 (1), (2) をみたすことを示す.

まず, $\{a_n\}_{n=1}^\infty, \{a_n'\}_{n=1}^\infty \in \Sigma$ とし,

$$\Phi(\{a_n\}_{n=1}^\infty) = \{b_n\}_{n=1}^\infty,$$
$$\Phi(\{a_n'\}_{n=1}^\infty) = \{b_n'\}_{n=1}^\infty, \tag{7.36}$$

$$\Phi(\{a_n + a_n'\}_{n=1}^\infty) = \{c_n\}_{n=1}^\infty \tag{7.37}$$

とおく. このとき, Φ の定義 (7.35), (7.37) および (7.36) より,

$$c_n = a_{n+1} + a_{n+1}' = b_n + b_n' \tag{7.38}$$

である. よって, Σ の和の定義 (7.14) 第 1 式, (7.37), (7.38) および (7.36) より,

$$\Phi(\{a_n\}_{n=1}^\infty + \{a_n'\}_{n=1}^\infty) = \Phi(\{a_n + a_n'\}_{n=1}^\infty) = \{c_n\}_{n=1}^\infty = \{b_n + b_n'\}_{n=1}^\infty$$
$$= \{b_n\}_{n=1}^\infty + \{b_n'\}_{n=1}^\infty = \Phi(\{a_n\}_{n=1}^\infty) + \Phi(\{a_n'\}_{n=1}^\infty) \tag{7.39}$$

となる. したがって, Φ は定義 7.4 の条件 (1) をみたす.

さらに, $k \in \mathbf{R}$ とし,

$$\Phi(\{ka_n\}_{n=1}^\infty) = \{d_n\}_{n=1}^\infty \tag{7.40}$$

とおくと, Φ の定義 (7.35), (7.40) および (7.36) 第 1 式より,

$$d_n = ka_{n+1} = kb_n \tag{7.41}$$

である．よって，Σ のスカラー倍の定義 (7.14) 第 2 式 ，(7.40)，(7.41)，(7.36) 第 1 式より，

$$\Phi\left(k\{a_n\}_{n=1}^\infty\right) = \Phi\left(\{ka_n\}_{n=1}^\infty\right) = \{d_n\}_{n=1}^\infty = \{kb_n\}_{n=1}^\infty = k\{b_n\}_{n=1}^\infty$$
$$= k\Phi\left(\{a_n\}_{n=1}^\infty\right) \tag{7.42}$$

となる．したがって，Φ は定義 7.4 の条件 (2) をみたす．

以上より，Φ は Σ の線形変換である． □

問 7.13 Σ を実数列全体からなるベクトル空間とし，写像 $\overset{\text{プサイ}}{\Psi} : \Sigma \to \Sigma$ を

$$\Psi\left(\{a_n\}_{n=1}^\infty\right) = \{b_n\}_{n=1}^\infty \quad (\{a_n\}_{n=1}^\infty \in \Sigma), \tag{7.43}$$

$$b_1 = 0, \quad b_n = a_{n-1} \quad (n = 2, 3, 4, \dots) \tag{7.44}$$

により定める．次の (1)，(2) を示すことにより，Ψ は Σ の線形変換であることを示せ．

(1) $\{a_n\}_{n=1}^\infty, \{a_n'\}_{n=1}^\infty \in \Sigma$ とすると，

$$\Psi\left(\{a_n\}_{n=1}^\infty + \{a_n'\}_{n=1}^\infty\right) = \Psi\left(\{a_n\}_{n=1}^\infty\right) + \Psi\left(\{a_n'\}_{n=1}^\infty\right) \tag{7.45}$$

である．

(2) $\{a_n\}_{n=1}^\infty \in \Sigma$，$k \in \mathbf{R}$ とすると，

$$\Psi\left(k\{a_n\}_{n=1}^\infty\right) = k\Psi\left(\{a_n\}_{n=1}^\infty\right) \tag{7.46}$$

である．

§7.2.3 合成写像と線形同型写像 ·················◇◇◇

線形写像の合成 §2.2.1 は線形写像となる．すなわち，次がなりたつ．

定理 7.7 U，V，W をベクトル空間，$f : U \to V$ および $g : V \to W$ を線形写像とする．このとき，合成写像 $g \circ f : U \to W$ は線形写像である．

【証明】 $g \circ f$ が定義 7.4 の条件 (1) をみたすことのみ示し，条件 (2) をみたすことについては問 7.14 とする．

$\boldsymbol{x}, \boldsymbol{y} \in U$ とする．このとき，合成写像の定義 §2.2.1 および f，g に対する定義

7.4 の条件 (1) より,

$$(g \circ f)(\boldsymbol{x} + \boldsymbol{y}) = g(f(\boldsymbol{x} + \boldsymbol{y})) = g(f(\boldsymbol{x}) + f(\boldsymbol{y})) = g(f(\boldsymbol{x})) + g(f(\boldsymbol{y}))$$
$$= (g \circ f)(\boldsymbol{x}) + (g \circ f)(\boldsymbol{y}) \tag{7.47}$$

となる. よって, $g \circ f$ は定義 7.4 の条件 (1) をみたす.   □

問 7.14   定理 7.7 において, $g \circ f$ が定義 7.4 の条件 (2) をみたすことを示せ.

🏷重要 ✪

また, 全単射な線形写像については, 次がなりたつ.

定理 7.8 V, W をベクトル空間, $f : V \to W$ を線形写像とする. f が全単射ならば, f の逆写像 $f^{-1} : W \to V$ は線形写像である.

【証明】   定理 6.5 の証明と同様に示すことができる. 以下は問 7.15 とする.   □

問 7.15   次の問に答えよ.
(1) 定理 7.8 において, f^{-1} が定義 7.4 の条件 (1) をみたすことを示せ. ✪
(2) 定理 7.8 において, f^{-1} が定義 7.4 の条件 (2) をみたすことを示せ. ✪

定理 7.8 において, 全単射な線形写像 f を**線形同型写像** (linear isomorphism) という. また, V から W への線形同型写像が存在するとき, V と W は**線形同型** (linearly isomorphic) または**同型** (isomorphic) であるという. 線形同型な 2 つのベクトル空間は線形同型写像を通して単なる集合として同一視できるばかりでなく, それぞれに定められた和やスカラー倍も含めて, すなわち, ベクトル空間として同一視できることになる.

§7.2.4   像と核 ……………………………………………◇◇◇

線形写像を用いて, 像や核とよばれる値域や定義域の部分空間 §7.1.5 を定めることができる.

定義 7.5 V, W をベクトル空間, $f : V \to W$ を線形写像とする. このとき, $\mathrm{Im}\, f \subset W$ を

$$\mathrm{Im}\, f = f(V) = \{ f(\boldsymbol{x}) \,|\, \boldsymbol{x} \in V \}$$
$$= \{ \boldsymbol{y} \,|\, \text{ある } \boldsymbol{x} \in V \text{ が存在し, } \boldsymbol{y} = f(\boldsymbol{x}) \} \tag{7.48}$$

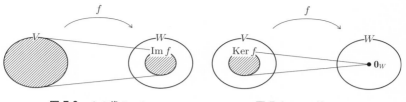

図 7.3 f の像 Im f　　　　　　**図 7.4** f の核 Ker f

により定め, Im f を f の**像** (image) という (図 7.3). また, Ker $f \subset V$ を

$$\mathrm{Ker}\, f = f^{-1}(\{\mathbf{0}_W\}) = \{\boldsymbol{x} \in V \mid f(\boldsymbol{x}) = \mathbf{0}_W\} \tag{7.49}$$

により定め, Ker f を f の**核** (kernel) という (図 7.4).

🖉 **注意 7.5** 例 7.6 で述べた同次連立 1 次方程式の解全体の集合は数ベクトル空間の間の線形写像に対する核として表されることが分かる. また, 例 7.3 や例 7.4 についても, 考えるべき漸化式や微分方程式をみたす数列や関数は, 線形写像の核の元として表されることが分かる.

線形写像の像や核について, 次がなりたつ.

定理 7.9 V, W をベクトル空間, $f : V \to W$ を線形写像とする. このとき, 次の (1), (2) がなりたつ.
(1) Im f は W の部分空間である.
(2) Ker f は V の部分空間である.

【証明】 Im f および Ker f が定理 7.3 の条件 (a)〜(c) をみたすことを示せばよい.
(1) まず, 定理 7.4 (1) より,

$$\mathbf{0}_W = f(\mathbf{0}_V) \in \mathrm{Im}\, f \tag{7.50}$$

である. よって, $\mathbf{0}_W \in \mathrm{Im}\, f$ となり, Im f は定理 7.3 の条件 (a) をみたす.
次に, $\boldsymbol{y}, \boldsymbol{y}' \in \mathrm{Im}\, f$ とする. このとき, ある $\boldsymbol{x}, \boldsymbol{x}' \in V$ が存在し, $\boldsymbol{y} = f(\boldsymbol{x})$, $\boldsymbol{y}' = f(\boldsymbol{x}')$ となる. ここで, f は線形写像であり, V はベクトル空間なので,

$$\boldsymbol{y} + \boldsymbol{y}' = f(\boldsymbol{x}) + f(\boldsymbol{x}') = f(\boldsymbol{x} + \boldsymbol{x}') \in \mathrm{Im}\, f \tag{7.51}$$

となる. よって, $\boldsymbol{y}, \boldsymbol{y}' \in \mathrm{Im}\, f$ ならば $\boldsymbol{y} + \boldsymbol{y}' \in \mathrm{Im}\, f$ となり, $\mathrm{Im}\, f$ は定理 7.3 の条件 (b) をみたす.

さらに, $k \in \mathbf{R}$ とする. このとき, f は線形写像であり, V はベクトル空間なので,

$$ky = kf(\boldsymbol{x}) = f(k\boldsymbol{x}) \in \mathrm{Im}\, f \tag{7.52}$$

となる. よって, $\boldsymbol{y} \in \mathrm{Im}\, f$, $k \in \mathbf{R}$ ならば $k\boldsymbol{y} \in \mathrm{Im}\, f$ となり, $\mathrm{Im}\, f$ は定理 7.3 の条件 (c) をみたす.

(2) まず, 定理 7.4 (1) より,

$$f(\boldsymbol{0}_V) = \boldsymbol{0}_W \tag{7.53}$$

である. よって, $\boldsymbol{0}_V \in \mathrm{Ker}\, f$ となり, $\mathrm{Ker}\, f$ は定理 7.3 の条件 (a) をみたす.
$\mathrm{Ker}\, f$ が定理 7.3 の条件 (b), (c) をみたすことについては問 7.16 とする. □

問 7.16   定理 7.9 (2) において, 次の (1), (2) を示せ.

(1) $\mathrm{Ker}\, f$ は定理 7.3 の条件 (b) をみたす. ✪

(2) $\mathrm{Ker}\, f$ は定理 7.3 の条件 (c) をみたす. ✪

例題 7.3 V をベクトル空間, $f : V \to V$ を線形変換とする. 合成写像 $f \circ f : V \to V$ が零写像ならば, $\mathrm{Im}\, f \subset \mathrm{Ker}\, f$ であることを示せ.

解説 包含関係の定義 §1.1.6 にしたがって示す.

$\boldsymbol{y} \in \mathrm{Im}\, f$ とする. このとき, ある $\boldsymbol{x} \in V$ が存在し, $\boldsymbol{y} = f(\boldsymbol{x})$ となる. ここで, $f \circ f$ は零写像なので,

$$f(\boldsymbol{y}) = f(f(\boldsymbol{x})) = (f \circ f)(\boldsymbol{x}) = \boldsymbol{0} \tag{7.54}$$

となる. よって, $\boldsymbol{y} \in \mathrm{Ker}\, f$ である. したがって, $\boldsymbol{y} \in \mathrm{Im}\, f$ ならば $\boldsymbol{y} \in \mathrm{Ker}\, f$ となるので, $\mathrm{Im}\, f \subset \mathrm{Ker}\, f$ である. □

問 7.17 V をベクトル空間, $f : V \to V$ を線形変換とする. $\mathrm{Im}\, f \subset \mathrm{Ker}\, f$ ならば, 合成写像 $f \circ f : V \to V$ は零写像であることを示せ.

補足 例題 7.3 と合わせると, $f \circ f$ が零写像であることと $\mathrm{Im}\, f \subset \mathrm{Ker}\, f$ は同値である.

線形写像の全射性や単射性は像や核の用語で言い換えることができる.

定理 7.10 V, W をベクトル空間，$f : V \to W$ を線形写像とする．このとき，次の (1)，(2) がなりたつ．

(1) f が全射であることと $\mathrm{Im}\, f = W$ は同値である．

(2) f が単射であることと $\mathrm{Ker}\, f = \{\mathbf{0}_V\}$ は同値である．

【証明】 (1) 像の定義 (7.48) より，明らかである．

(2) まず，f が単射であるとする．$\boldsymbol{x} \in \mathrm{Ker}\, f$ とすると，定理 7.4 (1) より，

$$f(\boldsymbol{x}) = \mathbf{0}_W = f(\mathbf{0}_V) \tag{7.55}$$

となる．すなわち，$f(\boldsymbol{x}) = f(\mathbf{0}_V)$ である．ここで，f は単射なので，$\boldsymbol{x} = \mathbf{0}_V$ である．よって，$\mathrm{Ker}\, f = \{\mathbf{0}_V\}$ である．

次に，$\mathrm{Ker}\, f = \{\mathbf{0}_V\}$ であるとする．$\boldsymbol{x}, \boldsymbol{y} \in V$，$f(\boldsymbol{x}) = f(\boldsymbol{y})$ とすると，f は線形写像なので，

$$\mathbf{0}_W = f(\boldsymbol{x}) - f(\boldsymbol{y}) = f(\boldsymbol{x} - \boldsymbol{y}) \tag{7.56}$$

となる．すなわち，$\boldsymbol{x} - \boldsymbol{y} \in \mathrm{Ker}\, f$ である．ここで，$\mathrm{Ker}\, f = \{\mathbf{0}_V\}$ なので，$\boldsymbol{x} - \boldsymbol{y} = \mathbf{0}_V$，すなわち，$\boldsymbol{x} = \boldsymbol{y}$ である．よって，f は単射である．

したがって，(2) がなりたつ． $\square$

7

ベクトル空間と線形写像

本節のまとめ

☑ 線形写像は和とスカラー倍を保つベクトル空間の間の写像である． 定義 7.4

☑ 線形写像の例として，零写像や線形変換が挙げられる． 例 7.7 例 7.8

☑ 線形写像と線形写像の合成は線形写像である． 定理 7.7

☑ 線形同型な 2 つのベクトル空間はベクトル空間として同一視することができる． §7.2.3

☑ 線形写像を用いて，像や核とよばれる値域や定義域の部分空間を定めることができる． 定義 7.5

章末問題

◇┈･･━━･･◇

━━━━━━━━━━━━ **標準問題** ━━━━━━━━━━━━

問題 7.1　Σ を実数列全体からなるベクトル空間とする 例 7.3 ．さらに，$p, q \in \mathbf{R}$ とし，$\Sigma(p, q) \subset \Sigma$ を

$$\Sigma(p, q) = \{\{a_n\}_{n=1}^{\infty} \in \Sigma \,|\, a_{n+2} = pa_{n+1} + qa_n \ (n \in \mathbf{N})\} \tag{7.57}$$

により定める．次の (1)～(3) を示すことにより，$\Sigma(p, q)$ は Σ の部分空間となることを示せ．

(1) $\Sigma(p, q)$ は定理 7.3 の条件 (a) をみたす．重要

(2) $\Sigma(p, q)$ は定理 7.3 の条件 (b) をみたす．重要

(3) $\Sigma(p, q)$ は定理 7.3 の条件 (c) をみたす．重要

問題 7.2　V をベクトル空間，W_1, W_2 を V の部分空間とする．次の (1)～(3) を示すことにより，$W_1 \cap W_2$ は V の部分空間となることを示せ．

(1) $W_1 \cap W_2$ は定理 7.3 の条件 (a) をみたす．重要

(2) $W_1 \cap W_2$ は定理 7.3 の条件 (b) をみたす．重要

(3) $W_1 \cap W_2$ は定理 7.3 の条件 (c) をみたす．重要

問題 7.3　I を区間とし，

$$C(I) = \{f : I \to \mathbf{R} \,|\, f \text{ は連続}\}, \tag{7.58}$$

$$C^1(I) = \{F : I \to \mathbf{R} \,|\, F \text{ は微分可能,} \ F' \text{ は連続}\} \tag{7.59}$$

とおく [10)]．このとき，問 7.5 と同様に，$C(I)$, $C^1(I)$ はベクトル空間となる．ここで，写像 $\Phi : C^1(I) \to C(I)$ を

$$\Phi(F) = F' \quad (F \in C^1(I)) \tag{7.60}$$

により定める．Φ は線形写像であることを示せ．易 重要

補足　Φ が線形写像となることより，定理 4.3 (1)，(2) を微分の**線形性** (linearity) という．

─────────────────────

[10)] (7.59) について，I が有界閉区間 $[a, b]$ の場合は $F'(a)$ は $F(x)$ の $x = a$ における右微分係数，$F'(b)$ は $F(x)$ の $x = b$ における左微分係数を意味する．I がその他の区間の場合も同様である．また，導関数が連続であるような微分可能な関数は**連続微分可能** (continuously differentiable) または C^1 **級** (class C^1) であるという．

問題 7.4　I を区間とし，(7.58)，(7.59) で定めたベクトル空間 $C(I)$，$C^1(I)$ を考える．このとき，$a \in I$ とし，写像 $\Psi : C(I) \to C^1(I)$ を

$$(\Psi(f))(x) = \int_a^x f(t)\, dt \quad (f \in C(I),\ x \in I)$$

により定める．Ψ は線形写像であることを示せ．🟦🟦

補足　Ψ が線形写像となることより，定理 5.7 (1)，(2) あるいは定理 5.3 (1)，(2) を積分の**線形性**という．

━━━━━━━━━━ **発展問題** ━━━━━━━━━━

問題 7.5　V をベクトル空間，W を V の部分空間とする．このとき，V 上の二項関係 $\sim$ を，$x, y \in V$ に対して $x - y \in W$ となるとき $x \sim y$ とすることにより定める．次の問に答えよ．

(1) $\sim$ は反射律をみたすことを示せ．🟦　(2) $\sim$ は対称律をみたすことを示せ．🟦

(3) $\sim$ は推移律をみたすことを示せ．🟦

補足　(1)～(3) より，$\sim$ は同値関係となる．$x \in V$ に対して，x の同値類を $[x]$ と表すことにする．また，商集合 $V/\sim$ を V/W と表すことにする．

(4) $x, y, u, v \in V$，$x \sim u$，$y \sim v$ とすると [11]，

$$(x + y) \sim (u + v) \tag{7.61}$$

であることを示せ．🟦

補足　とくに，$[x], [y] \in V/W$ に対して，$[x]$ と $[y]$ の和 $[x] + [y] \in V/W$ を

$$[x] + [y] = [x + y] \tag{7.62}$$

により定めると，この定義は well-defined である．

(5) $x, u \in V$，$x \sim u$，$k \in \mathbf{R}$ とすると，

$$kx \sim ku \tag{7.63}$$

であることを示せ．🟦

補足　とくに，$[x] \in V/W$，$k \in \mathbf{R}$ に対して，$[x]$ の k 倍 $k[x] \in V/W$ を

───────────────

[11] u，v を手で書くときは，それぞれ「u」，「v」のように書く 注意 1.1．

$$k[\boldsymbol{x}] = [k\boldsymbol{x}] \tag{7.64}$$

により定めると，この定義は well-defined である．

(6) V/W はベクトル空間の定義 定義 7.1 の条件 (1) をみたすことを示せ． 重要

(7) V/W はベクトル空間の定義の条件 (2) をみたすことを示せ． 重要

(8) V/W の零ベクトルはどのような元であるかを答え，V/W はベクトル空間の定義の条件 (3) および (8) をみたすことを示せ． 重要

(9) V/W はベクトル空間の定義の条件 (4) をみたすことを示せ． 重要

(10) V/W はベクトル空間の定義の条件 (5) をみたすことを示せ． 重要

(11) V/W はベクトル空間の定義の条件 (6) をみたすことを示せ． 重要

(12) V/W はベクトル空間の定義の条件 (7) をみたすことを示せ． 重要

補足 (6)〜(12) より，V/W はベクトル空間となる．ベクトル空間 V/W を W による V の**商ベクトル空間** (quotient vector space) または**商空間** (quotient space) という．また，(7.62)，(7.64) より，自然な射影 $\pi : V \to V/W$ は線形写像となる．

(13) $W = V$ のとき，V/W はどのようなベクトル空間であるかを調べよ． 重要

(14) $W = \{\boldsymbol{0}\}$ のとき，V/W はどのようなベクトル空間であるかを調べよ． 重要

問題 7.6 V, W をベクトル空間，V', W' をそれぞれ V, W の部分空間とする．このとき，問題 7.5 で定めた同値関係を考える．すなわち，V 上の同値関係 $\sim_V$ を，$\boldsymbol{x}, \boldsymbol{y} \in V$ に対して $\boldsymbol{x} - \boldsymbol{y} \in V'$ となるとき $\boldsymbol{x} \sim_V \boldsymbol{y}$ とすることにより定め，W 上の同値関係 $\sim_W$ を，$\boldsymbol{u}, \boldsymbol{v} \in W$ に対して $\boldsymbol{u} - \boldsymbol{v} \in W'$ となるとき $\boldsymbol{u} \sim_W \boldsymbol{v}$ とすることにより定める．また，$\boldsymbol{x} \in V$ の同値類，$\boldsymbol{u} \in W$ の同値類をそれぞれ $[\boldsymbol{x}]_V$，$[\boldsymbol{u}]_W$ と表すことにする．さらに，$f : V \to W$ を $f(V') \subset W'$ となる線形写像とする．次の問に答えよ．

(1) 写像 $[f] : V/V' \to W/W'$ を

$$[f]([\boldsymbol{x}]_V) = [f(\boldsymbol{x})]_W \quad ([\boldsymbol{x}]_V \in V/V') \tag{7.65}$$

により定める．$[f]$ の定義は well-defined であることを示せ． 発展

(2) $[f]$ は線形写像であることを示せ． 発展

第8章

行　列

8.1　行列に関する基本用語

 数ベクトル空間の間の線形写像は行列というものを用いて表すことができる．本節では，行列に関する基本用語を扱い，特別な線形写像を通して，零行列や特別な形をした正方行列を定める．また，単位行列の表示と関連して，クロネッカーのデルタについても述べる．

§8.1.1　行列の定義

定理 7.6 で述べたように，数ベクトル空間の間の線形写像は具体的に表すことができるのであった．すなわち，$f : \mathbf{R}^m \to \mathbf{R}^n$ を線形写像とすると，ある $a_{11}, a_{21}, \ldots, a_{mn} \in \mathbf{R}$ が一意的に存在し，任意の $\boldsymbol{x} \in \mathbf{R}^m$ に対して，$f(\boldsymbol{x})$ は

$$f(\boldsymbol{x}) = (x_1 a_{11} + x_2 a_{21} + \cdots + x_m a_{m1}, \ldots, x_1 a_{1n} + x_2 a_{2n} + \cdots + x_m a_{mn}) \tag{8.1}$$

と表すことができる．ただし，$i = 1, 2, \ldots, m$ に対して，x_i は $\boldsymbol{x}$ の第 i 成分である．逆に，$a_{11}, a_{21}, \ldots, a_{mn} \in \mathbf{R}$ に対して，写像 $f : \mathbf{R}^m \to \mathbf{R}^n$ を (8.1) により定めると，f は線形写像である．以下では，$a_{11}, a_{21}, \ldots, a_{mn}$ を長方形状に並べたものを考え，(8.1) を

$$f(\boldsymbol{x}) = (x_1, x_2, \ldots, x_m) \begin{pmatrix} a_{11} & a_{12} & \cdots & a_{1n} \\ a_{21} & a_{22} & \cdots & a_{2n} \\ \vdots & \vdots & \ddots & \vdots \\ a_{m1} & a_{m2} & \cdots & a_{mn} \end{pmatrix} \tag{8.2}$$

と表すことにしよう [1].

一般に，$i = 1, 2, \ldots, m$ および $j = 1, 2, \ldots, n$ に対して，数 a_{ij} が対応しているとき，これらの数を長方形状に

$$
\begin{pmatrix}
a_{11} & a_{12} & \cdots & a_{1n} \\
a_{21} & a_{22} & \cdots & a_{2n} \\
\vdots & \vdots & \ddots & \vdots \\
a_{m1} & a_{m2} & \cdots & a_{mn}
\end{pmatrix},
\begin{bmatrix}
a_{11} & a_{12} & \cdots & a_{1n} \\
a_{21} & a_{22} & \cdots & a_{2n} \\
\vdots & \vdots & \ddots & \vdots \\
a_{m1} & a_{m2} & \cdots & a_{mn}
\end{bmatrix}
\tag{8.3}
$$

のように並べたものを **$m \times n$ 行列** ($m \times n$ matrix, m by n matrix) または **m 行 n 列の行列** という．行列の行の個数と列の個数のことを合わせて **型** (type) または **サイズ** (size) という．また，(8.3) の行列を **(m, n) 型の行列** (matrix of type (m, n)) ともいう．(8.3) の行列を A とおいたとき，$A = (a_{ij})_{m \times n}$ または単に $A = (a_{ij})$ とも表す．さらに，

$$
a_{ij}, \quad
\begin{pmatrix} a_{i1} & a_{i2} & \cdots & a_{in} \end{pmatrix}, \quad
\begin{pmatrix} a_{1j} \\ a_{2j} \\ \vdots \\ a_{mj} \end{pmatrix}
\tag{8.4}
$$

をそれぞれ A の **(i, j) 成分** ((i, j)-component)，**第 i 行** (i-th row)，**第 j 列** (j-th column) という．なお，行列の第 i 行は $\mathbf{R}^n$ の元のように

$$
(a_{i1}, a_{i2}, \ldots, a_{in})
\tag{8.5}
$$

とも表す．とくに，n 次の行ベクトルは $1 \times n$ 行列であり，m 次の列ベクトルは $m \times 1$ 行列である．また，1×1 行列は (a) と表されるが，数 a と同一視し，単に a と表すことが多い．さらに，すべての (i, j) 成分が実数，複素数となる行列をそれぞれ **実行列** (real matrix)，**複素行列** (complex matrix) ともいう．

---

[1] 行列に対する和やスカラー倍，積といった演算は (8.41)，(8.42)，(8.45) を唐突に示して定義されることが多いが，本書では数ベクトル空間の間の線形写像を表す式 (8.1) を (8.2) のように書き換えて議論を進めていく立場を取る．この立場の一番の利点は積の定義や結合律が，合成写像の定義や結合律から容易に得られることにあると言えよう．

§8.1.2 相等関係 ·· ◇◇◇

数ベクトル空間の間の線形写像が 2 つあたえられているとき，それらが等しくなる条件を対応する行列の用語で言い換えてみよう．$f : \mathbf{R}^m \to \mathbf{R}^n$ および $g : \mathbf{R}^p \to \mathbf{R}^q$ を線形写像とする．このとき，f, g はそれぞれ m 行 n 列の実行列 $A = (a_{ij})_{m \times n}$，$p$ 行 q 列の実行列 $B = (b_{kl})_{p \times q}$ を用いて，

$$f(\boldsymbol{x}) = \boldsymbol{x}A \quad (\boldsymbol{x} \in \mathbf{R}^m), \quad g(\boldsymbol{y}) = \boldsymbol{y}B \quad (\boldsymbol{y} \in \mathbf{R}^p) \tag{8.6}$$

と表される．よって，$f = g$ となるのは，写像の相等関係の定義 §2.1.2 より，$m = p$ かつ $n = q$ であり，任意の $i = 1, 2, \ldots, m$ および $j = 1, 2, \ldots, n$ に対して，$a_{ij} = b_{ij}$ がなりたつとき，すなわち，A と B が同じ型であり，対応する成分がそれぞれ等しいときである．そこで，次のように定める．

定義 8.1 $A = (a_{ij})_{m \times n}$ を $m \times n$ 行列，$B = (b_{kl})_{p \times q}$ を $p \times q$ 行列とする．A と B が同じ型であり，対応する成分がそれぞれ等しいとき，$A = B$ と表し，A と B は**等しい**，または，A は B と**等しい**という．また，$A = B$ でないときは $A \neq B$ と表す．

問 8.1 次の (1), (2) がなりたつように a, b, c の値を求めよ．

(1) $\begin{pmatrix} a^2 + b^2 & ab + bc \\ ab + bc & b^2 - ca \end{pmatrix} = \begin{pmatrix} 1 & 0 \\ 0 & 4 \end{pmatrix}$. 易

(2) $\begin{pmatrix} a^2 + b^2 & 1 & ca \\ 1 & 2 & 1 \\ ca & 1 & b^2 + c^2 \end{pmatrix} = \begin{pmatrix} 2 & bc & 1 \\ bc & c^2 + a^2 & ab \\ 1 & ab & 2 \end{pmatrix}$. 易

§8.1.3 零行列と正方行列 ································ ◇◇◇

数ベクトル空間の間の線形写像が特別な場合に，対応する行列がどのようなものになるのか，すなわち，特別な線形写像 $f : \mathbf{R}^m \to \mathbf{R}^n$ に対して，(8.2) の右辺に現れる $m \times n$ 行列 $(a_{ij})_{m \times n}$ がどのようなものになるのかを考えよう．

◇ **例 8.1**（零行列）$f : \mathbf{R}^m \to \mathbf{R}^n$ を零写像 例7.7 とする．このとき，$\boldsymbol{x} = (x_1, x_2, \ldots, x_m) \in \mathbf{R}^m$ とすると，

$$f(\boldsymbol{x}) = \boldsymbol{0} = (0, 0, \ldots, 0)$$
$$= (x_1 \cdot 0 + x_2 \cdot 0 + \cdots + x_m \cdot 0, \ldots, x_1 \cdot 0 + x_2 \cdot 0 + \cdots + x_m \cdot 0)$$
$$= (x_1, x_2, \ldots, x_m) \begin{pmatrix} 0 & 0 & \cdots & 0 \\ 0 & 0 & \cdots & 0 \\ \vdots & \vdots & \ddots & \vdots \\ 0 & 0 & \cdots & 0 \end{pmatrix} \tag{8.7}$$

となる．よって，f に対応する行列を A とおくと，

$$A = \begin{pmatrix} 0 & 0 & \cdots & 0 \\ 0 & 0 & \cdots & 0 \\ \vdots & \vdots & \ddots & \vdots \\ 0 & 0 & \cdots & 0 \end{pmatrix} \tag{8.8}$$

である．すなわち，A の成分はすべて 0 である．すべての成分が 0 の $m \times n$ 行列を $O_{m,n}$ または O と表し，**零行列** (zero matrix) という．　　　　◇

$\boxed{\text{問 8.2}}$　等式

$$O_{2,2} = \begin{pmatrix} x^3 - 6x^2 + 11x - 6 & x^3 - 2x^2 - 5x + 6 \\ x^3 - 4x^2 + x + 6 & x^3 - 7x - 6 \end{pmatrix} \tag{8.9}$$

がなりたつように x の値を求めよ．🈓

◇ **例 8.2**（正方行列と対角成分）　$f : \mathbf{R}^n \to \mathbf{R}^n$ を $\mathbf{R}^n$ の線形変換 例 7.8 とする．このとき，f に対応する行列は $n \times n$ 行列である．すなわち，対応する行列の行の個数と列の個数は等しい．$n \times n$ 行列を **n 次の正方行列** (square matrix) または **n 次行列**という．

A が n 次行列のとき，A の $(1,1)$ 成分，$(2,2)$ 成分，$\ldots$，(n,n) 成分を A の**対角成分** (diagonal element) という（図 8.1）．例えば，行列 $\begin{pmatrix} a & b \\ c & d \end{pmatrix}$ は 2 次行列であり，その対角成分は a, d である．また，行列 $\begin{pmatrix} a_{11} & a_{12} & a_{13} \\ a_{21} & a_{22} & a_{23} \\ a_{31} & a_{32} & a_{33} \end{pmatrix}$ は 3 次行列であり，その対角成分は a_{11}, a_{22}, a_{33} である．　　　　◇

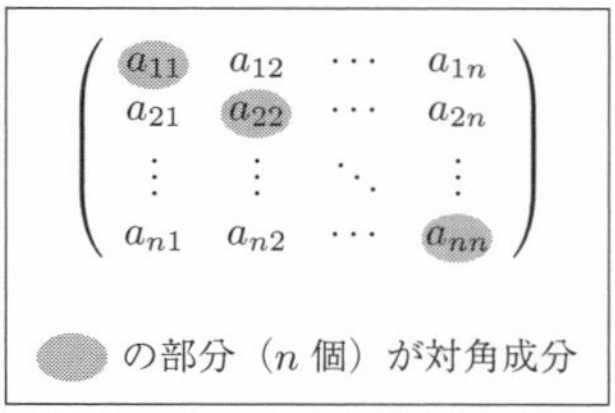

$$\begin{pmatrix} a_{11} & a_{12} & \cdots & a_{1n} \\ a_{21} & a_{22} & \cdots & a_{2n} \\ \vdots & \vdots & \ddots & \vdots \\ a_{n1} & a_{n2} & \cdots & a_{nn} \end{pmatrix}$$

⬭ の部分（n 個）が対角成分

図 8.1　対角成分

§8.1.4 特別な正方行列 ···◇◇◇

例 8.2 において，さらに，特別な線形変換を考えることにより，特別な正方行列を対応させよう．まず，$\mathbf{R}^n$ の恒等変換 $1_{\mathbf{R}^n} : \mathbf{R}^n \to \mathbf{R}^n$ が $\mathbf{R}^n$ の線形変換であること 問7.11 に注意し，$1_{\mathbf{R}^n}$ に対応する行列がどのようなものになるのかを考えよう．

> **例題8.1** $\mathbf{R}^n$ の恒等変換 $1_{\mathbf{R}^n} : \mathbf{R}^n \to \mathbf{R}^n$ に対応する行列 A を求めよ．

解説 $\boldsymbol{x} = (x_1, x_2, \ldots, x_n) \in \mathbf{R}^n$ とすると，

$$1_{\mathbf{R}^n}(\boldsymbol{x}) = \boldsymbol{x} = (x_1, x_2, \ldots, x_n)$$
$$= (x_1 \cdot 1 + x_2 \cdot 0 + \cdots + x_n \cdot 0, \ldots, x_1 \cdot 0 + x_2 \cdot 0 + \cdots + x_n \cdot 1)$$
$$= (x_1, x_2, \ldots, x_n) \begin{pmatrix} 1 & 0 & \cdots & 0 \\ 0 & 1 & \cdots & 0 \\ \vdots & \vdots & \ddots & \vdots \\ 0 & 0 & \cdots & 1 \end{pmatrix} \tag{8.10}$$

となる．よって，

$$A = \begin{pmatrix} 1 & 0 & \cdots & 0 \\ 0 & 1 & \cdots & 0 \\ \vdots & \vdots & \ddots & \vdots \\ 0 & 0 & \cdots & 1 \end{pmatrix} \tag{8.11}$$

である．   □

例題 8.1 において，A の対角成分はすべて 1 であり，A の対角成分以外の成分はすべて 0 である．このような正方行列を**単位行列** (identity matrix) という．n 次の単位行列は E_n や I_n，または，単に E や I と表す．

◇ **例 8.3** 1 次，2 次，3 次の単位行列はそれぞれ

$$E_1 = (1) = 1, \quad E_2 = \begin{pmatrix} 1 & 0 \\ 0 & 1 \end{pmatrix}, \quad E_3 = \begin{pmatrix} 1 & 0 & 0 \\ 0 & 1 & 0 \\ 0 & 0 & 1 \end{pmatrix} \tag{8.12}$$

となる．   ◇

問 8.3 $c \in \mathbf{R}$ とし，写像 $f : \mathbf{R}^n \to \mathbf{R}^n$ を

$$f(\boldsymbol{x}) = c\boldsymbol{x} \quad (\boldsymbol{x} \in \mathbf{R}^n) \tag{8.13}$$

により定める．次の問に答えよ．

(1) f は $\mathbf{R}^n$ の線形変換であることを示せ．**重要**

(2) f に対応する行列を A とおくと，

$$A = \begin{pmatrix} c & 0 & \cdots & 0 \\ 0 & c & \cdots & 0 \\ \vdots & \vdots & \ddots & \vdots \\ 0 & 0 & \cdots & c \end{pmatrix} \tag{8.14}$$

であることを示せ．**重要**

問 8.3 (2) において，A の対角成分はすべて等しく，A の対角成分以外の成分はすべて 0 である．このような正方行列を**スカラー行列** (scalar matrix) という [2]．とくに，対角成分が 1 のスカラー行列は単位行列である．

◇ **例 8.4** 1 次，2 次，3 次のスカラー行列はそれぞれ

$$(c) = c, \quad \begin{pmatrix} c & 0 \\ 0 & c \end{pmatrix}, \quad \begin{pmatrix} c & 0 & 0 \\ 0 & c & 0 \\ 0 & 0 & c \end{pmatrix} \tag{8.15}$$

と表される．   ◇

◇ **例 8.5** $\lambda_1, \lambda_2, \ldots, \lambda_n \in \mathbf{R}$ とし，$\boldsymbol{e}_1, \boldsymbol{e}_2, \ldots, \boldsymbol{e}_n$ を $\mathbf{R}^n$ の基本ベクトル (7.29) とする．このとき，$\mathbf{R}^n$ の線形変換 $f : \mathbf{R}^n \to \mathbf{R}^n$ を

$$f(\boldsymbol{e}_1) = \lambda_1 \boldsymbol{e}_1, \quad f(\boldsymbol{e}_2) = \lambda_2 \boldsymbol{e}_2, \quad \ldots, \quad f(\boldsymbol{e}_n) = \lambda_n \boldsymbol{e}_n \tag{8.16}$$

により定めることができる．

(8.16) が線形変換 f を定めることの意味について，少し説明を加えておこう．まず，定理 7.5 より，$\boldsymbol{x} \in \mathbf{R}^n$ とし，$i = 1, 2, \ldots, n$ に対して，x_i を $\boldsymbol{x}$ の第 i 成分とすると，

$$\boldsymbol{x} = x_1 \boldsymbol{e}_1 + x_2 \boldsymbol{e}_2 + \cdots + x_n \boldsymbol{e}_n \tag{8.17}$$

---

[2] 対角成分は複素数でもよい．

である．さらに，f は線形変換となるように定めたいので，定理 7.4 (2) より，

$$f(\boldsymbol{x}) = x_1 f(\boldsymbol{e}_1) + x_2 f(\boldsymbol{e}_2) + \cdots + x_n f(\boldsymbol{e}_n) \tag{8.18}$$

がなりたたなければならない．よって，(8.16) より，

$$f(\boldsymbol{x}) = \lambda_1 x_1 \boldsymbol{e}_1 + \lambda_2 x_2 \boldsymbol{e}_2 + \cdots + \lambda_n x_n \boldsymbol{e}_n \tag{8.19}$$

となる．そこで，f に対応する行列を A とおくと，

$$A = \begin{pmatrix} \lambda_1 & 0 & \cdots & 0 \\ 0 & \lambda_2 & \cdots & 0 \\ \vdots & \vdots & \ddots & \vdots \\ 0 & 0 & \cdots & \lambda_n \end{pmatrix} \tag{8.20}$$

となる．この A の導出は問 8.4 としよう． ◇

問 8.4　例 8.5 において，(8.20) を示せ．■

例 8.5 において，A の対角成分以外の成分はすべて 0 である．このような正方行列を**対角行列** (diagonal matrix) という．とくに，対角成分がすべて等しい対角行列はスカラー行列である．

◇ **例 8.6**　1 次，2 次，3 次の対角行列はそれぞれ

$$(\lambda_1) = \lambda_1, \quad \begin{pmatrix} \lambda_1 & 0 \\ 0 & \lambda_2 \end{pmatrix}, \quad \begin{pmatrix} \lambda_1 & 0 & 0 \\ 0 & \lambda_2 & 0 \\ 0 & 0 & \lambda_3 \end{pmatrix} \tag{8.21}$$

と表される． ◇

問 8.5　$i \geq j$ となる $i, j = 1, 2, \ldots, n$ に対して，$a_{ij} \in \mathbf{R}$ があたえられているとする．また，$\boldsymbol{e}_1, \boldsymbol{e}_2, \ldots, \boldsymbol{e}_n$ を $\mathbf{R}^n$ の基本ベクトルとする．このとき，$\mathbf{R}^n$ の線形変換 $f : \mathbf{R}^n \to \mathbf{R}^n$ を

$$f(\boldsymbol{e}_1) = a_{11}\boldsymbol{e}_1, \quad f(\boldsymbol{e}_2) = a_{21}\boldsymbol{e}_1 + a_{22}\boldsymbol{e}_2, \quad f(\boldsymbol{e}_3) = a_{31}\boldsymbol{e}_1 + a_{32}\boldsymbol{e}_2 + a_{33}\boldsymbol{e}_3, \tag{8.22}$$

$$\ldots, \quad f(\boldsymbol{e}_n) = a_{n1}\boldsymbol{e}_1 + a_{n2}\boldsymbol{e}_2 + \cdots + a_{nn}\boldsymbol{e}_n \tag{8.23}$$

により定める．f に対応する行列を A とおくと，

$$A = \begin{pmatrix} a_{11} & 0 & \cdots & 0 \\ a_{21} & a_{22} & \cdots & 0 \\ \vdots & \vdots & \ddots & \vdots \\ a_{n1} & a_{n2} & \cdots & a_{nn} \end{pmatrix} \tag{8.24}$$

であることを示せ.

問 8.5 において, A の (i,j) 成分は $i < j$ ならば 0 である. このような正方行列を**下三角行列** (lower triangular matrix) という. とくに, 対角行列は下三角行列である.

◇ **例 8.7** 1 次, 2 次, 3 次の下三角行列はそれぞれ

$$(a_{11}) = a_{11}, \quad \begin{pmatrix} a_{11} & 0 \\ a_{21} & a_{22} \end{pmatrix}, \quad \begin{pmatrix} a_{11} & 0 & 0 \\ a_{21} & a_{22} & 0 \\ a_{31} & a_{32} & a_{33} \end{pmatrix} \tag{8.25}$$

と表される.   ◇

◇ **例 8.8** $i \leq j$ となる $i, j = 1, 2, \ldots, n$ に対して, $a_{ij} \in \mathbf{R}$ があたえられているとする. また, $\boldsymbol{e}_1, \boldsymbol{e}_2, \ldots, \boldsymbol{e}_n$ を $\mathbf{R}^n$ の基本ベクトルとする. このとき, $\mathbf{R}^n$ の線形変換 $f : \mathbf{R}^n \to \mathbf{R}^n$ を

$$f(\boldsymbol{e}_1) = a_{11}\boldsymbol{e}_1 + a_{12}\boldsymbol{e}_2 + a_{13}\boldsymbol{e}_3 + \cdots + a_{1n}\boldsymbol{e}_n, \tag{8.26}$$

$$f(\boldsymbol{e}_2) = a_{22}\boldsymbol{e}_2 + a_{23}\boldsymbol{e}_3 + \cdots + a_{2n}\boldsymbol{e}_n, \quad f(\boldsymbol{e}_3) = a_{33}\boldsymbol{e}_3 + \cdots + a_{3n}\boldsymbol{e}_n,$$

$$\ldots, \quad f(\boldsymbol{e}_n) = a_{nn}\boldsymbol{e}_n \tag{8.27}$$

により定める. f に対応する行列を A とおき, 問 8.5 と同様に考えると,

$$A = \begin{pmatrix} a_{11} & a_{12} & \cdots & a_{1n} \\ 0 & a_{22} & \cdots & a_{2n} \\ \vdots & \vdots & \ddots & \vdots \\ 0 & 0 & \cdots & a_{nn} \end{pmatrix} \tag{8.28}$$

となる.

(8.28) の A の (i,j) 成分は $i > j$ ならば 0 である. このような正方行列を**上三角行列** (upper triangular matrix) という. とくに, 対角行列は上三角行列である.

例えば, 1 次, 2 次, 3 次の上三角行列はそれぞれ

$$(a_{11}) = a_{11}, \quad \begin{pmatrix} a_{11} & a_{12} \\ 0 & a_{22} \end{pmatrix}, \quad \begin{pmatrix} a_{11} & a_{12} & a_{13} \\ 0 & a_{22} & a_{23} \\ 0 & 0 & a_{33} \end{pmatrix} \tag{8.29}$$

と表される.   ◇

§8.1.5 クロネッカーのデルタ ···◇◇◇

クロネッカーのデルタというものを用いると,単位行列を簡単に表すことができる.

定義 8.2 $i, j = 1, 2, \ldots, n$ に対して,

$$\delta_{ij} = \begin{cases} 1 & (i = j), \\ 0 & (i \neq j) \end{cases} \tag{8.30}$$

により,0 または 1 の値をとる記号 δ_{ij} を定め,δ_{ij} を**クロネッカーのデルタ** (Kronecker delta) という.

◇ **例 8.9** $i, j = 1, 2$ のとき,δ_{ij} の値は

$$\delta_{11} = \delta_{22} = 1, \quad \delta_{12} = \delta_{21} = 0 \tag{8.31}$$

である.また,$i, j = 1, 2, 3$ のとき,δ_{ij} の値は

$$\delta_{11} = \delta_{22} = \delta_{33} = 1, \quad \delta_{12} = \delta_{13} = \delta_{21} = \delta_{23} = \delta_{31} = \delta_{32} = 0 \tag{8.32}$$

である.   ◇

クロネッカーのデルタを用いると,n 次の単位行列 E_n の (i, j) 成分は δ_{ij} となり,$E_n = (\delta_{ij})_{n \times n}$ と表すことができる.例えば,

$$E_2 = (\delta_{ij})_{2 \times 2} = \begin{pmatrix} \delta_{11} & \delta_{12} \\ \delta_{21} & \delta_{22} \end{pmatrix} = \begin{pmatrix} 1 & 0 \\ 0 & 1 \end{pmatrix}, \tag{8.33}$$

$$E_3 = (\delta_{ij})_{3 \times 3} = \begin{pmatrix} \delta_{11} & \delta_{12} & \delta_{13} \\ \delta_{21} & \delta_{22} & \delta_{23} \\ \delta_{31} & \delta_{32} & \delta_{33} \end{pmatrix} = \begin{pmatrix} 1 & 0 & 0 \\ 0 & 1 & 0 \\ 0 & 0 & 1 \end{pmatrix} \tag{8.34}$$

である.

8
行
列

問 8.6　$i, j = 1, 2$ に対して，クロネッカーのデルタを用いて表される次の (1)，(2) の式の値を求めよ.

(1) $i\delta_{ij}$. 🔲　　(2) $\delta_{i+1,j}$. 🔲

本節のまとめ

☑ 数ベクトル空間の間の線形写像は行列を用いて表すことができる.
§8.1.1

☑ 特別な形をした行列として，零行列，正方行列などが挙げられる.
§8.1.3

☑ クロネッカーのデルタを用いて，単位行列を表すことができる.　§8.1.5

8.2　行列の演算

ベクトル空間の間の線形写像全体は自然にベクトル空間となる. とくに，数ベクトル空間の間の線形写像に対しては行列が対応するので，行列に対しても和やスカラー倍といった演算が定められることになる. さらに，合成写像を考えることにより，行列に対して積を定めることができる. 本節では，行列に対するこれらの演算について述べる.

§8.2.1　線形写像のなすベクトル空間 ·····················◇◇◇

ベクトル空間の間の線形写像全体の集合はベクトル空間となる. まず，V，W をベクトル空間とし，V から W への線形写像全体の集合を $\mathrm{Hom}\,(V, W)$ と表す[3]. V の線形変換全体の集合，すなわち，$\mathrm{Hom}\,(V, V)$ は $\mathrm{End}\,(V)$ とも表す[4]. さらに，$f, g \in \mathrm{Hom}\,(V, W)$，$k \in \mathbf{R}$ に対して，f と g の和 $f + g : V \to W$ および f の k 倍 $kf : V \to W$ をそれぞれ

$$(f + g)(\boldsymbol{x}) = f(\boldsymbol{x}) + g(\boldsymbol{x}), \quad (kf)(\boldsymbol{x}) = kf(\boldsymbol{x}) \quad (\boldsymbol{x} \in V) \tag{8.35}$$

により定める. このとき，次がなりたつ.

---

[3] 「Hom」は「準同型写像」を意味する英単語 "homomorphism" を略したものである.
[4] 「End」は「自己準同型写像」を意味する英単語 "endomorphism" を略したものである.

定理 8.1 $f + g, \, kf \in \mathrm{Hom}\,(V, W)$.

【証明】 $f + g, \, kf$ が線形写像 定義 7.4 の条件をみたすことを示せばよい. ここでは $f + g$ についてのみ示し, kf については問 8.7 とする.

$\underline{f + g \text{ の線形性}}$　まず, $\boldsymbol{x}, \boldsymbol{y} \in V$ とすると, 和の定義 (8.35) 第 1 式 および $f, g \in$ $\mathrm{Hom}\,(V, W)$ より,

$$(f + g)(\boldsymbol{x} + \boldsymbol{y}) = f(\boldsymbol{x} + \boldsymbol{y}) + g(\boldsymbol{x} + \boldsymbol{y}) = (f(\boldsymbol{x}) + f(\boldsymbol{y})) + (g(\boldsymbol{x}) + g(\boldsymbol{y}))$$
$$= (f(\boldsymbol{x}) + g(\boldsymbol{x})) + (f(\boldsymbol{y}) + g(\boldsymbol{y})) = (f + g)(\boldsymbol{x}) + (f + g)(\boldsymbol{y}) \tag{8.36}$$

となる. よって, $f + g$ は定義 7.4 の条件 (1) をみたす.

さらに, $c \in \mathbf{R}$ とすると, 和の定義および $f, g \in \mathrm{Hom}\,(V, W)$ より,

$$(f + g)(c\boldsymbol{x}) = f(c\boldsymbol{x}) + g(c\boldsymbol{x}) = cf(\boldsymbol{x}) + cg(\boldsymbol{x})$$
$$= c(f(\boldsymbol{x}) + g(\boldsymbol{x})) = c(f + g)(\boldsymbol{x}) \tag{8.37}$$

となる. よって, $f + g$ は定義 7.4 の条件 (2) をみたす.　□

問 8.7　定理 8.1 において, 次の (1), (2) を示せ.
(1) kf は定義 7.4 の条件 (1) をみたす. 重要
(2) kf は定義 7.4 の条件 (2) をみたす. 重要

さらに, 次がなりたつ.

定理 8.2　$\mathrm{Hom}\,(V, W)$ は (8.35) で定めた和およびスカラー倍に関して, ベクトル空間となる.

【証明】　$\mathrm{Hom}\,(V, W)$ がベクトル空間の定義 定義 7.1 の条件 (1)〜(8) をみたすことを示せばよい. ここでは条件 (1) をみたすことのみ示し, 条件 (2)〜(8) をみたすことについては問 8.8 とする. なお, $\mathrm{Hom}\,(V, W)$ の元はすべて定義域, 値域がそれぞれ V, W なので, 相等関係 §2.1.2 の定義より, $\mathrm{Hom}\,(V, W)$ の 2 つの元が等しいことを示すには, 定義域の任意の元における写像の像が等しくなることを示せばよいことに注意する.

$\underline{\text{定義 7.1 の条件 (1)}}$　$f, g \in \mathrm{Hom}\,(V, W), \boldsymbol{x} \in V$ とする. W に対してはベクトル空間の定義 定義 7.1 の条件 (1) がなりたつことに注意すると, 和の定義 (8.35) 第 1 式 より,

$$(f + g)(\boldsymbol{x}) = f(\boldsymbol{x}) + g(\boldsymbol{x}) = g(\boldsymbol{x}) + f(\boldsymbol{x}) = (g + f)(\boldsymbol{x}) \tag{8.38}$$

となる. よって, $\boldsymbol{x}$ は V の任意の元であることより, $f + g = g + f$ となり, $\mathrm{Hom}\,(V, W)$ はベクトル空間の定義の条件 (1) をみたす.　□

問 8.8　定理 8.2 の証明に関して，次の問に答えよ.

(1) $\mathrm{Hom}\,(V, W)$ はベクトル空間の定義 定義 7.1 の条件 (2) をみたすことを示せ.
    重要

(2) $\mathrm{Hom}\,(V, W)$ の零ベクトルはどのような元であるかを答え，$\mathrm{Hom}\,(V, W)$ はベクトル空間の定義の条件 (3) および (8) をみたすことを示せ. 重要

(3) $\mathrm{Hom}\,(V, W)$ はベクトル空間の定義の条件 (4) をみたすことを示せ. 重要

(4) $\mathrm{Hom}\,(V, W)$ はベクトル空間の定義の条件 (5) をみたすことを示せ. 重要

(5) $\mathrm{Hom}\,(V, W)$ はベクトル空間の定義の条件 (6) をみたすことを示せ. 重要

(6) $\mathrm{Hom}\,(V, W)$ はベクトル空間の定義の条件 (7) をみたすことを示せ. 重要

　とくに，V から $\mathbf{R}$ への線形写像全体の集合，すなわち，$\mathrm{Hom}\,(V, \mathbf{R})$ は V^* とも表し，V の**双対ベクトル空間** (dual vector space) または単に**双対空間** (dual space) ともいう. また，V^* の元を V 上の **1 次形式** (linear form)，**線形形式**または**線形汎関数** (linear functional) という.

§8.2.2　行列の和とスカラー倍 ·····················◇◇◇

　数ベクトル空間の間の線形写像に対しては，行列が対応するのであった §8.1.1 . そこで，数ベクトル空間の間の写像の和やスカラー倍に対しては，どのような行列が対応するのかを考えよう. 以下では，$m, n \in \mathbf{N}$ に対して，m 行 n 列の実行列全体の集合を $M_{m,n}(\mathbf{R})$ と表すことにする. n 次実行列全体の集合は $M_n(\mathbf{R})$ とも表す.

　$f, g \in \mathrm{Hom}\,(\mathbf{R}^m, \mathbf{R}^n)$ とする. このとき，ある $A = (a_{ij})_{m \times n}$, $B = (b_{ij})_{m \times n} \in M_{m,n}(\mathbf{R})$ が存在し，f, g はそれぞれ

$$f(\boldsymbol{x}) = \boldsymbol{x}A, \quad g(\boldsymbol{x}) = \boldsymbol{x}B \quad (\boldsymbol{x} \in \mathbf{R}^m) \tag{8.39}$$

と表される. よって，$\boldsymbol{x} = (x_1, x_2, \ldots, x_m)$ とすると，

$$
\begin{aligned}
(f+g)(\boldsymbol{x}) &= f(\boldsymbol{x}) + g(\boldsymbol{x}) = \boldsymbol{x}A + \boldsymbol{x}B \\
&= (x_1 a_{11} + x_2 a_{21} + \cdots + x_m a_{m1}, \ldots, x_1 a_{1n} + x_2 a_{2n} + \cdots + x_m a_{mn}) \\
&\quad + (x_1 b_{11} + x_2 b_{21} + \cdots + x_m b_{m1}, \ldots, x_1 b_{1n} + x_2 b_{2n} + \cdots + x_m b_{mn}) \\
&= (x_1(a_{11} + b_{11}) + \cdots + x_m(a_{m1} + b_{m1}), \ldots, \\
&\qquad x_1(a_{1n} + b_{1n}) + \cdots + x_m(a_{mn} + b_{mn}))
\end{aligned} \tag{8.40}
$$

となる．したがって，$f + g$ に対応する行列は (i, j) 成分が $a_{ij} + b_{ij}$ の $m \times n$ 行列である．

また，$f \in \mathrm{Hom}\,(\mathbf{R}^m, \mathbf{R}^n)$，$k \in \mathbf{R}$ とすると，kf に対応する行列は (i, j) 成分が ka_{ij} の $m \times n$ 行列となる．

問 8.9 $f \in \mathrm{Hom}\,(\mathbf{R}^m, \mathbf{R}^n)$，$k \in \mathbf{R}$ とし，f を (8.39) 第 1 式のように表しておく．kf に対応する行列は (i, j) 成分が ka_{ij} の $m \times n$ 行列であることを示せ. ▣

そこで，行列の和とスカラー倍を次のように定める[5]．

定義 8.3 $A = (a_{ij})_{m \times n}$，$B = (b_{ij})_{m \times n}$ を $m \times n$ 行列とする．このとき，A と B の和 $A + B$ を

$$A + B = (a_{ij} + b_{ij})_{m \times n} \tag{8.41}$$

により定める．さらに，k を数とする．このとき，A の k 倍 kA を

$$kA = (ka_{ij})_{m \times n} \tag{8.42}$$

により定める．

定義 8.3 のように和とスカラー倍を定めると，次の問より，m 行 n 列の実行列全体の集合 $M_{m,n}(\mathbf{R})$ はベクトル空間となる．

問 8.10 $M_{m,n}(\mathbf{R})$ について，次の問に答えよ．
(1) $M_{m,n}(\mathbf{R})$ はベクトル空間の定義 定義 7.1 の条件 (1) をみたすことを示せ. ▣✿
(2) $M_{m,n}(\mathbf{R})$ はベクトル空間の定義の条件 (2) をみたすことを示せ. ▣✿
(3) $M_{m,n}(\mathbf{R})$ の零ベクトルはどのような元であるかを答え，$M_{m,n}(\mathbf{R})$ はベクトル空間の定義の条件 (3) および (8) をみたすことを示せ. ▣✿
(4) $M_{m,n}(\mathbf{R})$ はベクトル空間の定義の条件 (4) をみたすことを示せ. ▣✿
(5) $M_{m,n}(\mathbf{R})$ はベクトル空間の定義の条件 (5) をみたすことを示せ. ▣✿
(6) $M_{m,n}(\mathbf{R})$ はベクトル空間の定義の条件 (6) をみたすことを示せ. ▣✿
(7) $M_{m,n}(\mathbf{R})$ はベクトル空間の定義の条件 (7) をみたすことを示せ. ▣✿

---

[5] 行列の成分やスカラーは複素数でもよい．

問 8.11　次の計算をせよ.

(1) $\begin{pmatrix} 0 & 1 & 2 \\ -2 & -1 & 0 \end{pmatrix} + 3 \begin{pmatrix} 4 & 5 & 6 \\ 6 & 5 & 4 \end{pmatrix}$. 易重要

(2) $3 \begin{pmatrix} 4 & 6 \\ 5 & 5 \\ 6 & 4 \end{pmatrix} + \begin{pmatrix} 0 & -2 \\ 1 & -1 \\ 2 & 0 \end{pmatrix}$. 易重要

§8.2.3　行列の積 ···◇◇◇

　線形写像の合成は線形写像となるのであった 定理 7.7 . 次は, 数ベクトル空間の間の線形写像の合成に対して, どのような行列が対応するのかを考えよう. $f \in \mathrm{Hom}\,(\mathbf{R}^l, \mathbf{R}^m)$, $g \in \mathrm{Hom}\,(\mathbf{R}^m, \mathbf{R}^n)$ とする. このとき, f の値域と g の定義域はともに $\mathbf{R}^m$ なので, 合成写像 $g \circ f : \mathbf{R}^l \to \mathbf{R}^n$ を考えることができる. さらに, 定理 7.7 より, $g \circ f$ は線形写像, すなわち, $g \circ f \in \mathrm{Hom}\,(\mathbf{R}^l, \mathbf{R}^n)$ である. また, ある $A = (a_{ij})_{l \times m} \in M_{l,m}(\mathbf{R})$, $B = (b_{jk})_{m \times n} \in M_{m,n}(\mathbf{R})$ が存在し, f, g はそれぞれ

$$f(\boldsymbol{x}) = \boldsymbol{x}A \quad (\boldsymbol{x} \in \mathbf{R}^l), \quad g(\boldsymbol{y}) = \boldsymbol{y}B \quad (\boldsymbol{y} \in \mathbf{R}^m) \tag{8.43}$$

と表される. よって, $\boldsymbol{x} = (x_1, x_2, \ldots, x_l)$ とすると,

$$(g \circ f)(\boldsymbol{x}) = g(f(\boldsymbol{x}))$$

$$= g((x_1 a_{11} + x_2 a_{21} + \cdots + x_l a_{l1}, \cdots, x_1 a_{1m} + x_2 a_{2m} + \cdots + x_l a_{lm}))$$

$$= \Bigg(\left(\sum_{i=1}^{l} x_i a_{i1} \right) b_{11} + \cdots + \left(\sum_{i=1}^{l} x_i a_{im} \right) b_{m1}, \ldots,$$

$$\left(\sum_{i=1}^{l} x_i a_{i1} \right) b_{1n} + \cdots + \left(\sum_{i=1}^{l} x_i a_{im} \right) b_{mn} \Bigg)$$

$$= \Bigg(x_1 \sum_{j=1}^{m} a_{1j} b_{j1} + \cdots + x_l \sum_{j=1}^{m} a_{lj} b_{j1}, \ldots,$$

$$x_1 \sum_{j=1}^{m} a_{1j} b_{jn} + \cdots + x_l \sum_{j=1}^{m} a_{lj} b_{jn} \Bigg) \tag{8.44}$$

となる. したがって, $g \circ f$ に対応する行列は (i, k) 成分が $\displaystyle\sum_{j=1}^{m} a_{ij} b_{jk}$ の $l \times n$

行列である．そこで，行列の積を次のように定める．

定義 8.4　$A = (a_{ij})_{l \times m}$ を $l \times m$ 行列，$B = (b_{jk})_{m \times n}$ を $m \times n$ 行列とする．このとき，A と B の積 AB を $l \times n$ 行列として

$$AB = (c_{ik})_{l \times n}, \quad c_{ik} = \sum_{j=1}^{m} a_{ij} b_{jk} \quad (i = 1, 2, \ldots, l, \; k = 1, 2, \ldots, n)$$
(8.45)

により定める（図 8.2）．

$$\begin{pmatrix} a_{11} & a_{12} & \cdots & a_{1m} \\ \vdots & \vdots & \ddots & \vdots \\ a_{i1} & a_{i2} & \cdots & a_{im} \\ \vdots & \vdots & \ddots & \vdots \\ a_{l1} & a_{l2} & \cdots & a_{lm} \end{pmatrix} \begin{pmatrix} b_{11} & \cdots & b_{1k} & \cdots & b_{1n} \\ b_{21} & \cdots & b_{2k} & \cdots & b_{2n} \\ \vdots & \ddots & \vdots & \ddots & \vdots \\ b_{m1} & \cdots & b_{mk} & \cdots & b_{mn} \end{pmatrix} = \begin{pmatrix} c_{11} & \cdots & c_{1k} & \cdots & c_{1n} \\ \vdots & \ddots & \vdots & \ddots & \vdots \\ c_{i1} & \cdots & c_{ik} & \cdots & c_{in} \\ \vdots & \ddots & \vdots & \ddots & \vdots \\ c_{l1} & \cdots & c_{lk} & \cdots & c_{ln} \end{pmatrix}$$

$$a_{i1} b_{1k} + a_{i2} b_{2k} + \cdots + a_{im} b_{mk} = c_{ik}$$

図 8.2　行列の積

問 8.12　次の計算をせよ．

(1) $\begin{pmatrix} 0 & 1 & 2 \\ -2 & -1 & 0 \end{pmatrix} \begin{pmatrix} 3 \\ 4 \\ 5 \end{pmatrix}$. 重要　　(2) $\begin{pmatrix} 1 \\ 2 \end{pmatrix} \begin{pmatrix} 3 & 4 \end{pmatrix}$. 重要

(3) $\begin{pmatrix} 5 & 6 \end{pmatrix} \begin{pmatrix} 7 \\ 8 \end{pmatrix}$. 重要

　行列は積の演算が可能な型の単位行列を掛けても変わらない．すなわち，A を $m \times n$ 行列とすると，

$$E_m A = A E_n = A$$
(8.46)

である．また，行列に積の演算が可能な型の零行列を掛けたものは零行列となる．すなわち，A を $l \times m$ 行列とすると，

$$O_{k,l} A = O_{k,m}, \quad A O_{m,n} = O_{l,n}$$
(8.47)

である．

A, B をともに n 次行列とする. このとき, 2 種類の積 AB および BA はともに n 次行列である. しかし, この 2 つは必ずしも等しくなるとは限らない. $AB = BA$ がなりたつとき, A と B は**可換** (commutative) または**交換可能**であるという. A と B が可換でないことを**非可換** (non-commutative) であるともいう.

問 8.13 次の行列 A, B が可換であるかどうかを調べよ.

(1) $A = \begin{pmatrix} 1 & 0 \\ 0 & 2 \end{pmatrix}$, $B = \begin{pmatrix} 3 & 0 \\ 0 & 4 \end{pmatrix}$. 重要

(2) $A = \begin{pmatrix} 1 & 0 \\ 0 & 0 \end{pmatrix}$, $B = \begin{pmatrix} 1 & 2 \\ 3 & 4 \end{pmatrix}$. 重要

問 8.14 2 つの行列

$$\begin{pmatrix} 1 & 0 \\ a & a^2 \end{pmatrix}, \quad \begin{pmatrix} a^2 & 0 \\ a & 1 \end{pmatrix} \tag{8.48}$$

が可換となるように a の値を求めよ. 重要

§8.2.4 行列の演算の基本的性質 ···◇◇◇

行列の和 (8.41) やスカラー倍 (8.42) および積の定義 (8.45) を直接用いることにより, 次がなりたつことが分かる. なお, 以下では和や積を考えるときは, 行列の型は演算が可能なものであるとする.

> **定理 8.3** A, B, C を行列とすると, 次の (1)〜(4) がなりたつ.
> (1) $(AB)C = A(BC)$. (積の**結合律**)
> (2) $(A + B)C = AC + BC$. (**分配律**)
> (3) $A(B + C) = AB + AC$. (**分配律**)
> (4) k をスカラーとすると, $(kA)B = A(kB) = k(AB)$.

✎注意 8.1 定理 8.3 において, 積の結合律より, $(AB)C$ および $A(BC)$ は, 通常の数の積と同様に, ともに ABC と書いても構わない.

実行列を考える場合, 定理 8.3 (1) は次のように示すこともできる.

例題 8.2 $f \in \mathrm{Hom}\,(\mathbf{R}^k, \mathbf{R}^l)$, $g \in \mathrm{Hom}\,(\mathbf{R}^l, \mathbf{R}^m)$, $h \in \mathrm{Hom}\,(\mathbf{R}^m, \mathbf{R}^n)$ とし, f, g, h に対応する行列をそれぞれ A, B, C とする. このとき, $h \circ (g \circ f)$, $(h \circ g) \circ f$ に対応する行列はそれぞれ $(AB)C$, $A(BC)$ であることを示せ. とくに, 結合律

$$h \circ (g \circ f) = (h \circ g) \circ f \tag{8.49}$$

より, 定理 8.3 (1) がなりたつ.

8

行

列

解説 A, B, C の定義より,

$$f(\boldsymbol{x}) = \boldsymbol{x}A \quad (\boldsymbol{x} \in \mathbf{R}^k), \quad g(\boldsymbol{y}) = \boldsymbol{y}B \quad (\boldsymbol{y} \in \mathbf{R}^l), \quad h(\boldsymbol{z}) = \boldsymbol{z}C \quad (\boldsymbol{z} \in \mathbf{R}^m) \tag{8.50}$$

である. まず, (8.44) の計算および行列の積の定義 (8.45) より,

$$(g \circ f)(\boldsymbol{x}) = \boldsymbol{x}(AB) \tag{8.51}$$

である. さらに,

$$\{h \circ (g \circ f)\}(\boldsymbol{x}) = \boldsymbol{x}\{(AB)C\} \tag{8.52}$$

である. よって, $h \circ (g \circ f)$ に対応する行列は $(AB)C$ である.

同様に,

$$(h \circ g)(\boldsymbol{y}) = \boldsymbol{y}(BC) \tag{8.53}$$

である. さらに,

$$\{(h \circ g) \circ f\}(\boldsymbol{x}) = \boldsymbol{x}\{A(BC)\} \tag{8.54}$$

である. よって, $(h \circ g) \circ f$ に対応する行列は $A(BC)$ である. $\qquad\square$

定理 8.3 (2)〜(4) についても, 例題 8.2 と同様に考えることができる. これらは問 8.15〜問 8.17 としよう.

問 8.15 $f, g \in \mathrm{Hom}\,(\mathbf{R}^l, \mathbf{R}^m)$, $h \in \mathrm{Hom}\,(\mathbf{R}^m, \mathbf{R}^n)$ とする. 次の問に答えよ.
(1) 等式

$$h \circ (f + g) = h \circ f + h \circ g \tag{8.55}$$

がなりたつことを示せ. **重要**
(2) f, g, h に対応する行列をそれぞれ A, B, C とする. このとき, $h \circ (f + g)$,

$h \circ f + h \circ g$ に対応する行列はそれぞれ $(A + B)C$, $AC + BC$ であることを示せ. 重要

補足 (1) より, 定理 8.3 (2) がなりたつ.

問 8.16 $f \in \mathrm{Hom}\,(\mathbf{R}^l, \mathbf{R}^m)$, $g, h \in \mathrm{Hom}\,(\mathbf{R}^m, \mathbf{R}^n)$ とする. 次の問に答えよ.
(1) 等式

$$(g + h) \circ f = g \circ f + h \circ f \tag{8.56}$$

がなりたつことを示せ. 重要

(2) f, g, h に対応する行列をそれぞれ A, B, C とする. このとき, $(g + h) \circ f$, $g \circ f + h \circ f$ に対応する行列はそれぞれ $A(B + C)$, $AB + AC$ であることを示せ. 重要

補足 (1) より, 定理 8.3 (3) がなりたつ.

問 8.17 $f \in \mathrm{Hom}\,(\mathbf{R}^l, \mathbf{R}^m)$, $g \in \mathrm{Hom}\,(\mathbf{R}^m, \mathbf{R}^n)$, $k \in \mathbf{R}$ とする. 次の問に答えよ.
(1) 等式

$$g \circ (kf) = (kg) \circ f = k(g \circ f) \tag{8.57}$$

がなりたつことを示せ. 重要

(2) f, g, h に対応する行列をそれぞれ A, B, C とする. このとき, $g \circ (kf)$, $(kg) \circ f$, $k(g \circ f)$ に対応する行列はそれぞれ $(kA)B$, $A(kB)$, $k(AB)$ であることを示せ. 重要

補足 (1) より, 定理 8.3 (4) がなりたつ.

次の定理の証明より, スカラー行列 (8.14) は行列の積に関しては, スカラー倍と同じ役割を果たすことが分かる.

‖ **定理 8.4** 任意の n 次のスカラー行列と任意の n 次行列は可換である.

【証明】 n 次のスカラー行列はスカラー k と n 次の単位行列 E を用いて, kE と表されることに注意する. また, A を n 次行列とする. このとき, 定理 8.3 (4) より,

$$(kE)A = k(EA) = kA \tag{8.58}$$

となる. 同様に,

$$A(kE) = k(AE) = kA \tag{8.59}$$

となる．よって，kE と A は可換である．すなわち，任意の n 次のスカラー行列と任意の n 次行列は可換である． □

§8.2.5 正方行列のべき乗 ··◇◇◇

注意 8.1 より，正方行列のべき乗を考えることができる．すなわち，A を正方行列とし，$n = 0, 1, 2, \ldots$ のとき，A の n 個の積を A^n と表し，A の **n 乗** (n-th power) という．ただし，$A^0 = E$ と約束する．このとき，通常の数の積と同様に，指数法則

$$A^m A^n = A^{m+n}, \quad (A^m)^n = A^{mn} \quad (m, n = 0, 1, 2, \ldots) \tag{8.60}$$

がなりたつ．

◇ **例 8.10**（べき零行列）　A を正方行列とする．ある $n \in \mathbf{N}$ に対して $A^n = O$ となるとき，A を **べき零行列** (nilpotent matrix) という．例えば，

$$\begin{pmatrix} 0 & 0 \\ a & 0 \end{pmatrix}^2 = \begin{pmatrix} 0 & 0 \\ a & 0 \end{pmatrix} \begin{pmatrix} 0 & 0 \\ a & 0 \end{pmatrix} = \begin{pmatrix} 0 \cdot 0 + 0 \cdot a & 0 \cdot 0 + 0 \cdot 0 \\ a \cdot 0 + 0 \cdot a & a \cdot 0 + 0 \cdot 0 \end{pmatrix}$$
$$= O \tag{8.61}$$

となるので，2 次行列 $\begin{pmatrix} 0 & 0 \\ a & 0 \end{pmatrix}$ はべき零行列である．とくに，通常の数ではべき乗が 0 ならば，もとの数も 0 であるが，行列の場合は必ずしもそうであるとは限らない． ◇

問 8.18　3 次行列 $\begin{pmatrix} 0 & 0 & 0 \\ a & 0 & 0 \\ b & c & 0 \end{pmatrix}$ はべき零行列であることを示せ． ■

問 8.19　A をべき零行列，B を A と可換な正方行列とする．このとき，AB はべき零行列であることを示せ．

本節のまとめ

☑ ベクトル空間の間の線形写像全体の集合はベクトル空間となる．　§8.2.1

> ☑ 行列に対して，和やスカラー倍，積といった演算を考えることができ
> る． §8.2.2 §8.2.3

章末問題

◇┄┄┄•◇

━━━━━━━━━━━━━━━━ **標準問題** ━━━━━━━━━━━━━━━━

問題 8.1 $m, n \in \mathbf{N}$ とすると，

$$\frac{1}{\pi} \int_{-\pi}^{\pi} \sin mx \sin nx\, dx = \delta_{mn} \tag{8.62}$$

であることを示せ．

問題 8.2 $A \in M_{m,n}(\mathbf{R})$ とする．任意の $\boldsymbol{x} \in \mathbf{R}^m$ に対して，$\boldsymbol{x}A = \boldsymbol{0}_{\mathbf{R}^n}$ ならば，$A = O$ であることを示せ．

問題 8.3   2 次行列 $A = \begin{pmatrix} a & b \\ c & d \end{pmatrix}$ に対して，

$$A^2 - (a+d)A + (ad - bc)E = O \tag{8.63}$$

であることを示せ．■

補足 この事実を**ケーリー・ハミルトンの定理** (Cayley-Hamilton theorem) という．

問題 8.4   次の問に答えよ．
(1) 任意の $n \in \mathbf{N}$ に対して，

$$\begin{pmatrix} 1 & 0 \\ \lambda & 1 \end{pmatrix}^n = \begin{pmatrix} 1 & 0 \\ n\lambda & 1 \end{pmatrix} \tag{8.64}$$

であることを数学的帰納法により示せ．■
(2) 任意の $n \in \mathbf{N}$ に対して，

$$\begin{pmatrix} 1 & 0 & 0 \\ \lambda & 1 & 0 \\ 0 & \lambda & 1 \end{pmatrix}^n = \begin{pmatrix} 1 & 0 & 0 \\ n\lambda & 1 & 0 \\ \frac{n(n-1)}{2}\lambda^2 & n\lambda & 1 \end{pmatrix} \tag{8.65}$$

であることを数学的帰納法により示せ．■

━━━━━━━━━━━━━━━ **発展問題** ━━━━━━━━━━━━━━━

問題 8.5　V, W をベクトル空間，$\varphi : V \to W$ を線形
写像とする．このとき，$f \in W^*$ §8.2.1 に対して，関数
$\varphi^*(f) : V \to \mathbf{R}$ を

$$\varphi^*(f) = f \circ \varphi \tag{8.66}$$

により定める（図 8.3）．次の問に答えよ．

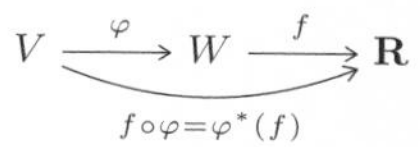

$$V \xrightarrow{\;\varphi\;} W \xrightarrow{\;f\;} \mathbf{R}$$
$$f \circ \varphi = \varphi^*(f)$$

図 8.3　$\varphi^*(f)$ の定義

(1) $\boldsymbol{x}, \boldsymbol{y} \in V$ とすると，

$$(\varphi^*(f))(\boldsymbol{x} + \boldsymbol{y}) = (\varphi^*(f))(\boldsymbol{x}) + (\varphi^*(f))(\boldsymbol{y}) \tag{8.67}$$

であることを示せ．✪

(2) $\boldsymbol{x} \in V$, $k \in \mathbf{R}$ とすると，

$$(\varphi^*(f))(k\boldsymbol{x}) = k(\varphi^*(f))(\boldsymbol{x}) \tag{8.68}$$

であることを示せ．✪

(3) (1), (2) より，$\varphi^*(f) \in V^*$ となる．よって，f から $\varphi^*(f)$ への対応は写像
$\varphi^* : W^* \to V^*$ を定める．$f, g \in W^*$ とすると，

$$\varphi^*(f + g) = \varphi^*(f) + \varphi^*(g) \tag{8.69}$$

であることを示せ．✪

(4) $f \in W^*$, $k \in \mathbf{R}$ とすると，

$$\varphi^*(kf) = k\varphi^*(f) \tag{8.70}$$

であることを示せ．✪

補足　(3), (4) より，φ^* は線形写像となる．φ^* を φ の**双対写像** (dual map) また
は**転置写像** (transpose map) という．

問題 8.6　$A, B \in M_n(\mathbf{R})$ をそれぞれ $k, l \in \mathbf{N}$ に対して，$A^k = O$, $B^l = O$ とな
るべき零行列とし，さらに，A と B は可換であるとする．このとき，$p, q \in \mathbf{R}$ と
すると，$pA + qB$ はべき零行列であることを示せ．🏅

第9章

基底変換行列と表現行列

9.1 基 底

数ベクトル空間の任意のベクトルは基本ベクトルを用いて一意的に表すことができる. 基本ベクトルのこのような性質は, 一般のベクトル空間に対しては基底とよばれる概念として定式化される. 本節では, まず, ベクトルの1次独立性やベクトルが生成する部分空間について述べる. その後, それらの概念を用いて, ベクトル空間の基底を定める.

§9.1.1 数ベクトル空間の基本ベクトル

数ベクトル空間の基本ベクトルをすべて集めたものは基底の典型的な例となる. 基底の定義を述べる前に, 数ベクトル空間の基本ベクトルについて, 基底の定義と関連する性質を述べておこう.

e_1, e_2, ..., e_n を数ベクトル空間 $\mathbf{R}^n$ の基本ベクトル (7.29) とする. このとき, $x \in \mathbf{R}^n$ とすると, 定理 7.5 より, x は

$$x = x_1 e_1 + x_2 e_2 + \cdots + x_n e_n \quad (x_1, x_2, \ldots, x_n \in \mathbf{R}) \tag{9.1}$$

と表すことができる. ここで, (9.1) の右辺の表し方は和の順序の入れ替えを除けば一意的であり, $i = 1, 2, \ldots, n$ に対して, x_i は x の第 i 成分である. とくに, 零ベクトル $\mathbf{0} \in \mathbf{R}^n$ は

$$\mathbf{0} = 0 e_1 + 0 e_2 + \cdots + 0 e_n \tag{9.2}$$

と表される.

一般のベクトル空間に対して基底を定義するには, 数ベクトル空間の基本ベクトルからなる集合がみたす上のような性質を一般化し, ベクトルの1次独立性やベクトルが生成する部分空間といった概念が必要となる.

§9.1.2　1 次独立性と 1 次従属性 ···◇◇◇

本項では，ベクトルの 1 次独立性について述べよう．

> **定義 9.1**　V をベクトル空間とし，$\boldsymbol{x}_1, \boldsymbol{x}_2, \ldots, \boldsymbol{x}_m \in V$，$k_1, k_2, \ldots, k_m \in \mathbf{R}$ とする．式
>
> $$k_1\boldsymbol{x}_1 + k_2\boldsymbol{x}_2 + \cdots + k_m\boldsymbol{x}_m \tag{9.3}$$
>
> を $\boldsymbol{x}_1$, $\boldsymbol{x}_2$, $\ldots$, $\boldsymbol{x}_m$ の **1 次結合** (linear combination) または**線形結合**という．等式
>
> $$k_1\boldsymbol{x}_1 + k_2\boldsymbol{x}_2 + \cdots + k_m\boldsymbol{x}_m = \boldsymbol{0} \tag{9.4}$$
>
> を $\boldsymbol{x}_1$, $\boldsymbol{x}_2$, $\ldots$, $\boldsymbol{x}_m$ の **1 次関係** (linear relationship) または**線形関係**という．$\boldsymbol{x}_1$, $\boldsymbol{x}_2$, $\ldots$, $\boldsymbol{x}_m$ が自明な 1 次関係しかもたないとき，すなわち，(9.4) がなりたつのは
>
> $$k_1 = k_2 = \cdots = k_m = 0 \tag{9.5}$$
>
> のときに限るとき，$\boldsymbol{x}_1$, $\boldsymbol{x}_2$, $\ldots$, $\boldsymbol{x}_m$ は **1 次独立** (linearly independent) または**線形独立**であるという．また，$\boldsymbol{x}_1$, $\boldsymbol{x}_2$, $\ldots$, $\boldsymbol{x}_m$ が 1 次独立でないとき，$\boldsymbol{x}_1$, $\boldsymbol{x}_2$, $\ldots$, $\boldsymbol{x}_m$ は **1 次従属** (linearly dependent) または**線形従属**であるという．

まず，1 つのみのベクトルの 1 次独立性や 1 次従属性については，次がなりたつ．

> **定理 9.1**　V をベクトル空間とし，$\boldsymbol{x} \in V$ とする．このとき，次の (1), (2) がなりたつ．
> (1) $\boldsymbol{x}$ が 1 次独立であることと $\boldsymbol{x} \neq \boldsymbol{0}$ であることは同値である．
> (2) $\boldsymbol{x}$ が 1 次従属であることと $\boldsymbol{x} = \boldsymbol{0}$ であることは同値である．

【証明】　対偶を考えることにより，(2) を示せばよい．
(2) まず，$\boldsymbol{x}$ が 1 次従属であると仮定する．このとき，1 次従属性の定義より，$\boldsymbol{x}$ は自明でない 1 次関係をもつ．すなわち，ある $k \in \mathbf{R} \setminus \{0\}$ が存在し，

$$k\boldsymbol{x} = \boldsymbol{0} \tag{9.6}$$

となる．よって，問 7.8 などを用いると，

$$0 = k^{-1}\mathbf{0} = k^{-1}(k\boldsymbol{x}) = (k^{-1}k)\boldsymbol{x} = 1\boldsymbol{x} = \boldsymbol{x} \tag{9.7}$$

となる. すなわち, $\boldsymbol{x} = \mathbf{0}$ である.

次に, $\boldsymbol{x} = \mathbf{0}$ であるとする. このとき,

$$1\boldsymbol{x} = 1 \cdot \mathbf{0} = \mathbf{0} \tag{9.8}$$

となり, $\boldsymbol{x}$ は自明でない 1 次関係をもつ. よって, $\boldsymbol{x}$ は 1 次従属である.

したがって, (2) がなりたつ.   □

数ベクトル空間のベクトルを例に, 1 次独立性や 1 次従属性について考えてみよう.

◇ **例 9.1**   まず, $\mathbf{R}^2$ のベクトル $(1, 2)$ は定理 9.1 (1) より, 1 次独立である. また, $\mathbf{R}^2$ の零ベクトル $(0, 0)$ は定理 9.1 (2) より, 1 次従属である.

◇

例題 9.1 $\boldsymbol{a}_1, \boldsymbol{a}_2 \in \mathbf{R}^2$ を

$$\boldsymbol{a}_1 = (1, 0), \quad \boldsymbol{a}_2 = (1, 1) \tag{9.9}$$

により定める. $\boldsymbol{a}_1$, $\boldsymbol{a}_2$ の 1 次関係

$$k_1 \boldsymbol{a}_1 + k_2 \boldsymbol{a}_2 = \mathbf{0} \tag{9.10}$$

をみたす $k_1, k_2 \in \mathbf{R}$ を求めることにより, $\boldsymbol{a}_1$, $\boldsymbol{a}_2$ が 1 次独立であるか 1 次従属であるかを調べよ.

解説 (9.9), (9.10) より,

$$(0, 0) = \mathbf{0} = k_1(1, 0) + k_2(1, 1) = (k_1, 0) + (k_2, k_2) = (k_1 + k_2, k_2) \tag{9.11}$$

となる. よって,

$$k_1 + k_2 = 0, \quad k_2 = 0 \tag{9.12}$$

である. これを解くと, $(k_1, k_2) = (0, 0)$ である. したがって, $\boldsymbol{a}_1$, $\boldsymbol{a}_2$ は自明な 1 次関係しかもたず, 1 次独立である.   □

9

基底変換行列と表現行列

問 9.1 $a_1, a_2 \in \mathbf{R}^2$ を

$$a_1 = (1, 2), \quad a_2 = (2, 4) \tag{9.13}$$

により定める. a_1, a_2 の 1 次関係 (9.10) をみたす $k_1, k_2 \in \mathbf{R}$ を求めることにより, a_1, a_2 が 1 次独立であるか 1 次従属であるかを調べよ. 重要

問 9.2 $a_1, a_2, a_3 \in \mathbf{R}^3$ を

$$a_1 = (1, 0), \quad a_2 = (1, 1), \quad a_3 = (1, 2) \tag{9.14}$$

により定める. a_1, a_2, a_3 の 1 次関係

$$k_1 a_1 + k_2 a_2 + k_3 a_3 = 0 \tag{9.15}$$

をみたす $k_1, k_2, k_3 \in \mathbf{R}$ を求めることにより, a_1, a_2, a_3 が 1 次独立であるか 1 次従属であるかを調べよ. 重要

◇ **例 9.2** §9.1.1 で述べたことより, $\mathbf{R}^n$ の基本ベクトル e_1, e_2, ..., e_n は 1 次独立である. ◇

数ベクトル空間以外のベクトル空間の 1 次独立なベクトルの例については, 問 9.3 で考えよう.

問 9.3 $M_{m,n}(\mathbf{R})$ を m 行 n 列の実行列全体からなるベクトル空間とする 問 8.10. このとき, $i = 1, 2, \ldots, m$, $j = 1, 2, \ldots, n$ に対して, (i, j) 成分が 1 で, その他の成分がすべて 0 の $M_{m,n}(\mathbf{R})$ の元を E_{ij} と表し, **行列単位** (matrix unit) という [1]. 次の問に答えよ.
(1) $M_{2,3}(\mathbf{R})$ の元である行列単位を (8.3) のように, すべて具体的に書け. 易 重要
(2) $M_{m,n}(\mathbf{R})$ の元である mn 個の行列単位 E_{11}, E_{21}, ..., E_{mn} は 1 次独立であることを示せ. ✪

問 9.4 Σ を例 7.3 で述べた実数列全体からなるベクトル空間とし, $m \in \mathbf{N}$ とする. このとき, $k = 1, 2, \ldots, m$ に対して, $\{e_n^{(k)}\}_{n=1}^\infty \in \Sigma$ を

$$e_n^{(k)} = \begin{cases} 1 & (n = k), \\ 0 & (n \neq k) \end{cases} \tag{9.16}$$

[1] 単位行列 E §8.1.4 と間違えないようにしよう.

により定める. $\{e_n^{(1)}\}_{n=1}^{\infty}$, $\{e_n^{(2)}\}_{n=1}^{\infty}$, ..., $\{e_n^{(m)}\}_{n=1}^{\infty} \in \Sigma$ は 1 次独立であること
を示せ. ✪

| 問 9.5 | I を開区間,無限開区間,$\mathbf{R}$ のいずれかであるとする.このとき,問 7.5
より,I を定義域とする連続な実数値関数全体からなるベクトル空間 $C(I)$ を考え
ることができる.ここで,$n \in \mathbf{N}$ に対して,$f_0, f_1, f_2, \ldots, f_n \in C(I)$ を

$$f_0(x) = 1, \quad f_1(x) = x, \quad f_2(x) = x^2, \quad \ldots, \quad f_n(x) = x^n \quad (x \in I) \quad (9.17)$$

により定める.f_0,f_1,f_2,...,f_n は 1 次独立であることを示せ. ✪

§9.1.3 ベクトルが生成する部分空間 ·································◇◇◇

ベクトルの 1 次結合 (9.3) を考えることにより,ベクトル空間の部分空間
を定めることができる.まず,次を示そう.

> **定理 9.2** V をベクトル空間とし,$\boldsymbol{x}_1, \boldsymbol{x}_2, \ldots, \boldsymbol{x}_m \in V$ とする.このとき,
>
> $$W = \{k_1\boldsymbol{x}_1 + k_2\boldsymbol{x}_2 + \cdots + k_m\boldsymbol{x}_m \mid k_1, k_2, \ldots, k_m \in \mathbf{R}\}$$
> $$= \left\{ x \, \middle| \, \begin{array}{l} \text{ある } k_1, k_2, \ldots, k_m \in \mathbf{R} \text{ が存在し,} \\ \boldsymbol{x} = k_1\boldsymbol{x}_1 + k_2\boldsymbol{x}_2 + \cdots + k_m\boldsymbol{x}_m \end{array} \right\} \quad (9.18)$$
>
> とおくと,W は V の部分空間である.

【証明】 W が定理 7.3 の条件 (a)〜(c) をみたすことを示せばよい.ここでは条件
(a) についてのみ示し,条件 (b),(c) については問 9.6 とする.
条件 (a) $0 \in \mathbf{R}$ であり,W の定義 (9.18) より,

$$\boldsymbol{0} = 0\boldsymbol{x}_1 + 0\boldsymbol{x}_2 + \cdots + 0\boldsymbol{x}_m \in W \quad (9.19)$$

である.よって,$\boldsymbol{0} \in W$ となり,W は定理 7.3 の条件 (a) をみたす. □

| 問 9.6 | 定理 9.2 において,次の (1),(2) を示せ.
(1) W は定理 7.3 の条件 (b) をみたす. ✪
(2) W は定理 7.3 の条件 (c) をみたす. ✪

(9.18) で定めた V の部分空間 W を

$$W = \langle \boldsymbol{x}_1, \boldsymbol{x}_2, \ldots, \boldsymbol{x}_m \rangle_{\mathbf{R}} \quad (9.20)$$

とも表し, $\boldsymbol{x}_1$, $\boldsymbol{x}_2$, ..., $\boldsymbol{x}_m$ で**生成される** (generated) または**張られる** (spanned)V の**部分空間**という [2] (図 9.1).

◇ **例 9.3** $\boldsymbol{e}_1$, $\boldsymbol{e}_2$, ..., $\boldsymbol{e}_n$ を $\mathbf{R}^n$ の基本ベクトルとする. このとき, §9.1.1 で述べたことより,

$$\mathbf{R}^n = \langle \boldsymbol{e}_1, \boldsymbol{e}_2, \ldots, \boldsymbol{e}_n \rangle_{\mathbf{R}} \qquad (9.21)$$

である. ◇

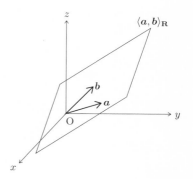

図 9.1 $\boldsymbol{a}$, $\boldsymbol{b} \in \mathbf{R}^3$ で生成される $\mathbf{R}^3$ の部分空間 $\langle \boldsymbol{a}, \boldsymbol{b} \rangle_{\mathbf{R}}$

問 9.7 V をベクトル空間, W_1, W_2 を V の部分空間とし,

$$W_1 + W_2 = \{\boldsymbol{x}_1 + \boldsymbol{x}_2 \,|\, \boldsymbol{x}_1 \in W_1, \ \boldsymbol{x}_2 \in W_2\}$$
$$= \{\boldsymbol{x} \,|\, \text{ある } \boldsymbol{x}_1 \in W_1, \ \boldsymbol{x}_2 \in W_2 \text{ が存在し}, \ \boldsymbol{x} = \boldsymbol{x}_1 + \boldsymbol{x}_2\} \qquad (9.22)$$

とおく. 次の問に答えよ.

(1) $W_1 + W_2$ は定理 7.3 の条件 (a) をみたすことを示せ. 重要

(2) $W_1 + W_2$ は定理 7.3 の条件 (b) をみたすことを示せ. 重要

(3) $W_1 + W_2$ は定理 7.3 の条件 (c) をみたすことを示せ. 重要

補足 (1)～(3) より, $W_1 + W_2$ は V の部分空間となる. $W_1 + W_2$ を W_1 と W_2 の**和空間** (sum space) という.

(4) $\boldsymbol{x}_1, \ldots, \boldsymbol{x}_m, \boldsymbol{y}_1, \ldots, \boldsymbol{y}_n \in V$ とし,

$$W_1 = \langle \boldsymbol{x}_1, \ldots, \boldsymbol{x}_m \rangle_{\mathbf{R}}, \quad W_2 = \langle \boldsymbol{y}_1, \ldots, \boldsymbol{y}_n \rangle_{\mathbf{R}} \qquad (9.23)$$

とする. このとき,

$$W_1 + W_2 = \langle \boldsymbol{x}_1, \ldots, \boldsymbol{x}_m, \boldsymbol{y}_1, \ldots, \boldsymbol{y}_n \rangle_{\mathbf{R}} \qquad (9.24)$$

であることを示せ. 重要

---

[2] (9.20) の右辺の $\mathbf{R}$ は V が $\mathbf{R}$ 上のベクトル空間であり, 1 次結合 $k_1\boldsymbol{x}_1 + k_2\boldsymbol{x}_2 + \cdots + k_m\boldsymbol{x}_m$ を考えるときの $\boldsymbol{x}_1$, $\boldsymbol{x}_2$, ..., $\boldsymbol{x}_m$ の係数 k_1, k_2, ..., k_m が実数であることを意味する.

§9.1.4 基底の定義 ···◇◇◇

次節ではベクトル空間の次元について述べるが，ベクトル空間の次元は有限の場合と無限の場合がある．本書では，主に有限次元のベクトル空間を扱うが，そのためにベクトル空間の基底を次のように定めることにしよう．

> **定義 9.2** V をベクトル空間とし，$v_1, v_2, \ldots, v_n \in V$ とする．組 $\{v_1, v_2, \ldots, v_n\}$ が次の (1), (2) をみたすとき，$\{v_1, v_2, \ldots, v_n\}$ を V の **基底** (basis) という．
>
> (1) $v_1, v_2, \ldots, v_n$ は 1 次独立である．
> (2) $V = \langle v_1, v_2, \ldots, v_n \rangle_{\mathbf{R}}$ である．

◇ **例 9.4**（数ベクトル空間の標準基底） $e_1, e_2, \ldots, e_n$ を $\mathbf{R}^n$ の基本ベクトルとする．このとき，例 9.2 より，$\{e_1, e_2, \ldots, e_n\}$ は定義 9.2 の条件 (1) をみたし，例 9.3 より，$\{e_1, e_2, \ldots, e_n\}$ は定義 9.2 の条件 (2) をみたす．よって，$\{e_1, e_2, \ldots, e_n\}$ は $\mathbf{R}^n$ の基底である．これを $\mathbf{R}^n$ の **標準基底** (standard basis) という．　　　◇

ベクトル空間の基底は一意的ではない．次の例題を考えてみよう．

> **例題 9.2** $a_1, a_2 \in \mathbf{R}^2$ を
>
> $$a_1 = (1, 0), \quad a_2 = (1, 1) \tag{9.25}$$
>
> により定める．このとき，例題 9.1 より，a_1, a_2 は 1 次独立であり，$\{a_1, a_2\}$ は定義 9.2 の条件 (1) をみたす．$\{a_1, a_2\}$ は定義 9.2 の条件 (2) をみたすことを示せ．

解説 $\mathbf{R}^2$ の任意のベクトルが a_1, a_2 の 1 次結合で表されることを示せばよい．$(x_1, x_2) \in \mathbf{R}^2$ とし，$k_1, k_2 \in \mathbf{R}$ に対する方程式

$$(x_1, x_2) = k_1 a_1 + k_2 a_2 \tag{9.26}$$

を考える．このとき，(9.11) の計算より，

$$(x_1, x_2) = (k_1 + k_2, k_2) \tag{9.27}$$

である．これを解くと，

$$k_1 = x_1 - x_2, \quad k_2 = x_2 \tag{9.28}$$

である．よって，$\{\boldsymbol{a}_1, \boldsymbol{a}_2\}$ は定義 9.2 の条件 (2) をみたす． $\qquad\square$

補足 $\{\boldsymbol{a}_1, \boldsymbol{a}_2\}$ が $\mathbf{R}^2$ の基底となる．

問 9.8 $\boldsymbol{a}_1, \boldsymbol{a}_2, \boldsymbol{a}_3 \in \mathbf{R}^3$ を

$$\boldsymbol{a}_1 = (1, 0, 0), \quad \boldsymbol{a}_2 = (1, 1, 0), \quad \boldsymbol{a}_3 = (1, 1, 1) \tag{9.29}$$

により定める．次の (1)，(2) を示すことにより，$\{\boldsymbol{a}_1, \boldsymbol{a}_2, \boldsymbol{a}_3\}$ が $\mathbf{R}^3$ の基底となることを示せ．

(1) $\boldsymbol{a}_1$, $\boldsymbol{a}_2$, $\boldsymbol{a}_3$ は 1 次独立である．✪ (2) $\mathbf{R}^3 = \langle \boldsymbol{a}_1, \boldsymbol{a}_2, \boldsymbol{a}_3 \rangle_{\mathbf{R}}$ である．✪

基底に関して，次がなりたつ．

定理 9.3 V を定義 9.2 で定めた基底をもつベクトル空間とし，$\{\boldsymbol{v}_1, \boldsymbol{v}_2, \ldots, \boldsymbol{v}_n\}$ を V の基底とする．このとき，任意の $\boldsymbol{x} \in V$ は

$$\boldsymbol{x} = x_1\boldsymbol{v}_1 + x_2\boldsymbol{v}_2 + \cdots + x_n\boldsymbol{v}_n \quad (x_1, x_2, \ldots, x_n \in \mathbf{R}) \tag{9.30}$$

と和の順序の入れ替えを除いて一意的に表される．

【証明】 まず，定義 9.2 の条件 (2) より，$\boldsymbol{x}$ は (9.30) のように表すことができる．次に，$\boldsymbol{x}$ が

$$\boldsymbol{x} = y_1\boldsymbol{v}_1 + y_2\boldsymbol{v}_2 + \cdots + y_n\boldsymbol{v}_n \quad (y_1, y_2, \ldots, y_n \in \mathbf{R}) \tag{9.31}$$

と表されると仮定する．このとき，(9.30)，(9.31) より，

$$(x_1 - y_1)\boldsymbol{x}_1 + (x_2 - y_2)\boldsymbol{x}_2 + \cdots + (x_n - y_n)\boldsymbol{x}_n = \boldsymbol{0} \tag{9.32}$$

となる．ここで，定義 9.2 の条件 (1) および 1 次独立性の定義 定義 9.1 より，

$$x_1 - y_1 = x_2 - y_2 = \cdots = x_n - y_n = 0 \tag{9.33}$$

である．よって，

$$x_1 = y_1, \quad x_2 = y_2, \quad \ldots, \quad x_n = y_n \tag{9.34}$$

となり，(9.30) の表し方は和の順序の入れ替えを除いて一意的である． $\qquad\square$

9

基底変換行列と表現行列

§9.1.5 成分 ···◇◇◇

定理 9.3 において，$x_1, x_2, \ldots, x_n$ を基底 $\{v_1, v_2, \ldots, v_n\}$ に関する x の**成分** (component) という．

◇ **例 9.5** $\{e_1, e_2, \ldots, e_n\}$ を $\mathbf{R}^n$ の標準基底とする．このとき，$x = (x_1, x_2, \ldots, x_n) \in \mathbf{R}^n$ とすると，

$$x = x_1 e_1 + x_2 e_2 + \cdots + x_n e_n \tag{9.35}$$

である．よって，標準基底に関する x の成分は $x_1, x_2, \ldots, x_n$ である．　　◇

同じベクトルを考えたとしても，成分は基底に依存する．次の例を見てみよう．

◇ **例 9.6** $a_1, a_2 \in \mathbf{R}^2$ を (9.25) により定める．このとき，例題 9.2 より，$\{a_1, a_2\}$ は $\mathbf{R}^2$ の基底である．さらに，$x = (x_1, x_2) \in \mathbf{R}^2$ とすると，

$$x = (x_1 - x_2)a_1 + x_2 a_2 \tag{9.36}$$

である．よって，基底 $\{a_1, a_2\}$ に関する x の成分は $x_1 - x_2, x_2$ である．　　◇

なお，基底を表す際に用いる記号 { } は集合を表す際に用いるものと同じものであるが，基底の場合は { } の中に書き並べたベクトルの順番を入れ替えたものは，異なる基底であると考える．次の問で考えてみよう．

問 9.9 $\{e_1, e_2, \ldots, e_n\}$ を $\mathbf{R}^n$ の標準基底とする．次の問に答えよ．
(1) $e_n, e_{n-1}, \ldots, e_1$ は 1 次独立であることを示せ．🔲
(2) $\mathbf{R}^n = \langle e_n, e_{n-1}, \ldots, e_1 \rangle_{\mathbf{R}}$ であることを示せ．とくに，$\{e_n, e_{n-1}, \ldots, e_1\}$ は $\mathbf{R}^n$ の基底となる．さらに $x = (x_1, x_2, \ldots, x_n) \in \mathbf{R}^n$ とし，基底 $\{e_n, e_{n-1}, \ldots, e_1\}$ に関する x の成分を答えよ．🔲

問 9.10 $a_1, a_2 \in \mathbf{R}^2$ を

$$a_1 = (1, 1), \quad a_2 = (0, 1) \tag{9.37}$$

により定める．次の問に答えよ．
(1) a_1, a_2 は 1 次独立であることを示せ．🔲✪
(2) $\mathbf{R}^2 = \langle a_1, a_2 \rangle_{\mathbf{R}}$ であることを示せ．とくに，$\{a_1, a_2\}$ は $\mathbf{R}^2$ の基底となる．さらに $x = (x_1, x_2) \in \mathbf{R}^2$ とし，基底 $\{a_1, a_2\}$ に関する x の成分を答えよ．✪

本節のまとめ

☑ 1 次独立であり，ベクトル空間を生成するベクトルの組を基底という． §9.1.4

☑ 基底をもつベクトル空間のベクトルに対して，成分を対応させることができる． §9.1.5

9.2 次元と基底変換行列

 何らかの構造があたえられた 2 つの集合が同じものとみなせるかどうかを調べる際には，同じとみなせるものの間で変わらない性質や量について考えるのが一つの方法である．ベクトル空間に対しては，次元とよばれるものがそのような量に相当する．本節では，まず，基底の概念を用いて次元を定義する．また，基底の取り替えを表す正方行列である，基底変換行列について述べ，基底変換行列が正則であることや基底と正則行列から新たな基底が作られることを示す．

§9.2.1 次 元 ⋯⋯⋯⋯⋯⋯⋯⋯⋯⋯⋯⋯⋯◇◇◇

例題 9.2 や問 9.8 でそれぞれ得られた $\mathbf{R}^2$, $\mathbf{R}^3$ の基底 $\{a_1, a_2\}$, $\{a_1, a_2, a_3\}$ を構成するベクトルの個数は，標準基底を構成する基本ベクトルの個数と等しく，それぞれ 2, 3 である．実は，一般に次がなりたつことが分かる．

|| **定理 9.4** V を定義 9.2 で定めた基底をもつベクトル空間とする．このとき，V の基底を構成するベクトルの個数は基底の選び方に依存しない．

定理 9.4 より，次の定義は well-defined §6.2.1 である．

|| **定義 9.3** V を定義 9.2 で定めた基底をもつベクトル空間とする．V の基底を構成するベクトルの個数を $\dim V$ と表し，V の**次元** (dimension) という．ただし，零空間 例7.2 の次元は 0 であると約束する．

零空間および定義 9.2 で定めた基底をもつベクトル空間の次元は**有限** (finite) であるという. 次元が有限でないベクトル空間の次元は**無限** (infinite) であるという.

◇ **例 9.7** $\mathbf{R}^n$ の標準基底を構成するベクトルの個数は n である. よって, $\mathbf{R}^n$ の次元は n, すなわち,

$$\dim \mathbf{R}^n = n \tag{9.38}$$

である. ◇

問 9.11 $M_{m,n}(\mathbf{R})$ の元である mn 個の行列単位 E_{11}, E_{21}, ..., E_{mn} を考える. このとき, 問 9.3 (2) より, E_{11}, E_{21}, ..., E_{mn} は 1 次独立である. さらに,

$$M_{m,n}(\mathbf{R}) = \langle E_{11}, E_{21}, \ldots, E_{mn} \rangle_{\mathbf{R}} \tag{9.39}$$

であることを示せ. ■

補足 とくに, $\{E_{11}, E_{21}, \ldots, E_{mn}\}$ は $M_{m,n}(\mathbf{R})$ の基底となり,

$$\dim M_{m,n}(\mathbf{R}) = mn \tag{9.40}$$

である.

◇ **例 9.8** 実数列全体からなるベクトル空間 Σ を考えよう. このとき, 問 9.4 において, 1 次独立な $\{e_n^{(1)}\}_{n=1}^{\infty}$, $\{e_n^{(2)}\}_{n=1}^{\infty}$, ..., $\{e_n^{(m)}\}_{n=1}^{\infty}$ の個数 m は任意に選ぶことができる. よって, Σ は無限次元である. ◇

◇ **例 9.9** I を開区間, 無限開区間, $\mathbf{R}$ のいずれかであるとし, I を定義域とする連続な実数値関数全体からなるベクトル空間 $C(I)$ を考えよう. このとき, 問 9.5 において, 1 次独立な f_0, f_1, f_2, ..., f_n の個数 $(n+1)$ は任意に選ぶことができる. よって, $C(I)$ は無限次元である. ◇

§9.2.2 次元と線形同型なベクトル空間 ·················◇◇◇

本節の冒頭で述べたことに関連して, 次がなりたつ.

定理 9.5 V, W を有限次元のベクトル空間とする. $\dim V = \dim W$ ならば, V と W は線形同型 §7.2.3 である.

【証明】 $\dim V = \dim W = 0$ のとき, V, W は零空間であり, 明らかに, V と

W は線形同型である.

　$\dim V = \dim W \geq 1$ のとき, V, W の基底をそれぞれ $\{\boldsymbol{v}_1, \boldsymbol{v}_2, \ldots, \boldsymbol{v}_n\}$, $\{\boldsymbol{w}_1, \boldsymbol{w}_2, \ldots, \boldsymbol{w}_n\}$ とすることができる. まず, $\boldsymbol{x} \in V$ とすると, 定理 9.3 より, $\boldsymbol{x}$ は

$$\boldsymbol{x} = x_1\boldsymbol{v}_1 + x_2\boldsymbol{v}_2 + \cdots + x_n\boldsymbol{v}_n \quad (x_1, x_2, \ldots, x_n \in \mathbf{R}) \tag{9.41}$$

と和の順序の入れ替えを除いて一意的に表される. そこで, 写像 $f : V \to W$ を

$$f(\boldsymbol{x}) = x_1\boldsymbol{w}_1 + x_2\boldsymbol{w}_2 + \cdots + x_n\boldsymbol{w}_n \tag{9.42}$$

により定める. このとき, f は線形同型写像となり, V と W は線形同型である. このことについては, 問 9.12 としよう. □

問 9.12　(9.42) により定められる写像 $f : V \to W$ について, 次の問に答えよ.

(1) $\boldsymbol{x}, \boldsymbol{y} \in V$ とすると,

$$f(\boldsymbol{x} + \boldsymbol{y}) = f(\boldsymbol{x}) + f(\boldsymbol{y}) \tag{9.43}$$

　であることを示せ. 重要

(2) $\boldsymbol{x} \in V$, $k \in \mathbf{R}$ とすると,

$$f(k\boldsymbol{x}) = kf(\boldsymbol{x}) \tag{9.44}$$

　であることを示せ. 重要

　補足　(1), (2) より, f は線形写像となる.

(3) f は全射であることを示せ. 重要　　(4) f は単射であることを示せ. 重要

　補足　(3), (4) より, f は線形同型写像となる.

　実は, 定理 9.5 の逆, すなわち, 次がなりたつことが分かる.

定理 9.6　V, W を有限次元のベクトル空間とする. V と W が線形同型ならば, $\dim V = \dim W$ である.

---

§9.2.3　基底変換行列 ‥‥‥‥‥‥‥‥‥‥‥‥‥‥‥‥‥‥‥‥◇◇◇

　以下では, とくに断らない限り, ベクトル空間は有限次元であり, 零空間ではないとしよう. このとき, ベクトル空間の 1 つの基底からもう 1 つの基底への変換は正方行列を用いて表すことができる.

　V を n 次元のベクトル空間, $\{\boldsymbol{v}_1, \boldsymbol{v}_2, \ldots, \boldsymbol{v}_n\}$, $\{\boldsymbol{w}_1, \boldsymbol{w}_2, \ldots, \boldsymbol{w}_n\}$ を V

の基底とする．このとき，$i = 1, 2, \ldots, n$ に対して，基底 $\{\boldsymbol{v}_1, \boldsymbol{v}_2, \ldots, \boldsymbol{v}_n\}$ に関する $\boldsymbol{w}_i$ の成分を $p_{i1}, p_{i2}, \ldots, p_{in}$ とする．すなわち，

$$\boldsymbol{w}_i = p_{i1}\boldsymbol{v}_1 + p_{i2}\boldsymbol{v}_2 + \cdots + p_{in}\boldsymbol{v}_n \quad (i = 1, 2, \ldots, n) \tag{9.45}$$

である．そこで，$P \in M_n(\mathbf{R})$ §8.2.2 を $P = (p_{ij})_{n \times n}$ により定め，(9.45) を

$$\begin{pmatrix} \boldsymbol{w}_1 \\ \boldsymbol{w}_2 \\ \vdots \\ \boldsymbol{w}_n \end{pmatrix} = P \begin{pmatrix} \boldsymbol{v}_1 \\ \boldsymbol{v}_2 \\ \vdots \\ \boldsymbol{v}_n \end{pmatrix} \tag{9.46}$$

と表す．すなわち，列ベクトルの成分を数の代わりにベクトルとし，(9.46) の右辺は (8.45) で定めた行列の積のように考えるのである．P を**基底変換** (change of basis) $\{\boldsymbol{v}_1, \boldsymbol{v}_2, \ldots, \boldsymbol{v}_n\} \to \{\boldsymbol{w}_1, \boldsymbol{w}_2, \ldots, \boldsymbol{w}_n\}$ の**基底変換行列** (change-of-basis matrix) という．定理 9.3 より，基底変換 $\{\boldsymbol{v}_1, \boldsymbol{v}_2, \ldots, \boldsymbol{v}_n\} \to \{\boldsymbol{w}_1, \boldsymbol{w}_2, \ldots, \boldsymbol{w}_n\}$ の基底変換行列 P は一意的である．

数ベクトル空間の基底変換行列については，次がなりたつ．

> **定理 9.7** $\{\boldsymbol{a}_1, \boldsymbol{a}_2, \ldots, \boldsymbol{a}_n\}$, $\{\boldsymbol{b}_1, \boldsymbol{b}_2, \ldots, \boldsymbol{b}_n\}$ を $\mathbf{R}^n$ の基底とし，$i, j = 1, 2, \ldots, n$ に対して，$\boldsymbol{a}_i$, $\boldsymbol{b}_i$ の第 j 成分をそれぞれ a_{ij}, b_{ij} とする．このとき，(i, j) 成分が a_{ij}, b_{ij} の n 次行列をそれぞれ A, B とし，基底変換 $\{\boldsymbol{a}_1, \boldsymbol{a}_2, \ldots, \boldsymbol{a}_n\} \to \{\boldsymbol{b}_1, \boldsymbol{b}_2, \ldots, \boldsymbol{b}_n\}$ の基底変換行列を P とすると，
>
> $$B = PA \tag{9.47}$$
>
> である．

【証明】 数ベクトルは行ベクトルとして表されており，(9.46) の右辺は行列の積のように考えればよいので，(9.47) がなりたつことはほとんど明らかであるが，詳しい計算も示しておこう．

P の (i, j) 成分を p_{ij} とすると，(9.45) より，

$$(b_{i1}, \ldots, b_{in}) = p_{i1}(a_{11}, \ldots, a_{1n}) + p_{i2}(a_{21}, \ldots, a_{2n}) + \cdots$$
$$+ p_{in}(a_{n1}, \ldots, a_{nn})$$
$$= (p_{i1}a_{11} + \cdots + p_{in}a_{n1}, \ldots, p_{i1}a_{1n} + \cdots + p_{in}a_{nn}) \tag{9.48}$$

である. よって, 行列の積の定義 (8.45) および A, B の定義より, (9.47) がなり

たつ. □

◇ **例 9.10** $\{e_1, e_2, \ldots, e_n\}$ を $\mathbf{R}^n$ の標準基底, $\{a_1, a_2, \ldots, a_n\}$ を $\mathbf{R}^n$ の基底

とする. $i, j = 1, 2, \ldots, n$ とし, a_i の第 j 成分を (i, j) 成分とする n 次行列を A

とする. このとき, 基底変換 $\{e_1, e_2, \ldots, e_n\} \to \{a_1, a_2, \ldots, a_n\}$ の基底変換行

列を P, E_n を n 次の単位行列とすると, 定理 9.7 より,

$$A = PE_n \tag{9.49}$$

である. よって, $P = A$ である. ◇

> **例題 9.3** $\{e_1, e_2\}$ を $\mathbf{R}^2$ の標準基底とし, $a_1, a_2 \in \mathbf{R}^2$ を
>
> $$a_1 = (1, 0), \quad a_2 = (1, 1) \tag{9.50}$$
>
> により定める. このとき, 例題 9.2 より, $\{a_1, a_2\}$ は $\mathbf{R}^2$ の基底である.
> 基底変換 $\{a_1, a_2\} \to \{e_1, e_2\}$ の基底変換行列を求めよ.

解説 求める基底変換行列を $P = \begin{pmatrix} a & b \\ c & d \end{pmatrix}$ とする. このとき, 定理 9.7 および

(9.50) より,

$$\begin{pmatrix} 1 & 0 \\ 0 & 1 \end{pmatrix} = \begin{pmatrix} a & b \\ c & d \end{pmatrix} \begin{pmatrix} 1 & 0 \\ 1 & 1 \end{pmatrix} = \begin{pmatrix} a+b & b \\ c+d & d \end{pmatrix} \tag{9.51}$$

となる. よって,

$$a + b = 1, \quad b = 0, \quad c + d = 0, \quad d = 1 \tag{9.52}$$

である. これを解くと,

$$a = 1, \quad b = 0, \quad c = -1, \quad d = 1 \tag{9.53}$$

である. したがって,

$$P = \begin{pmatrix} 1 & 0 \\ -1 & 1 \end{pmatrix} \tag{9.54}$$

である. □

問 **9.13** $\{e_1, e_2\}$ を $\mathbf{R}^2$ の標準基底とし, $a_1, a_2, b_1, b_2 \in \mathbf{R}^2$ を

$$a_1 = (1, 0), \quad a_2 = (1, 1), \quad b_1 = (1, 1), \quad b_2 = (0, 1) \tag{9.55}$$

により定める. このとき, 例題 9.2, 問 9.10 より, $\{a_1, a_2\}$, $\{b_1, b_2\}$ は $\mathbf{R}^2$ の基底である. 次の基底変換の基底変換行列を求めよ.

(1) $\{b_1, b_2\} \to \{e_1, e_2\}$. 重要   (2) $\{a_1, a_2\} \to \{b_1, b_2\}$. 重要

(3) $\{b_1, b_2\} \to \{a_1, a_2\}$. 重要

問 **9.14** $\{e_1, e_2, e_3\}$ を $\mathbf{R}^3$ の標準基底とし, $a_1, a_2, a_3 \in \mathbf{R}^3$ を

$$a_1 = (1, 0, 0), \quad a_2 = (1, 1, 0), \quad a_3 = (1, 1, 1) \tag{9.56}$$

により定める. このとき, 問 9.8 より, $\{a_1, a_2, a_3\}$ は $\mathbf{R}^3$ の基底である. 基底変換 $\{a_1, a_2, a_3\} \to \{e_1, e_2, e_3\}$ の基底変換行列を求めよ. 重要

§9.2.4 基底変換行列と正則行列 ·····················◇◇◇

さらに, 基底変換について, 次がなりたつ.

定理 9.8 V を n 次元のベクトル空間, $\{u_1, u_2, \ldots, u_n\}$, $\{v_1, v_2, \ldots, v_n\}$, $\{w_1, w_2, \ldots, w_n\}$ を V の基底, P, Q をそれぞれ基底変換 $\{u_1, u_2, \ldots, u_n\} \to \{v_1, v_2, \ldots, v_n\}$, $\{v_1, v_2, \ldots, v_n\} \to \{w_1, w_2, \ldots, w_n\}$ の基底変換行列とする. このとき, 基底変換 $\{u_1, u_2, \ldots, u_n\} \to \{w_1, w_2, \ldots, w_n\}$ の基底変換行列は QP である.

【証明】 (9.46) の右辺は行列の積のように考えて, 次のように計算すればよい[3]. 基底変換行列の定義より,

$$\begin{pmatrix} v_1 \\ v_2 \\ \vdots \\ v_n \end{pmatrix} = P \begin{pmatrix} u_1 \\ u_2 \\ \vdots \\ u_n \end{pmatrix}, \quad \begin{pmatrix} w_1 \\ w_2 \\ \vdots \\ w_n \end{pmatrix} = Q \begin{pmatrix} v_1 \\ v_2 \\ \vdots \\ v_n \end{pmatrix} \tag{9.57}$$

である. よって,

---

[3] 式や記号が煩雑になるが, 定理 9.7 の証明のように, 成分を用いて計算しても同様である.

$$\begin{pmatrix} \boldsymbol{w}_1 \\ \boldsymbol{w}_2 \\ \vdots \\ \boldsymbol{w}_n \end{pmatrix} = QP \begin{pmatrix} \boldsymbol{u}_1 \\ \boldsymbol{u}_2 \\ \vdots \\ \boldsymbol{u}_n \end{pmatrix} \tag{9.58}$$

となり，基底変換 $\{\boldsymbol{u}_1, \boldsymbol{u}_2, \ldots, \boldsymbol{u}_n\} \to \{\boldsymbol{w}_1, \boldsymbol{w}_2, \ldots, \boldsymbol{w}_n\}$ の基底変換行列は QP である． $\qquad\square$

定理 9.8 において，

$$\{\boldsymbol{u}_1, \boldsymbol{u}_2, \ldots, \boldsymbol{u}_n\} = \{\boldsymbol{w}_1, \boldsymbol{w}_2, \ldots, \boldsymbol{w}_n\} \tag{9.59}$$

とする[4]．このとき，基底変換 $\{\boldsymbol{u}_1, \boldsymbol{u}_2, \ldots, \boldsymbol{u}_n\} \to \{\boldsymbol{u}_1, \boldsymbol{u}_2, \ldots, \boldsymbol{u}_n\}$ の基底変換行列は単位行列 E_n なので，基底変換行列の一意性より，

$$QP = E_n \tag{9.60}$$

である．さらに，(9.57), (9.59) より，

$$\begin{pmatrix} \boldsymbol{v}_1 \\ \boldsymbol{v}_2 \\ \vdots \\ \boldsymbol{v}_n \end{pmatrix} = PQ \begin{pmatrix} \boldsymbol{v}_1 \\ \boldsymbol{v}_2 \\ \vdots \\ \boldsymbol{v}_n \end{pmatrix} \tag{9.61}$$

なので，上と同様に，

$$PQ = E_n \tag{9.62}$$

である．

そこで，行列の正則性について，次のように定める．

定義 9.4 A を n 次行列とする．ある n 次行列 B が存在し，

$$AB = BA = E \tag{9.63}$$

となるとき，

$$B = A^{-1} \tag{9.64}$$

---

[4] 集合として等しいという意味ではなく，基底として等しいという意味である．

と表し，これを A の**逆行列** (inverse matrix) という．このとき，A は**正則** (regular) または**可逆** (invertible) であるという．

正則行列について，次がなりたつ．

定理 9.9 正則行列に対して，その逆行列は一意的である．

【証明】 ベクトル空間における逆ベクトルの一意性 定理 7.2 の証明と同様の考え方で示すことができる．以下は問 9.15 とする．   □

問 9.15 定理 9.9 を示せ．

また，次がなりたつことが分かる 章末問題 10.7 (2)．

定理 9.10 A を n 次行列とする．$AB = E_n$ または $BA = E_n$ の少なくとも一方をみたす n 次行列 B が存在するならば，A は正則であり，B は A の逆行列である．

◇ **例 9.11** 単位行列 E について，

$$EE = EE = E \tag{9.65}$$

である．よって，E は正則であり，$E^{-1} = E$ である．   ◇

また，上で述べたことより，次がなりたつ．

定理 9.11 V を n 次元のベクトル空間，$\{v_1, v_2, \ldots, v_n\}$，$\{w_1, w_2, \ldots, w_n\}$ を V の基底，P を基底変換 $\{v_1, v_2, \ldots, v_n\} \to \{w_1, w_2, \ldots, w_n\}$ の基底変換行列とする．このとき，次の (1)，(2) がなりたつ．
(1) P は正則である．
(2) 基底変換 $\{w_1, w_2, \ldots, w_n\} \to \{v_1, v_2, \ldots, v_n\}$ の基底変換行列は P^{-1} である．

逆に，あたえられた基底と正則行列を用いて，新たな基底を作ることができる．すなわち，次がなりたつ．

> **定理 9.12** V を n 次元のベクトル空間，$\{\boldsymbol{v}_1, \boldsymbol{v}_2, \dots, \boldsymbol{v}_n\}$ を V の基底と
> し，$P \in M_n(\mathbf{R})$ とする．このとき，$\boldsymbol{w}_1, \boldsymbol{w}_2, \dots, \boldsymbol{w}_n \in V$ を (9.46) によ
> り定める[5]．P が正則ならば，$\{\boldsymbol{w}_1, \boldsymbol{w}_2, \dots, \boldsymbol{w}_n\}$ は V の基底である．

【証明】 $\{\boldsymbol{w}_1, \boldsymbol{w}_2, \dots, \boldsymbol{w}_n\}$ が定義 9.2 の条件をみたすことを示せばよい．$\boldsymbol{w}_1$，
$\boldsymbol{w}_2, \dots, \boldsymbol{w}_n$ が 1 次独立であることのみ示し，$V = \langle \boldsymbol{w}_1, \boldsymbol{w}_2, \dots, \boldsymbol{w}_n \rangle_{\mathbf{R}}$ となる
ことについては問 9.16 とする．

<u>$\boldsymbol{w}_1$，$\boldsymbol{w}_2$，…，$\boldsymbol{w}_n$ の 1 次独立性</u>　$\boldsymbol{w}_1$，$\boldsymbol{w}_2$，…，$\boldsymbol{w}_n$ の 1 次関係

$$k_1\boldsymbol{w}_1 + k_2\boldsymbol{w}_2 + \cdots + k_n\boldsymbol{w}_n = \boldsymbol{0} \quad (k_1, k_2, \dots, k_n \in \mathbf{R}) \tag{9.66}$$

を考え，これを (9.46) の右辺のように，

$$(k_1, k_2, \dots, k_n) \begin{pmatrix} \boldsymbol{w}_1 \\ \boldsymbol{w}_2 \\ \vdots \\ \boldsymbol{w}_n \end{pmatrix} = \boldsymbol{0} \tag{9.67}$$

と表す．(9.46)，(9.67) より，

$$(k_1, k_2, \dots, k_n)P \begin{pmatrix} \boldsymbol{v}_1 \\ \boldsymbol{v}_2 \\ \vdots \\ \boldsymbol{v}_n \end{pmatrix} = \boldsymbol{0} \tag{9.68}$$

である．ここで，$\{\boldsymbol{v}_1, \boldsymbol{v}_2, \dots, \boldsymbol{v}_n\}$ は V の基底であることより，$\boldsymbol{v}_1$，$\boldsymbol{v}_2$，…，$\boldsymbol{v}_n$
は 1 次独立である．よって，$\boldsymbol{v}_1$，$\boldsymbol{v}_2$，…，$\boldsymbol{v}_n$ は自明な 1 次関係しかもたず，

$$(k_1, k_2, \dots, k_n)P = \boldsymbol{0} \tag{9.69}$$

である．さらに，P が正則であることより，P の逆行列 P^{-1} が存在するので，

$$\begin{aligned} \boldsymbol{0} = \boldsymbol{0}P^{-1} = (k_1, k_2, \dots, k_n)PP^{-1} &= (k_1, k_2, \dots, k_n)E_n \\ &= (k_1, k_2, \dots, k_n) \end{aligned} \tag{9.70}$$

となる．したがって，$\boldsymbol{w}_1$，$\boldsymbol{w}_2$，…，$\boldsymbol{w}_n$ は自明な 1 次関係しかもたず，1 次独立
である． $\square$

問 9.16 定理 9.12 において，$V = \langle \boldsymbol{w}_1, \boldsymbol{w}_2, \dots, \boldsymbol{w}_n \rangle_{\mathbf{R}}$ を示せ．

---

[5] P の成分を用いれば，(9.45) により定めるということである．

§9.2.5 正則行列の基本的性質 ·································◇◇◇

零行列, 単位行列, 逆行列は数でいえば, それぞれ 0, 1, 逆数に相当する
ものであるが, もとの正方行列が零行列ではないとしても, 必ずしもその逆
行列が存在するとは限らない. 次の問で考えてみよう.

問 9.17 正方行列 $\begin{pmatrix} 1 & 1 \\ 1 & 1 \end{pmatrix}$ の逆行列は存在しないことを背理法により示
せ. 重要

2 次行列については, 次がなりたつ.

定理 9.13 2 次行列 $\begin{pmatrix} a & b \\ c & d \end{pmatrix}$ が正則であるための必要十分条件は $ad - bc \neq 0$ である. さらに, $ad - bc \neq 0$ のとき,

$$\begin{pmatrix} a & b \\ c & d \end{pmatrix}^{-1} = \frac{1}{ad - bc} \begin{pmatrix} d & -b \\ -c & a \end{pmatrix} \tag{9.71}$$

である (図 9.2).

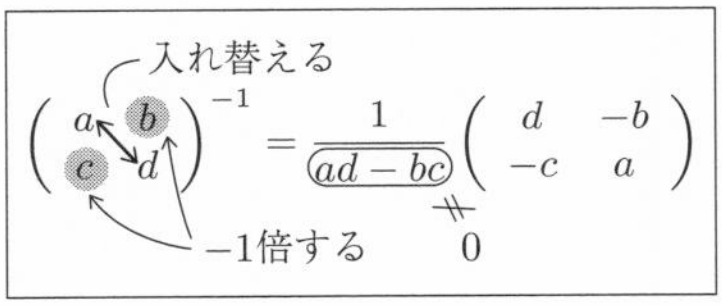

【証明】 x, y, z, w についての方程式

$$\begin{pmatrix} a & b \\ c & d \end{pmatrix} \begin{pmatrix} x & y \\ z & w \end{pmatrix} = \begin{pmatrix} 1 & 0 \\ 0 & 1 \end{pmatrix} \tag{9.72}$$

図 9.2 2 次行列の逆行列

を考える. すなわち,

$$ax + bz = 1, \quad ay + bw = 0, \quad cx + dz = 0, \quad cy + dw = 1 \tag{9.73}$$

である. これらより,

$$(ad - bc)x = d, \quad (ad - bc)y = -b, \quad (ad - bc)z = -c, \quad (ad - bc)w = a \tag{9.74}$$

となる. $ad - bc = 0$ のとき,

$$a = b = c = d = 0 \tag{9.75}$$

となる. これは (9.72) に矛盾する. よって, このとき (9.72) は解をもたない.
$ad - bc \neq 0$ のとき,

$$x = \frac{d}{ad - bc}, \quad y = \frac{-b}{ad - bc}, \quad z = \frac{-c}{ad - bc}, \quad w = \frac{a}{ad - bc} \tag{9.76}$$

となる. さらに,

$$\begin{pmatrix} x & y \\ z & w \end{pmatrix} \begin{pmatrix} a & b \\ c & d \end{pmatrix} = \frac{1}{ad - bc} \begin{pmatrix} d & -b \\ -c & a \end{pmatrix} \begin{pmatrix} a & b \\ c & d \end{pmatrix} = \begin{pmatrix} 1 & 0 \\ 0 & 1 \end{pmatrix} \tag{9.77}$$

となる [6]. よって, $\begin{pmatrix} a & b \\ c & d \end{pmatrix}$ は正則であり, (9.71) がなりたつ. □

また, 次がなりたつ.

定理 9.14 次の (1), (2) がなりたつ.
(1) A が正則行列ならば, A^{-1} は正則であり, $(A^{-1})^{-1} = A$ である.
(2) A, B が n 次の正則行列ならば, AB は正則であり, $(AB)^{-1} = B^{-1}A^{-1}$ である [7].

【証明】 (1) のみ示し, (2) の証明は問 9.18 とする.
(1) A が正則ならば,

$$AA^{-1} = A^{-1}A = E \tag{9.78}$$

である. よって, (1) がなりたつ. □

問 9.18 定理 9.14 (2) を示せ.

本節のまとめ

☑ ベクトル空間の基底を構成するベクトルの個数を次元という. 定義 9.3
☑ ベクトル空間の基底の変換は基底変換行列を用いて表すことができる. §9.2.3
☑ 基底変換行列は正則である. 定理 9.11
☑ ベクトル空間の基底と正則行列から新たな基底を作ることができる. 定理 9.12

---

[6] 定理 9.10 を用いれば, この計算は不要である.
[7] 等式の両辺で A, B の順番が替わっていることに注意しよう.

9
基底変換行列と表現行列

9.3 表現行列と転置行列

 有限次元のベクトル空間の間の線形写像に対しては，基底を選んでおくことにより，表現行列という行列を対応させることができる．本節では，まず，表現行列を扱う．とくに，双対基底とよばれる基底を考えることにより，双対写像の表現行列には，転置行列とよばれる行列が対応することを示し，転置行列の基本的性質について述べる．さらに，転置行列の概念を用いて，特別な実正方行列である対称行列と交代行列を定める．

§9.3.1 表現行列

有限次元のベクトル空間の間の線形写像に対して，基底を選んでおくことにより，表現行列という行列を対応させよう．V, W をベクトル空間，$f : V \to W$ を線形写像とする．また，V, W の基底 $\{v_1, v_2, \ldots, v_m\}$, $\{w_1, w_2, \ldots, w_n\}$ をそれぞれ選んでおく．ただし，$m = \dim V$, $n = \dim W$ である．このとき，$i = 1, 2, \ldots, m$ に対して，W の基底 $\{w_1, w_2, \ldots, w_n\}$ に関する $f(v_i)$ の成分を $a_{i1}, a_{i2}, \ldots, a_{in}$ とする．すなわち，

$$f(v_i) = a_{i1}w_1 + a_{i2}w_2 + \cdots + a_{in}w_n \quad (i = 1, 2, \ldots, m) \qquad (9.79)$$

である．そこで，$A \in M_{m,n}(\mathbf{R})$ を $A = (a_{ij})_{m \times n}$ により定め，(9.79) を (9.46) のように

$$\begin{pmatrix} f(v_1) \\ f(v_2) \\ \vdots \\ f(v_m) \end{pmatrix} = A \begin{pmatrix} w_1 \\ w_2 \\ \vdots \\ w_n \end{pmatrix} \qquad (9.80)$$

と表す．A を V, W の基底 $\{v_1, v_2, \ldots, v_m\}$, $\{w_1, w_2, \ldots, w_n\}$ に関する f の **表現行列** (representation matrix) という．定理 9.3 より，V, W の基底 $\{v_1, v_2, \ldots, v_m\}$, $\{w_1, w_2, \ldots, w_n\}$ に関する f の表現行列 A は一意的である．とくに，$V = W$ とし，f の定義域も値域も同じ基底 $\{v_1, v_2, \ldots, v_n\}$ を考えるときは，対応する表現行列を V の基底 $\{v_1, v_2, \ldots, v_n\}$ に関する f の **表現行列** という．

まず，数ベクトル空間の間の線形写像について，表現行列を考えてみよう．

◇ **例 9.12** $f : \mathbf{R}^m \to \mathbf{R}^n$ を線形写像とする．このとき，ある $A \in M_{m,n}(\mathbf{R})$ が存

在し，f は

$$f(\boldsymbol{x}) = \boldsymbol{x}A \quad (\boldsymbol{x} \in \mathbf{R}^m) \tag{9.81}$$

と表される §8.1.2 ．ここで，$\{\boldsymbol{e}_1, \boldsymbol{e}_2, \ldots, \boldsymbol{e}_m\}$，$\{\boldsymbol{e}'_1, \boldsymbol{e}'_2, \ldots, \boldsymbol{e}'_n\}$ をそれぞれ $\mathbf{R}^m$，$\mathbf{R}^n$ の標準基底とする．また，$i = 1, 2, \ldots, m$，$j = 1, 2, \ldots, n$ に対して，A の (i, j) 成分を a_{ij} とする．このとき，

$$f(\boldsymbol{e}_i) = \boldsymbol{e}_i A = (a_{i1}, a_{i2}, \ldots, a_{in}) = a_{i1}\boldsymbol{e}'_1 + a_{i2}\boldsymbol{e}'_2 + \cdots + a_{in}\boldsymbol{e}'_n \tag{9.82}$$

となる．よって，

$$\begin{pmatrix} f(\boldsymbol{e}_1) \\ f(\boldsymbol{e}_2) \\ \vdots \\ f(\boldsymbol{e}_m) \end{pmatrix} = A \begin{pmatrix} \boldsymbol{e}'_1 \\ \boldsymbol{e}'_2 \\ \vdots \\ \boldsymbol{e}'_n \end{pmatrix} \tag{9.83}$$

である．したがって，$\mathbf{R}^m$，$\mathbf{R}^n$ の標準基底に関する f の表現行列は A である．◇

例題 9.4 $\boldsymbol{a}_1, \boldsymbol{a}_2 \in \mathbf{R}^2$，$\boldsymbol{b}_1, \boldsymbol{b}_2, \boldsymbol{b}_3 \in \mathbf{R}^3$ を

$$\boldsymbol{a}_1 = (1, 0), \quad \boldsymbol{a}_2 = (1, 1), \tag{9.84}$$

$$\boldsymbol{b}_1 = (1, 0, 0), \quad \boldsymbol{b}_2 = (1, 1, 0), \quad \boldsymbol{b}_3 = (1, 1, 1) \tag{9.85}$$

により定める．このとき，例題 9.2，問 9.8 より，$\{\boldsymbol{a}_1, \boldsymbol{a}_2\}$，$\{\boldsymbol{b}_1, \boldsymbol{b}_2, \boldsymbol{b}_3\}$ はそれぞれ $\mathbf{R}^2$，$\mathbf{R}^3$ の基底である．さらに，線形写像 $f : \mathbf{R}^2 \to \mathbf{R}^3$ を

$$f(\boldsymbol{x}) = \boldsymbol{x} \begin{pmatrix} 1 & 0 & 0 \\ 0 & 2 & 0 \end{pmatrix} \quad (\boldsymbol{x} \in \mathbf{R}^2) \tag{9.86}$$

により定める．$\mathbf{R}^2$，$\mathbf{R}^3$ の基底 $\{\boldsymbol{a}_1, \boldsymbol{a}_2\}$，$\{\boldsymbol{b}_1, \boldsymbol{b}_2, \boldsymbol{b}_3\}$ に関する f の表現行列を求めよ．

解説 まず，(9.84)，(9.86) より，

$$f(\boldsymbol{a}_1) = (1, 0) \begin{pmatrix} 1 & 0 & 0 \\ 0 & 2 & 0 \end{pmatrix} = (1, 0, 0), \tag{9.87}$$

$$f(\boldsymbol{a}_2) = (1, 1) \begin{pmatrix} 1 & 0 & 0 \\ 0 & 2 & 0 \end{pmatrix} = (1, 2, 0) \tag{9.88}$$

である. よって, 求める表現行列を $A = \begin{pmatrix} p & q & r \\ s & t & u \end{pmatrix}$ とおくと, (9.80), (9.85), (9.87), (9.88) より,

$$\begin{pmatrix} 1 & 0 & 0 \\ 1 & 2 & 0 \end{pmatrix} = \begin{pmatrix} p & q & r \\ s & t & u \end{pmatrix} \begin{pmatrix} 1 & 0 & 0 \\ 1 & 1 & 0 \\ 1 & 1 & 1 \end{pmatrix} = \begin{pmatrix} p+q+r & q+r & r \\ s+t+u & t+u & u \end{pmatrix} \tag{9.89}$$

となる. したがって,

$$p+q+r = 1, \quad q+r = 0, \quad r = 0, \quad s+t+u = 1, \quad t+u = 2, \quad u = 0 \tag{9.90}$$

である. これを解くと,

$$p = 1, \quad q = 0, \quad r = 0, \quad s = -1, \quad t = 2, \quad u = 0 \tag{9.91}$$

である. 以上より,

$$A = \begin{pmatrix} 1 & 0 & 0 \\ -1 & 2 & 0 \end{pmatrix} \tag{9.92}$$

である. ☐

問 9.19 $\mathbf{R}^2$, $\mathbf{R}^3$ の基底 $\{\boldsymbol{a}_1, \boldsymbol{a}_2\}$, $\{\boldsymbol{b}_1, \boldsymbol{b}_2, \boldsymbol{b}_3\}$ を (9.84), (9.85) により定める. 次の問に答えよ.

(1) 線形写像 $f : \mathbf{R}^3 \to \mathbf{R}^2$ を

$$f(\boldsymbol{x}) = \boldsymbol{x} \begin{pmatrix} 1 & 0 \\ 0 & 2 \\ 0 & 0 \end{pmatrix} \quad (\boldsymbol{x} \in \mathbf{R}^3) \tag{9.93}$$

により定める. $\mathbf{R}^3$, $\mathbf{R}^2$ の基底 $\{\boldsymbol{b}_1, \boldsymbol{b}_2, \boldsymbol{b}_3\}$, $\{\boldsymbol{a}_1, \boldsymbol{a}_2\}$ に関する f の表現行列を求めよ. ■要

(2) 線形変換 $f : \mathbf{R}^2 \to \mathbf{R}^2$ を

$$f(\boldsymbol{x}) = \boldsymbol{x} \begin{pmatrix} 1 & 0 \\ 0 & 2 \end{pmatrix} \quad (\boldsymbol{x} \in \mathbf{R}^2) \tag{9.94}$$

により定める. $\mathbf{R}^2$ の基底 $\{\boldsymbol{a}_1, \boldsymbol{a}_2\}$ に関する f の表現行列を求めよ. ■要

(3) 線形変換 $f : \mathbf{R}^3 \to \mathbf{R}^3$ を

$$f(\boldsymbol{x}) = \boldsymbol{x} \begin{pmatrix} 1 & 0 & 0 \\ 0 & 2 & 0 \\ 0 & 0 & 3 \end{pmatrix} \quad (\boldsymbol{x} \in \mathbf{R}^3) \tag{9.95}$$

により定める. $\mathbf{R}^3$ の基底 $\{\boldsymbol{b}_1, \boldsymbol{b}_2, \boldsymbol{b}_3\}$ に関する f の表現行列を求めよ. ▨

§9.3.2 基底変換と表現行列 ……………………………………◇◇◇

基底変換によって表現行列がどのように変わるのかについては, 次のように述べることができる.

> **定理 9.15** V, W をベクトル空間, $f : V \to W$ を線形写像とする. また, $\{\boldsymbol{v}_1, \boldsymbol{v}_2, \ldots, \boldsymbol{v}_m\}$, $\{\boldsymbol{v}_1', \boldsymbol{v}_2', \ldots, \boldsymbol{v}_m'\}$ を V の基底, P を基底変換 $\{\boldsymbol{v}_1, \boldsymbol{v}_2, \ldots, \boldsymbol{v}_m\} \to \{\boldsymbol{v}_1', \boldsymbol{v}_2', \ldots, \boldsymbol{v}_m'\}$ に関する基底変換行列, $\{\boldsymbol{w}_1, \boldsymbol{w}_2, \ldots, \boldsymbol{w}_n\}$, $\{\boldsymbol{w}_1', \boldsymbol{w}_2', \ldots, \boldsymbol{w}_n'\}$ を W の基底, Q を基底変換 $\{\boldsymbol{w}_1, \boldsymbol{w}_2, \ldots, \boldsymbol{w}_n\} \to \{\boldsymbol{w}_1', \boldsymbol{w}_2', \ldots, \boldsymbol{w}_n'\}$ に関する基底変換行列とする. さらに, A を V, W の基底 $\{\boldsymbol{v}_1, \boldsymbol{v}_2, \ldots, \boldsymbol{v}_m\}$, $\{\boldsymbol{w}_1, \boldsymbol{w}_2, \ldots, \boldsymbol{w}_n\}$ に関する f の表現行列, B を V, W の基底 $\{\boldsymbol{v}_1', \boldsymbol{v}_2', \ldots, \boldsymbol{v}_m'\}$, $\{\boldsymbol{w}_1', \boldsymbol{w}_2', \ldots, \boldsymbol{w}_n'\}$ に関する f の表現行列とする. このとき,
>
> $$B = PAQ^{-1} \tag{9.96}$$
>
> である.

問 9.20 定理 9.15 について, 次の問に答えよ.

(1) B および Q の定義を用いることにより,

$$\begin{pmatrix} f(\boldsymbol{v}_1') \\ f(\boldsymbol{v}_2') \\ \vdots \\ f(\boldsymbol{v}_m') \end{pmatrix} = BQ \begin{pmatrix} \boldsymbol{w}_1 \\ \boldsymbol{w}_2 \\ \vdots \\ \boldsymbol{w}_n \end{pmatrix} \tag{9.97}$$

であることを示せ. ▨

(2) P および A の定義を用いることにより,

$$\begin{pmatrix} f(\boldsymbol{v}_1') \\ f(\boldsymbol{v}_2') \\ \vdots \\ f(\boldsymbol{v}_m') \end{pmatrix} = PA \begin{pmatrix} \boldsymbol{w}_1 \\ \boldsymbol{w}_2 \\ \vdots \\ \boldsymbol{w}_n \end{pmatrix} \tag{9.98}$$

であることを示せ. ■■

(3) (1),(2) を用いることにより,(9.96) を示せ. ✪

定理 9.15 を線形変換に適用すると,次が得られる.

定理 9.16 V をベクトル空間,$f : V \rightarrow V$ を線形変換とする.また,$\{\boldsymbol{v}_1, \boldsymbol{v}_2, \ldots, \boldsymbol{v}_n\}$, $\{\boldsymbol{v}_1', \boldsymbol{v}_2', \ldots, \boldsymbol{v}_n'\}$ を V の基底,P を基底変換 $\{\boldsymbol{v}_1, \boldsymbol{v}_2, \ldots, \boldsymbol{v}_n\} \rightarrow \{\boldsymbol{v}_1', \boldsymbol{v}_2', \ldots, \boldsymbol{v}_n'\}$ に関する基底変換行列とする.さらに,A を基底 $\{\boldsymbol{v}_1, \boldsymbol{v}_2, \ldots, \boldsymbol{v}_n\}$ に関する f の表現行列,B を基底 $\{\boldsymbol{v}_1', \boldsymbol{v}_2', \ldots, \boldsymbol{v}_n'\}$ に関する f の表現行列とする.このとき,

$$B = PAP^{-1} \tag{9.99}$$

である.

§9.3.3 双対空間 ··◇◇◇

ベクトル空間の間の線形写像があたえられると,双対空間の間の双対写像が定まるのであった 章末問題 8.5 .ベクトル空間が有限次元の場合に,もとの線形写像の表現行列と双対写像の表現行列がどのように関係するのかを調べよう.まず,本項では双対空間に関する準備をしておく.

V をベクトル空間,$\{\boldsymbol{v}_1, \boldsymbol{v}_2, \ldots, \boldsymbol{v}_n\}$ を V の基底とする.このとき,$i = 1, 2, \ldots, n$ に対して,$f_i \in V^*$ を

$$f_i(\boldsymbol{v}_j) = \delta_{ij} = \begin{cases} 1 & (i = j), \\ 0 & (i \neq j) \end{cases} \quad (j = 1, 2, \ldots, n) \tag{9.100}$$

となるように定める.ただし,δ_{ij} はクロネッカーのデルタである §8.1.5 .このように定めた f_1, f_2, $\ldots$, f_n について,次がなりたつ.

定理 9.17　$\{f_1, f_2, \ldots, f_n\}$ は V^* の基底である．とくに，V^* の次元は V の次元に等しい，すなわち，

$$\dim V^* = \dim V = n \tag{9.101}$$

である．

【証明】　$\{f_1, f_2, \ldots, f_n\}$ が定義 9.2 の条件をみたすことを示せばよい．f_1, f_2, $\ldots$, f_n が 1 次独立であることのみ示し，$V^* = \langle f_1, f_2, \ldots, f_n \rangle_{\mathbf{R}}$ となることについては問 9.21 とする．

f_1, f_2, $\ldots$, f_n の 1 次独立性　V^* の零ベクトル $\mathbf{0}$ は零写像，すなわち，任意の $\boldsymbol{x} \in V$ に対して値が 0 となる実数値関数であることに注意し，f_1, f_2, $\ldots$, f_n の 1 次関係

$$k_1 f_1 + k_2 f_2 + \cdots + k_n f_n = \mathbf{0} \quad (k_1, k_2, \ldots, k_n \in \mathbf{R}) \tag{9.102}$$

を考える．このとき，$j = 1, 2, \ldots, n$ とすると，V^* の和やスカラー倍の定義および (9.100) より，

$$\begin{aligned}
0 = \mathbf{0}(\boldsymbol{v}_j) &= (k_1 f_1 + k_2 f_2 + \cdots + k_n f_n)(\boldsymbol{v}_j) \\
&= k_1 f_1(\boldsymbol{v}_j) + k_2 f_2(\boldsymbol{v}_j) + \cdots + k_n f_n(\boldsymbol{v}_j) = k_1 \delta_{1j} + k_2 \delta_{2j} + \cdots + k_n \delta_{nj} \\
&= k_j
\end{aligned} \tag{9.103}$$

となる．よって，

$$k_1 = k_2 = \cdots = k_n = 0 \tag{9.104}$$

である．したがって，f_1, f_2, $\ldots$, f_n は自明な 1 次関係しかもたず，1 次独立である．　$\square$

問 9.21　定理 9.17 において，$V^* = \langle f_1, f_2, \ldots, f_n \rangle_{\mathbf{R}}$ を示せ．**重要**

定理 9.17 において，V^* の基底 $\{f_1, f_2, \ldots, f_n\}$ を $\{\boldsymbol{v}_1, \boldsymbol{v}_2, \ldots, \boldsymbol{v}_n\}$ の**双対基底** (dual basis) という．

双対空間はベクトル空間なので，さらに，その双対空間を考えることができる．すなわち，V をベクトル空間とすると，V の双対空間 V^* が得られ，さらに，V^* の双対空間 $(V^*)^*$ が得られる．$(V^*)^*$ を V の**第 2 双対空間** (second dual space) という．なお，ここでは V は無限次元でもよい．

$\boldsymbol{x} \in V$ を任意に選んでおき,関数 $\iota(\boldsymbol{x}) : V^* \to \mathbf{R}$ を

$$(\iota(\boldsymbol{x}))(f) = f(\boldsymbol{x}) \quad (f \in V^*) \tag{9.105}$$

により定める.このとき,次がなりたつ.

定理 9.18 $\iota(\boldsymbol{x})$ は V^* 上の 1 次形式となる.すなわち,$\iota(\boldsymbol{x}) \in (V^*)^*$ である.

【証明】 $\iota(\boldsymbol{x})$ の定義 (9.105) および V^* の和やスカラー倍の定義を用いて,

$$(\iota(\boldsymbol{x}))(f + g) = (\iota(\boldsymbol{x}))(f) + (\iota(\boldsymbol{x}))(g) \quad (f, g \in V^*), \tag{9.106}$$

$$(\iota(\boldsymbol{x}))(kf) = k(\iota(\boldsymbol{x}))(f) \quad (f \in V^*, \ k \in \mathbf{R}) \tag{9.107}$$

がなりたつことを示せばよい.以下は問 9.22 とする.   □

問 9.22   定理 9.18 の証明について,次の問に答えよ.
(1) (9.106) を示せ.   (2) (9.107) を示せ.

定理 9.18 より,$\boldsymbol{x} \in V$ から $\iota(\boldsymbol{x}) \in (V^*)^*$ への対応は写像 $\iota : V \to (V^*)^*$ を定める.このとき,次がなりたつ.

定理 9.19 ι は線形写像である.

【証明】 ι の定義,V^* の元が線形写像であること,$(V^*)^*$ の和およびスカラー倍の定義を用いて,

$$\iota(\boldsymbol{x} + \boldsymbol{y}) = \iota(\boldsymbol{x}) + \iota(\boldsymbol{y}) \quad (\boldsymbol{x}, \boldsymbol{y} \in V), \tag{9.108}$$

$$\iota(k\boldsymbol{x}) = k\iota(\boldsymbol{x}) \quad (\boldsymbol{x} \in V, \ k \in \mathbf{R}) \tag{9.109}$$

がなりたつことを示せばよい.以下は問 9.23 とする.   □

問 9.23   定理 9.19 の証明について,次の問に答えよ.
(1) (9.108) を示せ.   (2) (9.109) を示せ.

V が有限次元の場合は,次がなりたつ.

定理 9.20 V が有限次元ならば,ι は線形同型写像である.

【証明】 $\dim V = n$ とし,$\{\boldsymbol{v}_1, \boldsymbol{v}_2, \ldots, \boldsymbol{v}_n\}$ を V の基底,$\{f_1, f_2, \ldots, f_n\}$ を $\{\boldsymbol{v}_1, \boldsymbol{v}_2, \ldots, \boldsymbol{v}_n\}$ の双対基底とする.このとき,$i, j = 1, 2, \ldots, n$ とすると,

$$(\iota(\boldsymbol{v}_i))(f_j) = f_j(\boldsymbol{v}_i) = \delta_{ji} \tag{9.110}$$

となる．よって，$\{\iota(\boldsymbol{v}_1), \iota(\boldsymbol{v}_2), \ldots, \iota(\boldsymbol{v}_n)\}$ は $\{f_1, f_2, \ldots, f_n\}$ の双対基底である．したがって，ι は全単射となり，線形同型写像である．このことについては問 9.24 としよう． $\square$

問 9.24 定理 9.20 の証明について，次の (1)，(2) を示すことにより，ι は全単射であることを示せ．

(1) ι は全射である． (2) ι は単射である．

⚠ 注意 9.1 定理 9.5 によれば，次元が等しく有限な 2 つのベクトル空間は線形同型である．ただし，定理 9.5 の証明で述べた 2 つのベクトル空間の間の線形同型写像は，それぞれのベクトル空間の基底に依存して定められている．しかし，定理 9.20 の線形同型写像 $\iota : V \to (V^*)^*$ は基底を用いることなく定められている．すなわち，V と V^* や V^* と $(V^*)^*$ については，基底を構成するベクトルから双対基底を構成

基底を選んでおくと線形同型写像を定めることができる

$$V \leftrightarrows V^* \leftrightarrows (V^*)^*$$

線形同型写像 $\iota : V \to (V^*)^*$ は基底を用いずに定めることができる

図 9.3 第 2 双対空間との自然な同一視

するベクトルへの対応を考えるといった同一視を用いる必要があるが，さらにもう 1 回双対空間を考えると，基底を用いることなく，$\boldsymbol{x} \in V$ から $\iota(\boldsymbol{x}) \in (V^*)^*$ への対応によって，V と $(V^*)^*$ は自然に同一視することができるのである（図 9.3）．これが「双対」という言葉の意味である．

§9.3.4 双対写像の表現行列 ···◇◇◇

それでは，§9.3.3 のはじめに述べたことに戻り，次を示そう．

定理 9.21 V，W をベクトル空間，$\varphi : V \to W$ を線形写像とする．また，$\{\boldsymbol{v}_1, \boldsymbol{v}_2, \ldots, \boldsymbol{v}_m\}$ を V の基底，$\{\boldsymbol{w}_1, \boldsymbol{w}_2, \ldots, \boldsymbol{w}_n\}$ を W の基底，$A = (a_{ij})_{m \times n}$ を V，W の基底 $\{\boldsymbol{v}_1, \boldsymbol{v}_2, \ldots, \boldsymbol{v}_m\}$，$\{\boldsymbol{w}_1, \boldsymbol{w}_2, \ldots, \boldsymbol{w}_n\}$ に関する φ の表現行列とする．さらに，$\varphi^* : W^* \to V^*$ を φ の双対写像 章末問題 8.5，$\{f_1, f_2, \ldots, f_m\}$ を $\{\boldsymbol{v}_1, \boldsymbol{v}_2, \ldots, \boldsymbol{v}_m\}$ の双対基底，$\{g_1, g_2, \ldots, g_n\}$ を $\{\boldsymbol{w}_1, \boldsymbol{w}_2, \ldots, \boldsymbol{w}_n\}$ の双対基底とする．

このとき，W^*，V^* の基底 $\{g_1, g_2, \ldots, g_n\}$，$\{f_1, f_2, \ldots, f_m\}$ に関する φ^* の表現行列を $B = (b_{ji})_{n \times m}$ とすると，

$$a_{ij} = b_{ji} \quad (i = 1, 2, \ldots, m, \ j = 1, 2, \ldots, n) \tag{9.111}$$

である.

【証明】　まず, 表現行列の定義より,

$$\varphi(\boldsymbol{v}_i) = a_{i1}\boldsymbol{w}_1 + a_{i2}\boldsymbol{w}_2 + \cdots + a_{in}\boldsymbol{w}_n \quad (i = 1, 2, \ldots, m), \tag{9.112}$$

$$\varphi^*(g_j) = b_{j1}f_1 + b_{j2}f_2 + \cdots + b_{jm}f_m \quad (j = 1, 2, \ldots, n) \tag{9.113}$$

である (9.79). ここで, $i = 1, 2, \ldots, m$ とすると, 双対写像の定義 (8.66), (9.112), W^* の元が線形写像であること, 双対基底の定義 §9.3.3 より,

$$\begin{aligned}
(\varphi^*(g_j))(\boldsymbol{v}_i) &= (g_j \circ \varphi)(\boldsymbol{v}_i) = g_j(\varphi(\boldsymbol{v}_i)) \\
&= g_j(a_{i1}\boldsymbol{w}_1 + a_{i2}\boldsymbol{w}_2 + \cdots + a_{in}\boldsymbol{w}_n) \\
&= a_{i1}g_j(\boldsymbol{w}_1) + a_{i2}g_j(\boldsymbol{w}_2) + \cdots + a_{in}g_j(\boldsymbol{w}_n) = a_{ij} \tag{9.114}
\end{aligned}$$

となる. また, V^* の和やスカラー倍の定義および双対基底の定義より,

$$(b_{j1}f_1 + b_{j2}f_2 + \cdots + b_{jm}f_m)(\boldsymbol{v}_i) = b_{j1}f_1(\boldsymbol{v}_i) + b_{j2}f_2(\boldsymbol{v}_i) + \cdots + b_{jm}f_m(\boldsymbol{v}_i)$$

$$= b_{ji} \tag{9.115}$$

となる. よって, (9.113)〜(9.115) より, (9.111) がなりたつ. □

§9.3.5　転置行列 ···◇◇◇

　定理 9.21 において, (9.111) より, φ^* の表現行列 B は φ の表現行列 A の行と列を入れ替えたものとなっている. 一般に, $m \times n$ 行列 A に対して, A の行と列を入れ替えて得られる $n \times m$ 行列を ^tA, A^t または $A^\top$ などと表し, A の**転置行列** (transposed matrix) という. すなわち,

$$A = \begin{pmatrix} a_{11} & a_{12} & \cdots & a_{1n} \\ a_{21} & a_{22} & \cdots & a_{2n} \\ \vdots & \vdots & \ddots & \vdots \\ a_{m1} & a_{m2} & \cdots & a_{mn} \end{pmatrix} \tag{9.116}$$

のとき,

$$
{}^t A = \begin{pmatrix} a_{11} & a_{21} & \cdots & a_{m1} \\ a_{12} & a_{22} & \cdots & a_{m2} \\ \vdots & \vdots & \ddots & \vdots \\ a_{1n} & a_{2n} & \cdots & a_{mn} \end{pmatrix} \tag{9.117}
$$

である. とくに,

$$
{}^t({}^t A) = A \tag{9.118}
$$

である. また, n 次行列の転置行列は n 次行列である.

◇ **例 9.13** 2×3 行列 $\begin{pmatrix} 1 & 2 & 3 \\ 4 & 5 & 6 \end{pmatrix}$ の転置行列は 3×2 行列 $\begin{pmatrix} 1 & 4 \\ 2 & 5 \\ 3 & 6 \end{pmatrix}$ である. ◇

行列の演算と転置行列の関係について, 次がなりたつ.

定理 9.22 A, B を行列とすると [8), 次の (1)〜(3) がなりたつ.
(1) ${}^t(A + B) = {}^t A + {}^t B$.
(2) k をスカラーとすると, ${}^t(kA) = k\,{}^t A$.
(3) ${}^t(AB) = {}^t B\,{}^t A$ [9).

【証明】 (1) のみ示し, (2), (3) の証明は問 9.25 とする.
(1) 転置行列の定義より,

$$
\begin{aligned}
{}^t(A+B) \text{ の } (j,i) \text{ 成分} &= A + B \text{ の } (i,j) \text{ 成分} \\
&= A \text{ の } (i,j) \text{ 成分} + B \text{ の } (i,j) \text{ 成分} \\
&= {}^t A \text{ の } (j,i) \text{ 成分} + {}^t B \text{ の } (j,i) \text{ 成分} \tag{9.119}
\end{aligned}
$$

である. よって, (1) がなりたつ. □

問 9.25 (1) 定理 9.22 (2) を示せ. ✪   (2) 定理 9.22 (3) を示せ. ✪

§9.3.6 対称行列と交代行列 ················◇◇◇

転置行列の概念を用いて, 特別な実正方行列として, 対称行列や交代行列

[8) 行列の型は演算が可能なものであるとする §8.2.4.
[9) 等式の両辺で A, B の順番が替わっていることに注意しよう.

を定めることができる．まず，対称行列から述べよう．

定義 9.5 A を実正方行列とする．$^tA = A$ となるとき，A を**対称行列**
(symmetric matrix) という．

A を対称行列とすると，定義 9.5 より，A の (i, j) 成分と (j, i) 成分は等し
い．よって，次がなりたつ．

定理 9.23 $A = (a_{ij})_{n \times n} \in M_n(\mathbf{R})$ §8.2.2 とする．A が対称行列であるた
めの必要十分条件は

$$a_{ij} = a_{ji} \quad (i, j = 1, 2, \ldots, n) \tag{9.120}$$

である．

◇ **例 9.14**   1 次，2 次，3 次の対称行列はそれぞれ

$$(a) = a, \quad \begin{pmatrix} a & b \\ b & c \end{pmatrix}, \quad \begin{pmatrix} a & b & c \\ b & d & e \\ c & e & f \end{pmatrix} \tag{9.121}$$

と表される．ただし，$a, b, c, d, e, f \in \mathbf{R}$ である．   ◇

問 9.26   次の行列が対称行列となるような a の値を求めよ．

(1) $\begin{pmatrix} 1 & a^2 \\ a & a^3 \end{pmatrix}$. 易重要   (2) $\begin{pmatrix} 1 & a^3 & a^6 \\ a & a^4 & a^7 \\ a^2 & a^5 & a^8 \end{pmatrix}$. 易重要

問 9.27 $A \in M_{m,n}(\mathbf{R})$ §8.2.2 とすると，$A\,^tA$ はすべての対角成分が 0 以上の対
称行列であることを示せ．

次に，交代行列を定めよう．

定義 9.6 A を実正方行列とする．$^tA = -A$ となるとき，A を**交代行列**
(skew-symmetric matrix) または**反対称行列** (antisymmetric matrix) と
いう．

A を交代行列とすると，定義 9.6 より，A の (i, j) 成分は (j, i) 成分の -1
倍である．よって，次がなりたつ．

定理 9.24 $A = (a_{ij})_{n \times n} \in M_n(\mathbf{R})$ とする．A が交代行列であるための必要十分条件は

$$a_{ij} = -a_{ji} \quad (i, j = 1, 2, \ldots, n) \tag{9.122}$$

である．とくに，交代行列の対角成分はすべて 0 である．

◇ **例 9.15** 1 次，2 次，3 次の交代行列はそれぞれ

$$(0) = 0, \quad \begin{pmatrix} 0 & a \\ -a & 0 \end{pmatrix}, \quad \begin{pmatrix} 0 & a & b \\ -a & 0 & c \\ -b & -c & 0 \end{pmatrix} \tag{9.123}$$

と表される．ただし，$a, b, c \in \mathbf{R}$ である． ◇

問 9.28 次の行列が交代行列となるような a, b の値を求めよ．

(1) $\begin{pmatrix} 0 & a \\ a^2 & a+b \end{pmatrix}$. 易 重要 (2) $\begin{pmatrix} 0 & a & a^2 \\ -a^3 & a+b & a^5 \\ -a^6 & -a^7 & b-a^2b \end{pmatrix}$. 易 重要

9

基底変換行列と表現行列

本節のまとめ

☑ 有限次元のベクトル空間の間の線形写像に対して，基底を選んでおくことにより，表現行列を対応させることができる． §9.3.1

☑ ベクトル空間の基底があたえられると，双対空間に対して双対基底を定めることができる． §9.3.3

☑ 有限次元のベクトル空間の第 2 双対空間はもとのベクトル空間と自然に同一視することができる． 注意 9.1

☑ 双対基底を考えると，双対写像の表現行列はもとの線形写像の表現行列の転置行列となる． §9.3.4 §9.3.5

☑ 転置行列の概念を用いて，対称行列や交代行列を定めることができる． §9.3.6

章末問題

◇···•━━━━━━━━━━━━━━━━━━━━━━━━━━━━━━━━•···◇

=== 標準問題 ===

問題 9.1　W を n 次の対称行列全体の集合とする．次の問に答えよ．

(1) $A, B \in W$，$k \in \mathbf{R}$ ならば，$A + B, kA \in W$ であることを示せ．易 重要 ★

(2) n 次の零行列 O はベクトル空間 $M_n(\mathbf{R})$ の零ベクトルであり，$O \in W$ なので，(1) と合わせると，W は定理 7.3 の条件 (a)～(c) をみたし，$M_n(\mathbf{R})$ の部分空間となる．ここで，$E_{ij} \in M_n(\mathbf{R})$ $(i, j = 1, 2, \ldots, n)$ を行列単位 問 9.3 とする．このとき，$E_{ii} \in W$ $(i = 1, 2, \ldots, n)$，$E_{ij} + E_{ji} \in W$ $(1 \leq i < j \leq n)$ である．E_{ii} $(i = 1, 2, \ldots, n)$，$E_{ij} + E_{ji}$ $(1 \leq i < j \leq n)$ は 1 次独立であることを示せ．重要

(3) $W = \langle E_{ii} (i = 1, 2, \ldots, n), E_{ij} + E_{ji} (1 \leq i < j \leq n) \rangle_{\mathbf{R}}$ であることを示せ．重要

(4) (2), (3) より，$\{E_{ii} (i = 1, 2, \ldots, n), E_{ij} + E_{ji} (1 \leq i < j \leq n)\}$ は W の基底となる．W の次元を求めよ．重要

問題 9.2　W を n 次の交代行列全体の集合とする．次の問に答えよ．

(1) $A, B \in W$，$k \in \mathbf{R}$ ならば，$A + B, kA \in W$ であることを示せ．易 重要 ★

(2) n 次の零行列 O はベクトル空間 $M_n(\mathbf{R})$ の零ベクトルであり，$O \in W$ なので，(1) と合わせると，W は定理 7.3 の条件 (a)～(c) をみたし，$M_n(\mathbf{R})$ の部分空間となる．ここで，$n \geq 2$ とし，$E_{ij} \in M_n(\mathbf{R})$ $(i, j = 1, 2, \ldots, n)$ を行列単位とする．このとき，$E_{ij} - E_{ji} \in W$ $(1 \leq i < j \leq n)$ である．$E_{ij} - E_{ji}$ $(1 \leq i < j \leq n)$ は 1 次独立であることを示せ．重要

(3) $W = \langle E_{ij} - E_{ji} (1 \leq i < j \leq n) \rangle_{\mathbf{R}}$ であることを示せ．重要

(4) (2), (3) より，$\{E_{ij} - E_{ji} (1 \leq i < j \leq n)\}$ は W の基底となる．W の次元を求めよ．重要

問題 9.3　A を n 次行列とする．ある $n \times m$ 行列 B が存在し，

$$AB = O, \quad B \neq O \tag{9.124}$$

となるならば，A は正則ではないことを示せ．

問題 9.4　A を n 次行列とする．次の問に答えよ．

(1) $m \in \mathbf{N}$ に対して，

$$(E_n - A)(E_n + A + A^2 + \cdots + A^{m-1}) \tag{9.125}$$

を計算せよ． 🈞

(2) A がべき零行列 例8.10 ならば，$E_n - A$ は正則であることを示し，$E_n - A$ の逆行列を求めよ．

(3) A がべき零行列ならば，$E_n + A$ は正則であることを示し，$E_n + A$ の逆行列を求めよ．

問題 9.5　A を正方行列とする．A が正則ならば，${}^t A$ は正則であり，

$$({}^t A)^{-1} = {}^t (A^{-1}) \tag{9.126}$$

であることを示せ．

補足　(9.126) より，$({}^t A)^{-1}$ および ${}^t (A^{-1})$ はともに ${}^t A^{-1}$ と表しても構わない．

━━━━━━━━━━ **発展問題** ━━━━━━━━━━

問題 9.6　$\Phi \in (M_n(\mathbf{R}))^*$ とし，任意の $A, B \in M_n(\mathbf{R})$ に対して，

$$\Phi(AB) = \Phi(BA) \tag{9.127}$$

であると仮定する．次の問に答えよ．

(1) $E_{ij} \in M_n(\mathbf{R})$ $(i, j = 1, 2, \ldots, n)$ を行列単位 問9.3 とすると，

$$\Phi(E_{11}) = \Phi(E_{22}) = \cdots = \Phi(E_{nn}), \quad \Phi(E_{ij}) = 0 \quad (i \neq j) \tag{9.128}$$

であることを示せ． 🈞

(2) ある $c \in \mathbf{R}$ が存在し，任意の $A = (a_{ij})_{n \times n} \in M_n(\mathbf{R})$ に対して，

$$\Phi(A) = c(a_{11} + a_{22} + \cdots + a_{nn}) \tag{9.129}$$

となることを示せ．

(3) $A, P \in M_n(\mathbf{R})$ とする．P が正則ならば，

$$\Phi(PAP^{-1}) = \Phi(A) \tag{9.130}$$

であることを示せ．

補足　(9.129) において，$c = 1$ のときの $\Phi(A)$ を $\operatorname{tr} A$ と表し，A の**トレース** (trace) または跡という [10]．すなわち，$\operatorname{tr} A$ は A のすべての対角成分の和である．と

くに,

$$\operatorname{tr}{}^{t}A = \operatorname{tr} A \tag{9.131}$$

である.

　さらに,有限次元のベクトル空間の線形変換に対しても,トレースを定めることができる.すなわち,V を有限次元のベクトル空間,$f : V \to V$ を線形変換とし,V の基底 $\{\boldsymbol{v}_1, \boldsymbol{v}_2, \ldots, \boldsymbol{v}_n\}$ を選んでおき,A を基底 $\{\boldsymbol{v}_1, \boldsymbol{v}_2, \ldots, \boldsymbol{v}_n\}$ に関する f の表現行列とする.このとき,f のトレース $\operatorname{tr} f$ を

$$\operatorname{tr} f = \operatorname{tr} A \tag{9.132}$$

により定めると,定理 9.16 および (9.130) より,$\operatorname{tr} f$ の定義は基底の選び方に依存せず,well-defined である §6.2.1 .

問題 9.7 W をトレースが 0 となる n 次の実行列全体の集合とする.次の問に答えよ.

(1) $A, B \in W$, $k \in \mathbf{R}$ ならば,$A + B, kA \in W$ であることを示せ. 易重要

(2) n 次の零行列 O はベクトル空間 $M_n(\mathbf{R})$ の零ベクトルであり,$O \in W$ なので,(1) と合わせると,W は定理 7.3 の条件 (a)〜(c) をみたし,$M_n(\mathbf{R})$ の部分空間となる.ここで,$n \geq 2$ とし,$E_{ij} \in M_n(\mathbf{R})$ $(i, j = 1, 2, \ldots, n)$ を行列単位とする.このとき,$E_{ii} - E_{nn} \in W$ $(i = 1, 2, \ldots, n-1)$,$E_{ij} \in W$ $(i, j = 1, 2, \ldots, n,\ i \neq j)$ である.$E_{ii} - E_{nn} \in W$ $(i = 1, 2, \ldots, n-1)$,$E_{ij} \in W$ $(i, j = 1, 2, \ldots, n,\ i \neq j)$ は 1 次独立であることを示せ. 重要

(3) $W = \langle E_{ii} - E_{nn}\ (i = 1, 2, \ldots, n-1),\ E_{ij}\ (i, j = 1, 2, \ldots, n,\ i \neq j) \rangle_{\mathbf{R}}$ であることを示せ. 重要

(4) (2), (3) より,$\{E_{ii} - E_{nn}\ (i = 1, 2, \ldots, n-1)\}$, $E_{ij}\ (i, j = 1, 2, \ldots, n, i \neq j)\}$ は W の基底となる.W の次元を求めよ. 重要

問題 9.8 次の問に答えよ.

(1) A を実正方行列とすると,$\frac{1}{2}(A + {}^{t}A)$ は対称行列であることを示せ. 易

(2) A を実正方行列とすると,$\frac{1}{2}(A - {}^{t}A)$ は交代行列であることを示せ. 易

(3) 対称行列かつ交代行列となる実正方行列は零行列に限ることを示せ.

(4) 任意の実正方行列は対称行列と交代行列の和で一意的に表されることを示せ.

標準

---

10) A は複素行列でもよい.

問題 9.9　実正方行列 A は

$$A{}^t A = {}^t A A = E \tag{9.133}$$

をみたすとき, **直交行列** (orthogonal matrix) という. なお, 定理 9.10 より, $A{}^t A = E$ または ${}^t A A = E$ のいずれかをみたす実正方行列 A を直交行列と定めてもよい. n 次の直交行列全体の集合を $\mathrm{O}(n)$ と表す. 次の問に答えよ.

(1) $E_n \in \mathrm{O}(n)$ であることを示せ. 🔲

(2) $\mathrm{O}(1)$ を外延的記法 §1.1.4 により表せ. 🔲

(3) $\mathrm{O}(2)$ は

$$\mathrm{O}(2) = \left\{ \begin{pmatrix} \cos\theta & -\sin\theta \\ \sin\theta & \cos\theta \end{pmatrix}, \begin{pmatrix} \cos\theta & \sin\theta \\ \sin\theta & -\cos\theta \end{pmatrix} \ \middle| \ 0 \le \theta < 2\pi \right\} \tag{9.134}$$

　　と表されることを示せ.

(4) $A, B \in \mathrm{O}(n)$ ならば, $AB \in \mathrm{O}(n)$ であることを示せ. 🔲

(5) $A \in \mathrm{O}(n)$ ならば, A は正則であり, $A^{-1} \in \mathrm{O}(n)$ であることを示せ. 🔲

第10章

行列式と複素数

10.1 置　換

 行列式は線形変換に対する固有な量であり，トレース 章末問題 9.6 と並んで重要なものである．本節では，行列式を定めるための準備として，置換について述べる．

§10.1.1 置換の定義と例

まず，置換とよばれるものを定めよう．$n \in \mathbf{N}$ とし，1 から n までの自然数全体の集合を X_n とおく．すなわち，

$$X_n = \{1, 2, \ldots, n\} \tag{10.1}$$

である．このとき，X_n から X_n への全単射を n 文字の**置換** (permutation) という．要するに，n 文字の置換とは n 個の数 1，2，$\ldots$，n の並べ替えのことである．n 文字の置換全体の集合を S_n と表す．置換の定義より，S_n の元の個数は，n 個のものから n 個選ぶ順列の総数に等しく，$n!$ である．すなわち，次がなりたつ．

∥ **定理 10.1** S_n は $n!$ 個の元からなる有限集合である．

置換の表し方について述べておこう．$\sigma \in S_n$ によって，1，2，$\ldots$，n が k_1，k_2，$\ldots$，k_n と並べ替えられるとき，すなわち，

$$\sigma(i) = k_i \quad (i = 1, 2, \ldots, n) \tag{10.2}$$

のとき，

$$\sigma = \begin{pmatrix} 1 & 2 & \cdots & n \\ k_1 & k_2 & \cdots & k_n \end{pmatrix} \tag{10.3}$$

と表す. (10.3) の右辺は $2 \times n$ 行列を表しているのではないことに注意しよう.

◇ **例 10.1**（恒等置換） 恒等写像 $1_{X_n} \in S_n$ は ε とも表し, **恒等置換** (identity permutation) または**単位置換** (unit permutation) ともいう. 恒等置換 $\varepsilon \in S_n$ を (10.3) のように表すと,

$$\varepsilon = \begin{pmatrix} 1 & 2 & \cdots & n \\ 1 & 2 & \cdots & n \end{pmatrix} \tag{10.4}$$

である. ◇

✏ **注意 10.1** 置換を (10.3) のように表す際には, 並べ替えた後の数字が並べ替える前の数字の下に書いてさえあればよい. また, いくつかの数字が変わらないときは, 変わらない部分を省略してもよい.

> **例題 10.1** 1, 2, 3, 4 を 4, 1, 3, 2 と並べ替える 4 文字の置換を (10.3) のように表せ. また, 注意 10.1 にしたがい, さらに 2 通りの方法で表せ.

解説 1 の下に 4, 2 の下に 1, 3 の下に 3, 4 の下に 2 を書いて, (10.3) のように表すと, あたえられた置換は

$$\begin{pmatrix} 1 & 2 & 3 & 4 \\ 4 & 1 & 3 & 2 \end{pmatrix} \tag{10.5}$$

である. さらに, 注意 10.1 より, あたえられた置換は

$$\begin{pmatrix} 2 & 1 & 4 & 3 \\ 1 & 4 & 2 & 3 \end{pmatrix}, \quad \begin{pmatrix} 1 & 2 & 4 \\ 4 & 1 & 2 \end{pmatrix} \tag{10.6}$$

と表すこともできる. □

問 10.1 1, 2, 3, 4 を 1, 4, 3, 2 と並べ替える 4 文字の置換を例題 10.1 のように 3 通りの方法で表せ.

§10.1.2 置換の積と逆置換

全単射と全単射の合成は全単射である 定理 2.4. よって, 置換の定義より, $\sigma, \tau \in S_n$ ならば, $\sigma \circ \tau \in S_n$ である. $\sigma \circ \tau$ を $\sigma\tau$ と表し, σ と τ の**積**

(product) という．とくに，$\varepsilon \in S_n$ は恒等写像なので，任意の $\sigma \in S_n$ に対して，

$$\sigma\varepsilon = \varepsilon\sigma = \sigma \tag{10.7}$$

である．また，写像の合成に対する結合律 定理 2.2 より，$\sigma, \tau, \rho \in S_n$ に対して，$(\sigma\tau)\rho$ および $\sigma(\tau\rho)$ はともに $\sigma\tau\rho$ と書いても構わない．

例題 10.2 $\sigma, \tau \in S_4$ を

$$\sigma = \begin{pmatrix} 1 & 2 & 3 & 4 \\ 4 & 1 & 3 & 2 \end{pmatrix}, \quad \tau = \begin{pmatrix} 1 & 2 & 3 & 4 \\ 4 & 1 & 2 & 3 \end{pmatrix} \tag{10.8}$$

により定める．このとき，$\sigma\tau$ および $\tau\sigma$ を求めよ．

解説 まず，

$$(\sigma\tau)(1) = \sigma(\tau(1)) = \sigma(4) = 2, \quad (\sigma\tau)(2) = \sigma(\tau(2)) = \sigma(1) = 4, \tag{10.9}$$

$$(\sigma\tau)(3) = \sigma(\tau(3)) = \sigma(2) = 1, \quad (\sigma\tau)(4) = \sigma(\tau(4)) = \sigma(3) = 3 \tag{10.10}$$

である．よって，

$$\sigma\tau = \begin{pmatrix} 1 & 2 & 3 & 4 \\ 2 & 4 & 1 & 3 \end{pmatrix} \tag{10.11}$$

である．また，

$$(\tau\sigma)(1) = \tau(\sigma(1)) = \tau(4) = 3, \quad (\tau\sigma)(2) = \tau(\sigma(2)) = \tau(1) = 4, \tag{10.12}$$

$$(\tau\sigma)(3) = \tau(\sigma(3)) = \tau(3) = 2, \quad (\tau\sigma)(4) = \tau(\sigma(4)) = \tau(2) = 1 \tag{10.13}$$

である．よって，

$$\tau\sigma = \begin{pmatrix} 1 & 2 & 3 & 4 \\ 3 & 4 & 2 & 1 \end{pmatrix} \tag{10.14}$$

である． □

注意 10.2 (10.11), (10.14) からも分かるように，置換の積は交換可能であるとは限らない．すなわち，$\sigma, \tau \in S_n$ に対して，$\sigma\tau = \tau\sigma$ がなりたつとは限らない．

問 10.2 $\sigma, \tau \in S_3$ を

$$\sigma = \begin{pmatrix} 1 & 2 & 3 \\ 3 & 1 & 2 \end{pmatrix}, \quad \tau = \begin{pmatrix} 1 & 2 & 3 \\ 2 & 1 & 3 \end{pmatrix} \tag{10.15}$$

により定める. このとき, $\sigma\tau$ および $\tau\sigma$ を求めよ. 🈩

全単射に対しては逆写像が存在する §2.2.4. とくに, S_n の元は X_n から X_n への全単射なので, $\sigma \in S_n$ とすると, σ の逆写像 σ^{-1} は S_n の元, すなわち, $\sigma^{-1} \in S_n$ である. σ^{-1} を σ の**逆置換** (inverse permutation) という. このとき,

$$\sigma\sigma^{-1} = \sigma^{-1}\sigma = \varepsilon \tag{10.16}$$

である. また, σ を

$$\sigma = \begin{pmatrix} 1 & 2 & \cdots & n \\ k_1 & k_2 & \cdots & k_n \end{pmatrix} \tag{10.17}$$

と表しておくと,

$$\sigma^{-1} = \begin{pmatrix} k_1 & k_2 & \cdots & k_n \\ 1 & 2 & \cdots & n \end{pmatrix} \tag{10.18}$$

である.

✎注意 10.3（群）　S_n は上で定めた積に関して, 群という代数的構造をもち, n **次の対称群** (symmetric group of degree n) ともよばれる. 群は数学のさまざまな場面で現れる対象であり, 実は, 本書の中でもいくつか例が現れているが, ここでは群の定義だけを述べるに留めておこう.

G を集合とし, $a, b \in G$ に対して, a と b の積 $ab \in G$ が定められているとする. $a, b, c \in G$ とすると, 次の (1)～(3) がなりたつとき, G を**群** (group) という.

(1) $(ab)c = a(bc)$.　（**結合律**）

(2) ある特別な元 $e \in G$ が存在し, 任意の a に対して, $ae = ea = a$ となる. この e を**単位元** (unit element) という.

(3) 任意の $a \in G$ に対して, ある $a' \in G$ が存在し, $aa' = a'a = e$ となる. この a' を a の**逆元** (inverse element) という.

§10.1.3　巡回置換と互換 ·· ◇◇◇

　互いに異なる $k_1, k_2, \ldots, k_r \in X_n$ を選んでお
く．このとき，

$$\begin{pmatrix} k_1 & k_2 & \cdots & k_r \\ k_2 & k_3 & \cdots & k_1 \end{pmatrix} \in S_n \qquad (10.19)$$

を

$$(k_1 \ k_2 \ \cdots \ k_r) \qquad (10.20)$$

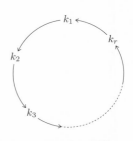

図 10.1　巡回置換

と表し，**巡回置換** (cyclic permutation) という（図
10.1）．とくに，$(k_1 \ k_2)$ と表される巡回置換を**互換**
(interchange) という（図 10.2）．

$$k_1 \longleftrightarrow k_2$$

図 10.2　互換

　まず，巡回置換に関して，次がなりたつことが分
かる．

‖ **定理 10.2**　任意の置換はいくつかの巡回置換の積で表すことができる．

　定理 10.2 を具体的な例で確かめてみよう．

◇ **例 10.2**　$\sigma \in S_7$ を

$$\sigma = \begin{pmatrix} 1 & 2 & 3 & 4 & 5 & 6 & 7 \\ 4 & 1 & 2 & 3 & 6 & 7 & 5 \end{pmatrix} \qquad (10.21)$$

により定める．

　まず，σ の定義より，

$$\sigma(1) = 4, \quad \sigma(4) = 3, \quad \sigma(3) = 2, \quad \sigma(2) = 1 \qquad (10.22)$$

であるが，これを

$$1 \mapsto 4 \mapsto 3 \mapsto 2 \mapsto 1 \qquad (10.23)$$

と表すことにする．(10.23) において，一番左の 1 と一番右の 1 が等しいことに注
意しよう．

　次に，(10.23) に現れなかった $5 \in X_7$ に注目し，(10.23) の表し方を用いると，
σ の定義より，

$$5 \mapsto 6 \mapsto 7 \mapsto 5 \qquad (10.24)$$

となる.

　よって, σ は 2 つの巡回置換 $(5\ 6\ 7)$ と $(1\ 4\ 3\ 2)$ の積として,

$$\sigma = (5\ 6\ 7)(1\ 4\ 3\ 2) \tag{10.25}$$

と表すことができる. なお, $(5\ 6\ 7)$ と $(1\ 4\ 3\ 2)$ は交換可能であり,

$$\sigma = (1\ 4\ 3\ 2)(5\ 6\ 7) \tag{10.26}$$

と表すこともできる. ◇

問 10.3 $\sigma \in S_7$ を

$$\sigma = \begin{pmatrix} 1 & 2 & 3 & 4 & 5 & 6 & 7 \\ 4 & 5 & 1 & 7 & 6 & 2 & 3 \end{pmatrix} \tag{10.27}$$

により定める. σ を巡回置換の積で表せ. 易 重要

　さらに, 次がなりたつ.

|| **定理 10.3**　任意の置換はいくつかの互換の積で表すことができる.

【証明】　定理 10.2 より, 置換は巡回置換の積で表すことができるので, 巡回置換をいくつかの互換の積で表せばよい.

　巡回置換 $(k_1\ k_2\ \cdots\ k_r)$ に対して,

$$(k_1\ k_2\ \cdots\ k_r) = (k_1\ k_r)(k_1\ k_{r-1})\cdots(k_1\ k_3)(k_1\ k_2) \tag{10.28}$$

である. 実際,

$$((k_1\ k_r)(k_1\ k_{r-1})\cdots(k_1\ k_3)(k_1\ k_2))(k_1) = ((k_1\ k_r)(k_1\ k_{r-1})\cdots(k_1\ k_3))(k_2)$$
$$= k_2, \tag{10.29}$$
$$((k_1\ k_r)(k_1\ k_{r-1})\cdots(k_1\ k_3)(k_1\ k_2))(k_2) = ((k_1\ k_r)(k_1\ k_{r-1})\cdots(k_1\ k_3))(k_1)$$
$$= ((k_1\ k_r)(k_1\ k_{r-1})\cdots(k_1\ k_4))(k_3) = k_3, \tag{10.30}$$
$$\vdots$$
$$((k_1\ k_r)(k_1\ k_{r-1})\cdots(k_1\ k_3)(k_1\ k_2))(k_r) = (k_1\ k_r)(k_r) = k_1 \tag{10.31}$$

となる. よって, 巡回置換はいくつかの互換の積で表すことができる. □

§10.1.4　置換の符号 ···◇◇◇

　行列式を定める際には，置換の符号とよばれる概念を用いる．$\sigma \in S_n$ が m 個の互換の積で表されるとき，$\operatorname{sgn} \sigma \in \{\pm 1\}$ を

$$\operatorname{sgn} \sigma = (-1)^m \tag{10.32}$$

により定め，これを σ の**符号**（signature または sign）という．ただし，

$$\operatorname{sgn} \varepsilon = 1 \tag{10.33}$$

と約束する．

　1 つの置換を互換の積として表すときの表し方は一意的ではない．例えば，巡回置換 $(1\ 2\ 3)$ は

$$(1\ 2\ 3) = (1\ 2)(2\ 3) = (1\ 3)(1\ 2) = (2\ 3)(1\ 2)(2\ 3)(1\ 2) \tag{10.34}$$

などと表すことができる．しかし，現れる互換の個数が偶数であるか奇数であるのかについては，1 つの互換に対していつも同じであることが分かる．よって，次がなりたつ．

> **定理 10.4**　置換の符号は互換の積の表し方に依存しない．すなわち，置換の符号の定義 (10.32) は well-defined §6.2.1 である．

◇ **例 10.3**　例 10.2 の $\sigma \in S_7$ を考えよう．このとき，(10.25) のように σ は巡回置換の積で表され，さらに，それぞれの巡回置換は (10.28) を用いて，互換の積で表すことができる．すなわち，

$$\sigma = \begin{pmatrix} 1 & 2 & 3 & 4 & 5 & 6 & 7 \\ 4 & 1 & 2 & 3 & 6 & 7 & 5 \end{pmatrix}$$
$$= (5\ 6\ 7)(1\ 4\ 3\ 2) = (5\ 7)(5\ 6)(1\ 2)(1\ 3)(1\ 4) \tag{10.35}$$

である．よって，

$$\operatorname{sgn} \sigma = (-1)^5 = -1 \tag{10.36}$$

である．　　　　　　　　　　　　　　　　　　　　　　　　　　　　　◇

$\boxed{\text{問 10.4}}$　9 文字の置換

$$(1\ 2)(3\ 4\ 5)(6\ 7\ 8\ 9) \in S_9 \tag{10.37}$$

の符号を求めよ. 易重要

　置換の符号について，次がなりたつ.

> **定理 10.5**　$\sigma, \tau \in S_n$ とすると，次の (1)，(2) がなりたつ.
> (1) $\mathrm{sgn}\,(\sigma\tau) = (\mathrm{sgn}\,\sigma)(\mathrm{sgn}\,\tau)$.
> (2) $\mathrm{sgn}\,(\sigma^{-1}) = \mathrm{sgn}\,\sigma$.

【証明】 (1) のみ示し，(2) の証明は問 10.5 とする.
(1) σ，τ がそれぞれ l 個，m 個の互換の積で表されるとする．このとき，$\sigma\tau$ は $(l+m)$ 個の互換の積で表される．ここで，

$$(-1)^{m+n} = (-1)^m(-1)^n \tag{10.38}$$

である．よって，置換の符号の定義 (10.32) より，(1) がなりたつ. □

$\boxed{\text{問 10.5}}$　定理 10.5 (2) を示せ.

✏ **注意 10.4**（準同型写像）　注意 10.3 では，S_n が群であることを述べたが，集合 $\{\pm 1\}$ も通常の数の積に関して群となる．このとき，定理 10.5 (1) は置換の符号を対応させる S_n から $\{\pm 1\}$ への写像が準同型写像とよばれる特別な写像であることを主張している．ここでも群の間の準同型写像の定義のみを述べるに留めておこう.
　G，H を群，$f : G \to H$ を写像とする．任意の $a, b \in G$ に対して，

$$f(ab) = f(a)f(b) \tag{10.39}$$

であるとき，f を**準同型写像** (homomorphism) という.

§10.1.5　偶置換と奇置換 ··································· ◇◇◇

　置換の符号の定義 (10.32) より，置換は偶数個の互換の積で表されるとき符号が 1 となり，奇数個の互換の積で表されるとき符号が -1 となる．そこで，$\sigma \in S_n$ は $\mathrm{sgn}\,\sigma = 1$ のとき**偶置換** (even permutation)，$\mathrm{sgn}\,\sigma = -1$ のとき**奇置換** (odd permutation) という.

◇ **例 10.4** 1 文字〜3 文字の置換について考えよう.

まず, S_1 は 1 個の元からなり 定理 10.1 ,

$$S_1 = \{\varepsilon\} \tag{10.40}$$

である. また, (10.33) より, ε は偶置換である.

次に, S_2 は 2 個の元からなり,

$$S_2 = \{\varepsilon, (1\ 2)\} \tag{10.41}$$

である. また, ε は偶置換, $(1\ 2)$ は奇置換である.

さらに, S_3 は 6 個の元からなり,

$$S_3 = \{\varepsilon, (1\ 2), (1\ 3), (2\ 3), (1\ 2\ 3), (1\ 3\ 2)\} \tag{10.42}$$

である. S_3 の偶置換, 奇置換については, 問 10.6 としよう.　　　　　◇

問 10.6 S_3 の部分集合で, 偶置換全体からなるもの, 奇置換全体からなるものをそれぞれ求めよ. 重要

$n = 2, 3, 4, \ldots$ とし, n 文字の偶置換全体の集合を A_n, n 文字の奇置換全体の集合を B_n とする. 偶置換と 1 個の互換の積は奇置換となるので, 写像 $f : A_n \to B_n$ を

$$f(\sigma) = (1\ 2)\sigma \quad (\sigma \in A_n) \tag{10.43}$$

により定めることができる. このとき, 次がなりたつ.

定理 10.6 f は全単射である. とくに, A_n と B_n の元の個数は等しく, $\dfrac{n!}{2}$ である.

問 10.7 定理 10.6 について, 次の (1), (2) を示せ.
(1) f は全射である. 重要　　　　(2) f は単射である. 重要

本節のまとめ

- ☑ n 個の数 1, 2, ..., n の並べ替えを考えることにより, n 文字の置換を定めることができる. §10.1.1
- ☑ 置換に対して, 積を定めることができる. §10.1.2
- ☑ 任意の置換はいくつかの互換の積で表すことができる. 定理 10.3
- ☑ 置換に対して, 符号を定めることができる. §10.1.4

10

行列式と複素数

10.2 行列式

前節の準備をもとに, 本節では, 正方行列や線形変換の行列式について述べる.

§10.2.1 正方行列の行列式

行列式は有限次元の線形変換に対して定めることができるが, まず, 次の定理を述べ, 正方行列に対して行列式を定めることから始めよう.

定理 10.7 $\mathbf{R}^n$ の n 個の直積 $(\mathbf{R}^n)^n$ を定義域とする関数 $\Phi : (\mathbf{R}^n)^n \to \mathbf{R}$ が次の (1)～(3) をみたすと仮定する [1]. ただし, $\boldsymbol{a}_1, \ldots, \boldsymbol{a}_n, \boldsymbol{b}, \boldsymbol{c} \in \mathbf{R}^n$, $k \in \mathbf{R}$ である.

(1) 任意の $i = 1, 2, \ldots, n$ および任意の $\boldsymbol{a}_1, \ldots, \boldsymbol{a}_{i-1}, \boldsymbol{a}_{i+1}, \ldots, \boldsymbol{a}_n$, $\boldsymbol{b}, \boldsymbol{c}$ に対して,

$$\Phi(\boldsymbol{a}_1, \ldots, \boldsymbol{a}_{i-1}, \boldsymbol{b} + \boldsymbol{c}, \boldsymbol{a}_{i+1}, \ldots, \boldsymbol{a}_n)$$
$$= \Phi(\boldsymbol{a}_1, \ldots, \boldsymbol{a}_{i-1}, \boldsymbol{b}, \boldsymbol{a}_{i+1}, \ldots, \boldsymbol{a}_n) + \Phi(\boldsymbol{a}_1, \ldots, \boldsymbol{a}_{i-1}, \boldsymbol{c}, \boldsymbol{a}_{i+1}, \ldots, \boldsymbol{a}_n). \tag{10.44}$$

(2) 任意の $i = 1, 2, \ldots, n$ および任意の $\boldsymbol{a}_1, \boldsymbol{a}_2, \ldots, \boldsymbol{a}_n, k$ に対して,

$$\Phi(\boldsymbol{a}_1, \ldots, \boldsymbol{a}_{i-1}, k\boldsymbol{a}_i, \boldsymbol{a}_{i+1}, \ldots, \boldsymbol{a}_n) = k\Phi(\boldsymbol{a}_1, \boldsymbol{a}_2, \ldots, \boldsymbol{a}_n). \tag{10.45}$$

---

[1] $n = 1$ の場合は, Φ の変数は 1 つとなるので, (3) の条件は不要である.

(3) $i < j$ となる任意の $i, j = 1, 2, \ldots, n$ および任意の $\boldsymbol{a}_1, \ldots, \boldsymbol{a}_{i-1}$, $\boldsymbol{a}_{i+1}, \ldots, \boldsymbol{a}_{j-1}, \boldsymbol{a}_{j+1}, \ldots, \boldsymbol{a}_n, \boldsymbol{b}, \boldsymbol{c}$ に対して,

$$\Phi(\boldsymbol{a}_1, \ldots, \boldsymbol{a}_{i-1}, \boldsymbol{b}, \boldsymbol{a}_{i+1}, \ldots, \boldsymbol{a}_{j-1}, \boldsymbol{c}, \boldsymbol{a}_{j+1}, \ldots, \boldsymbol{a}_n)$$
$$= -\Phi(\boldsymbol{a}_1, \ldots, \boldsymbol{a}_{i-1}, \boldsymbol{c}, \boldsymbol{a}_{i+1}, \ldots, \boldsymbol{a}_{j-1}, \boldsymbol{b}, \boldsymbol{a}_{j+1}, \ldots, \boldsymbol{a}_n). \quad (10.46)$$

このとき, ある $c \in \mathbf{R}$ が存在し, $i = 1, 2, \ldots, n$ に対して,

$$\boldsymbol{a}_i = (a_{i1}, a_{i2}, \ldots, a_{in}) \quad (10.47)$$

と表しておくと, 任意の $\boldsymbol{a}_1, \boldsymbol{a}_2, \ldots, \boldsymbol{a}_n$ に対して,

$$\Phi(\boldsymbol{a}_1, \boldsymbol{a}_2, \ldots, \boldsymbol{a}_n) = c \sum_{\sigma \in S_n} (\mathrm{sgn}\,\sigma) a_{\sigma(1)1} a_{\sigma(2)2} \cdots a_{\sigma(n)n} \quad (10.48)$$

となる. ただし, $\displaystyle\sum_{\sigma \in S_n}$ はすべての $\sigma \in S_n$ に関する和を表す.

【証明】 $n = 1, 2$ の場合に条件 (1)〜(3) から (10.48) が得られることのみ示す. また, $n = 3$ の場合については問 10.8 とする. $\{\boldsymbol{e}_1, \boldsymbol{e}_2, \ldots, \boldsymbol{e}_n\}$ を $\mathbf{R}^n$ の標準基底とする 例 9.4 .

<u>$n = 1$ の場合</u>　(10.47) より,

$$\boldsymbol{a}_1 = (a_{11}) = a_{11}\boldsymbol{e}_1 \quad (10.49)$$

である. よって, 条件 (2) および例 10.4 より,

$$\Phi(\boldsymbol{a}_1) = \Phi(a_{11}\boldsymbol{e}_1) = a_{11}\Phi(\boldsymbol{e}_1) = \Phi(\boldsymbol{e}_1)(\mathrm{sgn}\,\varepsilon)a_{\varepsilon(1)1} \quad (10.50)$$

となる. したがって, $c = \Phi(\boldsymbol{e}_1)$ とおくと, (10.48) が得られる.

<u>$n = 2$ の場合</u>　(10.47) より,

$$\boldsymbol{a}_1 = a_{11}\boldsymbol{e}_1 + a_{12}\boldsymbol{e}_2, \quad \boldsymbol{a}_2 = a_{21}\boldsymbol{e}_1 + a_{22}\boldsymbol{e}_2 \quad (10.51)$$

である. よって, 条件 (1), (2) より,

$$\Phi(\boldsymbol{a}_1, \boldsymbol{a}_2) = \Phi(a_{11}\boldsymbol{e}_1 + a_{12}\boldsymbol{e}_2, a_{21}\boldsymbol{e}_1 + a_{22}\boldsymbol{e}_2)$$
$$= a_{11}a_{21}\Phi(\boldsymbol{e}_1, \boldsymbol{e}_1) + a_{11}a_{22}\Phi(\boldsymbol{e}_1, \boldsymbol{e}_2) + a_{12}a_{21}\Phi(\boldsymbol{e}_2, \boldsymbol{e}_1) + a_{12}a_{22}\Phi(\boldsymbol{e}_2, \boldsymbol{e}_2)$$
$$(10.52)$$

となる．ここで，条件 (3) より，$i = 1, 2$ とすると，

$$\Phi(\boldsymbol{e}_i, \boldsymbol{e}_i) = -\Phi(\boldsymbol{e}_i, \boldsymbol{e}_i) \tag{10.53}$$

となるので，

$$\Phi(\boldsymbol{e}_i, \boldsymbol{e}_i) = 0 \tag{10.54}$$

である．また，

$$\Phi(\boldsymbol{e}_2, \boldsymbol{e}_1) = -\Phi(\boldsymbol{e}_1, \boldsymbol{e}_2) \tag{10.55}$$

となる．したがって，(10.52)，(10.54)，(10.55) および例 10.4 より，

$$\begin{aligned}
\Phi(\boldsymbol{a}_1, \boldsymbol{a}_2) &= (a_{11}a_{22} - a_{21}a_{12})\Phi(\boldsymbol{e}_1, \boldsymbol{e}_2) \\
&= \Phi(\boldsymbol{e}_1, \boldsymbol{e}_2)\{(\operatorname{sgn}\varepsilon)a_{\varepsilon(1)1}a_{\varepsilon(2)2} + (\operatorname{sgn}(1\,2))a_{(1\,2)(1),1}a_{(1\,2)(2),2}\}
\end{aligned} \tag{10.56}$$

となる．以上より，$c = \Phi(\boldsymbol{e}_1, \boldsymbol{e}_2)$ とおくと，(10.48) が得られる．　　□

問 10.8 定理 10.7 において，$n = 3$ とする．次の問に答えよ．
(1) $c = \Phi(\boldsymbol{e}_1, \boldsymbol{e}_2, \boldsymbol{e}_3)$ とおくと，条件 (1)〜(3) から，等式

$$\begin{aligned}
\Phi(\boldsymbol{a}_1, \boldsymbol{a}_2, \boldsymbol{a}_3) = c(&a_{11}a_{22}a_{33} + a_{12}a_{23}a_{31} + a_{13}a_{21}a_{32} \\
&- a_{13}a_{22}a_{31} - a_{12}a_{21}a_{33} - a_{11}a_{23}a_{32})
\end{aligned} \tag{10.57}$$

が得られることを示せ．🔲
(2) (10.48) がなりたつことを示せ．🔲

定理 10.7 において，$c = 1$ としたものを考え，n 次行列 $A = (a_{ij})_{n \times n}$ に対して，

$$|A| = \sum_{\sigma \in S_n} (\operatorname{sgn}\sigma)a_{\sigma(1)1}a_{\sigma(2)2}\cdots a_{\sigma(n)n} \tag{10.58}$$

とおく[2]．$|A|$ を A の **行列式** (determinant) という．とくに，O を n 次の零行列とすると，

$$|O| = 0 \tag{10.59}$$

である．また，単位行列の行列式は 1，すなわち，

$$|E_n| = 1 \tag{10.60}$$

---

[2] A は複素行列でもよい．

である. $|A|$ は

$$
\begin{vmatrix}
a_{11} & a_{12} & \cdots & a_{1n} \\
a_{21} & a_{22} & \cdots & a_{2n} \\
\vdots & \vdots & \ddots & \vdots \\
a_{n1} & a_{n2} & \cdots & a_{nn}
\end{vmatrix}, \quad \det A, \quad \det \begin{pmatrix}
a_{11} & a_{12} & \cdots & a_{1n} \\
a_{21} & a_{22} & \cdots & a_{2n} \\
\vdots & \vdots & \ddots & \vdots \\
a_{n1} & a_{n2} & \cdots & a_{nn}
\end{pmatrix} \tag{10.61}
$$

などとも表す. 絶対値の記号と間違える恐れのあるときは,「det」を用いた方がよい. なお, 定理 10.7 の条件 (1), (2) を**多重線形性** (multiple linearity), 条件 (3) を**交代性** (alternativity) という.

まず, 1 次〜3 次の正方行列の行列式について考えよう.

◇ **例 10.5** (10.50) より, 1 次行列 $(a_{11})_{1 \times 1} = a_{11}$ の行列式は

$$
|a_{11}| = a_{11} \tag{10.62}
$$

となる. $|\ \ |$ は絶対値を表しているのではないことに注意しよう.

(10.56) より, 2 次行列 $\begin{pmatrix} a_{11} & a_{12} \\ a_{21} & a_{22} \end{pmatrix}$ の行列式は

$$
\begin{vmatrix}
a_{11} & a_{12} \\
a_{21} & a_{22}
\end{vmatrix} = a_{11}a_{22} - a_{12}a_{21} \tag{10.63}
$$

となる.

(10.57) より, 3 次行列 $\begin{pmatrix} a_{11} & a_{12} & a_{13} \\ a_{21} & a_{22} & a_{23} \\ a_{31} & a_{32} & a_{33} \end{pmatrix}$ の行列式は

$$
\begin{vmatrix}
a_{11} & a_{12} & a_{13} \\
a_{21} & a_{22} & a_{23} \\
a_{31} & a_{32} & a_{33}
\end{vmatrix} = a_{11}a_{22}a_{33} + a_{12}a_{23}a_{31} + a_{13}a_{21}a_{32}
$$
$$
- a_{13}a_{22}a_{31} - a_{12}a_{21}a_{33} - a_{11}a_{23}a_{32} \tag{10.64}
$$

となる.   ◇

✏ **注意 10.5** (10.63), (10.64) より, 2 次および 3 次の正方行列の行列式は成分を右下がりに選んで掛けるときは「+」を, 左下がりに選んで掛けるときは「−」をそれぞれ付けることにより得られると覚えることができる（図 10.3）. これを**サラスの方法** (Surrus' rule) または**たすき掛けの方法**という. なお, 4 次以上の行列の行列式については, この計算方法は一般には正しくない.

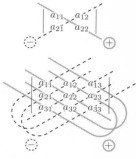

図 10.3 サラスの方法

§10.2.2 行列式の基本的性質 ···◇◇◇

行列式について, 次がなりたつ.

> **定理 10.8** $n = 2, 3, 4, \ldots$ とすると,
>
> $$\begin{vmatrix} a_{11} & a_{12} & \cdots & a_{1,n-1} & 0 \\ a_{21} & a_{22} & \cdots & a_{2,n-1} & 0 \\ \vdots & \vdots & \ddots & \vdots & \vdots \\ a_{n-1,1} & a_{n-1,2} & \cdots & a_{n-1,n-1} & 0 \\ a_{n1} & a_{n2} & \cdots & a_{n,n-1} & a_{nn} \end{vmatrix} = a_{nn} \begin{vmatrix} a_{11} & \cdots & a_{1,n-1} \\ \vdots & \ddots & \vdots \\ a_{n-1,1} & \cdots & a_{n-1,n-1} \end{vmatrix}$$
>
> $$\tag{10.65}$$
>
> である.

【証明】 (10.65) の左辺は $i = 1, 2, \ldots, n-1$ に対して, (i, n) 成分が 0 となる n 次行列の行列式である. よって, 行列式の定義 (10.58) より, 左辺の行列式は

$$\sum_{\sigma \in S_n,\, \sigma(n)=n} (\operatorname{sgn} \sigma) a_{\sigma(1)1} a_{\sigma(2)2} \cdots a_{\sigma(n-1),n-1} a_{nn}$$

$$= a_{nn} \sum_{\sigma \in S_n,\, \sigma(n)=n} (\operatorname{sgn} \sigma) a_{\sigma(1)1} a_{\sigma(2)2} \cdots a_{\sigma(n-1),n-1} \tag{10.66}$$

となる. ここで, $\sigma(n) = n$ となる $\sigma \in S_n$ は S_{n-1} の元とみなすことができる. したがって, 行列式の定義 (10.58) より, (10.66) は (10.65) の右辺に等しい. □

問 10.9 下三角行列 §8.1.4 の行列式は対角成分の積であることを示せ. 易 重要

また，次がなりたつことが分かる．

> **定理 10.9** A を正方行列とすると，
>
> $$|{}^t A| = |A| \qquad (10.67)$$
>
> である §9.3.5 ．

| **問 10.10** | 上三角行列 §8.1.4 の行列式は対角成分の積であることを示せ． 易 重要

✎注意 10.6   定理 10.7 および行列式の定義 (10.58) より，行列式は行に関して多重線形性と交代性をみたすが，定理 10.9 より，これらの性質は列についてもなりたつ．

> **定理 10.10** $\Phi : (\mathbf{R}^n)^n \to \mathbf{R}$ を定理 10.7 の条件 (1)〜(3) をみたす関数とする．このとき，次の (1)，(2) がなりたつ．ただし，$\boldsymbol{a}_1, \ldots, \boldsymbol{a}_n, \boldsymbol{b}, \boldsymbol{c} \in \mathbf{R}^n$, $k \in \mathbf{R}$ である．
> (1) $i < j$ となる任意の $i, j = 1, 2, \ldots, n$ に対して，
>
> $$\Phi(\boldsymbol{a}_1, \ldots, \boldsymbol{a}_{i-1}, \boldsymbol{b}, \boldsymbol{a}_{i+1}, \ldots, \boldsymbol{a}_{j-1}, \boldsymbol{b}, \boldsymbol{a}_{j+1}, \ldots, \boldsymbol{a}_n) = 0 \quad (10.68)$$
>
> である．とくに，2 つの行が等しい正方行列の行列式は 0 である．さらに，注意 10.6 より，2 つの列が等しい正方行列の行列式は 0 である．
> (2) $i \neq j$ となる任意の $i, j = 1, 2, \ldots, n$ に対して，
>
> $$\Phi(\boldsymbol{a}_1, \ldots, \boldsymbol{a}_{i-1}, \boldsymbol{a}_i + k\boldsymbol{a}_j, \boldsymbol{a}_{i+1}, \ldots, \ldots, \boldsymbol{a}_n) = \Phi(\boldsymbol{a}_1, \boldsymbol{a}_2, \ldots, \boldsymbol{a}_n) \qquad (10.69)$$
>
> である．とくに，1 つの行に他の行の何倍かを加えても，行列式は変わらない．さらに，注意 10.6 より，1 つの列に他の列の何倍かを加えても，行列式は変わらない．

| **問 10.11** | (1) 定理 10.10 (1) を示せ． 重要   (2) 定理 10.10 (2) を示せ． 重要

| **問 10.12** | 奇数次の交代行列 定義 9.6 の行列式は 0 であることを示せ．

A を m 次行列, B を $m \times n$ 行列, C を $n \times m$ 行列, D を n 次行列とすると, $(m + n)$ 次行列

$$\begin{pmatrix} A & B \\ O_{n,m} & D \end{pmatrix}, \quad \begin{pmatrix} A & O_{m,n} \\ C & D \end{pmatrix} \tag{10.70}$$

を考えることができる. 行列式の定義 (10.58) を用いることにより, 定理 10.8 の一般化として, 次がなりたつことが分かる.

定理 10.11 (10.70) の行列の行列式について,

$$\begin{vmatrix} A & B \\ O_{n,m} & D \end{vmatrix} = \begin{vmatrix} A & O_{m,n} \\ C & D \end{vmatrix} = |A||D| \tag{10.71}$$

である.

例題 10.3 A, B を n 次行列とすると,

$$\begin{vmatrix} A & B \\ B & A \end{vmatrix} = |A + B||A - B| \tag{10.72}$$

であることを示せ.

解説 定理 10.10 (2) および定理 10.11 より,

$$\begin{vmatrix} A & B \\ B & A \end{vmatrix} = \begin{vmatrix} A + B & B + A \\ B & A \end{vmatrix} = \begin{vmatrix} A + B & O_{n,n} \\ B & A - B \end{vmatrix} = |A + B||A - B| \tag{10.73}$$

となる. ただし, 最初の等式では, 各 $i = 1, 2, \ldots, n$ に対して, 第 i 行に第 $(n+i)$ 行を加えて, 定理 10.10 (2) を用いた. また, 2 つめの等式では, 各 $i = 1, 2, \ldots, n$ に対して, 第 $(n+i)$ 列から第 i 列を引いて, 定理 10.10 (2) を用いた. さらに, 最後の等式では, 定理 10.11 を用いた. □

問 10.13 A, B を n 次の実行列とすると,

$$\det \begin{pmatrix} A & -B \\ B & A \end{pmatrix} = |\det(A + iB)|^2 \tag{10.74}$$

であることを示せ. ただし, 右辺の i は虚数単位であり, | | は複素数に対する絶対値を表す. ▣

$$
\boxed{\text{問 10.14}} \quad \text{行列式} \quad
\begin{vmatrix}
1 & 1 & 1 & a \\
1 & 1 & a & 1 \\
1 & a & 1 & 1 \\
a & 1 & 1 & 1
\end{vmatrix}
\quad \text{の値が } 0 \text{ となるような } a \text{ の値を求めよ. } ▣
$$

§10.2.3 積の行列式と線形変換の行列式 ··◇◇◇

さらに, 定理 10.11 を用いることにより, 次がなりたつことが分かる.

定理 10.12 A, B を n 次行列とすると,

$$
|AB| = |BA| = |A||B| \tag{10.75}
$$

である.

正則行列 定義 9.4 の行列式については, 次がなりたつ.

定理 10.13 A を正則行列とすると, $|A| \neq 0$ であり, さらに,

$$
|A^{-1}| = |A|^{-1} \tag{10.76}
$$

である.

【証明】 A が正則であることより, A の逆行列 A^{-1} が存在する. よって, (10.60) および定理 10.12 より,

$$
1 = |E| = |AA^{-1}| = |A||A^{-1}| \tag{10.77}
$$

である. したがって, $|A| \neq 0$ であり, (10.76) がなりたつ.   □

✎ 注意 10.7 定理 10.13 とは逆に, 正方行列 A に対して, $|A| \neq 0$ ならば, A は正則であることが分かる 章末問題 10.7 .

さらに, 定理 10.12 を用いることにより, 次を示すことができる.

定理 10.14 A を n 次行列，P を n 次の正則行列とすると，

$$|PAP^{-1}| = |A| \qquad (10.78)$$

である.

問 10.15 定理 10.14 を示せ. 📘

トレース 章末問題 9.6 の場合と同様に，定理 9.16 および定理 10.14 より，有限次元のベクトル空間の線形変換に対しても，行列式を定めることができる. すなわち，V を有限次元のベクトル空間，$f : V \to V$ を線形変換とし，V の基底 $\{\boldsymbol{v}_1, \boldsymbol{v}_2, \ldots, \boldsymbol{v}_n\}$ を選んでおき，A を基底 $\{\boldsymbol{v}_1, \boldsymbol{v}_2, \ldots, \boldsymbol{v}_n\}$ に関する f の表現行列とする. このとき，f の行列式 $\det f$ を

$$\det f = |A| \qquad (10.79)$$

により定めると，定理 9.16 および定理 10.14 より，$\det f$ の定義は基底の選び方に依存せず，well-defined §6.2.1 である（図 10.4）.

$f : V \to V$：線形変換
$\{\boldsymbol{v}_1, \boldsymbol{v}_2, \ldots, \boldsymbol{v}_n\}$：$V$ の基底

$$\begin{pmatrix} f(\boldsymbol{v}_1) \\ \vdots \\ f(\boldsymbol{v}_n) \end{pmatrix} = A \begin{pmatrix} \boldsymbol{v}_1 \\ \vdots \\ \boldsymbol{v}_n \end{pmatrix} \quad (A：表現行列)$$

このとき
$$\operatorname{tr} f = \operatorname{tr} A, \quad \det f = |A|$$
と定める.
基底の選び方によらず well-defined

図 10.4 線形変換のトレースと行列式

問 10.16 $W \subset M_2(\mathbf{R})$ を

$$W = \left\{ \begin{pmatrix} x_1 & x_2 \\ x_2 & x_1 \end{pmatrix} \in M_2(\mathbf{R}) \,\middle|\, x_1, x_2 \in \mathbf{R} \right\} \qquad (10.80)$$

により定める. 次の問に答えよ.

(1) $A, B \in W$，$k \in \mathbf{R}$ ならば，$A + B, kA \in W$ であることを示せ. 📗📘

(2) 2 次の零行列 O はベクトル空間 $M_2(\mathbf{R})$ の零ベクトルであり，$O \in W$ なので，(1) と合わせると，W は定理 7.3 の条件 (a)～(c) をみたし，$M_2(\mathbf{R})$ の部分空間となる. ここで，$X_1, X_2 \in W$ を

$$X_1 = \begin{pmatrix} 1 & 0 \\ 0 & 1 \end{pmatrix}, \quad X_2 = \begin{pmatrix} 0 & 1 \\ 1 & 0 \end{pmatrix} \qquad (10.81)$$

により定める. X_1, X_2 は 1 次独立であることを示せ. 📘

(3) $W = \langle X_1, X_2 \rangle_{\mathbf{R}}$ であることを示せ. 🔲

補足 (2), (3) より, $\{X_1, X_2\}$ は W の基底となり, W の次元は 2 である.

(4) $A \in W$ を 1 つ選んでおき, 写像 $f : W \to M_2(\mathbf{R})$ を

$$f(X) = XA \quad (X \in W) \tag{10.82}$$

により定める. $f(W) \subset W$ であることを示せ. 🔲🔲

(5) (4) より, f は写像 $f : W \to W$ を定める. この f は W の線形変換であることを示せ. 🔲🔲

(6) W の基底 $\{X_1, X_2\}$ に関する f の表現行列は A であることを示せ. とくに, $\operatorname{tr} f = \operatorname{tr} A$, $\det f = |A|$ となる. 🔲

本節のまとめ

☑ 正方行列の行列式は多重線形性と交代性をみたす. §10.2.1

☑ 正方行列の行列式は転置行列を考えても変わらない. 定理 10.9

☑ 正方行列の積の行列式はそれぞれの行列式の積に等しい. 定理 10.12

☑ 有限次元ベクトル空間の線形変換に対しても, 行列式を定めることができる. §10.2.3

10.3 複素数

 複素数は和や積といった代数的な構造も含めて, 2 次の実行列を用いて表すことができる. 本節では, 複素数を行列と関連付けながら述べる. また, 四元数とよばれる数についても, 同様の扱いを行う.

§10.3.1 実数体

実数全体の集合 $\mathbf{R}$, 有理数全体の集合 $\mathbf{Q}$ 例 1.3, 複素数全体の集合 $\mathbf{C}$ 例 1.5 は和や積といった演算に関して, 特別な性質をもつ. 例えば, $\mathbf{R}$ については, 次がなりたつ.

定理 10.15　$a, b, c \in \mathbf{R}$ とすると，$\mathbf{R}$ の和および積に関して，次の (1)〜 (11) がなりたつ.

(1) $a + b = b + a$. （和の**交換律**）

(2) $(a + b) + c = a + (b + c)$. （和の**結合律**）

(3) $a + 0 = 0 + a = a$.

(4) $a + (-a) = 0$.

(5) $ab = ba$. （積の**交換律**）

(6) $(ab)c = a(bc)$. （積の**結合律**）

(7) $(a + b)c = ac + bc$. （**分配律**）

(8) $a(b + c) = ab + ac$. （**分配律**）

(9) $1a = a$.

(10) $a \neq 0$ のとき，$aa^{-1} = 1$.

(11) $0 \neq 1$.

$\mathbf{R}$ のもつ定理 10.15 の性質 (1)〜(11) を一般化し，次のようなものを定める.

定義 10.1　$\mathbf{K}$ を集合とし[3]，$a, b \in \mathbf{K}$ に対して，a と b の和 $a + b \in \mathbf{K}$ および a と b の積 $ab \in \mathbf{K}$ が定められているとする. $a, b, c \in \mathbf{K}$ とすると，次の (1)〜(11) がなりたつとき，$\mathbf{K}$ を体(field) という.

(1) $a + b = b + a$. （和の**交換律**）

(2) $(a + b) + c = a + (b + c)$. （和の**結合律**）

(3) ある特別な元 $0_{\mathbf{K}} \in \mathbf{K}$ が存在し，任意の a に対して，$a + 0_{\mathbf{K}} = 0_{\mathbf{K}} + a = a$ となる. この $0_{\mathbf{K}}$ を**零元** (zero element) という.

(4) 任意の a に対して，ある $a' \in \mathbf{K}$ が存在し，$a + a' = 0_{\mathbf{K}}$ となる. この a' を a の和に関する**逆元** (inverse element) という.

(5) $ab = ba$. （積の**交換律**）

(6) $(ab)c = a(bc)$. （積の**結合律**）

(7) $(a + b)c = ac + bc$. （**分配律**）

(8) $a(b + c) = ab + ac$. （**分配律**）

(9) ある特別な元 $1_{\mathbf{K}} \in \mathbf{K}$ が存在し，任意の a に対して，$1_{\mathbf{K}}a = a$ とな

---

[3] $\mathbf{K}$ は「体」を意味するドイツ語 "Körper" の頭文字の太文字である. また，$\mathbf{K}$ を手で書くときは「$\mathbb{K}$」のように書く 注意 1.1 .

る．この $1_{\mathbf{K}}$ を**単位元** (unit element) という．

(10) 任意の $a \in \mathbf{K} \setminus \{0_{\mathbf{K}}\}$ に対して，ある $a'' \in \mathbf{K}$ が存在し，$aa'' = 1_{\mathbf{K}}$ となる．この a'' を a の積に関する**逆元**という．

(11) $0_{\mathbf{K}} \neq 1_{\mathbf{K}}$.

定義 10.1 において，零元，和や積に関する逆元，単位元について，次がなりたつ．

> **定理 10.16** $\mathbf{K}$ を体とすると，次の (1)〜(4) がなりたつ．
> (1) $\mathbf{K}$ の零元は一意的である．
> (2) $a \in \mathbf{K}$ とすると，a の和に関する逆元は一意的である．
> (3) $\mathbf{K}$ の単位元は一意的である．
> (4) $a \in \mathbf{K} \setminus \{0_{\mathbf{K}}\}$ とすると，a の積に関する逆元は一意的である．

【証明】 ベクトル空間における零ベクトルや逆ベクトルの一意性と同様である 定理 7.1 定理 7.2．以下は問 10.17 とする． □

問 10.17 (1) 定理 10.16 (1) を示せ． ▣ (2) 定理 10.16 (2) を示せ． ▣
(3) 定理 10.16 (3) を示せ． ▣ (4) 定理 10.16 (4) を示せ． ▣

✏注意 10.8 $\mathbf{K}$ を体とする．このとき，$a \in \mathbf{K}$ の和に関する逆元を $-a$ と表す．また，$a \in \mathbf{K} \setminus \{0_{\mathbf{K}}\}$ の積に関する逆元を a^{-1} と表す．

定理 10.15，定義 10.1 より，とくに，$\mathbf{R}$ は体となる．このことより，$\mathbf{R}$ を**実数体** (the field of real numbers) ともいう．同様に，有理数全体の集合 $\mathbf{Q}$ や複素数全体の集合 $\mathbf{C}$ は体となり，$\mathbf{Q}$ を**有理数体** (the field of rational numbers), $\mathbf{C}$ を**複素数体** (the field of complex numbers) ともいう．

§10.3.2 行列を用いて表される複素数 ·······································◇◇◇

本項では，2 次の実行列全体からなる集合 $M_2(\mathbf{R})$ のある部分集合を考え，それが体となることを見よう．その後，その部分集合が複素数体 $\mathbf{C}$ とみなせることを示す．

まず，$\mathbf{X} \subset M_2(\mathbf{R})$ を

$$\mathbf{X} = \left\{ \begin{pmatrix} a & b \\ -b & a \end{pmatrix} \,\middle|\, a, b \in \mathbf{R} \right\} \tag{10.83}$$

により定める [4]. $M_2(\mathbf{R})$ に対しては, 和や積を考えることができるが, 次のように, それらの演算は $\mathbf{X}$ の上だけでも考えることができる.

|| **定理 10.17** $Z, W \in \mathbf{X}$ ならば, $Z + W, ZW \in \mathbf{X}$ である.

問 10.18 (1) $Z, W \in \mathbf{X}$ ならば, $Z + W \in \mathbf{X}$ であることを示せ. 易重要
(2) $Z, W \in \mathbf{X}$ ならば, $ZW \in \mathbf{X}$ であることを示せ. 易重要

$\mathbf{X}$ の和と積に関して, 次がなりたつ.

|| **定理 10.18** $\mathbf{X}$ は体である.

【証明】 $\mathbf{X}$ が定義 10.1 の条件 (1)~(4), (6)~(9), (11) をみたすことのみ示す. 条件 (5), (10) をみたすことについては, 問 10.19 とする.
<u>条件 (1), (2)</u> 問 8.10 より, $M_2(\mathbf{R})$ はベクトル空間である. とくに, $M_2(\mathbf{R})$ は和の交換律および和の結合律をみたす. よって, $\mathbf{X}$ は定義 10.1 の条件 (1), (2) をみたす.
<u>条件 (3)</u> 零行列 $O \in M_2(\mathbf{R})$ はベクトル空間 $M_2(\mathbf{R})$ の零ベクトルである. とくに, 任意の $Z \in \mathbf{X}$ に対して,

$$Z + O = O + Z = Z \tag{10.84}$$

となる. また, $\mathbf{X}$ の定義 (10.83) より, $O \in \mathbf{X}$ である. よって, O は $\mathbf{X}$ の零元であり, $\mathbf{X}$ は定義 10.1 の条件 (3) をみたす.
<u>条件 (4)</u> $Z \in \mathbf{X}$ とすると, Z は

$$Z = \begin{pmatrix} a & b \\ -b & a \end{pmatrix} \quad (a, b \in \mathbf{R}) \tag{10.85}$$

と表される. このとき,

$$-Z = \begin{pmatrix} -a & -b \\ b & -a \end{pmatrix} = \begin{pmatrix} -a & -b \\ -(-b) & -a \end{pmatrix} \tag{10.86}$$

となる. ここで, $-a, -b \in \mathbf{R}$ なので, $\mathbf{X}$ の定義より, $-Z \in \mathbf{X}$ である. また,

$$Z + (-Z) = O \tag{10.87}$$

---
[4] $\mathbf{X}$ を手で書くときは「𝕏」のように書く 注意 1.1 .

である．よって，Z の和に関する逆元は $-Z$ であり，$\mathbf{X}$ は定義 10.1 の条件 (4) を
みたす．

<u>条件 (6)〜(8)</u>   定理 8.3 (1)〜(3) より，$M_2(\mathbf{R})$ は積の結合律および分配律をみた
す．よって，$\mathbf{X}$ は定義 10.1 の条件 (6)〜(8) をみたす．

<u>条件 (9), (11)</u> $E_2 \in \mathbf{X}$ であり，任意の $Z \in \mathbf{X}$ に対して，

$$E_2 Z = Z \tag{10.88}$$

である．よって，E_2 は $\mathbf{X}$ の単位元であり，$\mathbf{X}$ は定義 10.1 の条件 (9) をみたす．さ
らに，$O \neq E_2$ なので，$\mathbf{X}$ は定義 10.1 の条件 (11) をみたす．   □

> **問 10.19**   定理 10.18 について，次の (1), (2) を示せ.
> (1) $\mathbf{X}$ は定義 10.1 の条件 (5) をみたす．🈪
> (2) $\mathbf{X}$ は定義 10.1 の条件 (10) をみたす．🈪

§10.3.3   行列から複素数への対応 ···◇◇◇

複素数全体の集合 $\mathbf{C}$ は

$$\mathbf{C} = \{a + bi \,|\, a, b \in \mathbf{R}\} \tag{10.89}$$

と表される．ただし，i は虚数単位である．$a, b \in \mathbf{R}$ に対して，複素数 $a + bi$
は $a + ib$ とも表す．また，複素数 $a + 0i$ は単に a とも表す．

$\mathbf{C}$ の和や積は交換律，結合律，分配律といった性質をみたし，

$$i^2 = -1 \tag{10.90}$$

となるものとして定められる．すなわち，$z = a + bi, w = c + di \in \mathbf{C}$
$(a, b, c, d \in \mathbf{R})$ とすると，和については

$$z + w = (a+bi) + (c+di) = (a+c) + (bi+di) = (a+c) + (b+d)i \tag{10.91}$$

であり，積については

$$\begin{aligned}
zw &= (a+bi)(c+di) = ac + a \cdot di + bi \cdot c + bi \cdot di \\
&= ac + ad \cdot i + bc \cdot i + bd \cdot i^2 = ac + adi + bci + bd(-1) \\
&= (ac - bd) + (ad + bc)i \tag{10.92}
\end{aligned}$$

である.

ここで, 写像 $\Phi : \mathbf{X} \to \mathbf{C}$ を

$$\Phi\left(\begin{pmatrix} a & b \\ -b & a \end{pmatrix}\right) = a + bi \quad (a, b \in \mathbf{R}) \tag{10.93}$$

により定めよう. このとき, 次がなりたつ.

> **定理 10.19** $Z, W \in \mathbf{X}$ とすると, 次の (1), (2) がなりたつ.
> (1) $\Phi(Z + W) = \Phi(Z) + \Phi(W)$.
> (2) $\Phi(ZW) = \Phi(Z)\Phi(W)$.

問 10.20 (1) 定理 10.19 (1) を示せ. 易重要 (2) 定理 10.19 (2) を示せ. 易重要

また, Φ は全単射であり,

$$\Phi(E_2) = 1 \tag{10.94}$$

をみたす.

◇ **例 10.6** $\mathbf{C}$ の和 (10.91) や積 (10.92) に関しても, 定義 10.1 の条件 (1)〜(11) がなりたつので, $\mathbf{C}$ は体となるのであるが, このことは $\mathbf{X}$ が体であり, 全単射 Φ に対して, 定理 10.19 および (10.94) がなりたつことだけを用いて示すこともできる. 例えば, $\mathbf{C}$ の積が結合律をみたすことを示してみよう.

$z, w, v \in \mathbf{C}$ とする. このとき, Φ は全射なので, ある $Z, W, V \in \mathbf{X}$ が存在し, $z = \Phi(Z)$, $w = \Phi(W)$, $v = \Phi(V)$ となる. よって, 定理 10.19 (2) および $\mathbf{X}$ が積の結合律をみたすことより,

$$(zw)v = (\Phi(Z)\Phi(W))\Phi(V) = \Phi(ZW)\Phi(V) = \Phi((ZW)V)$$
$$= \Phi(Z(WV)) = \Phi(Z)\Phi(WV) = \Phi(Z)(\Phi(W)\Phi(V)) = z(wv) \tag{10.95}$$

となる. すなわち,

$$(zw)v = z(wv) \tag{10.96}$$

である. したがって, $\mathbf{C}$ は積の結合律をみたす. ◇

問 10.21 $z, w \in \mathbf{C}$ とすると, 次の (1), (2) がなりたつことを示せ.
(1) $\Phi^{-1}(z + w) = \Phi^{-1}(z) + \Phi^{-1}(w)$. 重要 ✿
(2) $\Phi^{-1}(zw) = \Phi^{-1}(z)\Phi^{-1}(w)$. 重要 ✿

補足 Φ は全単射なので，(10.94) より，

$$\Phi^{-1}(1) = E_2 \qquad (10.97)$$

である．定理 10.19, (10.94), 問
10.21 (1), (2) および (10.97) よ
り，**X** と **C** は，全単射 Φ を通
して単なる集合として同一視で
きるばかりでなく，それぞれに
定められた和や積も含めて同一
視できることになる（図 10.5）．

$$
\begin{array}{l}
\Phi : \mathbf{X} \xrightarrow{\hspace{2cm}} \mathbf{C} \\
\quad\ \ \cup \qquad\qquad\qquad\ \cup \\
\begin{pmatrix} a & b \\ -b & a \end{pmatrix} \longmapsto a + bi
\end{array}
$$

- Φ は全単射
- $Z, W \in \mathbf{X} \Rightarrow \begin{cases} \Phi(Z + W) = \Phi(Z) + \Phi(W) \\ \Phi(ZW) = \Phi(Z)\Phi(W) \end{cases}$
- $\Phi(E_2) = 1$

図 10.5 **X** と **C** の同一視

§10.3.4 共役複素数と絶対値 ‥‥‥‥‥‥‥‥‥‥‥‥◇◇◇

$z = a + bi \in \mathbf{C}$ $(a, b \in \mathbf{R})$ に対して，z の共役複素数 $\bar{z}$ は

$$\bar{z} = a - bi \qquad (10.98)$$

により定められる．このとき，Φ の定義 (10.93) および転置行列の定義 §9.3.5 よ
り，

$$\Phi^{-1}(\bar{z}) = \begin{pmatrix} a & -b \\ b & a \end{pmatrix} = {}^t\begin{pmatrix} a & b \\ -b & a \end{pmatrix} = {}^t(\Phi^{-1}(z)) \qquad (10.99)$$

となる．すなわち，**C** における共役複素数は **X** における転置行列に対応する．
共役複素数の基本的性質として，次が挙げられる．

定理 10.20 $z, w \in \mathbf{C}$ とすると，次の (1)～(3) がなりたつ．
(1) $\bar{\bar{z}} = z$.
(2) $\overline{z + w} = \bar{z} + \bar{w}$.
(3) $\overline{zw} = \bar{z}\bar{w}$.

【証明】 **C** の和や積の定義 (10.91), (10.92) および共役複素数の定義 (10.98) を
用いて，直接計算すればよいが，Φ^{-1} を用いて示すこともできる．(1) をこの方法
で示し，(2), (3) については問 10.22 とする．
(1) (10.99), (9.118) より，

$$\Phi^{-1}(\bar{\bar{z}}) = {}^t(\Phi^{-1}(\bar{z})) = {}^t({}^t(\Phi^{-1}(z))) = \Phi^{-1}(z) \qquad (10.100)$$

となる．すなわち，

$$\Phi^{-1}(\bar{z}) = \overline{\Phi^{-1}(z)} \tag{10.101}$$

である．さらに，Φ^{-1} は単射なので，(1) がなりたつ．　□

問 10.22　(1) Φ^{-1} を用いることにより，定理 10.20 (2) を示せ．重要
(2) Φ^{-1} を用いることにより，定理 10.20 (3) を示せ．重要

$z = a + bi \in \mathbf{C}$ ($a, b \in \mathbf{R}$) に対して，z の絶対値 $|z|$ は

$$|z| = \sqrt{z\bar{z}} = \sqrt{a^2 + b^2} \tag{10.102}$$

により定められる．一方，Φ の定義 (10.93) および (10.63) より，

$$\det \Phi^{-1}(z) = \det \begin{pmatrix} a & b \\ -b & a \end{pmatrix} = a^2 + b^2 \tag{10.103}$$

となる．すなわち，$\mathbf{C}$ における絶対値は $\mathbf{X}$ における行列式の正の平方根に対応する．

絶対値の基本的性質として，次が挙げられる．

定理 10.21　$z, w \in \mathbf{C}$ とすると，

$$|zw| = |z||w| \tag{10.104}$$

である．

【証明】 $\mathbf{C}$ の積の定義 (10.92) および絶対値の定義 (10.102) を用いて，直接計算すればよいが，Φ^{-1} を用いて示すこともできる．以下は問 10.23 とする．　□

問 10.23　Φ^{-1} を用いることにより，定理 10.21 を示せ．重要

§10.3.5　四元数 ◇◇◇

複素数を構成するときのように，実数に加えて，新たな数 i, j, k を考え，これらに対して，等式

$$i^2 = j^2 = k^2 = -1, \quad ij = k, \quad jk = i, \quad ki = j \tag{10.105}$$

がなりたつとする．このとき，集合 $\mathbf{H}$ を

$$\mathbf{H} = \{a + bi + cj + dk \,|\, a,\, b,\, c,\, d \in \mathbf{R}\} \qquad (10.106)$$

により定める[5]. $\mathbf{H}$ の元を**四元数** (quaternion) という.

$\mathbf{H}$ に対して和や積を定めることができる. 和は交換律をみたすように定めるが, 実数や複素数の場合と異なり, (10.109), (10.110) より, 積は交換律をみたさないので注意が必要である. しかし, 実数と i, j, k の積は交換可能であるとする. さらに, 結合律と分配律はなりたつとする. すなわち, $a_1,\, b_1,\, c_1,\, d_1,\, a_2,\, b_2,\, c_2,\, d_2 \in \mathbf{R}$ に対して,

$$p = a_1 + b_1 i + c_1 j + d_1 k,\, q = a_2 + b_2 i + c_2 j + d_2 k \in \mathbf{H} \qquad (10.107)$$

とすると, 和については

$$\begin{aligned} p + q &= (a_1 + b_1 i + c_1 j + d_1 k) + (a_2 + b_2 i + c_2 j + d_2 k) \\ &= (a_1 + a_2) + (b_1 + b_2)i + (c_1 + c_2)j + (d_1 + d_2)k \qquad (10.108) \end{aligned}$$

である. 積については, まず, (10.105) 第 4 式, 積の結合律, (10.105) 第 1 式および実数と k の積の交換可能性より,

$$ji = (ki)i = k(i^2) = k(-1) = -k \qquad (10.109)$$

である. 同様に,

$$kj = -i, \quad ik = -j \qquad (10.110)$$

である. よって,

$$\begin{aligned} pq &= (a_1 + b_1 i + c_1 j + d_1 k)(a_2 + b_2 i + c_2 j + d_2 k) \\ &= a_1 a_2 + a_1 b_2 i + a_1 c_2 j + a_1 d_2 k + b_1 a_2 i + b_1 b_2 i^2 + b_1 c_2 ij + b_1 d_2 ik \\ &\quad + c_1 a_2 j + c_1 b_2 ji + c_1 c_2 j^2 + c_1 d_2 jk + d_1 a_2 k + d_1 b_2 ki + d_1 c_2 kj + d_1 d_2 k^2 \\ &= (a_1 a_2 - b_1 b_2 - c_1 c_2 - d_1 d_2) + (a_1 b_2 + b_1 a_2 + c_1 d_2 - d_1 c_2)i \\ &\quad + (a_1 c_2 - b_1 d_2 + c_1 a_2 + d_1 b_2)j + (a_1 d_2 + b_1 c_2 - c_1 b_2 + d_1 a_2)k \end{aligned}$$
$$(10.111)$$

---

[5] $\mathbf{H}$ という記号は四元数を初めて用いたハミルトン (William Rowan Hamilton, 1805–1865) にちなんでいる.

となる.

H は定義 10.1 (5) の積の交換律以外の条件はすべてみたすことが分かる. 例えば, **H** の零元は

$$0 = 0 + 0i + 0j + 0k \tag{10.112}$$

であり, **H** の単位元は

$$1 = 1 + 0i + 0j + 0k \tag{10.113}$$

である. なお, 複素数の場合と同様の表し方を用いた. 定義 10.1 (5) の積の交換律はみたさないが, その他のすべての条件をみたすような, 和と積の定められた集合を**非可換体** (non-commutative field) という. また, **H** を**四元数体** (the field of quaternions) ともいう.

2 次の複素行列全体の集合を $M_2(\mathbf{C})$ と表すと, **H** は $M_2(\mathbf{C})$ のある部分集合とみなすことができる. まず, $\mathbf{Y} \subset M_2(\mathbf{C})$ を

$$\mathbf{Y} = \left\{ \left(\begin{array}{cc} z & w \\ -\bar{w} & \bar{z} \end{array} \right) \middle| z, w \in \mathbf{C} \right\} \tag{10.114}$$

により定める [6]. $M_2(\mathbf{C})$ に対しては, 和や積を考えることができるが, 次のように, それらの演算は $\mathbf{Y}$ の上だけでも考えることができる.

‖ **定理 10.22** $P, Q \in \mathbf{Y}$ ならば, $P + Q, PQ \in \mathbf{Y}$ である.

問 10.24 (1) $P, Q \in \mathbf{Y}$ ならば, $P + Q \in \mathbf{Y}$ であることを示せ. 🈡🈁
(2) $P, Q \in \mathbf{Y}$ ならば, $PQ \in \mathbf{Y}$ であることを示せ. 🈡🈁

また, $\mathbf{Y}$ の和と積に関して, 次がなりたつ.

‖ **定理 10.23** $\mathbf{Y}$ は非可換体である.

【証明】 定理 10.18 の証明と同様に, 定義 10.1 の (5) 以外の条件をみたすことを確かめればよい. □

---

[6] $\mathbf{Y}$ を手で書くときは「Υ」のように書く 注意 1.1.

さらに，$\Psi : \mathbf{Y} \to \mathbf{H}$ を

$$\Psi\left(\begin{pmatrix} z & w \\ -\bar{w} & \bar{z} \end{pmatrix}\right) = z + wk \quad (z, w \in \mathbf{C}) \tag{10.115}$$

により定める．このとき，次がなりたつ．

定理 10.24　$P, Q \in \mathbf{Y}$ とすると，次の (1)，(2) がなりたつ．
(1) $\Psi(P + Q) = \Psi(P) + \Psi(Q)$.
(2) $\Psi(PQ) = \Psi(P)\Psi(Q)$.

問 10.25　(1) 定理 10.24 (1) を示せ．■■　　(2) 定理 10.24 (2) を示せ．■■

さらに，Ψ は全単射であり，問 10.21 の補足と同様に，$\mathbf{Y}$ と $\mathbf{H}$ は，全単射 Ψ を通して単なる集合として同一視できるばかりでなく，それぞれに定められた和や積も含めて同一視できることになる．

本節のまとめ

☑ 複素数体を 2 次の実行列を用いて表すことができる．§10.3.2　§10.3.3
☑ 四元数体を 2 次の複素行列を用いて表すことができる．§10.3.5

章末問題

標準問題

問題 10.1　べき零行列 例 8.10 の行列式は 0 であることを示せ．■■

問題 10.2　直交行列 章末問題 9.9 の行列式は 1 または −1 であることを示せ．■■

問題 10.3　複素行列 A に対して，A のすべての成分を共役複素数に代えたものを $\overline{A}$ と表す．このとき，

$$A^* = \overline{({}^t A)} = {}^t(\overline{A}) \tag{10.116}$$

とおき，A^* を A の**随伴行列** (adjoint matrix) という．すなわち，

$$A = \begin{pmatrix} a_{11} & a_{12} & \cdots & a_{1n} \\ a_{21} & a_{22} & \cdots & a_{2n} \\ \vdots & \vdots & \ddots & \vdots \\ a_{m1} & a_{m2} & \cdots & a_{mn} \end{pmatrix} \tag{10.117}$$

のとき，

$$A^* = \begin{pmatrix} \overline{a_{11}} & \overline{a_{21}} & \cdots & \overline{a_{m1}} \\ \overline{a_{12}} & \overline{a_{22}} & \cdots & \overline{a_{m2}} \\ \vdots & \vdots & \ddots & \vdots \\ \overline{a_{1n}} & \overline{a_{2n}} & \cdots & \overline{a_{mn}} \end{pmatrix} \tag{10.118}$$

である．とくに，

$$(A^*)^* = A \tag{10.119}$$

であり，n 次の複素行列の随伴行列は n 次の複素行列である．

　A，B を行列とすると，次の (1)〜(3) がなりたつことを示せ．ただし，それぞれの行列の型は演算が可能なものであるとする．

(1) $(A + B)^* = A^* + B^*$. ✪　　(2) $k \in \mathbf{C}$ とすると，$(kA)^* = \bar{k}A^*$. 重要

(3) $(AB)^* = B^*A^*$. ✪

問題 10.4　複素正方行列 A は

$$AA^* = A^*A = E \tag{10.120}$$

をみたすとき，**ユニタリ行列** (unitary matrix) という．なお，定理 9.10 より，$AA^* = E$ または $A^*A = E$ のいずれかをみたす複素正方行列 A をユニタリ行列と定めてもよい．n 次のユニタリ行列全体の集合を U(n) と表す．次の問に答えよ．

(1) $E_n \in$ U(n) であることを示せ．易

(2) U(1) の元はどのようなものであるかを調べよ．易

(3) U(2) は

$$\mathrm{U}(2) = \left\{ \lambda \begin{pmatrix} a & b \\ -\bar{b} & \bar{a} \end{pmatrix} \,\middle|\, \lambda,\, a,\, b \in \mathbf{C},\ |a|^2 + |b|^2 = 1 \right\} \tag{10.121}$$

　　と表されることを示せ．

(4) A，$B \in$ U(n) ならば，$AB \in$ U(n) であることを示せ．重要

(5) $A \in$ U(n) ならば，A は正則であり，$A^{-1} \in$ U(n) であることを示せ．重要

10

行列式と複素数

━━━━━━━━━━━━━━━━ **発展問題** ━━━━━━━━━━━━━━━━

問題 10.5 $n = 2, 3, 4, \ldots$ とし，$A = (a_{ij})_{n \times n}$ を n 次行列とする．A の第 i 行と第 j 列を取り除いて得られる $(n-1)$ 次行列の行列式に $(-1)^{i+j}$ を掛けたものを $\tilde{a}_{ij}$ と表し，A の (i, j) **余因子** $((i,j)$-cofactor$)$ という．例えば，$n = 2$ のとき，A の $(1, 1)$ 余因子，$(1, 2)$ 余因子は

$$\tilde{a}_{11} = (-1)^{1+1}|a_{22}| = a_{22}, \quad \tilde{a}_{12} = (-1)^{1+2}|a_{21}| = -a_{21} \tag{10.122}$$

となる．次の問に答えよ．

(1) $n = 3$ のとき，A の $(1, 1)$ 余因子，$(2, 1)$ 余因子，$(2, 2)$ 余因子を求めよ．**易** **重要**

(2) $i = 1, 2, \ldots, n$ とすると，

$$|A| = a_{i1}\tilde{a}_{i1} + a_{i2}\tilde{a}_{i2} + \cdots + a_{in}\tilde{a}_{in} \tag{10.123}$$

がなりたつことが分かる．これを**第 i 行に関する余因子展開** (cofactor expansion along the i-th row) という[7]．$n = 2$ のとき，第 2 行に関する余因子展開を用いて，$|A|$ を計算せよ．**重要**

(3) $j = 1, 2, \ldots, n$ とすると，

$$|A| = a_{1j}\tilde{a}_{1j} + a_{2j}\tilde{a}_{2j} + \cdots + a_{nj}\tilde{a}_{nj} \tag{10.124}$$

がなりたつことが分かる．これを**第 j 列に関する余因子展開** (cofactor expansion along the j-th column) という．$n = 3$ のとき，第 3 列に関する余因子展開を用いて，$|A|$ を計算せよ．**重要**

問題 10.6 次の (1)，(2) の行列式の値を求めよ．

$$(1) \begin{vmatrix} 1 & 2 & 10 & 4 & 5 \\ 6 & 7 & 11 & 8 & 9 \\ 0 & 0 & 12 & 0 & 0 \\ 9 & 8 & 13 & 7 & 6 \\ 1 & 2 & 14 & 4 & 5 \end{vmatrix}. \quad \text{重要} \qquad (2) \begin{vmatrix} 100 & 100 & 100 & 100 \\ 99 & 99 & 100 & 100 \\ 99 & 100 & 99 & 100 \\ 99 & 100 & 100 & 99 \end{vmatrix}. \quad \text{重要}$$

問題 10.7 $n = 2, 3, 4, \ldots$ とし，$A = (a_{ij})_{n \times n}$ を n 次行列とする．(i, j) 成分が A の (j, i) 余因子 $\tilde{a}_{ji}$ の n 次行列を $\tilde{A}$ と表し[8]，A の **余因子行列** (cofactor matrix) という．例えば，$n = 2, 3$ のとき，A の余因子行列はそれぞれ

---

[7] 余因子展開を**ラプラス展開** (Laplace expansion) ともいう．

[8] 余因子の添え字の順序が (i, j) ではなく (j, i) であることに注意しよう．

$$\tilde{A} = \begin{pmatrix} \tilde{a}_{11} & \tilde{a}_{21} \\ \tilde{a}_{12} & \tilde{a}_{22} \end{pmatrix}, \quad \tilde{A} = \begin{pmatrix} \tilde{a}_{11} & \tilde{a}_{21} & \tilde{a}_{31} \\ \tilde{a}_{12} & \tilde{a}_{22} & \tilde{a}_{32} \\ \tilde{a}_{13} & \tilde{a}_{23} & \tilde{a}_{33} \end{pmatrix} \tag{10.125}$$

である. このとき,

$$A\tilde{A} = \tilde{A}A = |A|E \tag{10.126}$$

がなりたつことが分かる. とくに, $|A| \neq 0$ ならば, A は正則であり,

$$A^{-1} = \frac{1}{|A|}\tilde{A} \tag{10.127}$$

となる. よって, 正方行列について, 正則であることと行列式が 0 でないことは同値である 定理 10.13 注意 10.7 . 次の問に答えよ.

(1) $n = 2$ で, A が正則なとき, (10.127) を用いることにより, A の逆行列を求めよ. 重要

(2) $AB = E_n$ をみたす n 次行列 B が存在するならば, A は正則であり, B は A の逆行列であることを示せ. 同様に, $BA = E_n$ をみたす n 次行列 B が存在するならば, A は正則であり, B は A の逆行列となる 定理 9.10 .

問題 10.8 $q = a + bi + cj + dk \in \mathbf{H}$ $(a, b, c, d \in \mathbf{R})$ に対して,

$$q^* = a - bi - cj - dk \tag{10.128}$$

とおき, q^* を q の**共役四元数** (conjugate quaternion) という. 次の問に答えよ.

(1) $q = z + wk$ $(z, w \in \mathbf{C})$ に対して,

$$q^* = \bar{z} - wk \tag{10.129}$$

であることを示せ.

(2) (10.115) で定めた全単射 $\Psi : \mathbf{Y} \to \mathbf{H}$ を用いると, $q \in \mathbf{H}$ に対して,

$$\Psi^{-1}(q^*) = (\Psi^{-1}(q))^* \tag{10.130}$$

であることを示せ.

補足 すなわち, $\mathbf{H}$ における共役四元数は $\mathbf{Y}$ における随伴行列に対応する.

(3) $q \in \mathbf{H}$ とする. Ψ^{-1} を用いることにより,

$$(q^*)^* = q \tag{10.131}$$

であることを示せ.

(4) $p, q \in \mathbf{H}$ とする. Ψ^{-1} を用いることにより,

$$(p + q)^* = p^* + q^* \tag{10.132}$$

であることを示せ.

(5) $q \in \mathbf{H}$ とする. Ψ^{-1} を用いることにより,

$$(pq)^* = q^* p^* \tag{10.133}$$

であることを示せ.

問題 10.9 $q = a + bi + cj + dk \in \mathbf{H}$ $(a, b, c, d \in \mathbf{R})$ に対して,

$$|q| = \sqrt{a^2 + b^2 + c^2 + d^2} \tag{10.134}$$

とおき, $|q|$ を q の**絶対値** (absolute value) という. 次の問に答えよ.

(1) $q \in \mathbf{H}$ とする. (10.115) で定めた全単射 $\Psi : \mathbf{Y} \to \mathbf{H}$ を用いると,

$$\det \Psi^{-1}(q) = |q|^2 \tag{10.135}$$

であることを示せ.

補足   とくに, $\mathbf{H}$ における絶対値は $\mathbf{Y}$ における行列式の正の平方根に対応する.

(2) $p, q \in \mathbf{H}$ とする. Ψ を用いることにより,

$$|pq| = |p||q| \tag{10.136}$$

であることを示せ. 🔲

参考文献

　「はじめに」で紹介した授業科目「オリエンテーションゼミナール」および「フレッシュマンゼミナール」で扱われている内容に近いものとして，

[1] 日本大学文理学部数学科編，『数学基礎セミナー』，日本評論社 (2003 年)

[2] 和久井道久，『大学数学ベーシックトレーニング』，日本評論社 (2013 年)

[3] 竹内潔・久保隆徹，『数学リテラシー』，共立出版 (2018 年)

を挙げておく．

　また，拙著で恐縮であるが，大学 1 年次に学ぶ標準的な微分積分や線形代数を扱ったものとして，

[4] 藤岡敦，『手を動かしてまなぶ 微分積分』，裳華房 (2019 年)

[5] 藤岡敦，『手を動かしてまなぶ 線形代数』，裳華房 (2015 年)

さらに，その後のさまざまな数学における基礎となる内容を扱ったものとして，

[6] 藤岡敦，『手を動かしてまなぶ ε-δ 論法』，裳華房 (2021 年)

[7] 藤岡敦，『手を動かしてまなぶ 続・線形代数』，裳華房 (2021 年)

[8] 藤岡敦，『手を動かしてまなぶ 集合と位相』，裳華房 (2020 年)

を挙げておく．

解答例

━━━━━━ **第 1 章** ━━━━━━

問 1.1　例えば，$a = \frac{1}{4}$ である.

問 1.2　(1)　(1.1) の両辺を 2 乗して整理すると，

$$2n^2 = m^2 \qquad (A.1)$$

となる. よって，m^2 は 2 の倍数である. したがって，m も 2 の倍数である.

(2)　(1) より，$m = 2l$ $(l \in \mathbf{N})$ と表すことができる. これを (A.1) に代入して整理すると，$n^2 = 2l^2$ となる. よって，n^2 は 2 の倍数である. したがって，n も 2 の倍数である.

問 1.3　(1)　例えば，$x = 3$, $y = 5$ とすればよい. 実際，3 と 5 は異なる素数であるが，正の偶数ではないからである.

(2)　例えば，$x = 1$, $y = 9$, $z = 15$ とすればよい. 実際，1, 9, 15 は互いに異なる正の奇数であるが，素数ではないからである.

問 1.4　(1)　3 以下の自然数は 1, 2, 3 である. よって，3 以下の自然数全体の集合を外延的記法により表すと，$\{1, 2, 3\}$ である.

(2)　絶対値が 4 未満の整数は -3, -2, -1, 0, 1, 2, 3 である. よって，絶対値が 4 未満の整数全体の集合を外延的記法により表すと，$\{-3, -2, -1, 0, 1, 2, 3\}$ である.

問 1.5　pq^2 の約数となる自然数は 1, p, q, pq, q^2, pq^2 である. よって，(1.9) を外延的記法により表すと，$\{1, p, q, pq, q^2, pq^2\}$ である.

問 1.6　まず，整数は有理数，実数，複素数のいずれでもあるから，$\mathbf{Z} \subset \mathbf{Q}$, $\mathbf{Z} \subset \mathbf{R}$, $\mathbf{Z} \subset \mathbf{C}$ である. また，有理数は実数でも複素数でもあるから，$\mathbf{Q} \subset \mathbf{R}$, $\mathbf{Q} \subset \mathbf{C}$ である. さらに，実数は複素数でもあるから，$\mathbf{R} \subset \mathbf{C}$ である.

問 1.7　$x \in A$ とする. このとき，$A \subset B$ および包含関係の定義より，$x \in B$ である. さらに，$B \subset C$ および包含関係の定義より，$x \in C$ である. よって，包含関係の定義より，$A \subset C$ である.

問 1.8　(1)　不等式 $2x + 3 < 5$ より，$2x < 2$, すなわち，$x < 1$ である. よって，あたえられた集合は無限開区間 $(-\infty, 1)$ である.

(2)　不等式 $x^2 - 3x + 2 < 0$ より，$(x-1)(x-2) < 0$, すなわち，$1 < x < 2$ である. よって，あたえられた集合は有界開区間 $(1, 2)$ である.

問 1.9　(1)　$\{1, 2\}$ の部分集合は $\emptyset$, $\{1\}$, $\{2\}$, $\{1, 2\}$ である. よって，$2^A = \{\emptyset, \{1\}, \{2\}, \{1,2\}\}$ である.

(2)　$\{1, 2, 3\}$ の部分集合は $\emptyset$, $\{1\}$, $\{2\}$, $\{3\}$, $\{1, 2\}$, $\{1, 3\}$, $\{2, 3\}$, $\{1, 2, 3\}$ である. よって，2^A を外延的記法により表すと，$2^A = \{\emptyset, \{1\}, \{2\}, \{3\}, \{1, 2\}, \{1, 3\}, \{2, 3\}, \{1, 2, 3\}\}$ である.

問 1.10　(1)　$l \in \{0, 1, 2, \ldots, k\}$ とすると，l 個の元からなる A の部分集合の個数は，n 個のものから l 個選ぶ組合せの総数に等しく ${}_n\mathrm{C}_l$ である. よって，求める個数は ${}_n\mathrm{C}_0 + {}_n\mathrm{C}_1 + {}_n\mathrm{C}_2 + \cdots + {}_n\mathrm{C}_l + \cdots + {}_n\mathrm{C}_{k-1} + {}_n\mathrm{C}_k = \displaystyle\sum_{l=0}^{k} {}_n\mathrm{C}_l$ である.

(2)　(1) および (1.21) より，2^A の元の個数は $\displaystyle\sum_{l=0}^{n} {}_n\mathrm{C}_l = (1+1)^n = 2^n$ である. とくに，2^A は有限集合である.

問 1.11　(1)　$X = A \cap B = \emptyset$, $X = B \cap A = \emptyset$ である.

(2) $X = A \cap C = \{2\}$, $X = C \cap A = \{2\}$, $X = C \setminus B = \{2\}$ である.

(3) $X = A \setminus B = A$ である.

(4) $X = B \setminus A = B$ である.

(5) $X = A \cup B = \mathbf{N}$, $X = B \cup A = \mathbf{N}$ である.

問 1.12 $A \cap \emptyset$, $A \setminus A$, $\emptyset \setminus A$ である.

問 1.13 $x \in A \cap B$ ならば, 共通部分の定義 (1.23) より, $x \in A$ である. よって, 包含関係の定義 §1.1.6 より, $A \cap B \subset A$ である. 同様に, $A \cap B \subset B$ である.

問 1.14 $x \in C$ とする. このとき, $C \subset A$ および包含関係の定義 §1.1.6 より, $x \in A$ である. また, $C \subset B$ および包含関係の定義より, $x \in B$ である. よって, $x \in A$ かつ $x \in B$, すなわち, 共通部分の定義 (1.23) より, $x \in A \cap B$ である. したがって, $x \in C$ ならば $x \in A \cap B$ となり, 包含関係の定義より, $C \subset A \cap B$ である.

問 1.15 図 A.1 の通りである.

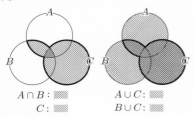

$A \cap B$: ▨
C: ▨

$A \cup C$: ▨
$B \cup C$: ▨

図 A.1

問 1.16 集合の演算の定義 §1.2.1 より, $(A \cap B) \cup C = \{x \mid x \in (A \cap B) \cup C\} = \{x \mid x \in A \cap B \text{ または } x \in C\} = \{x \mid \lceil x \in A \text{ かつ } x \in B \rfloor \text{ または } x \in C\} = \{x \mid \lceil x \in A \text{ または } x \in C \rfloor \text{ かつ } \lceil x \in B \text{ または } x \in C \rfloor\} = \{x \mid x \in A \cup C \text{ かつ } x \in B \cup C\} = (A \cup C) \cap (B \cup C)$ である. よって, 定理 1.5 (2) がなりたつ.

問 1.17 まず, $A \setminus B = \{1, 2, 3\} \setminus \{2, 3\} = \{1\}$ である. よって, $(A \setminus B) \setminus C = \{1\} \setminus \{3, 4\} = \{1\}$ である. また, $B \setminus C = \{2, 3\} \setminus \{3, 4\} = \{2\}$ である. よって, $A \setminus (B \setminus C) = \{1, 2, 3\} \setminus \{2\} = \{1, 3\}$ であ

る. したがって, $(A \setminus B) \setminus C \neq A \setminus (B \setminus C)$ である.

問 1.18 (1) 図 A.2 の通りである.

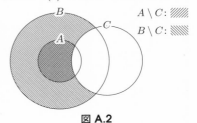

$A \setminus C$: ▨
$B \setminus C$: ▨

図 A.2

(2) 図 A.3 の通りである.

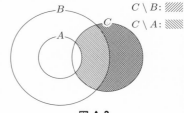

$C \setminus B$: ▨
$C \setminus A$: ▨

図 A.3

問 1.19 $x \in C \setminus B$ とする. このとき, 差の定義 (1.24) より, $x \in C$ かつ $x \notin B$ である. ここで, $x \in A$ と仮定すると, $A \subset B$ および包含関係の定義 §1.1.6 より, $x \in B$ となり, これは $x \notin B$ であることに矛盾する. よって, $x \notin A$ となるので, $x \in C$ および差の定義より, $x \in C \setminus A$ である. したがって, $x \in C \setminus B$ ならば $x \in C \setminus A$ となり, 包含関係の定義より, 定理 1.6 (2) がなりたつ.

問 1.20 (1) 定理 1.2 (2) より, $A \cap B \subset B$ である. よって, 定理 1.6 (2) より, (1) がなりたつ.

(2) $x \in A \setminus (A \cap B)$ とする. このとき, 差の定義 (1.24) より, $x \in A$ かつ $x \notin A \cap B$ である. よって, 共通部分の定義 (1.23) より, $x \in A$ かつ $x \notin B$, すなわち, 差の定義より, $x \in A \setminus B$ である. したがって, $x \in A \setminus (A \cap B)$ ならば $x \in A \setminus B$ とな

り，包含関係の定義 §1.1.6 より，(2) がな
りたつ.

問 1.21　それぞれ図 A.4，図 A.5 の通りで
ある.

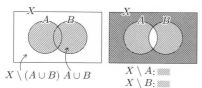

図 A.4　定理 1.7 (1)

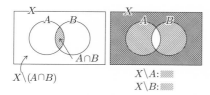

図 A.5　定理 1.7 (2)

問 1.22　集合の演算の定義 §1.2.1 より，
$X \setminus (A \cap B) = \{x \mid x \in X, x \notin A \cap B\} =$
$\{x \in X \mid x \notin A \cap B\} =$
$\{x \in X \mid$「$x \in A$ かつ $x \in B$」ではない $\}$
$= \{x \in X \mid x \notin A$ または $x \notin B\}$
$= \{x \mid x \in X \setminus A$ または $x \in X \setminus B\}$
$= (X \setminus A) \cup (X \setminus B)$ である. よって，定
理 1.7 (2) がなりたつ.

問 1.23　集合の演算に関する基本的性質
を用いて式変形を行うと，$A \cap (A^c \cup B)$
$= (A^c \cup B) \cap A$ 交換律
$= (A^c \cap A) \cup (B \cap A)$ 分配律
$= \emptyset \cup (A \cap B)$ 交換律　定理 1.8(2)
$= A \cap B$ である. よって，(1.42) がなり
たつ.

・・・・・・・・・・・ 章末問題 ・・・・・・・・・・・

問題 1.1　(1)　和および差の定義より，
$(A \cup B) \setminus C = (\{1, 2, 3\} \cup \{2, 3, 4\}) \setminus$
$\{3, 4, 5\} = \{1, 2, 3, 4\} \setminus \{3, 4, 5\} =$
$\{1, 2\}$ である. また，差および和の定義よ
り，$(A \setminus C) \cup (B \setminus C) = (\{1, 2, 3\} \setminus$

$\{3, 4, 5\}) \cup (\{2, 3, 4\} \setminus \{3, 4, 5\}) =$
$\{1, 2\} \cup \{2\} = \{1, 2\}$ である. よって，
(1.43) がなりたつ.

(2)　和および差の定義より，$(A \cup B) \setminus$
$C = \{x \mid x \in A \cup B$ かつ $x \notin C\} =$
$\{x \mid$「$x \in A$ または $x \in B$」かつ $x \notin C\}$
$= \{x \mid$「$x \in A$ かつ $x \notin C$」または
「$x \in B$ かつ $x \notin C$」$\} = \{x \mid x \in A \setminus C$
または $x \in B \setminus C\} = (A \setminus C) \cup (B \setminus C)$
である. よって，(1.43) がなりたつ.

(3)　和および差の定義より，$A \setminus (B \cup C) =$
$\{1, 2, 3\} \setminus (\{2, 3, 4\} \cup \{3, 4, 5\}) =$
$\{1, 2, 3\} \setminus \{2, 3, 4, 5\} = \{1\}$ である. ま
た，差および共通部分の定義より，
$(A \setminus B) \cap (A \setminus C) = (\{1, 2, 3\} \setminus \{2, 3, 4\}) \cap$
$(\{1, 2, 3\} \setminus \{3, 4, 5\}) = \{1\} \cap \{1, 2\} =$
$\{1\}$ である. よって，(1.44) がなりたつ.

(4)　和，共通部分および差の定義より，$A \setminus$
$(B \cup C) = \{x \mid x \in A$ かつ $x \notin (B \cup C)\} =$
$\{x \mid x \in A$ かつ「$x \in B \cup C$ ではない」$\} =$
$\{x \mid x \in A$ かつ「「$x \in B$ または $x \in C$」
ではない」$\} = \{x \mid x \in A$ かつ「「$x \in B$
ではない」かつ「$x \in C$ ではない」」$\} =$
$\{x \mid x \in A$ かつ「$x \notin B$ かつ $x \notin C$」$\}$
$= \{x \mid$「$x \in A$ かつ $x \notin B$」かつ「$x \in A$
かつ $x \notin C$」$\} = \{x \mid x \in A \setminus B$ かつ
$x \in A \setminus C\} = (A \setminus B) \cap (A \setminus C)$ である.
よって，(1.44) がなりたつ.

(5)　共通部分および差の定義より，$(A \cap$
$B) \setminus C = (\{1, 2, 3\} \cap \{2, 3, 4\}) \setminus \{3, 4, 5\}$
$= \{2, 3\} \setminus \{3, 4, 5\} = \{2\}$ である. ま
た，差および共通部分の定義より，$(A \setminus$
$C) \cap (B \setminus C) = (\{1, 2, 3\} \setminus \{3, 4, 5\}) \cap$
$(\{2, 3, 4\} \setminus \{3, 4, 5\}) = \{1, 2\} \cap \{2\} =$
$\{2\}$ である. よって，(1.45) がなりたつ.

(6)　共通部分および差の定義より，$(A \cap$
$B) \setminus C = \{x \mid x \in A \cap B$ かつ $x \notin C\} =$
$\{x \mid$「$x \in A$ かつ $x \in B$」かつ $x \notin C\}$
$= \{x \mid$「$x \in A$ かつ $x \notin C$」かつ「$x \in B$
かつ $x \notin C$」$\} = \{x \mid x \in A \setminus C$ かつ $x \in$
$B \setminus C\} = (A \setminus C) \cap (B \setminus C)$ である. よっ

て，(1.45) がなりたつ.

(7) 共通部分および差の定義より，$A \setminus (B \cap C) = \{1, 2, 3\} \setminus (\{2, 3, 4\} \cap \{3, 4, 5\}) = \{1, 2, 3\} \setminus \{3, 4\} = \{1, 2\}$ である．また，差および和の定義より，$(A \setminus B) \cup (A \setminus C) = (\{1, 2, 3\} \setminus \{2, 3, 4\}) \cup (\{1, 2, 3\} \setminus \{3, 4, 5\}) = \{1\} \cup \{1, 2\} = \{1, 2\}$ である．よって，(1.46) がなりたつ.

(8) 和，共通部分および差の定義より，$A \setminus (B \cap C) = \{x \mid x \in A$ かつ $x \notin (B \cap C)\} = \{x \mid x \in A$ かつ「$x \in B \cap C$ ではない」$\} = \{x \mid x \in A$ かつ「「$x \in B$ かつ $x \in C$」ではない」$\} = \{x \mid x \in A$ かつ「「$x \in B$ ではない」または「$x \in C$ ではない」」$\} = \{x \mid x \in A$ かつ「$x \notin B$ または $x \notin C$」$\} = \{x \mid$「$x \in A$ かつ $x \notin B$」または「$x \in A$ かつ $x \notin C$」$\} = \{x \mid x \in A \setminus B$ または $x \in A \setminus C\} = (A \setminus B) \cup (A \setminus C)$ である．よって，(1.46) がなりたつ.

(9) 差の定義より，$(A \setminus B) \setminus C = (\{1, 2, 3\} \setminus \{2, 3, 4\}) \setminus \{3, 4, 5\} = \{1\} \setminus \{3, 4, 5\} = \{1\}$ である．また，和と差の定義より，$A \setminus (B \cup C) = \{1, 2, 3\} \setminus (\{2, 3, 4\} \cup \{3, 4, 5\}) = \{1, 2, 3\} \setminus \{2, 3, 4, 5\} = \{1\}$ である．よって，(1.47) がなりたつ.

(10) 差および和の定義より，$(A \setminus B) \setminus C = \{x \mid x \in A \setminus B$ かつ $x \notin C\} = \{x \mid$「$x \in A$ かつ $x \notin B$」かつ $x \notin C\} = \{x \mid$「$x \in A$ かつ $x \notin B$ かつ $x \notin C$」$\} = \{x \mid x \in A$ かつ「「$x \in B$ ではない」かつ「$x \in C$ ではない」」$\} = \{x \mid x \in A$ かつ「「$x \in B$ または $x \in C$」ではない」$\} = \{x \mid x \in A$ かつ「$x \in B \cup C$ ではない」$\} = \{x \mid x \in A$ かつ $x \notin (B \cup C)\} = A \setminus (B \cup C)$ である．よって，(1.47) がなりたつ.

(11) 差の定義より，$A \setminus (B \setminus C) = \{1, 2, 3\} \setminus (\{2, 3, 4\} \setminus \{3, 4, 5\}) = \{1, 2, 3\} \setminus \{2\} = \{1, 3\}$ である．また，和，共通部分および差の定義より，

$(A \setminus B) \cup (A \cap C) = (\{1, 2, 3\} \setminus \{2, 3, 4\}) \cup (\{1, 2, 3\} \cap \{3, 4, 5\}) = \{1\} \cup \{3\} = \{1, 3\}$ である．よって，(1.48) がなりたつ.

(12) 和，共通部分および差の定義より，$A \setminus (B \setminus C) = \{x \mid x \in A$ かつ $x \notin B \setminus C\} = \{x \mid x \in A$ かつ「$x \in B$ かつ $x \notin C$」ではない」$\} = \{x \mid x \in A$ かつ「「$x \in B$ ではない」または「$x \notin C$ ではない」$\} = \{x \mid x \in A$ かつ「$x \notin B$ または $x \in C$」$\} = \{x \mid$「$x \in A$ かつ $x \notin B$」または「$x \in A$ かつ $x \in C$」$\} = \{x \mid x \in A \setminus B$ または $x \in A \cap C\} = (A \setminus B) \cup (A \cap C)$ である．よって，(1.48) がなりたつ.

問題1.2 (1) 対称差の定義より，$A \ominus A = (A \setminus A) \cup (A \setminus A) = \emptyset \cup \emptyset = \emptyset$ である．よって，(1) がなりたつ.

(2) 対称差の定義より，$A \ominus \emptyset = (A \setminus \emptyset) \cup (\emptyset \setminus A) = A \cup \emptyset = A$ である．よって，(2) がなりたつ.

(3) 対称差の定義および和の交換律より，$A \ominus B = (A \setminus B) \cup (B \setminus A) = (B \setminus A) \cup (A \setminus B) = B \ominus A$ である．よって，(3) がなりたつ.

(4) 共通部分の交換律，ド・モルガンの法則，和の交換律，(1.31) および対称差の定義より，$(A \cup B) \setminus (A \cap B) = (A \cup B) \setminus (B \cap A) = \{(A \cup B) \setminus B\} \cup \{(A \cup B) \setminus A\} = \{(A \cup B) \setminus B\} \cup \{(B \cup A) \setminus A\} = (A \setminus B) \cup (B \setminus A) = A \ominus B$ である．よって，(4) がなりたつ.

問題1.3 差および補集合の定義より，$A \setminus B = \{x \mid x \in A$ かつ $x \notin B\} = \{x \mid x \in A$ かつ $x \in B^c\} = A \cap B^c$ である．よって，(1.50) がなりたつ.

問題 1.4 (1) 対称差の定義，(1.43)，(1.47) および和の交換律より，$(A \ominus B) \setminus C = \{(A \setminus B) \cup (B \setminus A)\} \setminus C = \{(A \setminus B) \setminus C\} \cup \{(B \setminus A) \setminus C\} = \{A \setminus (B \cup C)\} \cup \{B \setminus (A \cup C)\} = \{A \setminus (B \cup C)\} \cup \{B \setminus (C \cup A)\}$ である．よって，(1.51) がなりたつ.

(2) 対称差の定義，(1.44)，(1.48)，分配律，共通部分の交換律および共通部分，差の定義より，$C \cap A \cap (C \setminus A) = (C \setminus B) \cap (C \cap B) = \emptyset$ であること，和の交換律を用いると，$C \setminus (A \ominus B) = C \setminus \{(A \setminus B) \cup (B \setminus A)\} = \{C \setminus (A \setminus B)\} \cap \{C \setminus (B \setminus A)\} = \{(C \setminus A) \cup (C \cap B)\} \cap \{(C \setminus B) \cup (C \cap A)\} = [(C \setminus A) \cap \{(C \setminus B) \cup (C \cap A)\}] \cup [(C \cap B) \cap \{(C \setminus B) \cup (C \cap A)\}] = [\{(C \setminus B) \cup (C \cap A)\} \cap (C \setminus A)] \cup [\{(C \setminus B) \cup (C \cap A)\} \cap (C \cap B)] = \{(C \setminus B) \cap (C \setminus A)\} \cup \{(C \cap A) \cap (C \setminus A)\} \cup \{(C \setminus B) \cap (C \cap B)\} \cup \{(C \cap A) \cap (C \cap B)\} = \{C \setminus (B \cup A)\} \cup \emptyset \cup \emptyset \cup (A \cap B \cap C) = \{C \setminus (A \cup B)\} \cup (A \cap B \cap C)$ である．よって，(1.52) がなりたつ．

(3) 対称差の定義，(1.51) および (1.52) より，$(A \ominus B) \ominus C = \{(A \ominus B) \setminus C\} \cup \{C \setminus (A \ominus B)\} = \{A \setminus (B \cup C)\} \cup \{B \setminus (C \cup A)\} \cup \{C \setminus (A \cup B)\} \cup (A \cap B \cap C)$ である．同様に，$A \ominus (B \ominus C) = \{A \setminus (B \ominus C)\} \cup \{(B \ominus C) \setminus A\} = \{A \setminus (B \cup C)\} \cup (B \cap C \cap A) \cup \{B \setminus (C \cup A)\} \cup \{C \setminus (A \cup B)\} = \{A \setminus (B \cup C)\} \cup \{B \setminus (C \cup A)\} \cup \{C \setminus (A \cup B)\} \cup (A \cap B \cap C)$ である．よって，(1.53) がなりたつ．

(4) 図 A.6 の通りである．

第 2 章

問 2.1 (1) まず，明らかに，$f_1 = f_1$ である．次に，f_1 の定義域および値域はともに $\mathbf{R}$ であり，f_2，f_3，f_4 の中で，f_1 と定義域および値域がそれぞれ等しいものは f_3 である．ここで，$f_1\left(\frac{1}{2}\right) = \frac{1}{2}$，$f_3\left(\frac{1}{2}\right) = \frac{1}{4}$ なので，$f_1(\frac{1}{2}) \neq f_3(\frac{1}{2})$ である．よって，$f_1 \neq f_3$ である．したがって，f_1，f_2，f_3，f_4 の中で，f_1 と等しいものは f_1 のみである．

(2) まず，明らかに，$f_2 = f_2$ である．次に，f_2 の定義域および値域はそれぞれ $\{0, 1\}$，$\mathbf{R}$ であり，f_1，f_3，f_4 の中で，f_2 と定義域および値域がそれぞれ等しいものは f_4 である．ここで，$f_2(0) = f_4(0) = 0$，$f_2(1) = f_4(1) = 1$ なので，$f_2 = f_4$ である．よって，f_1，f_2，f_3，f_4 の中で，f_2 と等しいものは f_2 と f_4 である．

問 2.2 $\exists! m \in \mathbf{Z}$ s.t. $g(m) \geq 1$.

問 2.3 $Y \times X = \{(3, 1), (3, 2)\}$，$Y \times Y = \{(3, 3)\}$ である．

問 2.4 f およびグラフの定義 (2.19) より，求めるグラフは $G(f) = \{(1, f(1)), (2, f(2)), (3, f(3))\} = \{(1, 4), (2, 5), (3, 5)\}$ である．

問 2.5 (1) 像の定義 (2.21) および f の定

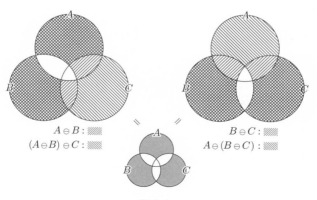

$A \ominus B :$▨
$(A \ominus B) \ominus C :$▧

$B \ominus C :$▨
$A \ominus (B \ominus C) :$▧

図 A.6

義より，$f(\{1\}) = \{f(1)\} = \{4\}$, $f(\{2\}) =$ $\{f(2)\} = \{5\}$, $f(\{3\}) = \{f(3)\} = \{5\}$, $f(\{1, 3\}) = \{f(1), f(3)\} = \{4, 5\}$, $f(\{2, 3\}) = \{f(2), f(3)\} = \{5, 5\} = \{5\}$, $f(X) = f(\{1, 2, 3\}) = \{f(1), f(2), f(3)\}$ $= \{4, 5, 5\} = \{4, 5\}$ である．

(2) $\underline{f^{-1}(\{4\})}$ f の定義より，$f(x) \in \{4\}$ となる $x \in X$ を求めると，$x = 1$ である．よって，逆像の定義 (2.22) より，$f^{-1}(\{4\}) = \{1\}$ である．

$\underline{f^{-1}(\{5\})}$ f の定義より，$f(x) \in \{5\}$ となる $x \in X$ を求めると，$x = 2, 3$ である．よって，逆像の定義より，$f^{-1}(\{5\}) = \{2, 3\}$ である．

$\underline{f^{-1}(\{6\})}$ f の定義より，$f(x) \in \{6\}$ となる $x \in X$ は存在しない．よって，逆像の定義より，$f^{-1}(\{6\}) = \{\ \}$ である．

$\underline{f^{-1}(\{4, 5\})}$ f の定義より，$f(x) \in \{4, 5\}$ となる $x \in X$ を求めると，$x = 1, 2, 3$ である．よって，逆像の定義より，$f^{-1}(\{4, 5\}) = \{1, 2, 3\}$ である．

$\underline{f^{-1}(\{5, 6\})}$ f の定義より，$f(x) \in \{5, 6\}$ となる $x \in X$ を求めると，$x = 2, 3$ である．よって，逆像の定義より，$f^{-1}(\{5, 6\}) = \{2, 3\}$ である．

$\underline{f^{-1}(Y)}$ f は X から Y への写像なので，任意の $x \in X$ に対して，$f(x) \in Y$ である．よって，逆像の定義より，$f^{-1}(Y) = X = \{1, 2, 3\}$ である．

問 2.6 $f(A_1 \cap A_2) = \{y \in Y \mid {}^{\exists}x \in A_1 \cap A_2 \text{ s.t. } y = f(x)\} \subset \{y \in Y \mid \ulcorner {}^{\exists}x_1 \in A_1 \text{ s.t. } y = f(x_1) \urcorner$ かつ $\ulcorner {}^{\exists}x_2 \in A_2 \text{ s.t. } y = f(x_2) \urcorner\} = \{y \in Y \mid y \in f(A_1)$ かつ $y \in f(A_2)\} = f(A_1) \cap f(A_2)$

問 2.7 (1) 像の定義 (2.21) より，$f(A_1) \backslash f(A_2) = \{y \in Y \mid y \in f(A_1)$ かつ $y \notin f(A_2)\} = \{y \in Y \mid \ulcorner$ ある $x \in A_1$ が存在し，$y = f(x) \urcorner$ かつ $y \notin f(A_2)\} \subset \{y \in Y \mid$ ある $x \in A_1 \backslash A_2$ が存在し，$y = f(x)\} = f(A_1 \backslash A_2)$ である．よって，定理 2.1 (4) がなりたつ．

(2) $x \in f^{-1}(B_1)$ とする．このとき，逆像の定義 (2.22) より，$f(x) \in B_1$ である．ここで，$B_1 \subset B_2$ および包含関係の定義 §1.1.6 より，$f(x) \in B_2$ である．よって，逆像の定義より，$x \in f^{-1}(B_2)$ である．したがって，$x \in f^{-1}(B_1)$ ならば $x \in f^{-1}(B_2)$ となり，包含関係の定義より，定理 2.1 (5) がなりたつ．

(3) 逆像の定義 (2.22) より，$f^{-1}(B_1 \cup B_2) = \{x \in X \mid f(x) \in B_1 \cup B_2\} = \{x \in X \mid f(x) \in B_1$ または $f(x) \in B_2\} = \{x \in X \mid x \in f^{-1}(B_1)$ または $x \in f^{-1}(B_2)\} = f^{-1}(B_1) \cup f^{-1}(B_2)$ である．よって，定理 2.1 (6) がなりたつ．

(4) 逆像の定義 (2.22) より，$f^{-1}(B_1 \cap B_2) = \{x \in X \mid f(x) \in B_1 \cap B_2\} = \{x \in X \mid f(x) \in B_1$ かつ $f(x) \in B_2\} = \{x \in X \mid x \in f^{-1}(B_1)$ かつ $x \in f^{-1}(B_2)\} = f^{-1}(B_1) \cap f^{-1}(B_2)$ である．よって，定理 2.1 (7) がなりたつ．

(5) 逆像の定義 (2.22) より，$f^{-1}(B_1 \backslash B_2) = \{x \in X \mid f(x) \in B_1 \backslash B_2\} = \{x \in X \mid f(x) \in B_1$ かつ $f(x) \notin B_2\} = \{x \in X \mid x \in f^{-1}(B_1)$ かつ $x \notin f^{-1}(B_2)\} = f^{-1}(B_1) \backslash f^{-1}(B_2)$ である．よって，定理 2.1 (8) がなりたつ．

(6) $x \in A$ とする．このとき，像の定義 (2.21) より，$f(x) \in f(A)$ である．よって，逆像の定義 (2.22) より，$x \in f^{-1}(f(A))$ である．したがって，$x \in A$ ならば $x \in f^{-1}(f(A))$ となり，包含関係の定義 §1.1.6 より，定理 2.1 (9) がなりたつ．

(7) $y \in f(f^{-1}(B))$ とする．像の定義 (2.21) より，ある $x \in f^{-1}(B)$ が存在し，$y = f(x)$ となる．このとき，逆像の定義 (2.22) より，$f(x) \in B$ である．よって，$y \in B$ である．したがって，$y \in f(f^{-1}(B))$ ならば $y \in B$ となり，包含関係の定義 §1.1.6 より，定理 2.1 (10) がなりたつ．

問 2.8 (1) 像の定義 (2.21) より，$f(\{1\} \cap \{2\}) = f(\{\ \}) = \{\ \}$, $f(\{1\}) \cap f(\{2\}) =$

$\{f(1)\} \cap \{f(2)\} = \{4\} \cap \{4\} = \{4\}$ である.

(2) 像の定義 (2.21) より,$f(\{1\} \setminus \{2\}) = f(\{1\}) = \{f(1)\} = \{4\}$,$f(\{1\}) \setminus f(\{2\}) = \{f(1)\} \setminus \{f(2)\} = \{4\} \setminus \{4\} = \{\ \}$ である.

(3) まず,像の定義 (2.21) より,$f(\{1\}) = \{f(1)\} = \{4\}$ である.ここで,逆像の定義 (2.22) より,$f(x) \in \{4\}$ となる $x \in X$ を求めると,$x = 1, 2$ である.よって,$f^{-1}(f(\{1\})) = f^{-1}(\{4\}) = \{1, 2\}$ である.

(4) まず,逆像の定義 (2.22) より,$f(x) \in \{3, 4\}$ となる $x \in X$ を求めると,$x = 1, 2$ である.よって,$f^{-1}(\{3, 4\}) = \{1, 2\}$ である.したがって,像の定義 (2.21) より,$f(f^{-1}(\{3, 4\})) = f(\{1, 2\}) = \{f(1), f(2)\} = \{4, 4\} = \{4\}$ である.

問 2.9 f, g の定義および合成写像の定義 (2.28) より,$(g \circ f)(2) = g(f(2)) = g(4) = 9$,$(g \circ f)(3) = g(f(3)) = g(5) = 8$ である.

問 2.10 まず,(2.36) 第 1 式より,$f(0) = -0 + 1 = 1 \in \{0, 1\}$,$f(1) = -1 + 1 = 0 \in \{0, 1\}$ である.よって,(2.36) 第 1 式より,関数 $f : \{0, 1\} \to \{0, 1\}$ を定めることができる.また,(2.36) 第 2 式より,$g(0) = 0^2 = 0 \in \{0, 1\}$,$g(1) = 1^2 = 1 \in \{0, 1\}$ である.よって,(2.36) 第 2 式より,関数 $g : \{0, 1\} \to \{0, 1\}$ を定めることができる.さらに,合成写像の定義 (2.28) より,$(g \circ f)(0) = g(f(0)) = g(1) = 1$,$(f \circ g)(0) = f(g(0)) = f(0) = 1$ である.よって,$(g \circ f)(0) = (f \circ g)(0)$ である.また,$(g \circ f)(1) = g(f(1)) = g(0) = 0$,$(f \circ g)(1) = f(g(1)) = f(1) = 0$ である.よって,$(g \circ f)(1) = (f \circ g)(1)$ である.したがって,$g \circ f = f \circ g$ である.

問 2.11 まず,恒等写像は包含写像でもあるので,例題 2.6 より,id_X は単射である.また,$x \in X$ とすると,$\mathrm{id}_X(x) = x$ である.よって,id_X は全射である.したがっ

て,id_X は全単射である.

問 2.12 (1) まず,$y \in [0, +\infty)$ とすると,$x \in \mathbf{R}$ を $x = \sqrt{y}$ により定めることができる.このとき,$g(x) = \left(\sqrt{y}\right)^2 = y$ である.よって,g は定義 2.4 の全射の条件をみたし,全射である.また,$-1, 1 \in \mathbf{R}$,$-1 \neq 1$ であるが,$g(-1) = g(1) = 1$ となる.よって,g は定義 2.4 の単射の条件をみたさず,単射ではない.

(2) まず,$-1 \in \mathbf{R}$ であるが,$h(x) = -1$,すなわち,$x^2 = -1$ となる $x \in [0, +\infty)$ は存在しない.よって,h は定義 2.4 の全射の条件をみたさず,全射ではない.また,$x_1, x_2 \in [0, +\infty)$,$h(x_1) = h(x_2)$ とする.このとき,$x_1^2 = x_2^2$,すなわち,$(x_1 + x_2)(x_1 - x_2) = 0$ である.ここで,$x_1, x_2 \in [0, +\infty)$ より,$x_1 = x_2$ となる.よって,注意 2.4 より,f は単射である.

問 2.13 まず,$4 \in Y$ であるが,$f(x) = 4$ となる $x \in X$ は存在しない.よって,f は定義 2.4 の全射の条件をみたさず,全射ではない.また,$1, 2 \in X$,$1 \neq 2$ であるが,$f(1) = f(2) = 3$ である.よって,f は定義 2.4 の単射の条件をみたさず,単射ではない.したがって,f は全射でも単射でもない.

問 2.14 (1) $y \in f(A_1) \cap f(A_2)$ とする.このとき,$y \in f(A_1)$ かつ $y \in f(A_2)$ である.$y \in f(A_1)$ および像の定義 (2.21) より,ある $x_1 \in A_1$ が存在し,$y = f(x_1)$ となる.また,$y \in f(A_2)$ および像の定義より,ある $x_2 \in A_2$ が存在し,$y = f(x_2)$ となる.ここで,f は単射なので,注意 2.4 より,$x_1 = x_2 \in A_1 \cap A_2$ となる.よって,$y \in f(A_1 \cap A_2)$ である.したがって,$y \in f(A_1) \cap f(A_2)$ ならば $y \in f(A_1 \cap A_2)$ となり,包含関係の定義 §1.1.6 より,(2.41) がなりたつ.

(2) $y \in B$ とする.このとき,f は全射なので,ある $x \in X$ が存在し,$y = f(x)$ となる.よって,逆像の定義 (2.22) より,

$x \in f^{-1}(B)$ である. さらに, 像の定義 (2.21) より, $y \in f(f^{-1}(B))$ である. したがって, $y \in B$ ならば $y \in f(f^{-1}(B))$ となり, 包含関係の定義 §1.1.6 より, (2.44) がなりたつ.

問 2.15 まず, Z の元は 5 のみなので, $(g \circ f)(1) = 5$, $(g \circ f)(2) = 5$ である. よって, $g \circ f$ は定義 2.4 の全射の条件をみたし, 全射である. また, $3 \in Y$ であるが, $f(x) = 3$ となる $x \in X$ は存在しない. よって, f は定義 2.4 の全射の条件をみたさず, 全射ではない. したがって, 定理 2.4 (1) の逆はなりたっていない.

問 2.16 $x_1, x_2 \in X$, $x_1 \neq x_2$ とする. このとき, f は単射なので, $f(x_1) \neq f(x_2)$ である. さらに, g は単射なので, $g(f(x_1)) \neq g(f(x_2))$, すなわち, 合成写像の定義 (2.28) より, $(g \circ f)(x_1) \neq (g \circ f)(x_2)$ である. よって, $g \circ f$ は定義 2.4 の単射の条件をみたし, 単射である.

問 2.17 まず, f, g の定義および合成写像の定義 (2.28) より, $(g \circ f)(1) = g(f(1)) = g(4) = 6$, $(g \circ f)(2) = g(f(2)) = g(5) = 7$, すなわち, $(g \circ f)(1) = 6$, $(g \circ f)(2) = 7$ である. よって, $g \circ f$ は定義 2.4 の単射の条件をみたし, 単射である. また, $3, 4 \in X$, $3 \neq 4$ であるが, $g(3) = g(4) = 6$ である. よって, g は定義 2.4 の単射の条件をみたさず, 単射ではない. したがって, 定理 2.4 (2) の逆はなりたっていない.

問 2.18 $z \in Z$ とする. このとき, $g \circ f$ は全射なので, ある $x \in X$ が存在し, $(g \circ f)(x) = z$ となる. すなわち, 合成写像の定義 (2.28) より, $g(f(x)) = z$ である. よって, g は定義 2.4 の全射の条件をみたし, 全射である.

問 2.19 (1) まず, f, g は全単射なので, 定理 2.4 より, $g \circ f$ は全単射である. よって, $g \circ f$ の逆写像 $(g \circ f)^{-1} : Z \to X$ が定義できる. また, g は全単射なので, g の逆写像 $g^{-1} : Z \to Y$ が定義できる. さらに, f は全単射なので, f の逆写像 $f^{-1} : Y \to X$ が定義できる. よって, g^{-1} と f^{-1} の合成写像 $f^{-1} \circ g^{-1} : Z \to X$ が定義できる.

(2) まず, 逆写像の定義より, $g(y) = z$, $f(x) = y$ である. よって, 合成写像の定義 (2.28) より, $(g \circ f)(x) = g(f(x)) = g(y) = z$, すなわち, $(g \circ f)(x) = z$ である. したがって, 逆写像の定義より, $(g \circ f)^{-1}(z) = x$ である.

(3) 合成写像の定義 (2.28) より, $(f^{-1} \circ g^{-1})(z) = f^{-1}(g^{-1}(z)) = f^{-1}(y) = x$, すなわち, $(f^{-1} \circ g^{-1})(z) = x$ である.

•••••••••••••• **章末問題** ••••••••••••••

問題 2.1 (1) 像の定義 (2.21) および合成写像の定義 (2.28) より, $(g \circ f)(A) = \{(g \circ f)(x) \mid x \in A\} = \{g(f(x)) \mid x \in A\} = \{g(y) \mid y \in f(A)\} = g(f(A))$ である. よって, (1) がなりたつ.

(2) 逆像の定義 (2.22) および合成写像の定義 (2.28) より, $(g \circ f)^{-1}(C) = \{x \in X \mid (g \circ f)(x) \in C\} = \{x \in X \mid g(f(x)) \in C\} = \{x \in X \mid f(x) \in g^{-1}(C)\} = f^{-1}(g^{-1}(C))$ である. よって, (2) がなりたつ.

問題 2.2 (1) $m \in \mathbf{Z}$ とする. $m > 0$ のとき, $n \in \mathbf{N}$ を $n = 2m$ により定めることができる. このとき, $f(n) = f(2m) = (-1)^{2m} \left[\frac{2m}{2} \right] = [m] = m$ である. $m \leq 0$ のとき, $n \in \mathbf{N}$ を $n = -2m + 1$ により定めることができる. このとき, $f(n) = f(-2m + 1) = (-1)^{-2m+1} \left[\frac{-2m+1}{2} \right] = -\left[-m + \frac{1}{2} \right] = -(-m) = m$ である. よって, f は定義 2.4 の全射の条件をみたし, 全射である.

(2) $m, n \in \mathbf{N}$, $f(m) = f(n)$ とする. このとき,

$$(-1)^m \left[\frac{m}{2} \right] = (-1)^n \left[\frac{n}{2} \right] \qquad \text{(A.2)}$$

である. よって, ある $k, l \in \mathbf{N}$ が存在し, 「$m = 2k$, $n = 2l$」または「$m = 2k - 1$,

$n = 2l - 1$」となる．$m = 2k$, $n = 2l$ のとき，(A.2) より，$[k] = [l]$，すなわち，$k = l$ である．したがって，$m = n$ である．$m = 2k - 1$, $n = 2l - 1$ のとき，(A.2) より，$\left[k - \frac{1}{2} \right] = \left[l - \frac{1}{2} \right]$，すなわち，$k - 1 = l - 1$ より，$k = l$ である．したがって，$m = n$ である．以上より，f は単射である 注意 2.4 ．

問題 2.3 (1) まず，任意の偶数は $2m$ ($m \in \mathbf{Z}$) と表されるので，f は定義 2.4 の全射の条件をみたし，全射である．また，$m, n \in \mathbf{Z}$, $f(m) = f(n)$ とすると，$2m = 2n$ となり，$m = n$ である．よって，f は単射である 注意 2.4 ．したがって，f は全単射である．

(2) まず，任意の奇数は $l + 1$ (l は偶数) と表されるので，g は定義 2.4 の全射の条件をみたし，全射である．また，$l, m \in X$, $g(l) = g(m)$ とすると，$l + 1 = m + 1$ となり，$l = m$ である．よって，g は単射である 注意 2.4 ．したがって，g は全単射である．

問題 2.4 (1) $(x', y') \in X' \times Y'$ とする．このとき，直積の定義 (2.17) より，$x' \in X'$ であり，f は全射なので，ある $x \in X$ が存在し，$x' = f(x)$ となる．また，直積の定義より，$y' \in Y'$ であり，g は全射なので，ある $y \in Y$ が存在し，$y' = g(y)$ となる．よって，$h(x, y) = (f(x), g(y)) = (x', y')$ となる．したがって，h は定義 2.4 の全射の条件をみたし，全射である．

(2) $(x_1, y_1), (x_2, y_2) \in X \times Y$, $h(x_1, y_1) = h(x_2, y_2)$ とする．このとき，$(f(x_1), g(y_1)) = (f(x_2), g(y_2))$ である．よって，$f(x_1) = f(x_2)$, $g(y_1) = g(y_2)$ である．ここで，f は単射なので，$x_1 = x_2$ である．また，g は単射なので，$y_1 = y_2$ である．したがって，$(x_1, y_1) = (x_2, y_2)$ である．以上より，h は単射である 注意 2.4 ．

問題 2.5 まず，g, g' の定義域はともに Y であり，値域はともに Z である．次に，

$y \in Y$ とする．このとき，f は全射なので，ある $x \in X$ が存在し，$y = f(x)$ となる．さらに，$g \circ f = g' \circ f$ より，$(g \circ f)(x) = (g' \circ f)(x)$ である．よって，合成写像の定義 (2.28) より，$g(f(x)) = g'(f(x))$，すなわち，$g(y) = g'(y)$ である．したがって，$g = g'$ である．

問題 2.6 まず，f, f' の定義域はともに X であり，値域はともに Y である．次に，$x \in X$ とする．このとき，$g \circ f = g \circ f'$ より，$(g \circ f)(x) = (g \circ f')(x)$ である．よって，合成写像の定義 (2.28) より，$g(f(x)) = g(f'(x))$ である．さらに，g は単射なので，$f(x) = f'(x)$ である 注意 2.4 ．したがって，$f = f'$ である．

問題 2.7 (1) $y \in Y$ とする．このとき，$g(y) \in Z$ である．ここで，$g \circ f$ は全射なので，ある $x \in X$ が存在し，$(g \circ f)(x) = g(y)$ となる．よって，合成写像の定義 (2.28) より，$g(f(x)) = g(y)$ である．さらに，g は単射なので，$f(x) = y$ である 注意 2.4 ．よって，f は定義 2.4 の全射の条件をみたし，全射である．

(2) $y_1, y_2 \in Y$, $g(y_1) = g(y_2)$ とする．まず，f は全射なので，ある $x_1 \in X$ が存在し，$y_1 = f(x_1)$ となる．このとき，合成写像の定義 (2.28) より，$g(y_1) = g(f(x_1)) = (g \circ f)(x_1)$ である．同様に，ある $x_2 \in X$ が存在し，$y_2 = f(x_2)$ となる．さらに，$g(y_2) = (g \circ f)(x_2)$ となる．よって，$(g \circ f)(x_1) = (g \circ f)(x_2)$ である．ここで，$g \circ f$ は単射なので，$x_1 = x_2$ である 注意 2.4 ．したがって，$y_1 = y_2$ である．以上より，g は単射である 注意 2.4 ．

問題 2.8 (1) まず，問 2.11 より，id_X, id_Y は全単射である．よって，id_X が単射であること，$g \circ f = \mathrm{id}_X$ および定理 2.5 (2) より，f は単射である．また，id_Y が全射であること，$f \circ g' = \mathrm{id}_Y$ および定理 2.5 (1) より，f は全射である．したがって，f は全単射である．

(2) まず，$g \circ f = \mathrm{id}_X$, 結合律 定理 2.2 および (2.45) 第 2 式より，$f^{-1} = \mathrm{id}_X \circ f^{-1} = (g \circ f) \circ f^{-1} = g \circ (f \circ f^{-1}) = g \circ \mathrm{id}_Y = g$ となる．また，$f \circ g' = \mathrm{id}_Y$, 結合律および (2.45) 第 1 式より，$f^{-1} = f^{-1} \circ \mathrm{id}_Y = f^{-1} \circ (f \circ g') = (f^{-1} \circ f) \circ g' = \mathrm{id}_X \circ g' = g'$ となる．よって，$g = g' = f^{-1}$ である．

問題 2.9 A は $A = \{a_1, a_2, \ldots, a_n, \ldots\}$ $(a_1 < a_2 < \cdots < a_n < \cdots)$ と表すことができる．このとき，$n \in \mathbf{N}$ とすると，f の定義より，$f(a_n) = n$ である．よって，f は定義 2.4 の全射の条件をみたし，全射である．また，$a, b \in A$, $f(a) = f(b)$ とすると，ある $m, n \in \mathbf{N}$ が一意的に存在し，$a = a_m$, $b = a_n$ となる．よって，f の定義より，$m = n$, すなわち，$a = b$ である．したがって，f は単射である 注意 2.4 ．以上より，f は全単射である．

問題 2.10 (1) $f \in F(X, \{0, 1\})$ に対して，$A \in 2^X$ を $A = f^{-1}(\{1\})$ により定める．このとき，A, 逆像の定義 (2.22) および χ_A の定義 (2.54) より，$x \in A$ のとき，$f(x) = \chi_A(x) = 1$ である．さらに，f の値域は $\{0, 1\}$ であることと合わせると，$x \in A^c$ のとき，$f(x) = \chi_A(x) = 0$ である．よって，$f = \chi_A$ となるので，Φ の定義 (2.55) より，$\Phi(A) = f$ である．したがって，Φ は定義 2.4 の全射の条件をみたし，全射である．

(2) $A, A' \in 2^X$, $A \neq A'$ とする．このとき，$A \setminus A' \neq \emptyset$ または $A' \setminus A \neq \emptyset$ である．$A \setminus A' \neq \emptyset$ のとき，$x \in A \setminus A'$ とすると，$x \in A$ かつ $x \notin A'$, すなわち，$x \in A$ かつ $x \in (A')^c$ である．よって，χ_A の定義 (2.54) より，$\chi_A(x) = 1$, $\chi_{A'}(x) = 0$ となり，$\chi_A \neq \chi_{A'}$ である．同様に，$A' \setminus A \neq \emptyset$ のとき，$\chi_A \neq \chi_{A'}$ となる．したがって，Φ の定義 (2.55) より，$\Phi(A) \neq \Phi(A')$ である．以上より，Φ は定義 2.4 の単射の条件をみたし，単射である．

第 3 章

問 3.1 $\{a_n\}_{n=1}^{\infty}$ の初項を a, 公差を d とする．このとき，(3.3) において，$n = 2, 6$ とすると，$a_2 = 10$, $a_6 = 22$ より，それぞれ $a + d = 10$, $a + 5d = 22$ である．これを解くと，$a = 7$, $d = 3$ である．よって，$\{a_n\}_{n=1}^{\infty}$ の一般項は $a_n = 7 + (n - 1) \cdot 3 = 3n + 4$ である．

問 3.2 $\{a_n\}_{n=1}^{\infty}$ の初項を a, 公比を r とする．このとき，(3.6) において，$n = 3, 6$ とすると，$a_3 = 20$, $a_6 = 160$ より，それぞれ $ar^2 = 20$, $ar^5 = 160$ である．r が実数であることに注意して，これを解くと，$a = 5$, $r = 2$ である．よって，$\{a_n\}_{n=1}^{\infty}$ の一般項は $a_n = 5 \cdot 2^{n-1}$ である．

問 3.3 数列 $\{n\}_{n=1}^{\infty}$ は初項 1, 公差 1 の等差数列である．よって，(3.12) において，$a = 1$, $d = 1$ とおくと，$\displaystyle\sum_{k=1}^{n} k = n + \frac{n(n-1)}{2} = \frac{1}{2} n(n+1)$ である．

問 3.4 (3.6) より，$(1 - r) \displaystyle\sum_{k=1}^{n} a_k = \sum_{k=1}^{n} a_k - r \sum_{k=1}^{n} a_k = (a + ar + ar^2 + \cdots + ar^{n-1}) - r(a + ar + ar^2 + \cdots + ar^{n-1}) = (a + ar + ar^2 + \cdots + ar^{n-1}) - (ar + ar^2 + ar^3 + \cdots + ar^n) = a - ar^n = a(1 - r^n)$ である．すなわち，$(1 - r) \displaystyle\sum_{k=1}^{n} a_k = a(1 - r^n)$ である．$r \neq 1$ より，両辺を $1 - r \neq 0$ で割ると，(3.19) が得られる．

問 3.5 まず，$k^3 - (k - 1)^3 = k^3 - (k^3 - 3k^2 + 3k - 1) = 3k^2 - 3k + 1$ である．よって，(3.20) がなりたつ．次に，$\displaystyle\sum_{k=1}^{n} \{k^3 - (k-1)^3\} = (1^3 - 0^3) + (2^3 - 1^3) + \cdots + \{(n-1)^3 - (n-2)^3\} + \{n^3 - (n-1)^3\} = n^3$ である．また，定理 3.1, (3.11) および (3.18) より，$\displaystyle\sum_{k=1}^{n} (3k^2 - 3k + 1) = 3 \sum_{k=1}^{n} k^2 - 3 \sum_{k=1}^{n} k + \sum_{k=1}^{n} 1 = 3 \sum_{k=1}^{n} k^2 - \frac{3}{2} n(n+1) + n$ で

ある．よって，(3.20) より，$3 \sum_{k=1}^{n} k^2 = n^3 + \frac{3}{2} n(n+1) - n = \frac{2n^3 + 3n^2 + 3n - n}{2} = \frac{n(2n^2 + 3n + 2)}{2} = \frac{n(n+1)(2n+1)}{2}$ である．したがって，(3.21) がなりたつ．

問 3.6　(1)　定理 3.1，(3.11)，(3.18) および (3.19) より，$\sum_{k=1}^{n} (1 + 2k + 3^k) = \sum_{k=1}^{n} 1 + 2 \sum_{k=1}^{n} k + \sum_{k=1}^{n} 3^k = n + 2 \cdot \frac{1}{2} n(n+1) + \frac{3(1-3^n)}{1-3} = \frac{1}{2}(2n^2 + 4n - 3 + 3^{n+1})$ である．

(2)　定理 3.1 (1)，(3.18) および (3.21) より，$\sum_{k=1}^{n} k(k+1) = \sum_{k=1}^{n} (k^2 + k) = \sum_{k=1}^{n} k^2 + \sum_{k=1}^{n} k = \frac{1}{6} n(n+1)(2n+1) + \frac{1}{2} n(n+1) = \frac{n(n+1)\{(2n+1)+3\}}{6} = \frac{1}{3} n(n+1)(n+2)$ である．

問 3.7　$n = l \ (l \in \mathbf{N})$ のとき，(3.21) がなりたつと仮定すると，$\sum_{k=1}^{l} k^2 = \frac{1}{6} l(l+1)(2l+1)$ である．このとき，$\sum_{k=1}^{l+1} k^2 = \sum_{k=1}^{l} k^2 + (l+1)^2 = \frac{1}{6} l(l+1)(2l+1) + (l+1)^2 = \frac{1}{6}(l+1)\{l(2l+1) + 6(l+1)\} = \frac{1}{6}(l+1)(2l^2 + 7l + 6) = \frac{1}{6}(l+1)(l+2)(2l+3) = \frac{1}{6}(l+1)\{(l+1)+1\}\{2(l+1)+1\}$ である．よって，$n = l+1$ のとき，(3.21) がなりたつ．

問 3.8　定理 3.2 を適宜用いる．

(1)　(3.29) より，$\lim_{n \to \infty} \frac{2^n - 3^n}{2^n + 3^n} = \lim_{n \to \infty} \frac{\left(\frac{2}{3}\right)^n - 1}{\left(\frac{2}{3}\right)^n + 1} = \frac{0-1}{0+1} = -1$ である．

(2)　(3.30) 第 1 式より，$\lim_{n \to \infty} \frac{n-2}{3n+4} = \lim_{n \to \infty} \frac{1 - \frac{2}{n}}{3 + \frac{4}{n}} = \lim_{n \to \infty} \frac{1 - 2 \cdot \frac{1}{n}}{3 + 4 \cdot \frac{1}{n}} = \frac{1 - 2 \cdot 0}{3 + 4 \cdot 0} = \frac{1}{3}$ である．

問 3.9　(1)　$n = 3, 4, 5, \ldots$ のとき，(1.21) において，$x = y = 1$ とすると，$2^n = (1+1)^n = {}_n\mathrm{C}_0 \cdot 1^n + {}_n\mathrm{C}_1 \cdot 1^{n-1} \cdot 1 + {}_n\mathrm{C}_2 \cdot 1^{n-2} \cdot 1^2 + \cdots + {}_n\mathrm{C}_n \cdot 1^n > {}_n\mathrm{C}_1 +$

${}_n\mathrm{C}_2 = n + \frac{n(n-1)}{2} > \frac{n}{2} + \frac{n(n-1)}{2} = \frac{n^2}{2}$ である．よって，(3.36) がなりたつ．

(2)　(1) より，$n = 3, 4, 5, \ldots$ のとき，$0 < \frac{n}{2^n} < \frac{n}{\frac{n^2}{2}} = \frac{2}{n}$ である．ここで，$\lim_{n \to \infty} 0 = 0$，$\lim_{n \to \infty} \frac{2}{n} = 2 \lim_{n \to \infty} \frac{1}{n} = 2 \cdot 0 = 0$ である．よって，はさみうちの原理 定理 3.3 (2) より，$\lim_{n \to \infty} \frac{n}{2^n} = 0$ である．

問 3.10　$x \in \overline{A}$ とする．このとき，閉包の定義 (3.37) より，ある数列 $\{a_n\}_{n=1}^{\infty}$ が存在し，任意の $n \in \mathbf{N}$ に対して，$a_n \in A$ であり，かつ，$\lim_{n \to \infty} a_n = x$ となる．ここで，$A \subset B$ および包含関係の定義 §1.1.6 より，任意の $n \in \mathbf{N}$ に対して，$a_n \in B$ である．よって，閉包の定義より，$x \in \overline{B}$ である．したがって，$x \in \overline{A}$ ならば $x \in \overline{B}$ となり，包含関係の定義より，定理 3.4 (2) がなりたつ．

問 3.11　(1)　$x \in \overline{[a,b)}$ とする．このとき，閉包の定義 (3.37) より，ある数列 $\{a_n\}_{n=1}^{\infty}$ が存在し，任意の $n \in \mathbf{N}$ に対して，$a_n \in [a,b)$，すなわち，$a \leq a_n < b$ であり，かつ，$\lim_{n \to \infty} a_n = x$ となる．よって，定理 3.3 (1) より，$a \leq x \leq b$，すなわち，$x \in [a,b]$ となる．したがって，$x \in \overline{[a,b)}$ ならば $x \in [a,b]$ となり，包含関係の定義 §1.1.6 より，(1) がなりたつ．

(2)　$x \in [a,b]$ とする．このとき，$x \in [a,b)$ または $x = b$ である．$x \in [a,b)$ のとき，定理 3.4 (1) より，$x \in \overline{[a,b)}$ である．$x = b$ のとき，数列 $\{a_n\}_{n=1}^{\infty}$ を $a_n = b - \frac{b-a}{n} \ (n \in \mathbf{N})$ により定める．このとき，任意の $n \in \mathbf{N}$ に対して，$a_n \in [a,b)$ であり，かつ，$\lim_{n \to \infty} a_n = b$ となる．よって，閉包の定義 (3.37) より，$b \in \overline{[a,b)}$ である．したがって，$x \in [a,b]$ ならば $x \in \overline{[a,b)}$ となり，包含関係の定義 §1.1.6 より，(2) がなりたつ．

問 3.12　$x \in \overline{[a,b]}$ とする．このとき，閉包の定義 (3.37) より，ある数列 $\{a_n\}_{n=1}^{\infty}$ が存

在し，任意の $n \in \mathbf{N}$ に対して，$a_n \in [a, b]$，すなわち，$a \leq a_n \leq b$ であり，かつ，$\lim\limits_{n \to \infty} a_n = x$ となる．よって，定理 3.3 (1) より，$a \leq x \leq b$，すなわち，$x \in [a, b]$ となる．したがって，$x \in \overline{[a, b]}$ ならば $x \in [a, b]$ となり，包含関係の定義 §1.1.6 より，$\overline{[a, b]} \subset [a, b]$ である．

問 3.13 (1) $x \in \overline{(a, +\infty)}$ とする．このとき，閉包の定義 (3.37) より，ある数列 $\{a_n\}_{n=1}^{\infty}$ が存在し，任意の $n \in \mathbf{N}$ に対して，$a_n \in (a, +\infty)$，すなわち，$a < a_n$ であり，かつ，$\lim\limits_{n \to \infty} a_n = x$ となる．よって，定理 3.3 (1) より，$a \leq x$，すなわち，$x \in [a, +\infty)$ となる．したがって，$x \in \overline{(a, +\infty)}$ ならば $x \in [a, +\infty)$ となり，包含関係の定義 §1.1.6 より，(1) がなりたつ．

(2) $x \in [a, +\infty)$ とする．このとき，$x \in (a, +\infty)$ または $x = a$ である．$x \in (a, +\infty)$ のとき，定理 3.4 (1) より，$x \in \overline{(a, +\infty)}$ である．$x = a$ のとき，数列 $\{a_n\}_{n=1}^{\infty}$ を $a_n = a + \frac{1}{n}$ $(n \in \mathbf{N})$ により定める．このとき，任意の $n \in \mathbf{N}$ に対して，$a_n \in (a, +\infty)$ であり，かつ，$\lim\limits_{n \to \infty} a_n = a$ となる．よって，閉包の定義 (3.37) より，$a \in \overline{(a, +\infty)}$ である．したがって，$x \in [a, +\infty)$ ならば $x \in \overline{(a, +\infty)}$ となり，包含関係の定義 §1.1.6 より，(2) がなりたつ．

問 3.14 $x \in \overline{[a, +\infty)}$ とする．このとき，閉包の定義 (3.37) より，ある数列 $\{a_n\}_{n=1}^{\infty}$ が存在し，任意の $n \in \mathbf{N}$ に対して，$a_n \in [a, +\infty)$，すなわち，$a \leq a_n$ であり，かつ，$\lim\limits_{n \to \infty} a_n = x$ となる．よって，定理 3.3 (1) より，$a \leq x$，すなわち，$x \in [a, +\infty)$ となる．したがって，$x \in \overline{[a, +\infty)}$ ならば $x \in [a, +\infty)$ となり，包含関係の定義 §1.1.6 より，(1) がなりたつ．

問 3.15 まず，(3.37) で定めた A の閉包は $\mathbf{R}$ の部分集合として定められているの

で，$\overline{\mathbf{R}} \subset \mathbf{R}$ である．また，定理 3.4 (1) より，$\mathbf{R} \subset \overline{\mathbf{R}}$ である．よって，定理 1.1 (2) より，$\overline{\mathbf{R}} = \mathbf{R}$ である．

問 3.16 (1) 定理 3.6 を適宜用いると，$\lim\limits_{x \to 1} \frac{x^3 - 1}{x - 1} = \lim\limits_{x \to 1} \frac{(x - 1)(x^2 + x + 1)}{x - 1} = \lim\limits_{x \to 1} (x^2 + x + 1) = 1^2 + 1 + 1 = 3$ である．

(2) $t = x - 1$ とおくと，$\lim\limits_{x \to 1+0} \frac{x}{x - 1} = \lim\limits_{t \to +0} \frac{t + 1}{t} = \lim\limits_{t \to +0} \left(1 + \frac{1}{t}\right) = +\infty$ である．また，$\lim\limits_{x \to 1-0} \frac{x}{x - 1} = \lim\limits_{t \to -0} \frac{t + 1}{t} = \lim\limits_{t \to -0} \left(1 + \frac{1}{t}\right) = -\infty$ である．

(3) まず，$\lim\limits_{x \to +0} \frac{x^2 + x}{|x|} = \lim\limits_{x \to +0} \frac{x^2 + x}{x} = \lim\limits_{x \to +0} (x + 1) = 0 + 1 = 1$ である．また，$\lim\limits_{x \to -0} \frac{x^2 + x}{|x|} = \lim\limits_{x \to +0} \frac{x^2 + x}{-x} = \lim\limits_{x \to +0} (-x - 1) = -0 - 1 = -1$ である．

問 3.17 $x \in \mathbf{R} \setminus \{0\}$ とする．このとき，$-1 \leq \sin\frac{1}{x} \leq 1$ なので，$-|x| \leq x \sin\frac{1}{x} \leq |x|$ である．ここで，$\lim\limits_{x \to 0} |x| = 0$，$\lim\limits_{x \to 0} (-|x|) = -\lim\limits_{x \to 0} |x| = -0 = 0$ となる．よって，はさみうちの原理 定理 3.7 (2) より，(3.59) がなりたつ．

問 3.18 (1) $t = -x - 1$ とおくと，(3.64) より，$\lim\limits_{x \to -\infty} \left(1 + \frac{1}{x}\right)^x$
$= \lim\limits_{t \to +\infty} \left(1 + \frac{1}{-t - 1}\right)^{-t - 1}$
$= \lim\limits_{t \to +\infty} \left\{\left(\frac{t}{t + 1}\right)^{-t} \left(\frac{t}{t + 1}\right)^{-1}\right\}$
$= \lim\limits_{t \to +\infty} \left\{\left(1 + \frac{1}{t}\right)^t \left(1 + \frac{1}{t}\right)\right\}$
$= \lim\limits_{t \to +\infty} \left(1 + \frac{1}{t}\right)^t \lim\limits_{t \to +\infty} \left(1 + \frac{1}{t}\right)$
$= e(1 + 0) = e$ となる．

(2) $t = \frac{1}{x}$ とおくと，(3.64) より，$\lim\limits_{x \to +0} (1 + x)^{\frac{1}{x}} = \lim\limits_{t \to +\infty} \left(1 + \frac{1}{t}\right)^t = e$ となる．また，(1) より，$\lim\limits_{x \to -0} (1 + x)^{\frac{1}{x}} = \lim\limits_{t \to -\infty} \left(1 + \frac{1}{t}\right)^t = e$ となる．よって，(2) がなりたつ．

•••••••••••••• 章末問題 ••••••••••••••

問題 3.1 $n = 1$ のとき，明らかに (3.68)

はなりたつ. $n = k \ (k \in \mathbf{N})$ のとき, (3.68) がなりたつと仮定する. このとき, 加法定理より, $(\cos\theta + i\sin\theta)^{k+1} = (\cos\theta + i\sin\theta)^k(\cos\theta + i\sin\theta) = (\cos k\theta + i\sin k\theta)(\cos\theta + i\sin\theta) = (\cos k\theta\cos\theta - \sin k\theta\sin\theta) + i(\cos k\theta\sin\theta + \sin k\theta\cos\theta) = \cos(k+1)\theta + i\sin(k+1)\theta$ となる. よって, $n = k+1$ のとき, (3.68) はなりたつ. したがって, 任意の $n \in \mathbf{N}$ に対して, (3.68) はなりたつ.

問題 3.2 (1) $f(x)$, $g(x)$ は $x = a$ で連続なので, 関数の連続性の定義 (3.50) より, $\lim_{x \to a} f(x) = f(a)$, $\lim_{x \to a} g(x) = g(a)$ である. このとき, $f \pm g$ の定義および定理 3.6 (1) より, $\lim_{x \to a}(f \pm g)(x) = \lim_{x \to a}(f(x) \pm g(x)) = f(a) \pm g(a) = (f \pm g)(a)$ である. よって, 関数の連続性の定義より, $(f \pm g)(x)$ は $x = a$ で連続である. 次に, cf の定義および定理 3.6 (2) より, $\lim_{x \to a}(cf)(x) = \lim_{x \to a} cf(x) = cf(a) = (cf)(a)$ である. よって, 関数の連続性の定義より, $(cf)(x)$ は $x = a$ で連続である. さらに, fg の定義および定理 3.6 (3) より, $\lim_{x \to a}(fg)(x) = \lim_{x \to a} f(x)g(x) = f(a)g(a) = (fg)(a)$ である. よって, 関数の連続性の定義より, $(fg)(x)$ は $x = a$ で連続である. 最後に, $\frac{f}{g}$ の定義および定理 3.6 (4) より, $\lim_{x \to a}\left(\frac{f}{g}\right)(x) = \lim_{x \to a}\frac{f(x)}{g(x)} = \frac{f(a)}{g(a)} = \left(\frac{f}{g}\right)(a)$ である. よって, 関数の連続性の定義より, $\frac{f}{g}$ は $x = a$ で連続である.

(2) まず, 関数 $f_1, f_2 : [2, +\infty) \to \mathbf{R}$ を $f_1(x) = 1$, $f_2(x) = x \ (x \in [2, +\infty))$ により定めると, f_1, f_2 は連続である. 次に, 関数 $f_3, f_4 : [2, +\infty) \to \mathbf{R}$ を $f_3(x) = x - 2$, $f_4(x) = 3x + 4 \ (x \in [2, +\infty))$ により定めると, f_1, f_2 の連続性および (1) より, f_3, f_4 は連続である. さらに, 関数 $f_5 : [2, +\infty) \to \mathbf{R}$ を $f_5(x) = \sqrt[5]{f_3(x)}$ に

より定めると, f_3 の連続性および (1) の補足より, f_5 は連続である. ここで, $f = \frac{f_2 f_5}{f_4}$ である. よって, (1) より, f は連続である.

(3) べき関数の連続性より, $\lim_{x \to 0}\frac{\sqrt{x+4}-2}{x}$

$= \lim_{x \to 0}\frac{(\sqrt{x+4}-2)(\sqrt{x+4}+2)}{x(\sqrt{x+4}+2)}$

$= \lim_{x \to 0}\frac{(x+4)-2^2}{x(\sqrt{x+4}+2)} = \lim_{x \to 0}\frac{1}{\sqrt{x+4}+2}$

$= \frac{1}{\sqrt{0+4}+2} = \frac{1}{4}$ となる.

問題 3.3 (1) 問題 3.2 (1) の補足より, $\lim_{n \to \infty}\sin\frac{n\pi}{2n+1} = \lim_{n \to \infty}\sin\frac{\pi}{2+\frac{1}{n}} = \sin\frac{\pi}{2+0} = 1$ となる.

(2) べき関数の連続性より,

$\lim_{n \to \infty}\left(\sqrt{n^2+1}-n\right) =$

$\lim_{n \to \infty}\frac{\left(\sqrt{n^2+1}-n\right)\left(\sqrt{n^2+1}+n\right)}{\sqrt{n^2+1}+n} = \lim_{n \to \infty}$

$\frac{(n^2+1)-n^2}{\sqrt{n^2+1}+n} = \lim_{n \to \infty}\left\{\frac{1}{n}\frac{1}{\sqrt{1+\left(\frac{1}{n}\right)^2}+1}\right\}$

$= 0 \cdot \frac{1}{\sqrt{1+0^2}+1} = 0$ となる.

問題 3.4 (1) 定理 3.6 (4), (3.51) より,

$\lim_{x \to 0}\frac{\sin 2x}{\sin 3x} = \lim_{x \to 0}\frac{2}{3}\frac{\frac{\sin 2x}{2x}}{\frac{\sin 3x}{3x}} = \frac{2}{3}\frac{\lim_{x \to 0}\frac{\sin 2x}{2x}}{\lim_{x \to 0}\frac{\sin 3x}{3x}}$

$= \frac{2}{3} \cdot \frac{1}{1} = \frac{2}{3}$ となる.

(2) 半角の公式および (3.51) より,

$\lim_{x \to 0}\frac{1-\cos x}{x^2} = \lim_{x \to 0}\frac{2\sin^2\frac{x}{2}}{x^2} =$

$\lim_{x \to 0}\frac{1}{2}\left(\frac{\sin\frac{x}{2}}{\frac{x}{2}}\right)^2 = \frac{1}{2} \cdot 1^2 = \frac{1}{2}$ となる.

問題 3.5 (1) 例えば, 関数 $f : [0, 2] \to \mathbf{R}$ を $f(x) = \begin{cases} 0 & (0 \le x \le 1), \\ 1 & (1 < x \le 2) \end{cases}$ により定める. このとき, $\lim_{x \to 1-0} f(x) = 0$, $\lim_{x \to 1+0} f(x) = 1$ となり, $f(x)$ は $x = 1$ で連続ではない. さらに, $f(0) = 0$, $f(2) = 1$ より, $f(0) < \frac{1}{2} < f(2)$ であるが, f の定義より, $f(c) = \frac{1}{2}$ となる $c \in (0, 2)$ は存在しない.

(2) まず, 左半開区間 $(0, 1]$ は有界である. ここで, 関数 $f : (0, 1] \to \mathbf{R}$ を $f(x) = \frac{1}{x}$ $(x \in (0, 1])$ により定めると, f は連続である. このとき, $x \in (0, 1]$ とすると, $f(x) \ge \frac{1}{1} = 1 = f(1)$ より, f は $x = 1$ で

3

最小値 1 をとる. 一方, $\lim_{x \to +0} f(x) = +\infty$ なので, f は最大値をとらない.

問題 3.6 (1) 対数関数の連続性, 章末問題 3.2 (1) の補足および問 3.18 (2) より, $\lim_{x \to 0} \frac{\log(1+x)}{x} = \lim_{x \to 0} \log(1+x)^{\frac{1}{x}} = \log e = 1$ となる.

(2) $t = e^x - 1$ とおくと, (1) より, $\lim_{x \to 0} \frac{e^x - 1}{x} = \lim_{t \to 0} \frac{t}{\log(1+t)} = \frac{1}{\lim_{t \to 0} \frac{\log(1+t)}{t}} = \frac{1}{1} = 1$ となる.

問題 3.7 $x \in \mathbf{R} \setminus \{0\}$ とすると, $-1 \le \sin x \le 1$ なので, $-\frac{1}{|x|} \le \frac{\sin x}{x} \le \frac{1}{|x|}$ である. ここで, $\lim_{x \to +\infty} \left(\pm \frac{1}{|x|} \right) = 0$ なので, はさみうちの原理 定理 3.7 (2) より, $\lim_{x \to 0} \frac{\sin x}{x} = 0$ である.

===== **第 4 章** =====

問 4.1 $f(x)$ は $x = a$ で微分可能なので, $\lim_{x \to a} (f(x) - f(a)) = \lim_{x \to a} \left\{ \frac{f(x) - f(a)}{x - a} \cdot (x - a) \right\} = \lim_{x \to a} \frac{f(x) - f(a)}{x - a} \lim_{x \to a} (x - a) = f'(a) \cdot 0 = 0$ となる. よって, $\lim_{x \to a} f(x) = \lim_{x \to a} (f(x) - f(a) + f(a)) = \lim_{x \to a} (f(x) - f(a)) + \lim_{x \to a} f(a) = 0 + f(a) = f(a)$ となる. すなわち, $\lim_{x \to a} f(x) = f(a)$ である. したがって, 連続性の定義より, $f(x)$ は $x = a$ で連続である.

問 4.2 まず, $\lim_{x \to +0} \frac{f(x) - f(0)}{x - 0} = \lim_{x \to +0} \frac{|x| - |0|}{x} = \lim_{x \to +0} \frac{x - 0}{x} = \lim_{x \to +0} 1 = 1$ である. また, $\lim_{x \to -0} \frac{f(x) - f(0)}{x - 0} = \lim_{x \to -0} \frac{|x| - |0|}{x} = \lim_{x \to -0} \frac{-x - 0}{x} = \lim_{x \to -0} (-1) = -1$ である. よって, 極限 $\lim_{x \to 0} \frac{f(x) - f(0)}{x - 0}$ は存在しない. したがって, $f(x)$ は $x = 0$ で微分可能ではない.

問 4.3 (1) 二項定理 (1.21) より, $(x^n)' = \lim_{h \to 0} \frac{(x+h)^n - x^n}{h} = \lim_{h \to 0} \frac{1}{h} \big\{ ({}_n C_0 x^n + {}_n C_1 x^{n-1} h + {}_n C_2 x^{n-2} h^2 + \cdots + {}_n C_n h^n) - x^n \big\} = \lim_{h \to 0} \big\{ n x^{n-1} + \frac{n(n-1)}{2} x^{n-2} h + \cdots + h^{n-1} \big\} = n x^{n-1}$

である. よって, 定理 4.2 (1) がなりたつ.

(2) 和積の公式および (3.51) より, $(\cos x)' = \lim_{h \to 0} \frac{\cos(x+h) - \cos x}{h} = \lim_{h \to 0} \frac{1}{h} \cdot (-2) \sin \frac{(x+h)+x}{2} \sin \frac{(x+h)-x}{2} = -\lim_{h \to 0} \frac{\sin \frac{h}{2}}{\frac{h}{2}} \sin \left(x + \frac{h}{2} \right) = -1 \cdot \sin x = -\sin x$ である. よって, 定理 4.2 (3) がなりたつ.

(3) 章末問題 3.6 (2) より, $(e^x)' = \lim_{h \to 0} \frac{e^{x+h} - e^x}{h} = \lim_{h \to 0} e^x \frac{e^h - 1}{h} = e^x \lim_{h \to 0} \frac{e^h - 1}{h} = e^x \cdot 1 = e^x$ である. よって, 定理 4.2 (4) がなりたつ.

問 4.4 (1) $x \in I$ とすると, 定理 3.6 (1) より, $(f \pm g)'(x) = \lim_{h \to 0} \frac{(f \pm g)(x+h) - (f \pm g)(x)}{h} = \lim_{h \to 0} \frac{f(x+h) \pm g(x+h) - (f(x) \pm g(x))}{h} = \lim_{h \to 0} \frac{f(x+h) - f(x) \pm (g(x+h) - g(x))}{h} = \lim_{h \to 0} \frac{f(x+h) - f(x)}{h} \pm \lim_{h \to 0} \frac{g(x+h) - g(x)}{h} = f'(x) \pm g'(x)$ である. よって, 定理 4.3 (1) がなりたつ.

(2) $x \in I$ とすると, 定理 3.6 (2) より, $(cf)'(x) = \lim_{h \to 0} \frac{(cf)(x+h) - (cf)(x)}{h} = \lim_{h \to 0} \frac{cf(x+h) - cf(x)}{h} = c \lim_{h \to 0} \frac{f(x+h) - f(x)}{h} = cf'(x)$ である. よって, 定理 4.3 (2) がなりたつ.

問 4.5 定理 4.2, 定理 4.3 を適宜用いると, $(2x + \sin x - e^x \cos x)' = (2x)' + (\sin x)' - (e^x \cos x)' = 2x' + \cos x - \{(e^x)' \cos x + e^x (\cos x)'\} = 2 \cdot 1 + \cos x - \{e^x \cos x + e^x (-\sin x)\} = 2 + \cos x - e^x \cos x + e^x \sin x$ である.

問 4.6 積の微分法より 定理 4.3 (3), $(fgh)' = \{(fg)h\}' = (fg)'h + (fg)h' = (f'g + fg')h + fgh' = f'gh + fg'h + fgh'$ である. よって, (4.10) がなりたつ.

問 4.7 (1) 商の微分法 定理 4.3 (4), 例題 4.1 および定理 4.2 (1) より, $\left(\frac{1}{x^n} \right)' = \frac{1' \cdot x^n - 1 \cdot (x^n)'}{(x^n)^2} = \frac{0 \cdot x^n - n x^{n-1}}{x^{2n}} = -\frac{n}{x^{n+1}}$

である．よって，(1) がなりたつ．

(2)　商の微分法 定理 4.3 (4)，例題 4.1 および定理 4.2 (4) より，$(e^{-x})' = \left(\frac{1}{e^x}\right)' = \frac{1' \cdot e^x - 1 \cdot (e^x)'}{(e^x)^2} = \frac{0 \cdot e^x - e^x}{e^{2x}} = -e^{-x}$ である．よって，(2) がなりたつ．

問 4.8　まず，(4.15) より，$\sinh x \cosh y + \cosh x \sinh y = \frac{e^x - e^{-x}}{2} \frac{e^y + e^{-y}}{2} - \frac{e^x + e^{-x}}{2} \cdot \frac{e^y - e^{-y}}{2} = \frac{e^x e^y - e^{-x} e^{-y}}{2} = \frac{e^{x+y} - e^{-(x+y)}}{2} = \sinh(x+y)$ である．よって，(4.20) がなりたつ．また，

$\cosh x \cosh y + \sinh x \sinh y$
$= \frac{e^x + e^{-x}}{2} \frac{e^y + e^{-y}}{2} - \frac{e^x - e^{-x}}{2} \frac{e^y - e^{-y}}{2}$
$= \frac{e^x e^y + e^{-x} e^{-y}}{2} = \frac{e^{x+y} + e^{-(x+y)}}{2}$
$= \cosh(x+y)$ である．よって，(4.21) がなりたつ．

問 4.9　まず，(4.15)，定理 4.2 (4) および問 4.7 (2) より，$(\sinh x)' = \left(\frac{e^x - e^{-x}}{2}\right)' = \frac{(e^x)' - (e^{-x})'}{2} = \frac{e^x + e^{-x}}{2} = \cosh x$ となる．よって，定理 4.4 (1) がなりたつ．また，$(\cosh x)' = \left(\frac{e^x + e^{-x}}{2}\right)' = \frac{(e^x)' + (e^{-x})'}{2} = \frac{e^x - e^{-x}}{2} = \sinh x$ となる．よって，定理 4.4 (2) がなりたつ．

問 4.10　(4.22)，(4.16) より，$1 - \tanh^2 x = 1 - \frac{\sinh^2 x}{\cosh^2 x} = \frac{\cosh^2 x - \sinh^2 x}{\cosh^2 x} = \frac{1}{\cosh^2 x}$ である．よって，(4.23) がなりたつ．

問 4.11　(4.22)，商の微分法 定理 4.3 (4)，定理 4.4 および (4.16) より，$(\tanh x)' = \left(\frac{\sinh x}{\cosh x}\right)' = \frac{(\sinh x)' \cosh x - (\sinh x)(\cosh x)'}{\cosh^2 x} = \frac{\cosh^2 x - \sinh^2 x}{\cosh^2 x} = \frac{1}{\cosh^2 x}$ である．よって，(4.24) がなりたつ．

問 4.12　(1)　合成関数の微分法 定理 4.6，例題 4.1 および定理 4.2 (1)，(4) より，$(e^{ax^2 + bx + c})' = e^{ax^2 + bx + c}(ax^2 + bx + c)' = \{a(x^2)' + bx' + c'\} e^{ax^2 + bx + c} = (2ax + b)e^{ax^2 + bx + c}$ となる．

(2)　合成関数の微分法 定理 4.6，定理 4.2 (2)，(3) および定理 4.4 より，
$\{\sin(\cosh x) + \cosh(\sin x)\}' = \{\cos(\cosh x)\}(\cosh x)' +$

$\{\sinh(\sin x)\}(\sin x)' = \{\cos(\cosh x)\} \cdot$
$\sinh x + \{\sinh(\sin x)\} \cos x$ となる．

問 4.13　$f(c)$ が $f(x)$ の $x = c$ における極小値のとき，ある有界開区間 $I \subset (a,b)$ が存在し，任意の $x \in I$ に対して，$f(c) \leq f(x)$ となる．よって，$h > 0$，$c + h \in I$ ならば，$\frac{f(c+h) - f(c)}{h} \geq 0$ である．また，$h < 0$，$c + h \in I$ ならば，$\frac{f(c+h) - f(c)}{h} \leq 0$ である．よって，f の微分可能性および定理 3.7 (1) より，$f'(c) = \lim_{h \to 0} \frac{f(c+h) - f(c)}{h} = 0$ となる．

問 4.14　f は有界閉区間 $[a,b]$ を定義域とする連続な関数なので，ワイエルシュトラスの定理 章末問題 3.5 (2) より，ある $c_1, c_2 \in [a,b]$ が存在し，$f(x)$ は $x = c_1$ で最大値 $f(c_1)$，$x = c_2$ で最小値 $f(c_2)$ をとる．ここで，f が定数関数ではないことより，$c_1 \neq c_2$ である．さらに，$f(a) = f(b)$ なので，$c_1 \in (a,b)$ または $c_2 \in (a,b)$ である．$c_1 \in (a,b)$ のとき，$c = c_1$ とおき，$c_2 \in (a,b)$ のとき，$c = c_2$ とおく．このとき，定理 4.7 より，$f'(c) = 0$ である．

問 4.15　まず，g の定義より，$g(a) = g(b) = f(a)$ である．また，$x \in (a,b)$ とすると，$g'(x) = f'(x) - \frac{f(b) - f(a)}{b - a}$ である．よって，ロルの定理より，ある $c \in (a,b)$ が存在し，$g'(c) = 0$ となる．すなわち，(4.29) がなりたつ．

問 4.16　(1)　$a, b \in I$，$a < b$ とする．定理 4.1 より，f は連続なので，f の有界閉区間 $[a,b]$ への制限 $f|_{[a,b]} : [a,b] \to \mathbf{R}$ は連続となる．さらに，f は微分可能なので，$f|_{[a,b]}$ は有界開区間 (a,b) で微分可能である．よって，平均値の定理より，ある $c \in (a,b)$ が存在し，(4.29) がなりたつ．さらに，$f'(c) = 0$ なので，$f(a) = f(b)$ となる．したがって，定理 4.10 (1) がなりたつ．

(2)　$a, b \in I$，$a < b$ とする．定理 4.1 より，f は連続なので，f の有界閉区間 $[a,b]$ への制限 $f|_{[a,b]} : [a,b] \to \mathbf{R}$ は連続となる．

さらに, f は微分可能なので, $f|_{[a,b]}$ は有界開区間 (a,b) で微分可能である. よって, 平均値の定理より, ある $c \in (a,b)$ が存在し, (4.29) がなりたつ. さらに, $f'(c) < 0$ なので, $f(a) > f(b)$ となる. したがって, 定理 4.10 (3) がなりたつ.

問 4.17　逆関数の定義 §2.2.4 より, $x \in I$ とすると, $(f^{-1} \circ f)(x) = x$ である. ここで, 合成関数の微分法 定理 4.6 より, $(f^{-1} \circ f)'(x) = (f^{-1})'(f(x))f'(x)$ である. また, $x' = 1$ である. よって, $(f^{-1})'(f(x))f'(x) = 1$ となり, (4.31) が得られる.

問 4.18　$f(x) > 0$ のとき, 合成関数の微分法 定理 4.6 および (4.32) より, $(\log|f(x)|)' = (\log f(x))' = \frac{1}{f(x)} \cdot f'(x) = \frac{f'(x)}{f(x)}$ である. $f(x) < 0$ のとき, 合成関数の微分法および (4.32) より, $(\log|f(x)|)' = \{\log(-f(x))\}' = \frac{1}{-f(x)} \cdot (-f'(x)) = \frac{f'(x)}{f(x)}$ である. よって, (4.35) がなりたつ.

問 4.19　(1)　まず, $(\log a^x)' = (x \log a)' = \log a$ である. よって, (4.35) より, $(a^x)' = a^x(\log a^x)' = a^x \log a = (\log a)a^x$ となる. したがって, (1) がなりたつ.

(2)　まず, 積の微分法 定理 4.3 (3) および (4.32) より, $(\log x^x)' = (x \log x)' = x' \log x + x(\log x)' = 1 \cdot \log x + x \cdot \frac{1}{x} = \log x + 1$ である. よって, (4.35) より, $(x^x)' = x^x(\log x^x)' = x^x(\log x + 1)$ となる. したがって, (2) がなりたつ.

問 4.20　まず, $\sin\left(-\frac{\pi}{6}\right) = -\frac{1}{2}, \sin\left(-\frac{\pi}{4}\right) = -\frac{\sqrt{2}}{2}, \sin\left(-\frac{\pi}{3}\right) = -\frac{\sqrt{3}}{2}$ である. よって, $\sin^{-1}\left(-\frac{1}{2}\right) = -\frac{\pi}{6}, \sin^{-1}\left(-\frac{\sqrt{2}}{2}\right) = -\frac{\pi}{4}, \sin^{-1}\left(-\frac{\sqrt{3}}{2}\right) = -\frac{\pi}{3}$ である.

問 4.21　(1)　まず, $\cos\frac{\pi}{2} = 0, \cos\frac{\pi}{3} = \frac{1}{2}, \cos\frac{\pi}{4} = \frac{\sqrt{2}}{2}, \cos\frac{\pi}{6} = \frac{\sqrt{3}}{2}$ である. よって, $\cos^{-1} 0 = \frac{\pi}{2}, \cos^{-1}\frac{1}{2} = \frac{\pi}{3}, \cos^{-1}\frac{\sqrt{2}}{2} = \frac{\pi}{4}, \cos^{-1}\frac{\sqrt{3}}{2} = \frac{\pi}{6}$ である.
(2)　まず, $\cos\frac{2}{3}\pi = -\frac{1}{2}, \cos\frac{3}{4}\pi = -\frac{\sqrt{2}}{2}, \cos\frac{5}{6}\pi = -\frac{\sqrt{3}}{2}$ である. よって, $\cos^{-1}\left(-\frac{1}{2}\right) = \frac{2}{3}\pi, \cos^{-1}\left(-\frac{\sqrt{2}}{2}\right) = \frac{3}{4}\pi, \cos^{-1}\left(-\frac{\sqrt{3}}{2}\right) = \frac{5}{6}\pi$ である.

問 4.22　$y = \cos x$ とおくと, $x = \cos^{-1} y$ である. このとき, 逆関数の微分法および定理 4.2 (3) より, $(\cos^{-1} y)' = \frac{1}{(\cos x)'} = \frac{1}{-\sin x}$ となる. ここで, 逆余弦関数の定義より, $y \in (-1, 1)$ のとき, $x \in (0, \pi)$ なので, $\sin x > 0$ である. よって, 上の計算はさらに, $(\cos^{-1} x)' = \frac{1}{-\sin x} = \frac{1}{-\sqrt{1-\cos^2 x}} = -\frac{1}{\sqrt{1-y^2}}$ となる. したがって, y を x に置き換えると, (4.50) が得られる.

問 4.23　関数 $f : (-1, 1) \to \mathbf{R}$ を $f(x) = \sin^{-1} x + \cos^{-1} x$ $(x \in (-1, 1))$ により定める. このとき, (4.44), (4.50) より, $f'(x) = \frac{1}{\sqrt{1-x^2}} - \frac{1}{\sqrt{1-x^2}} = 0$ となる. よって, 定理 4.10 (1) より, f は定数関数である. ここで, 例題 4.5 および問 4.21 (1) より, $f(0) = \sin^{-1} 0 + \cos^{-1} 0 = 0 + \frac{\pi}{2} = \frac{\pi}{2}$ である. したがって, (4.54) がなりたつ.

問 4.24　(1)　まず, $\tan 0 = 0, \tan\frac{\pi}{6} = \frac{\sqrt{3}}{3}, \tan\frac{\pi}{4} = 1, \tan\frac{\pi}{3} = \sqrt{3}$ である. よって, $\tan^{-1} 0 = 0, \tan^{-1}\frac{\sqrt{3}}{3} = \frac{\pi}{6}, \tan^{-1} 1 = \frac{\pi}{4}, \tan^{-1}\sqrt{3} = \frac{\pi}{3}$ である.
(2)　まず, $\tan\left(-\frac{\pi}{6}\right) = -\frac{\sqrt{3}}{3}, \tan\left(-\frac{\pi}{4}\right) = -1, \tan\left(-\frac{\pi}{3}\right) = -\sqrt{3}$ である. よって, $\tan^{-1}\left(-\frac{\sqrt{3}}{3}\right) = -\frac{\pi}{6}, \tan^{-1}(-1) = -\frac{\pi}{4}, \tan^{-1}(-\sqrt{3}) = -\frac{\pi}{3}$ である.

問 4.25　$y = \tan x$ とおくと, $x = \tan^{-1} y$ である. このとき, 逆関数の微分法および (4.14) より, $(\tan^{-1} y)' = \frac{1}{(\tan x)'} = 1/\frac{1}{\cos^2 x} = \frac{1}{1+\tan^2 x} = \frac{1}{1+y^2}$ となる. よって, y を x に置き換えると, (4.57) が得られる.

問 4.26　(1)　$x \in (0, +\infty)$ とすると, $\angle C = \frac{\pi}{2}$, $AC = 1$, $BC = x$ の直角三角形 $\triangle ABC$ を考えることができる. このとき, $\tan\angle A = x$, $\tan\angle B = \frac{1}{x}$ である.

よって，逆正接関数の定義より，$\tan^{-1} x = \angle A$, $\tan^{-1} \frac{1}{x} = \angle B$ である．したがって，$\tan^{-1} x + \tan^{-1} \frac{1}{x} = \angle A + \angle B = \angle A + \left(\frac{\pi}{2} - \angle A\right) = \frac{\pi}{2}$ となり，(4.58) がなりたつ．

(2)　関数 $f : (0, +\infty) \to \mathbf{R}$ を $f(x) = \tan^{-1} x + \tan^{-1} \frac{1}{x}$ $(x \in (0, +\infty))$ により定める．このとき，(4.57)，合成関数の微分法 定理 4.6 および問 4.7 (1) より，$f'(x) = \frac{1}{1+x^2} + \frac{1}{1+\left(\frac{1}{x}\right)^2} \cdot \left(-\frac{1}{x^2}\right) = 0$ となる．よって，定理 4.10 (1) より，f は定数関数である．ここで，問 4.24 (1) より，$f(1) = \tan^{-1} 1 + \tan^{-1} 1 = \frac{\pi}{4} + \frac{\pi}{4} = \frac{\pi}{2}$ である．したがって，(4.58) がなりたつ．

・・・・・・・・・章末問題・・・・・・・・・

問題 4.1　(1)　まず，$a \in \mathbf{R} \setminus \{0\}$ とすると，関数 x^n, $\frac{1}{x}$ は $x = a$ で連続である．また，正弦関数は連続である．よって，章末問題 3.2 (1) より，$f(x)$ は $x = a$ で連続である．次に，$x \in \mathbf{R} \setminus \{0\}$ とする．このとき，$-1 \leq \sin \frac{1}{x} \leq 1$ なので，$-|x|^n \leq x^n \sin \frac{1}{x} \leq |x|^n$ である．ここで，$\lim_{x\to 0} |x|^n = \left(\lim_{x\to 0}|x|\right)^n = 0^n = 0$, $\lim_{x\to 0}(-|x|^n) = -\left(\lim_{x\to 0}|x|\right)^n = -0^n = 0$ となる．よって，はさみうちの原理 定理 3.7 (2) より，$\lim_{x\to 0} f(x) = 0 = f(0)$ となる．したがって，$f(x)$ は $x = 0$ で連続である．以上より，f は連続である．

(2)　積の微分法 定理 4.3 (3) および合成関数の微分法 定理 4.6 より，
$f'(x) = (x^n)' \sin \frac{1}{x} + x^n \left(\sin \frac{1}{x}\right)'$
$= nx^{n-1} \sin \frac{1}{x} + x^n \left(\cos \frac{1}{x}\right)\left(\frac{1}{x}\right)'$
$= nx^{n-1} \sin \frac{1}{x} + x^n \left(\cos \frac{1}{x}\right)\left(-\frac{1}{x^2}\right)$
$= nx^{n-1} \sin \frac{1}{x} - x^{n-2} \cos \frac{1}{x}$ となる．よって，(4.60) がなりたつ．

(3)　まず，$\lim_{x\to 0} \frac{f(x)-f(0)}{x-0} = \lim_{x\to 0} \frac{x^n \sin \frac{1}{x} - 0}{x} = \lim_{x\to 0} x^{n-1} \sin \frac{1}{x}$ である．$n = 1$ のとき，極限 $\lim_{x\to 0} \sin \frac{1}{x}$ は存

在しない．$n \geq 2$ のとき，(1) の議論と同様に，$\lim_{x\to 0} x^{n-1} \sin \frac{1}{x} = 0$ となる．すなわち，$f'(0) = 0$ である．よって，求める条件は $n \geq 2$ である．

(4)　$n = 2$ のとき，(2) より，$x \in \mathbf{R} \setminus \{0\}$ とすると，$f'(x) = 2x \sin \frac{1}{x} - \cos \frac{1}{x}$ である．ここで，$\lim_{x\to 0} \cos \frac{1}{x}$ は存在しないので，$\lim_{x\to 0} f'(x)$ は存在しない．$n \geq 3$ のとき，(1) の計算と同様に，$\lim_{x\to 0} f'(x) = 0 = f'(0)$ となる．よって，求める条件は $n \geq 3$ である．

問題 4.2　まず，h の定義より，$h(a) = h(b) = f(a)$ である．また，$x \in (a,b)$ とすると，$h'(x) = f'(x) - \frac{f(b)-f(a)}{g(b)-g(a)} g'(x)$ である．よって，ロルの定理より，ある $c \in (a,b)$ が存在し，$h'(c) = 0$ となる．すなわち，(4.62) がなりたつ．

問題 4.3　(1)　まず，(4.15) 第 1 式より，$y = \frac{e^x - e^{-x}}{2}$，すなわち，$(e^x)^2 - 2ye^x - 1 = 0$ である．$e^x > 0$ であることに注意し，これを e^x について解くと，$e^x = y \pm \sqrt{y^2+1} = y + \sqrt{y^2+1}$ である．よって，(4.63) が得られる．

(2)　(4.63) および合成関数の微分法 定理 4.6 より，$(\sinh^{-1} x)' = \left\{\log\left(x + \sqrt{x^2+1}\right)\right\}' = \frac{1}{x+\sqrt{x^2+1}} \left(x + \sqrt{x^2+1}\right)' = \frac{1}{x+\sqrt{x^2+1}} \left\{1 + \frac{1}{2}\frac{1}{\sqrt{x^2+1}}(x^2+1)'\right\} = \frac{1}{x+\sqrt{x^2+1}} \left(1 + \frac{1}{2}\frac{1}{\sqrt{x^2+1}} \cdot 2x\right) = \frac{1}{x+\sqrt{x^2+1}} \frac{\sqrt{x^2+1}+x}{\sqrt{x^2+1}} = \frac{1}{\sqrt{x^2+1}}$ となる．よって，(4.64) がなりたつ．

(3)　逆関数の微分法 定理 4.11，定理 4.4 (1) および (4.16) より，$(\sinh^{-1} y)' = \frac{1}{(\sinh x)'} = \frac{1}{\cosh x} = \frac{1}{\sqrt{\sinh^2 x + 1}} = \frac{1}{\sqrt{y^2+1}}$ となる．よって，y を x に置き換えると，(4.64) が得られる．

問題 4.4　(1)　まず，(4.15) 第 2 式より，

$y = \frac{e^x + e^{-x}}{2}$, すなわち, $(e^x)^2 - 2ye^x + 1 = 0$ である. $x \in [0, +\infty)$ より, $e^x \geq 1$ であることに注意し, これを e^x について解くと, $e^x = y \pm \sqrt{y^2 - 1} = y + \sqrt{y^2 - 1}$ である. よって, (4.65) が得られる.

(2) (4.65) および合成関数の微分法 定理4.6 より, $(\cosh^{-1} x)' = \left\{ \log \left(x + \sqrt{x^2 - 1} \right) \right\}' = \frac{1}{x + \sqrt{x^2 - 1}} \left(x + \sqrt{x^2 - 1} \right)' = \frac{1}{x + \sqrt{x^2 - 1}} \left\{ 1 + \frac{1}{2} \frac{1}{\sqrt{x^2 - 1}} (x^2 - 1)' \right\} = \frac{1}{x + \sqrt{x^2 - 1}} \left(1 + \frac{1}{2} \frac{1}{\sqrt{x^2 - 1}} \cdot 2x \right) = \frac{1}{x + \sqrt{x^2 - 1}} \frac{\sqrt{x^2 - 1} + x}{\sqrt{x^2 - 1}} = \frac{1}{\sqrt{x^2 - 1}}$ となる. よって, (4.66) がなりたつ.

(3) $x \in (0, +\infty)$ のとき, $\sinh x > 0$ であることに注意すると, 逆関数の微分法 定理4.11, 定理4.4 (2) および (4.16) より, $(\cosh^{-1} y)' = \frac{1}{(\cosh x)'} = \frac{1}{\sinh x} = \frac{1}{\sqrt{\cosh^2 x - 1}} = \frac{1}{\sqrt{y^2 - 1}}$ となる. よって, y を x に置き換えると, (4.66) が得られる.

■■■■■ 第5章 ■■■■■

問 5.1 まず, G を f の原始関数とする. このとき, $x \in I$ とすると, 定理4.3 (1) および原始関数の定義 定義5.1 より, $(G - F)'(x) = G'(x) - F'(x) = f(x) - f(x) = 0$ である. よって, 定理4.10 (1) より, ある $C \in \mathbf{R}$ が存在し, 任意の $x \in I$ に対して, $G(x) - F(x) = C$ となる. すなわち, (5.2) がなりたつ. 次に, 関数 $G : I \to \mathbf{R}$ を (5.2) により定めると, 定理4.3 (1), 原始関数の定義および例題4.1 より, $G'(x) = F'(x) + 0 = f(x)$ である. よって, 原始関数の定義より, G は f の原始関数である. したがって, 定理5.1 がなりたつ.

問 5.2 (1) 原始関数の定義 定義5.1 および定理4.3 (2) より, $\left\{ \int (cf)(x) \, dx \right\}' = cf = c \left(\int f(x) \, dx \right)' = \left(c \int f(x) \, dx \right)'$ である. よって, 原始関数の定義より, 定理

5.3 (2) がなりたつ.

(2) まず, 原始関数の定義 定義5.1 より, $\left\{ \int (f'g)(x) \, dx \right\}' = f'g$ である. また, 積の微分法 定理4.3 (3) および原始関数の定義より, $\left\{ fg - \int (fg')(x) \, dx \right\}' = (fg)' - \left\{ \int (fg')(x) \, dx \right\}' = f'g + fg' - fg' = f'g$ となる. よって, 原始関数の定義より, 定理5.3 (3) がなりたつ.

(3) まず, 合成関数の微分法 定理4.6 および原始関数の定義 定義5.1 より, $\frac{d}{dt} \int f(x) \, dx = \left(\frac{d}{dx} \int f(x) \, dx \right) \frac{dx}{dt} = (f \circ x)x'$ である. また, 原始関数の定義より, $\left[\int \{ (f \circ x)x' \} (t) \, dt \right]' = (f \circ x)x'$ である. よって, 原始関数の定義より, 定理5.3 (4) がなりたつ.

問 5.3 (1) 部分積分法 定理5.3 (3) および定理 5.2 (4) より, $\int x \sin x \, dx = \int (-\cos x)' x \, dx = (-\cos x)x - \int (-\cos x)x' \, dx = -x \cos x + \int (\cos x) \cdot 1 \, dx = -x \cos x + \int \cos x \, dx = -x \cos x + \sin x$ である.

(2) 部分積分法 定理5.3 (3) および定理 5.2 (3) より, $\int x \cos x \, dx = \int (\sin x)' x \, dx = (\sin x)x - \int (\sin x)x' \, dx = x \sin x - \int (\sin x) \cdot 1 \, dx = x \sin x - \int \sin x \, dx = x \sin x + \cos x$ である.

問 5.4 (1) 積和の公式および定理 5.3 (1), (2) より, $\int \sin \alpha x \sin \beta x \, dx = \int \left[-\frac{1}{2} \{ \cos(\alpha + \beta)x - \cos(\alpha - \beta)x \} \right] dx = -\frac{1}{2} \int \cos(\alpha + \beta)x \, dx + \frac{1}{2} \int \cos(\alpha - \beta)x \, dx = -\frac{1}{2(\alpha + \beta)} \sin(\alpha + \beta)x + \frac{1}{2(\alpha - \beta)} \sin(\alpha - \beta)x$ となる.

(2) 積和の公式および定理 5.3 (1), (2) より, $\int \cos \alpha x \cos \beta x \, dx = \int \frac{1}{2} \{ \cos(\alpha + \beta)x + \cos(\alpha - \beta)x \} \, dx = \frac{1}{2} \int \cos(\alpha + \beta)x \, dx + \frac{1}{2} \int \cos(\alpha - \beta)x \, dx = \frac{1}{2(\alpha + \beta)} \sin(\alpha + \beta)x + \frac{1}{2(\alpha - \beta)} \sin(\alpha - \beta)x$ となる.

問 5.5 (1) まず, 定理5.3(1), (2), 積の微分法 定理4.3 (3) および原始関数の定義 定義5.1 より, $aI + bJ = a \int e^{ax} \sin bx \, dx$

$+b \int e^{ax} \cos bx \, dx = \int (ae^{ax} \sin bx + e^{ax} b \cos bx) \, dx = \int (e^{ax} \sin bx)' \, dx = e^{ax} \sin bx$ となる．また，$bI - aJ = b \int e^{ax} \sin bx \, dx - a \int e^{ax} \cos bx \, dx = -\int (ae^{ax} \cos bx - e^{ax} b \sin bx) \, dx = -\int (e^{ax} \cos bx)' \, dx = -e^{ax} \cos bx$ となる．よって，(5.18) がなりたつ．

(2) (5.18) より，$(a^2 + b^2)I = a(aI + bJ) + b(bI - aJ) = ae^{ax} \sin bx - be^{ax} \cos bx = e^{ax}(a \sin bx - b \cos bx)$ である．よって，$I = \frac{e^{ax}}{a^2 + b^2}(a \sin bx - b \cos bx)$ である．また，$(a^2 + b^2)J = b(aI + bJ) - a(bI - aJ) = be^{ax} \sin bx + ae^{ax} \cos bx = e^{ax}(b \sin bx + a \cos bx)$ である．よって，$J = \frac{e^{ax}}{a^2 + b^2}(b \sin bx + a \cos bx)$ である．

問 5.6　$x = at$ とおくと，$t = \frac{x}{a}$，$dx = a \, dt$ である．よって，置換積分法および定理 5.2 (11) より，$\int \frac{dx}{a^2 + x^2} = \int \frac{a \, dt}{a^2 + (at)^2} = \frac{1}{a} \int \frac{dt}{1 + t^2} = \frac{1}{a} \tan^{-1} t = \frac{1}{a} \tan^{-1} \frac{x}{a}$ である．

問 5.7　(1) 定理 5.3 (2) と定理 5.1 より，ある $C \in \mathbf{R}$ が存在し，任意の $x \in [a, b]$ に対して，

$$\int_a^x (cf)(t) \, dt = c \int_a^x f(t) \, dt + C \quad \text{(A.3)}$$

となる．定積分の定義 定義 5.2 より，$\int_a^a (cf)(t) \, dt = \int_a^a f(t) \, dt = 0$ となるので，(A.3) において，$x = a$ とすると，$C = 0$ である．よって，(A.3) において，$C = 0$ を代入し，$x = b$ とすると，定理 5.7 (2) が得られる．

(2) 部分積分法 定理 5.3 (3) と定理 5.1 より，ある $C \in \mathbf{R}$ が存在し，任意の $x \in [a, b]$ に対して，

$$\int_a^x (f'g)(t) \, dt = (fg)(x) - \int_a^x (fg')(t) \, dt + C \quad \text{(A.4)}$$

となる．定積分の定義 定義 5.2 より，

$\int_a^a (f'g)(t) \, dt = \int_a^a (fg')(t) \, dt = 0$ となるので，(A.4) において，$x = a$ とすると，$C = -(fg)(a)$ である．よって，(A.4) において，$C = -(fg)(a)$ を代入し，$x = b$ とすると，定理 5.7 (3) が得られる．

(3) 置換積分法 定理 5.3 (4) と定理 5.1 より，ある $C \in \mathbf{R}$ が存在し，任意の $t \in [\alpha, \beta]$ に対して，$\int_{x(\alpha)}^{x(t)} f(y) \, dy = \int_\alpha^t \{(f \circ x)x'\}(s) \, ds + C$，すなわち，

$$\int_a^{x(t)} f(y) \, dy$$
$$= \int_\alpha^t \{(f \circ x)x'\}(s) \, ds + C \quad \text{(A.5)}$$

となる．定積分の定義 定義 5.2 より，$\int_a^a f(y) \, dy = \int_\alpha^\alpha \{(f \circ x)x'\}(s) \, ds = 0$ となるので，(A.5) において，$t = \alpha$ とすると，$C = 0$ である．よって，(A.5) において，$C = 0$ を代入し，$t = \beta$ とすると，定理 5.7 (4) が得られる．

問 5.8　(5.35) より，$\int_0^1 \tanh x \, dx = \int_0^1 \frac{\sinh x}{\cosh x} \, dx = \int_0^1 \frac{(\cosh x)'}{\cosh x} \, dx = [\log(\cosh x)]_0^1 = \log(\cosh 1) - \log(\cosh 0) = \log(\cosh 1) - \log 1 = \log(\cosh 1)$ である．

問 5.9　部分積分法 定理 5.7 (3) より，$\int_0^1 \tan^{-1} x \, dx = \int_0^1 1 \cdot \tan^{-1} x \, dx = \int_0^1 x' \tan^{-1} x \, dx = [x \tan^{-1} x]_0^1 - \int_0^1 x(\tan^{-1} x)' \, dx = 1 \tan^{-1} 1 - 0 \tan^{-1} 0 - \int_0^1 \frac{x}{1 + x^2} \, dx = \frac{\pi}{4} - [\frac{1}{2} \log(1 + x^2)]_0^1 = \frac{\pi}{4} - \frac{1}{2} \{\log(1 + 1^2) - \log(1 + 0^2)\} = \frac{\pi}{4} - \frac{1}{2} \log 2$ である．

問 5.10　$t = 2x$ とおくと，$x = 0$ のとき $t = 0$，$x = \frac{\pi}{8}$ のとき $t = \frac{\pi}{4}$ となり，$dt = 2 \, dx$ となる．よって，置換積分法より，$\int_0^{\frac{\pi}{8}} \frac{dx}{\cos^2 2x} = \int_0^{\frac{\pi}{4}} \frac{\frac{1}{2} \, dt}{\cos^2 t} = \frac{1}{2} \int_0^{\frac{\pi}{4}} \frac{dt}{\cos^2 t} = \frac{1}{2} [\tan t]_0^{\frac{\pi}{4}} = \frac{1}{2} (\tan \frac{\pi}{4} - \tan 0) = \frac{1}{2} \cdot 1 = \frac{1}{2}$ である．

5

問5.11　合成関数の微分 定理4.6 などを適宜用いると，$\left[\frac{A}{2}\log\{(x-\alpha)^2+\beta^2\}+\frac{A\alpha+B}{\beta}\tan^{-1}\frac{x-\alpha}{\beta}\right]' = \frac{A}{2}\frac{\{(x-\alpha)^2+\beta^2\}'}{(x-\alpha)^2+\beta^2}+$
$\frac{A\alpha+B}{\beta}\frac{1}{1+\left(\frac{x-\alpha}{\beta}\right)^2}\left(\frac{x-\alpha}{\beta}\right)' = \frac{A}{2}\frac{2(x-\alpha)}{(x-\alpha)^2+\beta^2}$
$+\frac{A\alpha+B}{\beta}\frac{\beta^2}{(x-\alpha)^2+\beta^2}\cdot\frac{1}{\beta} = \frac{A(x-\alpha)+(A\alpha+B)}{(x-\alpha)^2+\beta^2}$
$= \frac{Ax+B}{(x-\alpha)^2+\beta^2}$ となる．よって，(5.51) がなりたつ．

問5.12　(1)　まず，$a^2-x^2 = (a+x)(a-x)$ であることに注意し，$\frac{1}{a^2-x^2} = \frac{b}{a+x}+\frac{c}{a-x}$ $(b, c \in \mathbf{R})$ とおく．このとき，この式の右辺を通分すると，$\frac{b}{a+x}+\frac{c}{a-x} = \frac{b(a-x)+c(a+x)}{a^2-x^2} = \frac{(-b+c)x+(b+c)a}{a^2-x^2}$ となるので，$\frac{1}{a^2-x^2} = \frac{(-b+c)x+(b+c)a}{a^2-x^2}$ である．この式の両辺の分子の係数を比較すると，$-b+c = 0$，$(b+c)a = 1$ である．これを解くと，$b = c = \frac{1}{2a}$ である．よって，(5.69) がなりたつ．

(2)　(5.69) より，$\int \frac{dx}{a^2-x^2} =$ $\int \frac{1}{2a}\left(\frac{1}{a+x}+\frac{1}{a-x}\right)dx = \frac{1}{2a}\int\frac{dx}{a+x}-\frac{1}{2a}\int\frac{-1}{a-x}dx = \frac{1}{2a}\int\frac{(a+x)'}{a+x}dx-\frac{1}{2a}\int\frac{(a-x)'}{a-x}dx = \frac{1}{2a}\log|a+x|-\frac{1}{2a}\log|a-x| = \frac{1}{2a}\log\left|\frac{a+x}{a-x}\right|$ となる．よって，(5.70) がなりたつ．

問5.13　(1)　まず，$x^3+1 = (x+1)(x^2-x+1) = (x+1)\left\{\left(x-\frac{1}{2}\right)^2+\frac{3}{4}\right\}$ であることに注意し，$\frac{1}{x^3+1} = \frac{a}{x+1}+\frac{bx+c}{x^2-x+1}$ $(a, b, c \in \mathbf{R})$ とおく．このとき，この式の右辺を通分すると，$\frac{a}{x+1}+\frac{bx+c}{x^2-x+1} = \frac{a(x^2-x+1)+(bx+c)(x+1)}{x^3+1} = \frac{(a+b)x^2+(-a+b+c)x+a+c}{x^3+1}$ となるので，$\frac{1}{x^3+1} = \frac{(a+b)x^2+(-a+b+c)x+a+c}{x^3+1}$ である．この式の両辺の分子の係数を比較すると，$a+b = 0$，$-a+b+c = 0$，$a+c = 1$ である．これを解くと，$a = \frac{1}{3}$，$b = -\frac{1}{3}$，$c = \frac{2}{3}$ である．よって，(5.71) がなりたつ．

(2)　(5.71) より，$\int \frac{dx}{x^3+1} =$ $\int\left\{\frac{1}{3(x+1)}+\frac{-x+2}{3(x^2-x+1)}\right\}dx = \frac{1}{3}\int\frac{dx}{x+1}$

$+\frac{1}{3}\int\frac{-(x-\frac{1}{2})+\frac{3}{2}}{(x-\frac{1}{2})^2+\frac{3}{4}}dx = \frac{1}{3}\log|x+1|$
$-\frac{1}{3}\int\frac{x-\frac{1}{2}}{(x-\frac{1}{2})^2+\frac{3}{4}}dx + \frac{1}{2}\int\frac{dx}{(x-\frac{1}{2})^2+\frac{3}{4}} =$
$\frac{1}{3}\log|x+1|-\frac{1}{6}\log\left\{\left(x-\frac{1}{2}\right)^2+\frac{3}{4}\right\}+$
$\frac{1}{2}\int\frac{dx}{(x-\frac{1}{2})^2+\frac{3}{4}}$ となる．ここで，$x-\frac{1}{2} = \frac{\sqrt{3}}{2}\tan t$ とおくと，$dx = \frac{\sqrt{3}}{2}\frac{dt}{\cos^2 t}$ である．よって，置換積分法 定理5.3(4) より，$\int\frac{dx}{(x-\frac{1}{2})^2+\frac{3}{4}} = \int\frac{1}{\frac{3}{4}(\tan^2 t+1)}\cdot\frac{\sqrt{3}}{2}\frac{dt}{\cos^2 t}$
$= \frac{2}{\sqrt{3}}\int dt = \frac{2}{\sqrt{3}}t = \frac{2}{\sqrt{3}}\tan^{-1}\frac{2}{\sqrt{3}}\left(x-\frac{1}{2}\right)$ である．したがって，(5.72) がなりたつ．

問5.14　$n = 2, 3, 4, \ldots$ とすると，(5.74) より，$J_n = \left[\frac{x}{2(n-1)(x^2+1)^{n-1}}\right]_0^1+\frac{2n-3}{2n-2}J_{n-1} = \frac{1}{(n-1)\cdot 2^n}-0+\frac{2n-3}{2n-2}J_{n-1} = \frac{1}{(n-1)\cdot 2^n}+\frac{2n-3}{2n-2}J_{n-1}$ となり，(5.78) が得られる．また，$J_1 = \int_0^1\frac{dx}{x^2+1} = \left[\tan^{-1}x\right]_0^1 = \tan^{-1}1-\tan^{-1}0 = \frac{\pi}{4}-0 = \frac{\pi}{4}$ である．よって，(5.78) より，$J_2 = \frac{1}{4}+\frac{1}{2}J_1 = \frac{1}{4}+\frac{1}{2}\cdot\frac{\pi}{4} = \frac{1}{4}+\frac{\pi}{8}$，$J_3 = \frac{1}{16}+\frac{3}{4}J_2 = \frac{1}{16}+\frac{3}{4}\left(\frac{1}{4}+\frac{\pi}{8}\right) = \frac{1}{4}+\frac{3}{32}\pi$ である．

問5.15　(1)　$n = 2, 3, 4, \ldots$ とすると，部分積分法 定理5.3(3) より，$I_n = \int(-\cos x)'\sin^{n-1}x\,dx = -\cos x\sin^{n-1}x+\int(\cos x)(\sin^{n-1}x)'dx = -\sin^{n-1}x\cos x+\int(\cos x)(n-1)\sin^{n-2}x(\sin x)'dx = -\sin^{n-1}x\cos x+(n-1)\int\cos^2 x\sin^{n-2}x\,dx = -\sin^{n-1}x\cos x+(n-1)\int(1-\sin^2 x)\cdot\sin^{n-2}x\,dx = -\sin^{n-1}x\cos x+(n-1)\int\sin^{n-2}x\,dx-(n-1)\int\sin^n x\,dx = -\sin^{n-1}x\cos x+(n-1)I_{n-2}-(n-1)I_n$ である．よって，$I_n = -\sin^{n-1}x\cos x+(n-1)I_{n-2}-(n-1)I_n$ となり，(5.80) が得られる．

(2)　まず，$J_0 = \int_0^{\frac{\pi}{2}}dx = [x]_0^{\frac{\pi}{2}} = \frac{\pi}{2}-0 = \frac{\pi}{2}$，$J_1 = \int_0^{\frac{\pi}{2}}\sin x\,dx = [-\cos x]_0^{\frac{\pi}{2}} = -\cos\frac{\pi}{2}-(-\cos 0) = -0+1 = 1$ である．また，$n =$

2, 3, 4, ... のとき, (5.80) より, $J_n =$ $\left[-\frac{1}{n}\sin^{n-1}x\cos x\right]_0^{\frac{\pi}{2}} + \frac{n-1}{n}J_{n-2} =$ $-\frac{1}{n}\sin^{n-1}\frac{\pi}{2}\cos\frac{\pi}{2} - \left(-\frac{1}{n}\sin^{n-1}0\cos 0\right)$ $+\frac{n-1}{n}J_{n-2} = 0 - 0 + \frac{n-1}{n}J_{n-2} =$ $\frac{n-1}{n}J_{n-2}$ である. よって, n が正の偶数の とき, $J_n = \frac{n-1}{n}J_{n-2} = \frac{n-1}{n}\frac{n-3}{n-2}J_{n-4} =$ $\cdots = \frac{n-1}{n}\frac{n-3}{n-2}\cdots\frac{1}{2}J_0 = \frac{(n-1)!!}{n!!}\frac{\pi}{2}$ と なる. すなわち, $J_n = \frac{(n-1)!!}{n!!}\frac{\pi}{2}$ であ る. この式は $n = 0$ のときもなりた つ. また, n が正の奇数のとき, $J_n =$ $\frac{n-1}{n}J_{n-2} = \frac{n-1}{n}\frac{n-3}{n-2}J_{n-4} = \cdots =$ $\frac{n-1}{n}\frac{n-3}{n-2}\cdots\frac{2}{3}J_1 = \frac{(n-1)!!}{n!!}$ となる. す なわち, $J_n = \frac{(n-1)!!}{n!!}$ である. この式は $n = 1$ のときもなりたつ. したがって, (5.83) がなりたつ.

問 5.16 まず, 倍角の公式および (5.84) よ り, $\sin x = 2\sin\frac{x}{2}\cos\frac{x}{2} = 2\tan\frac{x}{2}\cos^2\frac{x}{2}$ $= 2\tan\frac{x}{2}\frac{1}{1+\tan^2\frac{x}{2}} = \frac{2t}{1+t^2}$, $\cos x =$ $2\cos^2\frac{x}{2} - 1 = \frac{2}{1+\tan^2\frac{x}{2}} - 1 = \frac{2}{1+t^2} -$ $1 = \frac{1-t^2}{1+t^2}$ である. また, (5.84) より, $\tan^{-1}t = \frac{x}{2}$, すなわち, $x = 2\tan^{-1}t$ なので, $dx = \frac{2}{1+t^2}dt$ である. よって, (5.86) がなりたつ.

問 5.17 $t = \cos x$ とおくと, $dt =$ $-\sin x\, dx$ である. よって, 置換積分法 定理 5.3 (4) より, $\int\frac{dx}{\sin x} = \int\frac{\sin x}{\sin^2 x}dx =$ $\int\frac{\sin x}{1-\cos^2 x}dx = \int\frac{-1}{1-t^2}dt =$ $\frac{1}{2}\int\left(-\frac{1}{1-t} - \frac{1}{1+t}\right)dt = \frac{1}{2}\{\log(1-t) -$ $\log(1+t)\} = \frac{1}{2}\log\frac{1-t}{1+t} = \frac{1}{2}\log\frac{1-\cos x}{1+\cos x}$ である. よって, (5.89) がなりたつ.

問 5.18 定理 5.10 より, $\int\frac{1+\sin x}{1+\cos x}dx =$ $\int\frac{1+\frac{2t}{1+t^2}}{1+\frac{1-t^2}{1+t^2}}\frac{2}{1+t^2}dt = \int\left(1 + \frac{2t}{1+t^2}\right)dt =$ $\int dt + \int\frac{2t}{1+t^2}dt = t + \log(1+t^2) =$ $\tan\frac{x}{2} + \log\left(1+\tan^2\frac{x}{2}\right)$ である. よって, (5.90) がなりたつ.

問 5.19 部分積分法より, $\int\frac{t^2}{(t^2-1)^2}dt =$ $\int\left(-\frac{1}{2}\frac{1}{t^2-1}\right)' t\, dt = -\frac{1}{2}\frac{t}{t^2-1} + \int\frac{1}{2}\frac{1}{t^2-1}$ $t'\, dt = -\frac{1}{2}\frac{t}{t^2-1} + \int\frac{1}{2}\frac{dt}{t^2-1} = -\frac{1}{2}\frac{t}{t^2-1} +$

$\int\frac{1}{4}\left(-\frac{1}{t+1} + \frac{1}{t-1}\right)dt = -\frac{1}{2}\frac{t}{t^2-1} -$ $\frac{1}{4}\log|t+1| + \frac{1}{4}\log|t-1| = -\frac{1}{2}\frac{t}{t^2-1} -$ $\frac{1}{4}\log\left|\frac{t+1}{t-1}\right|$ である.

問 5.20 (1) (5.111) より, $(b-x)t^2 =$ $a + x$ となり, $x = \frac{bt^2-a}{t^2+1}$ である. よ って, $dx = \frac{2bt(t^2+1)-(bt^2-a)\cdot 2t}{(t^2+1)^2}dt =$ $\frac{2(a+b)t}{(t^2+1)^2}dt$ である. したがって, 置換積分 法 定理 5.3 (4) より, (5.112) がなりたつ.

(2) まず, $\frac{t^2}{(t^2+1)^2} = \frac{pt+q}{t^2+1} + \frac{rt+s}{(t^2+1)^2}$ $(p, q, r, s \in \mathbf{R})$ とおく. このとき, この 式の右辺を通分すると, $\frac{pt+q}{t^2+1} + \frac{rt+s}{(t^2+1)^2} =$ $\frac{(pt+q)(t^2+1)+(rt+s)}{(t^2+1)^2} =$ $\frac{pt^3+qt^2+(p+r)t+q+s}{(t^2+1)^2}$ となるので, $\frac{t^2}{(t^2+1)^2}$ $= \frac{pt^3+qt^2+(p+r)t+q+s}{(t^2+1)^2}$ である. この式の 両辺の分子の係数を比較すると, $p = 0$, $q = 1$, $p+r = 0$, $q+s = 0$ である. これ を解くと, $p = 0$, $q = 1$, $r = 0$, $s = -1$ である. よって, (5.113) がなりたつ.

(3) まず, 例題 5.7 より, $\int\frac{dt}{(t^2+1)^2} =$ $\frac{1}{2}\frac{t}{t^2+1} + \frac{1}{2}\int\frac{dt}{t^2+1} = \frac{1}{2}\frac{t}{t^2+1} + \frac{1}{2}\tan^{-1}t$ である. よって, (5.113) より, $\int\frac{t^2}{(t^2+1)^2}dt = \int\frac{dt}{t^2+1} - \int\frac{dt}{(t^2+1)^2} =$ $\tan^{-1}t - \left(\frac{1}{2}\frac{t}{t^2+1} + \frac{1}{2}\tan^{-1}t\right) =$ $-\frac{1}{2}\frac{t}{t^2+1} + \frac{1}{2}\tan^{-1}t$ となり, (5.114) が なりたつ.

(4) (5.112), (5.114) より, $\int\sqrt{\frac{a+x}{b-x}}dx =$ $2(a+b)\left(-\frac{1}{2}\frac{t}{t^2+1} + \frac{1}{2}\tan^{-1}t\right) =$ $-(a+b)\frac{\sqrt{\frac{a+x}{b-x}}}{\frac{a+x}{b-x}+1} + (a+b)\tan^{-1}\sqrt{\frac{a+x}{b-x}} =$ $-\sqrt{(a+x)(b-x)} + (a+b)\tan^{-1}\sqrt{\frac{a+x}{b-x}}$ となる. よって, (5.115) がなりたつ.

問 5.21 (5.136), (5.130) より, $\int\sqrt{x^2+a}\, dx = \int\frac{(t^2+a)^2}{4t^3}dt = \int\left(\frac{1}{4}t\right.$ $+\frac{a}{2}\frac{1}{t} + \frac{a^2}{4}\frac{1}{t^3}\right)dt = \frac{1}{8}t^2 + \frac{a}{2}\log|t| -$ $\frac{a^2}{8}\frac{1}{t^2} = \frac{1}{8}\left(x+\sqrt{x^2+a}\right)^2 +$ $\frac{a}{2}\log\left|x+\sqrt{x^2+a}\right| - \frac{a^2}{8}\frac{1}{\left(x+\sqrt{x^2+a}\right)^2} =$

$\frac{1}{8}\left(x+\sqrt{x^2+a}\right)^2+\frac{a}{2}\log\left|x+\sqrt{x^2+a}\right|$
$-\frac{a^2}{8}\frac{1}{(x+\sqrt{x^2+a})^2}\frac{(x-\sqrt{x^2+a})^2}{(x-\sqrt{x^2+a})^2}=$
$\frac{1}{8}\left(x+\sqrt{x^2+a}\right)^2+\frac{a}{2}\log\left|x+\sqrt{x^2+a}\right|$
$-\frac{1}{8}\left(x-\sqrt{x^2+a}\right)^2=\frac{1}{2}\left(x\sqrt{x^2+a}+\right.$
$\left. a\log\left|x+\sqrt{x^2+a}\right|\right)$ である．よって，
(5.137) がなりたつ．

問 5.22 (1) (5.138) より，$(x+a)t^2=$
$a-x$ となり，$x=\frac{-at^2+a}{t^2+1}$ である．よっ
て，$dx=\frac{-2at(t^2+1)-(-at^2+a)\cdot 2t}{(t^2+1)^2}dt=$
$\frac{-4at}{(t^2+1)^2}dt$ である．また，$a^2-x^2=a^2-$
$\left(\frac{-at^2+a}{t^2+1}\right)^2=a^2\frac{(t^2+1)^2-(-t^2+1)^2}{(t^2+1)^2}=$
$\frac{4a^2t^2}{(t^2+1)^2}$ である．よって，置換積分法
定理 5.3 (4) より，$\int\frac{dx}{x\sqrt{a^2-x^2}}=$
$\int\frac{1}{\frac{-at^2+a}{t^2+1}\frac{2at}{t^2+1}}\frac{-4at}{(t^2+1)^2}dt=\frac{1}{a}\int\frac{2}{t^2-1}dt$
である．

(2) (5.139), (5.138) より，$\int\frac{dx}{x\sqrt{a^2-x^2}}$
$\frac{1}{a}\int\frac{2}{t^2-1}dt=\frac{1}{a}\int\left(-\frac{1}{t+1}+\frac{1}{t-1}\right)dt=$
$\frac{1}{a}\left(-\log|t+1|+\log|t-1|\right)=\frac{1}{a}\log\left|\frac{t-1}{t+1}\right|$
$=\frac{1}{a}\log\left|\frac{\sqrt{\frac{a-x}{x+a}}-1}{\sqrt{\frac{a-x}{x+a}}+1}\right|=\frac{1}{a}\log\left|\frac{\sqrt{a-x}-\sqrt{a+x}}{\sqrt{a-x}+\sqrt{a+x}}\right|$
である．よって，(5.140) がなりたつ．

問 5.23 (1) 定理 5.2 (8) より，
$\int_0^{+\infty}\frac{dx}{\cosh^2 x}=[\tanh x]_0^{+\infty}=$
$\left[\frac{\frac{e^x-e^{-x}}{2}}{\frac{e^x+e^{-x}}{2}}\right]_0^{+\infty}=\left[\frac{1-e^{-2x}}{1+e^{-2x}}\right]_0^{+\infty}=$
$\frac{1-0}{1+0}-\frac{1-1}{1+1}=1$ である．

(2) (4.44) より，$\int_0^1\frac{\sin^{-1}x}{\sqrt{1-x^2}}dx=$
$\left[\frac{1}{2}\left(\sin^{-1}x\right)^2\right]_0^1=\frac{1}{2}\left(\frac{\pi}{2}\right)^2-\frac{1}{2}\cdot 0^2=\frac{\pi^2}{8}$
である．

問 5.24 (1) $t=\sinh x$ とおくと，$dt=$
$\cosh x\,dx$ である．よって，置換積分法およ
び (4.16) より，$\int\frac{dx}{\cosh x}=\int\frac{\cosh x}{\cosh^2 x}dx=$
$\int\frac{\cosh x}{1+\sinh^2 x}dx=\int\frac{dt}{1+t^2}=\tan^{-1}t=$
$\tan^{-1}\sinh x$ である．

(2) $\sinh 0=0$, $\lim_{x\to+\infty}\sinh x=+\infty$ な

ので，(1) より，$\int_0^{+\infty}\frac{dx}{\cosh x}=$
$\left[\tan^{-1}\sinh x\right]_0^{+\infty}=\frac{\pi}{2}-0=\frac{\pi}{2}$ である．

問 5.25 (1) 部分積分法 定理 5.3 (3) お
よび (4.50) より，$\int_{-1}^1\frac{x\cos^{-1}x}{\sqrt{1-x^2}}dx=$
$\int_{-1}^1\left(-\sqrt{1-x^2}\right)'\cos^{-1}x\,dx=$
$\left[-\sqrt{1-x^2}\cos^{-1}x\right]_{-1}^1-\int_{-1}^1\left(-\sqrt{1-x^2}\right)$
$\left(-\frac{1}{\sqrt{1-x^2}}\right)dx=0-0-\int_{-1}^1 dx=$
$-[x]_{-1}^1=-\{1-(-1)\}=-2$ である．

(2) (4.44) および (5.129) より，
$\int_0^2\frac{dx}{\sqrt{|x^2-1|}}=\int_0^1\frac{dx}{\sqrt{|x^2-1|}}+\int_1^2\frac{dx}{\sqrt{|x^2-1|}}$
$=\int_0^1\frac{dx}{\sqrt{1-x^2}}+\int_1^2\frac{dx}{\sqrt{x^2-1}}=$
$\left[\sin^{-1}x\right]_0^1+\left[\log\left|x+\sqrt{x^2-1}\right|\right]_1^2=$
$\left(\frac{\pi}{2}-0\right)+\left\{\log\left(2+\sqrt{3}\right)-0\right\}=$
$\frac{\pi}{2}+\log\left(2+\sqrt{3}\right)$ である．

問 5.26 定理 5.14 (1) および (5.155) より，
$\Gamma(n)=\Gamma((n-1)+1)=(n-1)\Gamma(n-1)=$
$(n-1)(n-2)\Gamma(n-2)=\cdots=(n-1)(n-$
$2)\cdots 1\cdot\Gamma(1)=(n-1)!\cdot 1=(n-1)!$ と
なる．よって，定理 5.14 (2) がなりたつ．

問 5.27 定理 5.14 (1) および 定理 5.16 (1)
より，$\Gamma\left(n+\frac{1}{2}\right)=\Gamma\left(\left(n-\frac{1}{2}\right)+1\right)=$
$\left(n-\frac{1}{2}\right)\Gamma\left(n-\frac{1}{2}\right)=\cdots=\left(n-\frac{1}{2}\right)\left(n-\frac{3}{2}\right)\cdots\frac{1}{2}\Gamma\left(\frac{1}{2}\right)=\frac{2n-1}{2}\frac{2n-3}{2}\cdots$
$\cdot\frac{2n-(2n-1)}{2}\sqrt{\pi}=\frac{(2n-1)!!}{2^n}\sqrt{\pi}$ となる．よ
って，定理 5.16 (2) がなりたつ．

問 5.28 (1) ベータ関数の定義 (5.167) お
よび部分積分法 定理 5.7 (3) より，$xB(x,y+$
$1)=x\int_0^1 t^{x-1}(1-t)^{(y+1)-1}dt=$
$\int_0^1(t^x)'(1-t)^y dt=[t^x(1-t)^y]_0^1-$
$\int_0^1 t^x\{(1-t)^y\}'dt=0-0-\int_0^1 t^x y(1-$
$t)^{y-1}(-1)dt=y\int_0^1 t^{(x+1)-1}(1-t)^{y-1}dt$
$=yB(x+1,y)$ である．よって，定理 5.17
(2) がなりたつ．

(2) $t=\sin^2\theta$ とおくと，ベータ関数の定義
(5.167) および置換積分法 定理 5.7 (4) よ
り，$B(x,y)=\int_0^{\frac{\pi}{2}}(\sin^2\theta)^{x-1}(1-$
$\sin^2\theta)^{y-1}2\sin\theta\cos\theta\,d\theta=$
$2\int_0^{\frac{\pi}{2}}(\sin^{2x-1}\theta)(\cos^2\theta)^{y-1}\cos\theta\,d\theta=$

$2\int_0^{\frac{\pi}{2}} \sin^{2x-1}\theta \cos^{2y-1}\theta\, d\theta$ である．よっ
て，定理 5.17 (3) がなりたつ．

問 5.29　(5.169) において，$x = y = \frac{1}{2}$ と
すると，$B\left(\frac{1}{2}, \frac{1}{2}\right) = \frac{\left(\Gamma\left(\frac{1}{2}\right)\right)^2}{\Gamma(1)}$ である．ここ
で，定理 5.17 (3) において，$x = y = \frac{1}{2}$ と
すると，$B\left(\frac{1}{2}, \frac{1}{2}\right) = 2\int_0^{\frac{\pi}{2}} d\theta = 2\left[\theta\right]_0^{\frac{\pi}{2}} = 2\left(\frac{\pi}{2} - 0\right) = \pi$ である．また，(5.155) より，
$\Gamma(1) = 1$ である．よって，$\pi = \left(\Gamma\left(\frac{1}{2}\right)\right)^2$
となり，$\Gamma\left(\frac{1}{2}\right) > 0$ より，定理 5.16 (1) が
得られる．

問 5.30　定理 5.17 (3)，定理 5.18，定
理 5.14 (2) および定理 5.16 (2) より，
$\int_0^{\frac{\pi}{2}} \sin^4\theta \cos^5\theta\, d\theta =$
$\int_0^{\frac{\pi}{2}} \sin^{2\cdot\frac{5}{2}-1}\theta \cos^{2\cdot3-1}\theta\, d\theta = \frac{1}{2}B\left(\frac{5}{2}, 3\right)$
$= \frac{1}{2}\frac{\Gamma\left(\frac{5}{2}\right)\Gamma(3)}{\Gamma\left(\frac{11}{2}\right)} = \frac{1}{2}\frac{\Gamma\left(2+\frac{1}{2}\right)\Gamma(3)}{\Gamma\left(5+\frac{1}{2}\right)} =$
$\frac{1}{2}\frac{\frac{(2\cdot2-1)!!}{2^2}\sqrt{\pi}\cdot(3-1)!}{\frac{(2\cdot5-1)!!}{2^5}\sqrt{\pi}} = \frac{1}{2}\cdot\frac{\frac{3\cdot1}{2^2}\cdot2\cdot1}{\frac{9\cdot7\cdot5\cdot3\cdot1}{2^5}} = \frac{8}{315}$
である．

問 5.31　(1)　定理 5.17 (3) において，$a = 2x - 1$，$y = \frac{1}{2}$ とすると，定理 5.18 お
よび定理 5.16 (1) より，$\int_0^{\frac{\pi}{2}} \sin^a\theta\, d\theta =$
$\frac{1}{2}B\left(\frac{a+1}{2}, \frac{1}{2}\right) = \frac{1}{2}\frac{\Gamma\left(\frac{a+1}{2}\right)\Gamma\left(\frac{1}{2}\right)}{\Gamma\left(\frac{a+1}{2}+\frac{1}{2}\right)} =$
$\frac{\sqrt{\pi}}{2}\frac{\Gamma\left(\frac{a+1}{2}\right)}{\Gamma\left(\frac{a}{2}+1\right)}$ である．よって，(5.171) がな
りたつ．

(2) n が偶数のとき，$\frac{n}{2} = 0, 1, 2, \dots$ で
あることに注意すると，(1)，定理 5.14 (2)
および定理 5.16 (2) より，$\int_0^{\frac{\pi}{2}} \sin^n\theta\, d\theta =$
$\frac{\sqrt{\pi}}{2}\frac{\Gamma\left(\frac{n}{2}+\frac{1}{2}\right)}{\Gamma\left(\frac{n}{2}+1\right)} = \frac{\sqrt{\pi}}{2}\frac{\frac{(n-1)!!}{2^{\frac{n}{2}}}\sqrt{\pi}}{\left(\frac{n}{2}\right)!} = \frac{(n-1)!!}{n!!}\frac{\pi}{2}$
である．また，n が奇数のとき，$\frac{n+1}{2} \in \mathbf{N}$
であることに注意すると，$\int_0^{\frac{\pi}{2}} \sin^n\theta\, d\theta =$
$\frac{\sqrt{\pi}}{2}\frac{\Gamma\left(\frac{n+1}{2}\right)}{\Gamma\left(\frac{n+1}{2}+\frac{1}{2}\right)} = \frac{\sqrt{\pi}}{2}\frac{\left(\frac{n-1}{2}\right)!}{\frac{n!!}{2^{\frac{n+1}{2}}}\sqrt{\pi}} = \frac{(n-1)!!}{n!!}$
である．よって，(5.172) がなりたつ．

問 5.32　(1)　(5.179) より，$J_n =$
$\left[\frac{t}{2(n-1)(t^2+1)^{n-1}}\right]_0^{+\infty} + \frac{2n-3}{2n-2}J_{n-1} =$
$0 - 0 + \frac{2n-3}{2n-2}J_{n-1} = \frac{2n-3}{2n-2}J_{n-1}$ で
ある．よって，$J_n = \frac{2n-3}{2n-2}J_{n-1} =$

$\frac{2n-3}{2n-2}\frac{2n-5}{2n-4}J_{n-2} = \cdots = \frac{2n-3}{2n-2}\frac{2n-5}{2n-4}\cdots$
$\frac{1}{2}J_1 = \frac{(2n-3)!!}{(2n-2)!!}J_1$ である．ここで，
(5.147) より，$J_1 = \frac{\pi}{2}$ なので，(5.180) が
なりたつ．

(2)　(5.173) において，$x = 1$，$y = n$，$z = 2$ とすると，定理 5.14 (2) および定理 5.16
より $\int_0^{+\infty} \frac{dt}{(1+t^2)^n} = \frac{\Gamma\left(n-\frac{1}{2}\right)\Gamma\left(\frac{1}{2}\right)}{2\Gamma(n)} =$
$\frac{\Gamma\left(n-1+\frac{1}{2}\right)\sqrt{\pi}}{2(n-1)!} = \frac{\frac{(2n-3)!!}{2^{n-1}}\sqrt{\pi}\sqrt{\pi}}{2(n-1)!} = \frac{(2n-3)!!}{(2n-2)!!}\frac{\pi}{2}$
である．よって，(5.180) がなりたつ．

・・・・・・・・・・ **章末問題** ・・・・・・・・・・

問題 5.1　(1)　まず，$1 - x^3 = -(x - 1)(x^2+x+1) = -(x-1)\left\{\left(x+\frac{1}{2}\right)^2 + \frac{3}{4}\right\}$
であることに注意し，$\frac{1}{1-x^3} = \frac{a}{x-1} + \frac{bx+c}{x^2+x+1}$ $(a, b, c \in \mathbf{R})$ とおく．このと
き，この式の右辺を通分すると，$\frac{a}{x-1} + \frac{bx+c}{x^2+x+1} = \frac{a(x^2+x+1)+(bx+c)(x-1)}{x^3-1} = \frac{(a+b)x^2+(a-b+c)x+a-c}{x^3-1}$ となるので，$\frac{1}{1-x^3} = \frac{-(a+b)x^2+(-a+b-c)x-a+c}{1-x^3}$ である．この
式の両辺の分子の係数を比較すると，$-(a+b) = 0$，$-a+b-c = 0$，$-a+c = 1$ であ
る．これを解くと，$a = -\frac{1}{3}$，$b = \frac{1}{3}$，$c = \frac{2}{3}$
である．よって，(5.181) がなりたつ．

(2)　(5.181) より，$\int \frac{dx}{1-x^3} =$
$\int \left\{-\frac{1}{3(x-1)} + \frac{x+2}{3(x^2+x+1)}\right\} dx =$
$-\frac{1}{3}\int \frac{dx}{x-1} + \frac{1}{3}\int \frac{\left(x+\frac{1}{2}\right)+\frac{3}{2}}{\left(x+\frac{1}{2}\right)^2+\frac{3}{4}} dx =$
$-\frac{1}{3}\log|x-1| + \frac{1}{3}\int \frac{x+\frac{1}{2}}{\left(x+\frac{1}{2}\right)^2+\frac{3}{4}} dx +$
$\frac{1}{2}\int \frac{dx}{\left(x+\frac{1}{2}\right)^2+\frac{3}{4}} = -\frac{1}{3}\log|x-1| +$
$\frac{1}{6}\log\left\{\left(x+\frac{1}{2}\right)^2+\frac{3}{4}\right\} + \frac{1}{2}\int \frac{dx}{\left(x+\frac{1}{2}\right)^2+\frac{3}{4}}$
となる．ここで，$x+\frac{1}{2} = \frac{\sqrt{3}}{2}\tan t$ とおく
と，$dx = \frac{\sqrt{3}}{2}\frac{dt}{\cos^2 t}$ である．よって，置換
積分法 定理 5.3 (4) より，
$\int \frac{dx}{\left(x+\frac{1}{2}\right)^2+\frac{3}{4}} = \int \frac{1}{\frac{3}{4}(\tan^2 t+1)}\cdot\frac{\sqrt{3}}{2}\frac{dt}{\cos^2 t} =$
$\frac{2}{\sqrt{3}}\int dt = \frac{2}{\sqrt{3}}t = \frac{2}{\sqrt{3}}\tan^{-1}\frac{2}{\sqrt{3}}\left(x+\frac{1}{2}\right)$
である．したがって，(5.182) がなりたつ．

問題 5.2　(1)　$n = 2, 3, 4, \dots$ とすると，
部分積分法 定理 5.3 (3) より，$I_n =$

$\int \tan^{n-2} x \tan^2 x \, dx =$
$\int \tan^{n-2} x \frac{\sin^2 x}{\cos^2 x} \, dx =$
$\int \tan^{n-2} x \frac{1-\cos^2 x}{\cos^2 x} \, dx =$
$\int \left(\frac{\tan^{n-2} x}{\cos^2 x} - \tan^{n-2} x \right) dx =$
$\frac{1}{n-1} \tan^{n-1} x - I_{n-2}$ である．よって，
(5.184) がなりたつ．

(2) $n = 2, 3, 4, \ldots$ とすると，(5.184)
より，$J_n = \left[\frac{1}{n-1} \tan^{n-1} x \right]_0^{\frac{\pi}{4}} - J_{n-2} =$
$\frac{1}{n-1} \tan^{n-1} \frac{\pi}{4} - \frac{1}{n-1} \tan^n 0 - J_{n-2} =$
$\frac{1}{n-1} - J_{n-2}$ となり，(5.185) が得られ
る．また，$J_0 = \int_0^{\frac{\pi}{4}} dx = [x]_0^{\frac{\pi}{4}} = \frac{\pi}{4} -$
$0 = \frac{\pi}{4}$ である．よって，(5.185) より，
$J_2 = 1 - J_0 = 1 - \frac{\pi}{4}$ である．さらに，
$J_1 = \int_0^{\frac{\pi}{4}} \tan x \, dx = [\log |\cos x|]_0^{\frac{\pi}{4}} =$
$\log |\cos \frac{\pi}{4}| - \log |\cos 0| = \log \frac{\sqrt{2}}{2} -$
$\log 1 = -\frac{1}{2} \log 2$ である．

問題 5.3 (1) $n = 2, 3, 4, \ldots$ とすると，
部分積分法 定理 5.3 (3) より，$I_n = \int 1 \cdot$
$(\sin^{-1} x)^n \, dx = \int x' (\sin^{-1} x)^n \, dx =$
$x (\sin^{-1} x)^n - \int x \cdot n (\sin^{-1} x)^{n-1} \cdot$
$\frac{1}{\sqrt{1-x^2}} \, dx = x (\sin^{-1} x)^n +$
$n \int (\sqrt{1-x^2})' (\sin^{-1} x)^{n-1} \, dx =$
$x (\sin^{-1} x)^n + n\sqrt{1-x^2} (\sin^{-1} x)^{n-1} -$
$n \int \sqrt{1-x^2} \cdot (n-1) (\sin^{-1} x)^{n-2} \cdot$
$\frac{1}{\sqrt{1-x^2}} \, dx = x (\sin^{-1} x)^n +$
$n\sqrt{1-x^2} (\sin^{-1} x)^{n-1} - n(n-1)I_{n-2}$
となる．よって，(5.187) がなりたつ．

(2) $n = 2, 3, 4, \ldots$ とすると，(5.187)
より，$J_n =$
$\left[x (\sin^{-1} x)^n + n\sqrt{1-x^2} (\sin^{-1} x)^{n-1} \right]_0^1$
$-n(n-1)J_{n-2} = 1 \cdot (\sin^{-1} 1)^n$
$+n\sqrt{1-1^2} (\sin^{-1} 1)^{n-1} -$
$\left\{ 0 (\sin^{-1} 0)^n + n\sqrt{1-0^2} (\sin^{-1} 0)^{n-1} \right\}$
$-n(n-1)J_{n-2} = \left(\frac{\pi}{2} \right)^n - n(n-1)J_{n-2}$
となり，(5.188) が得られる．また，$J_0 =$
$\int_0^1 dx = [x]_0^1 = 1 - 0 = 1$ である．
よって，(5.188) より，$J_2 = \left(\frac{\pi}{2} \right)^2 -$
$2J_0 = \frac{\pi^2}{4} - 2 \cdot 1 = \frac{\pi^2}{4} - 2$ である．さ

らに，部分積分法 定理 5.7 (3) より，
$J_1 = \int_0^1 \sin^{-1} x \, dx = \int_0^1 1 \cdot \sin^{-1} x \, dx =$
$\int_0^1 x' \sin^{-1} x \, dx = [x \sin^{-1} x]_0^1 -$
$\int_0^1 x (\sin^{-1} x)' \, dx = 1 \cdot \sin^{-1} 1 -$
$0 \sin^{-1} 0 - \int_0^1 \frac{x}{\sqrt{1-x^2}} \, dx = 1 \cdot \frac{\pi}{2} -$
$\left[-\sqrt{1-x^2} \right]_0^1 = \frac{\pi}{2} + \left\{ \sqrt{1-1^2} - \sqrt{1-0^2} \right\}$
$= \frac{\pi}{2} - 1$ である．

問題 5.4 (1) 定理 5.10 および倍角の
公式より，$\int \frac{dx}{\cos x} = \int \frac{1}{\frac{1-t^2}{1+t^2}} \frac{2}{1+t^2} \, dt =$
$\int \frac{2}{1-t^2} \, dt = \int \left(\frac{1}{1+t} + \frac{1}{1-t} \right) dt =$
$\log |1+t| - \log |1-t| = \log \left| \frac{1+t}{1-t} \right| =$
$\log \left| \frac{1+\tan \frac{x}{2}}{1-\tan \frac{x}{2}} \right| = \log \left| \frac{\cos \frac{x}{2}+\sin \frac{x}{2}}{\cos \frac{x}{2}-\sin \frac{x}{2}} \right| =$
$\frac{1}{2} \log \left(\frac{\cos \frac{x}{2}+\sin \frac{x}{2}}{\cos \frac{x}{2}-\sin \frac{x}{2}} \right)^2 =$
$\frac{1}{2} \log \frac{\cos^2 \frac{x}{2}+2\cos \frac{x}{2}\sin \frac{x}{2}+\sin^2 \frac{x}{2}}{\cos^2 \frac{x}{2}-2\cos \frac{x}{2}\sin \frac{x}{2}+\sin^2 \frac{x}{2}} =$
$\frac{1}{2} \log \frac{1+\sin x}{1-\sin x}$ である．よって，(5.189) が
なりたつ．

(2) $t = \sin x$ とおくと，$dt = \cos x \, dx$ で
ある．よって，置換積分法より，$\int \frac{dx}{\cos x} =$
$\int \frac{\cos x}{\cos^2 x} \, dx = \int \frac{\cos x}{1-\sin^2 x} \, dx$
$= \int \frac{dt}{1-t^2} = \frac{1}{2} \int \left(\frac{1}{1+t} + \frac{1}{1-t} \right) dt =$
$\frac{1}{2} \{ \log(1+t) - \log(1-t) \} = \frac{1}{2} \log \frac{1+t}{1-t} =$
$\frac{1}{2} \log \frac{1+\sin x}{1-\sin x}$ である．よって，(5.189) が
なりたつ．

問題 5.5 定理 5.10 および問 5.6 より，
$\int \frac{1-a^2}{1-2a \cos x+a^2} \, dx =$
$\int \frac{1-a^2}{1-2a \frac{1-t^2}{1+t^2}+a^2} \frac{2}{1+t^2} \, dt =$
$2(1-a^2) \int \frac{dt}{1+t^2-2a(1-t^2)+a^2(1+t^2)} =$
$2(1-a^2) \int \frac{dt}{(1-a)^2+(1+a)^2 t^2} =$
$\frac{2(1-a^2)}{(1+a)^2} \int \frac{dt}{\left(\frac{1-a}{1+a} \right)^2+t^2} =$
$\frac{2(1-a^2)}{(1+a)^2} \frac{1+a}{1-a} \tan^{-1} \left(\frac{1+a}{1-a} t \right) =$
$2 \tan^{-1} \left(\frac{1+a}{1-a} \tan \frac{x}{2} \right)$ である．よって，
(5.190) がなりたつ．

問題 5.6 $t = \sqrt[3]{1-x}$ とおくと，$t^3 =$
$1 - x$ となり，$x = 1 - t^3$ である．よ
って，$dx = -3t^2 \, dt$ である．したがっ

て，置換積分法より，$\int x\sqrt[3]{1-x}\,dx =$
$\int (1-t^3)t(-3t^2)\,dt = \int(-3t^3+3t^6)\,dt =$
$-\frac{3}{4}t^4+\frac{3}{7}t^7 = -\frac{3}{28}t^4(7-4t^3) = -\frac{3}{28}(1-x)^{\frac{4}{3}}\{7-4(1-x)\} = -\frac{3}{28}(1-x)^{\frac{4}{3}}(4x+3)$ となる．すなわち，(5.191) がなりたつ．

問題 5.7　$I = \int\sqrt{x^2+a}\,dx$ とおくと，部分積分法および (5.129) より，$I =$
$\int 1\cdot\sqrt{x^2+a}\,dx = \int x'\sqrt{x^2+a}\,dx =$
$x\sqrt{x^2+a} - \int x\left(\sqrt{x^2+a}\right)'dx =$
$x\sqrt{x^2+a} - \int x\cdot\frac{x}{\sqrt{x^2+a}}\,dx = x\sqrt{x^2+a}-$
$\int\frac{(x^2+a)-a}{\sqrt{x^2+a}}\,dx = x\sqrt{x^2+a}-$
$\int\sqrt{x^2+a}\,dx + a\int\frac{dx}{\sqrt{x^2+a}} = x\sqrt{x^2+a}-$
$I + a\log\left|x+\sqrt{x^2+a}\right|$ となる．すなわち，$I = x\sqrt{x^2+a} - I + a\log\left|x+\sqrt{x^2+a}\right|$ である．よって，(5.192) が得られる．

問題 5.8　$I = \int\sqrt{a^2-x^2}\,dx$ とおくと，部分積分法および例題 5.3 より，$I =$
$\int 1\cdot\sqrt{a^2-x^2}\,dx = \int x'\sqrt{a^2-x^2}\,dx =$
$x\sqrt{a^2-x^2} - \int x\frac{-x}{\sqrt{a^2-x^2}}\,dx = x\sqrt{a^2-x^2}-$
$\int\frac{(a^2-x^2)-a^2}{\sqrt{a^2-x^2}}\,dx = x\sqrt{a^2-x^2}-$
$\int\sqrt{a^2-x^2}\,dx + a^2\int\frac{dx}{\sqrt{a^2-x^2}} =$
$x\sqrt{a^2-x^2} - I + a^2\sin^{-1}\frac{x}{a}$ となる．すなわち，$I = x\sqrt{a^2-x^2} - I + a^2\sin^{-1}\frac{x}{a}$ である．よって，(5.193) が得られる．

問題 5.9　(1)　$s = t^z$ より，$t = s^{\frac{1}{z}}$，$dt = \frac{1}{z}s^{\frac{1}{z}-1}\,dt$ となる．また，$t = 0$ のとき，$s = 0$ であり，$t = 1$ のとき，$s = 1$ である．よって，置換積分法，ベータ関数の定義 (5.167) および定理 5.18 より，
$\int_0^1 t^{x-1}(1-t^z)^{y-1}\,dt = \int_0^1 s^{\frac{x-1}{z}}$
$(1-s)^{y-1}\frac{1}{z}s^{\frac{1}{z}-1}\,ds = \frac{1}{z}\int_0^1 s^{\frac{x}{z}-1}(1-s)^{y-1}\,ds = \frac{1}{z}\mathrm{B}\left(\frac{x}{z},y\right) = \frac{\Gamma(\frac{x}{z})\Gamma(y)}{z\Gamma(\frac{x}{z}+y)}$ となる．すなわち，(5.194) がなりたつ．

(2)　(5.194) において，$x = a$，$y = \frac{1}{2}$，$z = 4a$ とすると，定理 5.16 (1) より，
$\int_0^1\frac{t^{a-1}}{\sqrt{1-t^{4a}}}\,dt = \frac{\Gamma(\frac{a}{4a})\Gamma(\frac{1}{2})}{4a\Gamma(\frac{a}{4a}+\frac{1}{2})} = \frac{\sqrt{\pi}\Gamma(\frac{1}{4})}{4a\Gamma(\frac{3}{4})}$ である．ここで，相補公式 (5.159) において，$x = \frac{1}{4}$ とすると，$\Gamma\left(\frac{1}{4}\right)\Gamma\left(\frac{3}{4}\right) = \sqrt{2}\pi$，

すなわち，$\Gamma\left(\frac{3}{4}\right) = \frac{\sqrt{2}\pi}{\Gamma(\frac{1}{4})}$ である．よって，(5.195) がなりたつ．

問題 5.10　(1)　まず，$t \to +\infty$ のとき，
$\frac{1}{3}\log|t+1| - \frac{1}{6}\log(t^2-t+1)$
$= \frac{1}{6}\log\frac{(t+1)^2}{t^2-t+1} = \frac{1}{6}\log\frac{t^2+2t+1}{t^2-t+1} = \frac{1}{6}\log\frac{1+\frac{2}{t}+\frac{1}{t^2}}{1-\frac{1}{t}+\frac{1}{t^2}} \to \frac{1}{6}\log\frac{1+0+0}{1-0+0} = 0$ である．よって，(5.72) より，$\int_0^{+\infty}\frac{dt}{1+t^3} =$
$\left[\frac{1}{3}\log|t+1| - \frac{1}{6}\log(t^2-t+1) + \frac{1}{\sqrt{3}}\tan^{-1}\frac{2t-1}{\sqrt{3}}\right]_0^{+\infty} = 0 - \frac{1}{6}\log\frac{(0+1)^2}{0^2-0+1}$
$+ \frac{1}{\sqrt{3}}\left\{\frac{\pi}{2} - \tan^{-1}\left(-\frac{1}{\sqrt{3}}\right)\right\} =$
$\frac{1}{\sqrt{3}}\left\{\frac{\pi}{2} - \left(-\frac{\pi}{6}\right)\right\} = \frac{2\sqrt{3}}{9}\pi$ である．すなわち，(5.196) がなりたつ．

(2)　(5.177) において，$x = 1$，$z = 3$ とすると，$\int_0^{+\infty}\frac{dt}{1+t^3} = \frac{\pi}{3\sin\frac{\pi}{3}} = \frac{\pi}{3\cdot\frac{\sqrt{3}}{2}} = \frac{2\sqrt{3}}{9}\pi$ である．よって，(5.196) がなりたつ．

=== 第 6 章 ===

問 6.1　(1)　$k \in \mathbf{Z}$ とする．このとき，$k - k = 0$ であり，0 は n で割り切れるので，$\sim$ の定義より，$k \sim k$ である．よって，$\sim$ は反射律をみたす．

(2)　$k, l \in \mathbf{Z}$，$k \sim l$ とする．このとき，$\sim$ の定義より，$k - l$ は n で割り切れる．よって，$l - k = -(k-l)$ は n で割り切れ，$\sim$ の定義より，$l \sim k$ である．したがって，$\sim$ は対称律をみたす．

(3)　$k, l, m \in \mathbf{Z}$，$k \sim l$，$l \sim m$ とする．このとき，$\sim$ の定義より，$k - l$ および $l - m$ は n で割り切れる．さらに，$k - m = (k-l) + (l-m)$ なので，$k - m$ は n で割り切れる．よって，$\sim$ の定義より，$k \sim m$ である．したがって，$\sim$ は推移律をみたす．

問 6.2　(1)　$f \in X$ とする．このとき，任意の $x \in A$ に対して $f(x) = f(x)+0$ であり，$0 \in \mathbf{R}$ なので，$\sim$ の定義より，$f \sim f$ である．よって，$\sim$ は反射律をみたす．

(2)　$f, g \in X$，$f \sim g$ とする．このとき，$\sim$ の定義より，ある $C \in \mathbf{R}$ が存在し，任

意の $x \in A$ に対して $g(x) = f(x) + C$ となる．よって，任意の $x \in A$ に対して $f(x) = g(x) + (-C)$ となり，$-C \in \mathbf{R}$ なので，$\sim$ の定義より，$g \sim f$ である．したがって，$\sim$ は対称律をみたす．

(3) $f, g, h \in X$，$f \sim g$，$g \sim h$ とする．このとき，$\sim$ の定義より，ある $C, C' \in \mathbf{R}$ が存在し，任意の $x \in A$ に対して $g(x) = f(x) + C$，$h(x) = g(x) + C'$ となる．よって，任意の $x \in A$ に対して $h(x) = (f(x) + C) + C' = f(x) + (C + C')$ となり，$C + C' \in \mathbf{R}$ なので，$\sim$ の定義より，$f \sim h$ である．したがって，$\sim$ は推移律をみたす．

問 6.3 (1) $(a, b) \in \mathbf{R}^2$ とする．このとき，$b - a = b - a$ なので，$\sim$ の定義より，$(a, b) \sim (a, b)$ である．よって，$\sim$ は反射律をみたす．

(2) $(a, b), (a', b') \in \mathbf{R}^2$，$(a, b) \sim (a', b')$ とする．このとき，$\sim$ の定義より，$b - a = b' - a'$ である．よって，$b' - a' = b - a$ となり，$\sim$ の定義より，$(a', b') \sim (a, b)$ である．したがって，$\sim$ は対称律をみたす．

(3) $(a, b), (a', b'), (a'', b'') \in \mathbf{R}^2$，$(a, b) \sim (a', b')$，$(a', b') \sim (a'', b'')$ とする．このとき，$\sim$ の定義より，$b - a = b' - a'$，$b' - a' = b'' - a''$ である．よって，$b - a = b'' - a''$ となり，$\sim$ の定義より，$(a, b) \sim (a'', b'')$ である．したがって，$\sim$ は推移律をみたす．

問 6.4 (c) より，ある $c \in C(a) \cap C(b)$ が存在する．このとき，$c \in C(a)$ なので，同値類の定義 (6.9) より，$a \sim c$ である．また，$c \in C(b)$ なので，同値類の定義より，$b \sim c$ である．さらに，対称律より，$c \sim b$ である．よって，推移律より，$a \sim b$ である．したがって，(c) $\Rightarrow$ (a) がなりたつ．

問 6.5 (6.16) より，$k \equiv r \mod n$ なので，$\pi : \mathbf{Z} \to \mathbf{Z}/\sim$ を自然な射影とすると，$\pi(k) = C(r)$ である．よって，$\mathbf{Z}/\sim = \{C(0), C(1), C(2), \ldots, C(n-1)\}$ となり，$\mathbf{Z}/\sim$ は n 個の元からなる集合であ

る．とくに，$n = 2$ のとき，$C(0)$ は偶数全体の集合であり，$C(1)$ は奇数全体の集合である．

問 6.6 (1) (6.20) より，$2x - x = (y + 3) - 2y$，$(-y + 2) - (-x) = y - (x - 1)$，すなわち，$x + y = 3$，$2x - 2y = -1$ である．これを解くと，$x = \frac{5}{4}$，$y = \frac{7}{4}$ である．

(2) (6.20) より，$x^2 - 1 = y - 3$，$y - 0 = x^3 - x$，すなわち，$y = x^2 + 2$，$y = x^3 - x$ である．よって，$x^2 + 2 = x^3 - x$，すなわち，$0 = x^3 - x - (x^2 + 2) = x^3 - x^2 - x - 2 = (x - 2)(x^2 + x + 1) = (x - 2)\left\{\left(x + \frac{1}{2}\right)^2 + \frac{3}{4}\right\}$ である．したがって，$x \in \mathbf{R}$ であることに注意すると，$x = 2$ である．さらに，$y = 2^2 + 2 = 6$ である．

問 6.7 $\sim$ の定義より，$kl' = lk'$，$mn' = nm'$ である．よって，$(km)(l'n') = (kl')(mn') = (lk')(nm') = (ln)(k'm')$ となる．すなわち，$(km)(l'n') = (ln)(k'm')$ である．したがって，$\sim$ の定義より，(6.30) がなりたつ．

問 6.8 (1) $\sim$ の定義より，$k - p$，$l - q$ は n で割り切れる．また，$(k + l) - (p + q) = (k - p) + (l - q)$ である．よって，$(k + l) - (p + q)$ は n で割り切れる．したがって，$\sim$ の定義より，(6.32) がなりたつ．

(2) $\sim$ の定義より，$k - p$，$l - q$ は n で割り切れる．また，$kl - pq = (k - p)l + (l - q)p$ である．よって，$kl - pq$ は n で割り切れる．したがって，$\sim$ の定義より，(6.34) がなりたつ．

問 6.9 (1) 同値関係の条件 (6.20) より，$d_1 - c_1 = x - b_1$，$d_2 - c_2 = y - b_2$ である．よって，(6.37) がなりたつ．

(2) A，A$'$，B，C$'$，D$'$ の座標をそれぞれ (a_1, a_2)，(a'_1, a'_2)，(b_1, b_2)，(c'_1, c'_2)，(d'_1, d'_2) とする．このとき，(1) と同様に，E$'$ の座標は $(b'_1 - c'_1 + d'_1, b'_2 - c'_2 + d'_2)$ である．また，$\overrightarrow{\text{AB}} = \overrightarrow{\text{A}'\text{B}'}$，$\overrightarrow{\text{CD}} = \overrightarrow{\text{C}'\text{D}'}$ より，$b_1 - a_1 = b'_1 - a'_1$，$b_2 - a_2 = b'_2 - a'_2$，$d_1 - c_1 = d'_1 - c'_1$，$d_2 - c_2 = d'_2 - c'_2$ で

ある．よって，(1) より，$x - a_1 = (b_1 - c_1 + d_1) - a_1 = (b_1 - a_1) + (d_1 - c_1) = (b'_1 - a'_1) + (d'_1 - c'_1) = (b'_1 - c'_1 + d'_1) - a'_1$，$y - a_2 = (b_2 - c_2 + d_2) - a_2 = (b_2 - a_2) + (d_2 - c_2) = (b'_2 - a'_2) + (d'_2 - c'_2) = (b'_2 - c'_2 + d'_2) - a'_2$ となる．したがって，同値関係の条件 (6.20) より，$\overrightarrow{AE} = \overrightarrow{A'E'}$ である．

問 6.10　A, B, C の座標をそれぞれ (a_1, a_2), (b_1, b_2), (x, y) とすると，(6.40) がなりたつ．同様に，A′, B′, C′ の座標をそれぞれ (a'_1, a'_2), (b'_1, b'_2), (x', y') とすると，$x' = a'_1 + k(b'_1 - a'_1)$, $y' = a'_2 + k(b'_2 - a'_2)$ である．また，$\overrightarrow{AB} = \overrightarrow{A'B'}$ より，$b_1 - a_1 = b'_1 - a'_1$, $b_2 - a_2 = b'_2 - a'_2$ である．よって，$x - a_1 = \{a_1 + k(b_1 - a_1)\} - a_1 = k(b_1 - a_1) = k(b'_1 - a'_1) = \{a'_1 + k(b'_1 - a'_1)\} - a'_1 = x' - a'_1$, $y - a_2 = \{a_2 + k(b_2 - a_2)\} - a_2 = k(b_2 - a_2) = k(b'_2 - a'_2) = \{a'_2 + k(b'_2 - a'_2)\} - a'_2 = y' - a'_2$ となる．したがって，同値関係の条件 (6.20) より，$\overrightarrow{AC} = \overrightarrow{A'C'}$ である．

問 6.11　$C(x, y) \in \mathbf{R}^2$ を §6.2.2 の (i)〜(iii) により定めると，(6.40) がなりたつ．よって，(6.42) より，$\Phi(k\overrightarrow{AB}) = \Phi(\overrightarrow{AC}) = (\{a_1 + k(b_1 - a_1)\} - a_1, \{a_2 + k(b_2 - a_2)\} - a_2) = (k(b_1 - a_1), k(b_2 - a_2))$ となる．よって，定理 6.3 (2) がなりたつ．

問 6.12　(1)　A, B, C, D の座標をそれぞれ (a_1, a_2), (b_1, b_2), (c_1, c_2), (d_1, d_2) とする．このとき，(6.46), (6.50), (6.42) より，$\Phi(\overrightarrow{AB} + \overrightarrow{CD}) = ((b_1 - a_1) + (d_1 - c_1), (b_2 - a_2) + (d_2 - a_2)) = (b_1 - a_1, b_2 - a_2) + (d_1 - c_1, d_2 - c_2) = \Phi(\overrightarrow{AB}) + \Phi(\overrightarrow{CD})$ となる．よって，定理 6.4 (1) がなりたつ．

(2)　A, B の座標をそれぞれ (a_1, a_2), (b_1, b_2) とする．このとき，(6.47), (6.51), (6.42) より，$\Phi(k\overrightarrow{AB}) = (k(b_1 - a_1), k(b_2 - a_2)) = k(b_1 - a_1, b_2 - a_2) = k\Phi(\overrightarrow{AB})$ となる．よって，定理 6.4 (2) がなりたつ．

問 6.13　まず，逆写像の定義 §2.2.4 より，$\Phi(\Phi^{-1}(k\mathrm{P})) = k\mathrm{P}$ である．また，(6.53) および逆写像の定義より，$\Phi(k\Phi^{-1}(\mathrm{P})) = k\Phi(\Phi^{-1}(\mathrm{P})) = k\mathrm{P}$ である．さらに，Φ は単射なので，定理 6.5 (2) がなりたつ．

問 6.14　(1)　実数に対する和については結合律がなりたつことに注意すると，和の定義 (6.50) より，$((x_1, x_2) + (y_1, y_2)) + (z_1, z_2) = (x_1 + y_1, x_2 + y_2) + (z_1, z_2) = ((x_1 + y_1) + z_1, (x_2 + y_2) + z_2) = (x_1 + (y_1 + z_1), x_2 + (y_2 + z_2)) = (x_1, x_2) + (y_1 + z_1, y_2 + z_2) = (x_1, x_2) + ((y_1, y_2) + (z_1, z_2))$ となる．よって，定理 6.6 (2) がなりたつ．

(2)　まず，定理 6.6 (1) より，$(x_1, x_2) + (0, 0) = (0, 0) + (x_1, x_2)$ である．また，和の定義 (6.50) より，$(x_1, x_2) + (0, 0) = (x_1 + 0, x_2 + 0) = (x_1, x_2)$ となる．よって，定理 6.6 (3) がなりたつ．

(3)　実数の積については結合律がなりたつことに注意すると，スカラー倍の定義 (6.51) より，$k(l(x_1, x_2)) = k(lx_1, lx_2) = (k(lx_1), k(lx_2)) = ((kl)x_1, (kl)x_2) = (kl)(x_1, x_2)$ となる．よって，定理 6.6 (4) がなりたつ．

(4)　実数の演算に対しては分配律がなりたつことに注意すると，スカラー倍の定義 (6.51) および和の定義 (6.50) より，$(k + l)(x_1, x_2) = ((k + l)x_1, (k + l)x_2) = (kx_1 + lx_1, kx_2 + lx_2) = (kx_1, kx_2) + (lx_1, lx_2) = k(x_1, x_2) + l(x_1, x_2)$ となる．よって，定理 6.6 (5) がなりたつ．

(5)　実数の演算に対しては分配律がなりたつことに注意すると，和の定義 (6.50) およびスカラー倍の定義 (6.51) より，$k((x_1, x_2) + (y_1, y_2)) = k(x_1 + y_1, x_2 + y_2) = (k(x_1 + y_1), k(x_2 + y_2)) = (kx_1 + ky_1, kx_2 + ky_2) = (kx_1, kx_2) + (ky_1, ky_2) = k(x_1, x_2) + k(y_1, y_2)$ となる．よって，定理 6.6 (6) がなりたつ．

(6)　まず，スカラー倍の定義 (6.51) より，

6

$1(x_1, x_2) = (1 \cdot x_1, 1 \cdot x_2) = (x_1, x_2)$ となる．よって，定理 6.6 (7) がなりたつ．また，$0(x_1, x_2) = (0 \cdot x_1, 0 \cdot x_2) = (0, 0)$ となる．よって，定理 6.6 (8) がなりたつ．

················ 章末問題 ················

問題 6.1 (1) $f \in X$ とする．このとき，$\displaystyle\lim_{x \to a} \frac{f(x)}{f(x)} = \lim_{x \to a} 1 = 1$ なので，$\sim$ の定義より，$f \sim f$ である．よって，$\sim$ は反射律をみたす．

(2) $f, g \in X$, $f \sim g$ とする．このとき，$\sim$ の定義より，$\displaystyle\lim_{x \to a} \frac{f(x)}{g(x)} = 1$ である．よって，$\displaystyle\lim_{x \to a} \frac{g(x)}{f(x)} = \lim_{x \to a} \frac{1}{\frac{f(x)}{g(x)}} = \frac{\lim_{x \to a} 1}{\lim_{x \to a} \frac{f(x)}{g(x)}} = \frac{1}{1} = 1$ となり，$\sim$ の定義より，$g \sim f$ である．したがって，$\sim$ は対称律をみたす．

(3) $f, g, h \in X$, $f \sim g$, $g \sim h$ とする．このとき，$\sim$ の定義より，$\displaystyle\lim_{x \to a} \frac{f(x)}{g(x)} = 1$, $\displaystyle\lim_{x \to a} \frac{g(x)}{h(x)} = 1$ である．よって，$\displaystyle\lim_{x \to a} \frac{f(x)}{h(x)} = \lim_{x \to a} \frac{f(x)}{g(x)} \frac{g(x)}{h(x)} = \lim_{x \to a} \frac{f(x)}{g(x)} \lim_{x \to a} \frac{g(x)}{h(x)} = 1 \cdot 1 = 1$ となり，$\sim$ の定義より，$f \sim h$ である．したがって，$\sim$ は推移律をみたす．

問題 6.2 (1) $x \in \mathbf{R}$ とする．このとき，$x - x = 0 \in \mathbf{Q}$ なので，$\sim$ の定義より，$x \sim x$ である．よって，$\sim$ は反射律をみたす．

(2) $x, y \in \mathbf{R}$, $x \sim y$ とする．このとき，$\sim$ の定義より，$x - y \in \mathbf{Q}$ である．よって，$y - x = -(x - y) \in \mathbf{Q}$ となり，$\sim$ の定義より，$y \sim x$ である．したがって，$\sim$ は対称律をみたす．

(3) $x, y, z \in \mathbf{Q}$, $x \sim y$, $y \sim z$ とする．このとき，$\sim$ の定義より，$x - y, y - z \in \mathbf{Q}$ である．よって，$x - z = (x - y) + (y - z) \in \mathbf{Q}$ となり，$\sim$ の定義より，$x \sim z$ である．したがって，$\sim$ は推移律をみたす．

(4) $x \sim u$, $y \sim v$ および $\sim$ の定義より，$x - u, y - v \in \mathbf{Q}$ である．よって，$(x + y) - (u + v) = (x - u) + (y - v) \in \mathbf{Q}$

となる．したがって，$\sim$ の定義より，(6.61) がなりたつ．

(5) $x \sim u$ および $\sim$ の定義より，$x - u \in \mathbf{Q}$ である．よって，$k \in \mathbf{Q}$ より，$kx - ku = k(x - u) \in \mathbf{Q}$ となる．したがって，$\sim$ の定義より，(6.63) がなりたつ．

問題 6.3 (1) $(x_1, x_2) \in \mathbf{R}^2 \setminus \{(0, 0)\}$ とする．このとき，スカラー倍の定義 (6.51) より，$(x_1, x_2) = (1 \cdot x_1, 1 \cdot x_2) = 1 \cdot (x_1, x_2)$ となる．よって，$\sim$ の定義より，$(x_1, x_2) \sim (x_1, x_2)$ である．したがって，$\sim$ は反射律をみたす．

(2) $(x_1, x_2), (y_1, y_2) \in \mathbf{R}^2 \setminus \{(0, 0)\}$, $(x_1, x_2) \sim (y_1, y_2)$ とする．このとき，$\sim$ の定義より，ある $\lambda \in \mathbf{R} \setminus \{0\}$ が存在し，$(y_1, y_2) = \lambda(x_1, x_2)$ となる．よって，定理 6.6 (7) およびスカラー倍の結合律 定理 6.6 (4) より，$(x_1, x_2) = 1(x_1, x_2) = \left(\frac{1}{\lambda} \cdot \lambda\right)(x_1, x_2) = \frac{1}{\lambda}(\lambda(x_1, x_2)) = \frac{1}{\lambda}(y_1, y_2)$ となる．したがって，$\sim$ の定義より，$(y_1, y_2) \sim (x_1, x_2)$ である．すなわち，$\sim$ は対称律をみたす．

(3) $(x_1, x_2), (y_1, y_2), (z_1, z_2) \in \mathbf{R}^2 \setminus \{(0, 0)\}$, $(x_1, x_2) \sim (y_1, y_2)$, $(y_1, y_2) \sim (z_1, z_2)$ とする．このとき，$\sim$ の定義より，ある $\lambda, \mu \in \mathbf{R} \setminus \{0\}$ が存在し，$(y_1, y_2) = \lambda(x_1, x_2)$, $(z_1, z_2) = \mu(y_1, y_2)$ となる．よって，スカラー倍の結合律 定理 6.6 (4) より，$(z_1, z_2) = \mu(y_1, y_2) = \mu(\lambda(x_1, x_2)) = (\mu\lambda)(x_1, x_2)$ となる．したがって，$\sim$ の定義より，$(x_1, x_2) \sim (z_1, z_2)$ である．すなわち，$\sim$ は反射律をみたす．

(4) $(x_1, x_2) \sim (y_1, y_2)$ および $\sim$ の定義より，ある $\lambda \in \mathbf{R} \setminus \{0\}$ が存在し，$(y_1, y_2) = \lambda(x_1, x_2)$ となる．すなわち，$(y_1, y_2) = (\lambda x_1, \lambda x_2)$ より，$y_1 = \lambda x_1$, $y_2 = \lambda x_2$ である．よって，$\frac{ay_1^2 + by_1 y_2 + cy_2^2}{y_1^2 + y_2^2} = \frac{a(\lambda x_1)^2 + b(\lambda x_1)(\lambda x_2) + c(\lambda x_2)^2}{(\lambda x_1)^2 + (\lambda x_2)^2} = \frac{ax_1^2 + bx_1 x_2 + cx_2^2}{x_1^2 + x_2^2}$ となり，(6.66) がなりたつ．

問題 6.4 (1) $n \in \mathbf{N}$ とする．このとき，

$n = n \cdot 1$ なので，n は n で割り切れる．よって，R の定義より，nRn である．したがって，R は反射律をみたす．

(2)　$m, n \in \mathbf{N}$，mRn，nRm とする．このとき，R の定義より，ある $k, l \in \mathbf{N}$ が存在し，$n = mk$，$m = nl$ となる．よって，$n = (nl)k = n(kl)$ となり，$n \neq 0$，$k, l \in \mathbf{N}$ なので，$k = l = 1$ である．すなわち，$m = n$ である．したがって，R は反対称律をみたす．

(3)　$l, m, n \in \mathbf{N}$，lRm，mRn とする．このとき，R の定義より，ある $p, q \in \mathbf{N}$ が存在し，$m = lp$，$n = mq$ となる．よって，$n = (lp)q = l(pq)$ となり，$pq \in \mathbf{N}$ なので，n は l で割り切れる．したがって，$\sim$ の定義より，lRn である．すなわち，R は推移律をみたす．

第 7 章

問 7.1　Φ について，次の (1), (2) がなりたつ．

(1)　$\mathrm{A}(a_1, a_2, a_3)$，$\mathrm{B}(b_1, b_2, b_3)$，$\mathrm{C}(c_1, c_2, c_3)$，$\mathrm{D}(d_1, d_2, d_3) \in \mathbf{R}^3$ とすると，$\Phi(\overrightarrow{\mathrm{AB}} + \overrightarrow{\mathrm{CD}}) = ((b_1 - a_1) + (d_1 - c_1), (b_2 - a_2) + (d_2 - c_2), (b_3 - a_3) + (d_3 - c_3))$ である．

(2)　$\mathrm{A}(a_1, a_2, a_3)$，$\mathrm{B}(b_1, b_2, b_3) \in \mathbf{R}^3$，$k \in \mathbf{R}$ とすると，$\Phi(k\overrightarrow{\mathrm{AB}}) = (k(b_1 - a_1), k(b_2 - a_2), k(b_3 - a_3))$ である．

問 7.2　(1)　Φ について，次の (a), (b) がなりたつ．

(a)　$\mathrm{A}, \mathrm{B}, \mathrm{C}, \mathrm{D} \in \mathbf{R}^3$ とすると，$\Phi(\overrightarrow{\mathrm{AB}} + \overrightarrow{\mathrm{CD}}) = \Phi(\overrightarrow{\mathrm{AB}}) + \Phi(\overrightarrow{\mathrm{CD}})$ である．

(b)　$\mathrm{A}, \mathrm{B} \in \mathbf{R}^3$，$k \in \mathbf{R}$ とすると，$\Phi(k\overrightarrow{\mathrm{AB}}) = k\Phi(\overrightarrow{\mathrm{AB}})$ である．

(2)　Φ^{-1} について，次の (a), (b) がなりたつ．

(a)　$\mathrm{P}, \mathrm{Q} \in \mathbf{R}^3$ とすると，$\Phi^{-1}(\mathrm{P} + \mathrm{Q}) = \Phi^{-1}(\mathrm{P}) + \Phi^{-1}(\mathrm{Q})$ である．

(b)　$\mathrm{P} \in \mathbf{R}^3$，$k \in \mathbf{R}$ とすると，$\Phi^{-1}(k\mathrm{P}) = k\Phi^{-1}(\mathrm{P})$ である．

問 7.3　$\boldsymbol{x}, \boldsymbol{y}, \boldsymbol{z} \in \mathbf{R}^n$，$k, l \in \mathbf{R}$ とする

と，$\mathbf{R}^n$ の和およびスカラー倍に関して，次の (1)〜(8) がなりたつ．

(1)　$\boldsymbol{x} + \boldsymbol{y} = \boldsymbol{y} + \boldsymbol{x}$．　(2)　$(\boldsymbol{x} + \boldsymbol{y}) + \boldsymbol{z} = \boldsymbol{x} + (\boldsymbol{y} + \boldsymbol{z})$．　(3)　$\boldsymbol{x} + (0, 0, \dots, 0) = (0, 0, \dots, 0) + \boldsymbol{x} = \boldsymbol{x}$．　(4)　$k(l\boldsymbol{x}) = (kl)\boldsymbol{x}$．　(5)　$(k + l)\boldsymbol{x} = k\boldsymbol{x} + l\boldsymbol{x}$．　(6)　$k(\boldsymbol{x} + \boldsymbol{y}) = k\boldsymbol{x} + k\boldsymbol{y}$．　(7)　$1\boldsymbol{x} = \boldsymbol{x}$．　(8)　$0\boldsymbol{x} = (0, 0, \dots, 0)$．

問 7.4　(1)　$\{a_n\}_{n=1}^{\infty}$，$\{b_n\}_{n=1}^{\infty}$，$\{c_n\}_{n=1}^{\infty} \in \Sigma$ とする．実数に対する和については結合律がなりたつことに注意すると，和の定義 (7.14) 第 1 式 より，$(\{a_n\}_{n=1}^{\infty} + \{b_n\}_{n=1}^{\infty}) + \{c_n\}_{n=1}^{\infty} = \{a_n + b_n\}_{n=1}^{\infty} + \{c_n\}_{n=1}^{\infty} = \{(a_n + b_n) + c_n\}_{n=1}^{\infty} = \{a_n + (b_n + c_n)\}_{n=1}^{\infty} = \{a_n\}_{n=1}^{\infty} + \{b_n + c_n\}_{n=1}^{\infty} = \{a_n\}_{n=1}^{\infty} + (\{b_n\}_{n=1}^{\infty} + \{c_n\}_{n=1}^{\infty})$ となる．よって，Σ はベクトル空間の定義の条件 (2) をみたす．

(2)　任意の $n \in \mathbf{N}$ に対して第 n 項が 0 である実数列を $\boldsymbol{0}$ とおくと，$\boldsymbol{0} \in \Sigma$ であり，$\boldsymbol{0}$ が零ベクトルである．ここで，$\{a_n\}_{n=1}^{\infty} \in \Sigma$ とする．このとき，例題 7.1 より，$\{a_n\}_{n=1}^{\infty} + \boldsymbol{0} = \boldsymbol{0} + \{a_n\}_{n=1}^{\infty}$ である．また，和の定義 (7.14) 第 1 式 より，$\{a_n\}_{n=1}^{\infty} + \boldsymbol{0} = \{a_n + 0\}_{n=1}^{\infty} = \{a_n\}_{n=1}^{\infty}$ となる．よって，Σ はベクトル空間の定義の条件 (3) をみたす．次に，スカラー倍の定義 (7.14) 第 2 式 より，$0\{a_n\}_{n=1}^{\infty} = \{0a_n\}_{n=1}^{\infty} = \boldsymbol{0}$ となる．よって，Σ はベクトル空間の定義の条件 (8) をみたす．

(3)　$\{a_n\}_{n=1}^{\infty} \in \Sigma$，$k, l \in \mathbf{R}$ とする．実数の積については結合律がなりたつことに注意すると，スカラー倍の定義 (7.14) 第 2 式 より，$k(l\{a_n\}_{n=1}^{\infty}) = k\{la_n\}_{n=1}^{\infty} = \{k(la_n)\}_{n=1}^{\infty} = \{(kl)a_n\}_{n=1}^{\infty} = (kl)\{a_n\}_{n=1}^{\infty}$ となる．よって，Σ はベクトル空間の定義の条件 (4) をみたす．

(4)　$\{a_n\}_{n=1}^{\infty} \in \Sigma$，$k, l \in \mathbf{R}$ とする．実数の演算に対しては分配律がなりたつことに注意すると，スカラー倍および和の定義 (7.14) より，$(k + l)\{a_n\}_{n=1}^{\infty} =$

7

$\{(k+l)a_n\}_{n=1}^{\infty} = \{ka_n + la_n\}_{n=1}^{\infty} = \{ka_n\}_{n=1}^{\infty} + \{la_n\}_{n=1}^{\infty} = k\{a_n\}_{n=1}^{\infty} + l\{a_n\}_{n=1}^{\infty}$ となる. よって, Σ はベクトル空間の定義の条件 (5) をみたす.

(5) $\{a_n\}_{n=1}^{\infty}, \{b_n\}_{n=1}^{\infty} \in \Sigma$, $k \in \mathbf{R}$ とする. 実数の演算に対しては分配律がなりたつことに注意すると, 和およびスカラー倍の定義 (7.14) より, $k(\{a_n\}_{n=1}^{\infty} + \{b_n\}_{n=1}^{\infty}) = k\{a_n + b_n\}_{n=1}^{\infty} = \{k(a_n + b_n)\}_{n=1}^{\infty} = \{ka_n + kb_n\}_{n=1}^{\infty} = \{ka_n\}_{n=1}^{\infty} + \{kb_n\}_{n=1}^{\infty} = k\{a_n\}_{n=1}^{\infty} + k\{b_n\}_{n=1}^{\infty}$ となる. よって, Σ はベクトル空間の定義の条件 (6) をみたす.

(6) $\{a_n\}_{n=1}^{\infty} \in \Sigma$ とすると, スカラー倍の定義 (7.14) 第 2 式 より, $1\{a_n\}_{n=1}^{\infty} = \{1a_n\}_{n=1}^{\infty} = \{a_n\}_{n=1}^{\infty}$ となる. よって, Σ はベクトル空間の定義の条件 (7) をみたす.

問 7.5 $C(A)$ の元はすべて定義域, 値域がそれぞれ A, $\mathbf{R}$ なので, 相等関係 §2.1.2 の定義より, $C(A)$ の 2 つの元が等しいことを示すには, 定義域の任意の元における関数の値が等しくなることを示せばよいことに注意する.

(1) $f, g \in C(A)$, $x \in A$ とする. 実数に対する和については交換律がなりたつことに注意すると, 和の定義 (3.69) 第 1 式 より, $(f+g)(x) = f(x) + g(x) = g(x) + f(x) = (g+f)(x)$ となる. よって, x は A の任意の元であることより, $f + g = g + f$ となり, $C(A)$ はベクトル空間の定義の条件 (1) をみたす.

(2) $f, g, h \in C(A)$, $x \in A$ とする. 実数に対する和については結合律がなりたつことに注意すると, 和の定義 (3.69) 第 1 式 より, $((f+g)+h)(x) = (f+g)(x) + h(x) = (f(x) + g(x)) + h(x) = f(x) + (g(x) + h(x)) = f(x) + (g+h)(x) = (f+(g+h))(x)$ となる. よって, x は A の任意の元であることより, $(f+g)+h = f+(g+h)$ となり, $C(A)$ はベクトル空間の定義の条件 (2) をみたす.

(3) 任意の $x \in A$ に対して値が 0 となる実数値関数を $\mathbf{0}$ とおくと, $\mathbf{0} \in C(A)$ であり, $\mathbf{0}$ が零ベクトルである. ここで, $f \in C(A)$ とする. このとき, (1) より, $f + \mathbf{0} = \mathbf{0} + f$ である. また, 和の定義 (3.69) 第 1 式 より, $(f+\mathbf{0})(x) = f(x) + \mathbf{0}(x) = f(x) + 0 = f(x)$ となる. よって, x は A の任意の元であることより, $f + \mathbf{0} = f$ である. したがって, $C(A)$ はベクトル空間の定義の条件 (3) をみたす. 次に, スカラー倍の定義 (3.69) 第 2 式 より, $(0f)(x) = 0f(x) = 0$ となる. よって, x は A の任意の元であることより, $0f = \mathbf{0}$ である. したがって, $C(A)$ はベクトル空間の定義の条件 (8) をみたす.

(4) $f \in C(A)$, $k, l \in \mathbf{R}$, $x \in A$ とする. 実数の積については結合律がなりたつことに注意すると, スカラー倍の定義 (3.69) 第 2 式 より, $(k(lf))(x) = k(lf)(x) = k(lf(x)) = (kl)(f(x)) = ((kl)f)(x)$ となる. よって, x は A の任意の元であることより, $k(lf) = (kl)f$ である. したがって, $C(A)$ はベクトル空間の定義の条件 (4) をみたす.

(5) $f \in C(A)$, $k, l \in \mathbf{R}$, $x \in A$ とする. 実数の演算に対しては分配律がなりたつことに注意すると, スカラー倍および和の定義 (3.69) より, $((k+l)f)(x) = (k+l)f(x) = kf(x) + lf(x) = (kf)(x) + (lf)(x) = (kf+lf)(x)$ となる. よって, x は A の任意の元であることより, $(k+l)f = kf+lf$ である. したがって, $C(A)$ はベクトル空間の定義の条件 (5) をみたす.

(6) $f, g \in C(A)$, $k \in \mathbf{R}$, $x \in A$ とする. 実数の演算に対しては分配律がなりたつことに注意すると, 和およびスカラー倍の定義 (3.69) より, $(k(f+g))(x) = k(f+g)(x) = k(f(x) + g(x)) = kf(x) + kg(x) = (kf)(x) + (kg)(x) = (kf+kg)(x)$ となる. よって, x は A の任意の元であることより, $k(f+g) = kf + kg$ である. したがって, $C(A)$ はベクトル空間の定義の

条件 (6) をみたす.

(7) $f \in C(A)$, $x \in A$ とすると, スカラー倍の定義 (3.69) 第 2 式 より, $(1f)(x) = 1f(x) = f(x)$ となる. よって, x は A の任意の元であることより, $1f = f$ である. したがって, $C(A)$ はベクトル空間の定義の条件 (7) をみたす.

問 7.6 $\boldsymbol{x}'$, $\boldsymbol{x}''$ をともに $\boldsymbol{x}$ の逆ベクトルとすると, 零ベクトルの条件, 逆ベクトルの定義 定義 7.2, 和の交換律および和の結合律より, $\boldsymbol{x}'' = \boldsymbol{0} + \boldsymbol{x}'' = (\boldsymbol{x} + \boldsymbol{x}') + \boldsymbol{x}'' = (\boldsymbol{x}' + \boldsymbol{x}) + \boldsymbol{x}'' = \boldsymbol{x}' + (\boldsymbol{x} + \boldsymbol{x}'') = \boldsymbol{x}' + \boldsymbol{0} = \boldsymbol{x}'$ となる. よって, $\boldsymbol{x}' = \boldsymbol{x}''$ となり, $\boldsymbol{x}$ の逆ベクトルは一意的である.

問 7.7 $\boldsymbol{x} \in V$ とすると, 分配律より, $0\boldsymbol{x} = (0 + 0)\boldsymbol{x} = 0\boldsymbol{x} + 0\boldsymbol{x}$ となる. すなわち,

$$0\boldsymbol{x} = 0\boldsymbol{x} + 0\boldsymbol{x} \qquad (A.6)$$

である. ここで, 条件 (8)' より, ある $(0\boldsymbol{x})' \in V$ が存在し, $0\boldsymbol{x} + (0\boldsymbol{x})' = \boldsymbol{0}$ となる. よって, (A.6), 結合律および零ベクトルの条件より, $\boldsymbol{0} = 0\boldsymbol{x} + (0\boldsymbol{x})' = (0\boldsymbol{x} + 0\boldsymbol{x}) + (0\boldsymbol{x})' = 0\boldsymbol{x} + (0\boldsymbol{x} + (0\boldsymbol{x})') = 0\boldsymbol{x} + \boldsymbol{0} = 0\boldsymbol{x}$ となる. したがって, 定義 7.1 の条件 (8) がなりたつ.

問 7.8 零ベクトルの条件および分配律より, $k\boldsymbol{0} = k(\boldsymbol{0} + \boldsymbol{0}) = k\boldsymbol{0} + k\boldsymbol{0}$ となる. すなわち, $k\boldsymbol{0} = k\boldsymbol{0} + k\boldsymbol{0}$ である. よって, 結合律および零ベクトルの条件より, $\boldsymbol{0} = k\boldsymbol{0} - k\boldsymbol{0} = (k\boldsymbol{0} + k\boldsymbol{0}) - k\boldsymbol{0} = k\boldsymbol{0} + (k\boldsymbol{0} - k\boldsymbol{0}) = k\boldsymbol{0} + \boldsymbol{0} = k\boldsymbol{0}$ となる. すなわち, $k\boldsymbol{0} = \boldsymbol{0}$ である.

問 7.9 (1) まず, $0 + 0 \neq 1$ なので, $(x_1, x_2) = (0, 0)$ とすると, (x_1, x_2) は W に対する条件をみたさない. よって, W は定理 7.3 の条件 (a) をみたさない. 次に, $1 + 0 = 1$, $0 + 1 = 1$ であるが, $1 + 1 \neq 1$ である. よって, $(x_1, x_2) = (1, 0)$, $(y_1, y_2) = (0, 1)$ とすると, (x_1, x_2), (y_1, y_2) は W に対する条件をみたすが, $(x_1, x_2) + (y_1, y_2) = (1, 1)$ は W に対する条件をみたさない. したがって, W は定理 7.3 の条件 (b) をみたさない. さらに, $0 + 1 = 1$ であるが, $0 + 2 \neq 1$ である. よって, $(x_1, x_2) = (0, 1)$ とすると, (x_1, x_2) は W に対する条件をみたすが, $2(x_1, x_2) = (0, 2)$ は W に対する条件をみたさない. したがって, W は定理 7.3 の条件 (c) をみたさない.

(2) まず, $0 \cdot 0 = 0$ なので, $(x_1, x_2) = (0, 0)$ とすると, (x_1, x_2) は W に対する条件をみたす. よって, W は定理 7.3 の条件 (a) をみたす. 次に, $1 \cdot 0 = 0$, $0 \cdot 1 = 0$ であるが, $1 \cdot 1 \neq 0$ である. よって, $(x_1, x_2) = (1, 0)$, $(y_1, y_2) = (0, 1)$ とすると, (x_1, x_2), (y_1, y_2) は W に対する条件をみたすが, $(x_1, x_2) + (y_1, y_2) = (1, 1)$ は W に対する条件をみたさない. したがって, W は定理 7.3 の条件 (b) をみたさない. さらに, $(x_1, x_2) \in W$, $k \in \mathbf{R}$ とする. このとき, W に対する条件より, $x_1 x_2 = 0$ である. よって, $(kx_1)(kx_2) = k^2 x_1 x_2 = 0$ となり, $k(x_1, x_2) = (kx_1, kx_2)$ は W に対する条件をみたす. したがって, W は定理 7.3 の条件 (c) をみたす.

(3) まず, $0 \geq 0$ なので, $(x_1, x_2) = (0, 0)$ とすると, (x_1, x_2) は W に対する条件をみたす. よって, W は定理 7.3 の条件 (a) をみたす. 次に, (x_1, x_2), $(y_1, y_2) \in W$ とする. このとき, W に対する条件より, $x_1 \geq 0$, $y_1 \geq 0$ である. よって, $x_1 + y_1 \geq 0$ となり, $(x_1, x_2) + (y_1, y_2) = (x_1 + y_1, x_2 + y_2)$ は W に対する条件をみたす. したがって, W は定理 7.3 の条件 (b) をみたす. さらに, $1 \geq 0$ であるが, $-1 < 0$ である. よって, $(x_1, x_2) = (1, 0)$ とすると, (x_1, x_2) は W に対する条件をみたすが, $(-1)(x_1, x_2) = (-1, 0)$ は W に対する条件をみたさない. したがって, W は定理 7.3 の条件 (c) をみたさない.

問 7.10 $m = l$ ($l \in \mathbf{N}$) のとき, (7.24) が

なりたつと仮定すると，$f(k_1\boldsymbol{x}_1 + k_2\boldsymbol{x}_2 + \cdots + k_l\boldsymbol{x}_l) = k_1f(\boldsymbol{x}_1) + k_2f(\boldsymbol{x}_2) + \cdots + k_lf(\boldsymbol{x}_l)$ である．このとき，定義 7.4 の条件より，$f(k_1\boldsymbol{x}_1 + k_2\boldsymbol{x}_2 + \cdots + k_{l+1}\boldsymbol{x}_{l+1})$ $= f((k_1\boldsymbol{x}_1 + k_2\boldsymbol{x}_2 + \cdots + k_l\boldsymbol{x}_l) + k_{l+1}\boldsymbol{x}_{l+1})$ $= f(k_1\boldsymbol{x}_1 + k_2\boldsymbol{x}_2 + \cdots + k_l\boldsymbol{x}_l) + f(k_{l+1}\boldsymbol{x}_{l+1})$ $= (k_1f(\boldsymbol{x}_1) + k_2f(\boldsymbol{x}_2) + \cdots + k_lf(\boldsymbol{x}_l)) + k_{l+1}f(\boldsymbol{x}_{l+1}) = k_1f(\boldsymbol{x}_1) + k_2f(\boldsymbol{x}_2) + \cdots + k_{l+1}f(\boldsymbol{x}_{l+1})$ である．よって，$m = l + 1$ のとき，(7.24) がなりたつ．

問 7.11 まず，$\boldsymbol{x}, \boldsymbol{y} \in V$ とすると，恒等写像の定義より，$1_V(\boldsymbol{x} + \boldsymbol{y}) = \boldsymbol{x} + \boldsymbol{y} = 1_V(\boldsymbol{x}) + 1_V(\boldsymbol{y})$ となる．よって，1_V は定義 7.4 の条件 (1) をみたす．さらに，$k \in \mathbf{R}$ とすると，恒等写像の定義より，$1_V(k\boldsymbol{x}) = k\boldsymbol{x} = k1_V(\boldsymbol{x})$ となる．よって，1_V は定義 7.4 の条件 (2) をみたす．したがって，1_V は線形変換である．

問 7.12 (1) $\boldsymbol{x}, \boldsymbol{y} \in \mathbf{R}^m$ とし，$i = 1, 2, \ldots, m$ に対して，x_i, y_i をそれぞれ $\boldsymbol{x}, \boldsymbol{y}$ の第 i 成分とする．このとき，定理 7.5 より，$\boldsymbol{x} + \boldsymbol{y} = (x_1e_1 + x_2e_2 + \cdots + x_me_m) + (y_1e_1 + y_2e_2 + \cdots + y_me_m) = (x_1 + y_1)e_1 + (x_2 + y_2)e_2 + \cdots + (x_m + y_m)e_m$ となる．よって，(7.31) より，$f(\boldsymbol{x} + \boldsymbol{y}) = ((x_1 + y_1)a_{11} + \cdots + (x_m + y_m)a_{m1}, \ldots, (x_1 + y_1)a_{1n} + \cdots + (x_m + y_m)a_{mn}) = (x_1a_{11} + \cdots + x_ma_{m1}, \ldots, x_1a_{1n} + \cdots + x_ma_{mn}) + (y_1a_{11} + \cdots + y_ma_{m1}, \ldots, y_1a_{1n} + \cdots + y_ma_{mn}) = f(\boldsymbol{x}) + f(\boldsymbol{y})$ となる．よって，f は定義 7.4 の条件 (1) をみたす．

(2) $\boldsymbol{x} \in \mathbf{R}^m, k \in \mathbf{R}$ とし，$i = 1, 2, \ldots, m$ に対して，x_i を $\boldsymbol{x}$ の第 i 成分とする．このとき，定理 7.5 より，$k\boldsymbol{x} = k(x_1e_1 + x_2e_2 + \cdots + x_me_m) = (kx_1)e_1 + (kx_2)e_2 + \cdots + (kx_m)e_m$ となる．よって，(7.31) より，$f(k\boldsymbol{x}) = ((kx_1)a_{11} + \cdots + (kx_m)a_{m1}, \ldots, (kx_1)a_{1n} + \cdots + (kx_m)a_{mn}) = k(x_1a_{11} + \cdots + x_ma_{m1}, \ldots, x_1a_{1n} + \cdots + x_ma_{mn}) = kf(\boldsymbol{x})$ となる．よって，f は

定義 7.4 の条件 (2) をみたす．

問 7.13 (1) まず，$\Psi(\{a_n\}_{n=1}^{\infty}) = \{b_n\}_{n=1}^{\infty}$，$\Psi(\{a'_n\}_{n=1}^{\infty}) = \{b'_n\}_{n=1}^{\infty}$，$\Psi(\{a_n + a'_n\}_{n=1}^{\infty}) = \{c_n\}_{n=1}^{\infty}$ とおく．このとき，$c_1 = 0 = 0 + 0 = b_1 + b'_1$ である．また，$n = 2, 3, 4, \ldots$ のとき，$c_n = a_{n-1} + a_{n-1} = b_n + b'_n$ である．よって，Σ の和の定義 (7.14) 第 1 式 より，$\Psi(\{a_n\}_{n=1}^{\infty} + \{a'_n\}_{n=1}^{\infty}) = \Psi(\{a_n + a'_n\}_{n=1}^{\infty}) = \{c_n\}_{n=1}^{\infty} = \{b_n + b'_n\}_{n=1}^{\infty} = \{b_n\}_{n=1}^{\infty} + \{b'_n\}_{n=1}^{\infty} = \Psi(\{a_n\}_{n=1}^{\infty}) + \Psi(\{a'_n\}_{n=1}^{\infty})$ となる．したがって，(7.45) がなりたつ．

(2) まず，$\Psi(\{a_n\}_{n=1}^{\infty}) = \{b_n\}_{n=1}^{\infty}$，$\Psi(k\{a_n\}_{n=1}^{\infty}) = \{d_n\}_{n=1}^{\infty}$ とおく．このとき，$d_1 = 0 = k \cdot 0 = kb_1$ である．また，$n = 2, 3, 4, \ldots$ のとき，$d_n = ka_{n-1} = kb_n$ である．よって，Σ のスカラー倍の定義 (7.14) 第 2 式 より，$\Psi(k\{a_n\}_{n=1}^{\infty}) = \Psi(\{ka_n\}_{n=1}^{\infty}) = \{d_n\}_{n=1}^{\infty} = \{kb_n\}_{n=1}^{\infty} = k\{b_n\}_{n=1}^{\infty} = k\Psi(\{a_n\}_{n=1}^{\infty})$ となる．したがって，(7.46) がなりたつ．

問 7.14 $\boldsymbol{x} \in U, k \in \mathbf{R}$ とする．このとき，合成写像の定義 §2.2.1 および f, g に対する定義 7.4 の条件 (2) より，$(g \circ f)(k\boldsymbol{x}) = g(f(k\boldsymbol{x})) = g(kf(\boldsymbol{x})) = kg(f(\boldsymbol{x})) = k(g \circ f)(\boldsymbol{x})$ となる．よって，$g \circ f$ は定義 7.4 の条件 (2) をみたす．

問 7.15 (1) $\boldsymbol{x}', \boldsymbol{y}' \in W$ とする．このとき，逆写像の定義 §2.2.4 より，$f(f^{-1}(\boldsymbol{x}' + \boldsymbol{y}')) = \boldsymbol{x}' + \boldsymbol{y}'$ である．また，f に対する定義 7.4 の条件 (1) および逆写像の定義より，$f(f^{-1}(\boldsymbol{x}') + f^{-1}(\boldsymbol{y}')) = f(f^{-1}(\boldsymbol{x}')) + f(f^{-1}(\boldsymbol{y}')) = \boldsymbol{x}' + \boldsymbol{y}'$ となる．さらに，f が単射であることより，$f^{-1}(\boldsymbol{x}' + \boldsymbol{y}') = f^{-1}(\boldsymbol{x}') + f^{-1}(\boldsymbol{y}')$ となり，f^{-1} は定義 7.4 の条件 (1) をみたす．

(2) $\boldsymbol{x}' \in W, k \in \mathbf{R}$ とする．このとき，逆写像の定義 §2.2.4 より，$f(f^{-1}(k\boldsymbol{x}')) = k\boldsymbol{x}'$ である．また，f に対する定義 7.4 の条件 (2) および逆写像の定義より，

$f(kf^{-1}(\boldsymbol{x}')) = kf(f^{-1}(\boldsymbol{x}')) = k\boldsymbol{x}'$ と
なる. さらに, f が単射であることより,
$f^{-1}(k\boldsymbol{x}') = kf^{-1}(\boldsymbol{x}')$ となり, f^{-1} は定
義 7.4 の条件 (2) をみたす.

問 7.16　(1)　$\boldsymbol{x}, \boldsymbol{y} \in \operatorname{Ker} f$ とする. この
とき, $f(\boldsymbol{x}) = \boldsymbol{0}_W$, $f(\boldsymbol{y}) = \boldsymbol{0}_W$ である.
ここで, f は線形写像なので, $f(\boldsymbol{x}+\boldsymbol{y}) =$
$f(\boldsymbol{x}) + f(\boldsymbol{y}) = \boldsymbol{0}_W + \boldsymbol{0}_W = \boldsymbol{0}_W$ となる.
よって, $\boldsymbol{x} + \boldsymbol{y} \in \operatorname{Ker} f$ である. したがっ
て, $\boldsymbol{x}, \boldsymbol{y} \in \operatorname{Ker} f$ ならば $\boldsymbol{x} + \boldsymbol{y} \in \operatorname{Ker} f$
となり, $\operatorname{Ker} f$ は定理 7.3 の条件 (b) をみ
たす.

(2)　$\boldsymbol{x} \in \operatorname{Ker} f$, $k \in \mathbf{R}$ とする. このとき,
$f(\boldsymbol{x}) = \boldsymbol{0}_W$ である. ここで, f は線形写像
なので, $f(k\boldsymbol{x}) = kf(\boldsymbol{x}) = k\boldsymbol{0}_W = \boldsymbol{0}_W$ と
なる. よって, $k\boldsymbol{x} \in \operatorname{Ker} f$ である. したが
って, $\boldsymbol{x} \in \operatorname{Ker} f$, $k \in \mathbf{R}$ ならば $k\boldsymbol{x} \in \operatorname{Ker} f$
となり, $\operatorname{Ker} f$ は定理 7.3 の条件 (c) をみ
たす.

問 7.17　$\boldsymbol{x} \in V$ とする. このとき, $f(\boldsymbol{x}) \in$
$\operatorname{Im} f$ である. ここで, $\operatorname{Im} f \subset \operatorname{Ker} f$ な
ので, $f(f(\boldsymbol{x})) = \boldsymbol{0}$ となる. すなわち,
$(f \circ f)(\boldsymbol{x}) = \boldsymbol{0}$ である. $\boldsymbol{x}$ は V の任意
の元なので, $f \circ f$ は零写像である.

························**章末問題**························

問題 7.1　(1)　Σ の零ベクトル $\boldsymbol{0}$ は, 任意
の $n \in \mathbf{N}$ に対して第 n 項が 0 である実数
列である. また, $0 = p \cdot 0 + q \cdot 0$ である.
よって, $\boldsymbol{0} \in \Sigma(p, q)$ となり, $\Sigma(p, q)$ は定
理 7.3 の条件 (a) をみたす.

(2)　$\{a_n\}_{n=1}^{\infty}, \{b_n\}_{n=1}^{\infty} \in \Sigma(p, q)$ とす
る. このとき, 任意の $n \in \mathbf{N}$ に対し
て, $a_{n+2} = pa_{n+1} + qa_n$, $b_{n+2} =$
$pb_{n+1} + qb_n$ である. よって, 任意の
$n \in \mathbf{N}$ に対して, $a_{n+2} + b_{n+2} =$
$p(a_{n+1} + b_{n+1}) + q(a_n + b_n)$ となり,
$\{a_n+b_n\}_{n=1}^{\infty} \in \Sigma(p, q)$ である. したがっ
て, $\{a_n\}_{n=1}^{\infty}, \{b_n\}_{n=1}^{\infty} \in \Sigma(p, q)$ ならば
$\{a_n + b_n\}_{n=1}^{\infty} \in \Sigma(p, q)$ となり, $\Sigma(p, q)$
は定理 7.3 の条件 (b) をみたす.

(3)　$\{a_n\}_{n=1}^{\infty} \in \Sigma(p, q)$, $k \in \mathbf{R}$ とする.
このとき, 任意の $n \in \mathbf{N}$ に対して, $a_{n+2} =$
$pa_{n+1}+qa_n$ である. よって, 任意の $n \in \mathbf{N}$
に対して, $ka_{n+2} = p(ka_{n+1}) + q(ka_n)$
となり, $\{ka_n\}_{n=1}^{\infty} \in \Sigma(p, q)$ である. し
たがって, $\{a_n\}_{n=1}^{\infty} \in \Sigma(p, q)$, $k \in \mathbf{R}$ な
らば $\{ka_n\}_{n=1}^{\infty} \in \Sigma(p, q)$ となり, $\Sigma(p, q)$
は定理 7.3 の条件 (c) をみたす.

問題 7.2　(1)　W_1 は V の部分空間なの
で, 定理 7.3 の条件 (a) より, $\boldsymbol{0} \in W_1$ で
ある. 同様に, $\boldsymbol{0} \in W_2$ である. よって,
$\boldsymbol{0} \in W_1 \cap W_2$ である. したがって, $W_1 \cap W_2$
は定理 7.3 の条件 (a) をみたす.

(2)　$\boldsymbol{x}, \boldsymbol{y} \in W_1 \cap W_2$ とする. このとき,
$\boldsymbol{x}, \boldsymbol{y} \in W_1$ である. ここで, W_1 は V の
部分空間なので, 定理 7.3 の条件 (b) より,
$\boldsymbol{x} + \boldsymbol{y} \in W_1$ である. 同様に, $\boldsymbol{x} + \boldsymbol{y} \in W_2$
である. よって, $\boldsymbol{x} + \boldsymbol{y} \in W_1 \cap W_2$ であ
る. したがって, $\boldsymbol{x}, \boldsymbol{y} \in W_1 \cap W_2$ ならば
$\boldsymbol{x} + \boldsymbol{y} \in W_1 \cap W_2$ となり, $W_1 \cap W_2$ は定
理 7.3 の条件 (b) をみたす.

(3)　$\boldsymbol{x} \in W_1 \cap W_2$, $k \in \mathbf{R}$ とする. この
とき, $\boldsymbol{x} \in W_1$ である. ここで, W_1 は V
の部分空間なので, 定理 7.3 の条件 (c) よ
り, $k\boldsymbol{x} \in W_1$ である. 同様に, $k\boldsymbol{x} \in W_2$
である. よって, $k\boldsymbol{x} \in W_1 \cap W_2$ である.
したがって, $\boldsymbol{x} \in W_1 \cap W_2$, $k \in \mathbf{R}$ なら
ば $k\boldsymbol{x} \in W_1 \cap W_2$ となり, $W_1 \cap W_2$ は定
理 7.3 の条件 (c) をみたす.

問題 7.3　まず, $F, G \in C^1(I)$ とすると,
定理 4.3 (1) より, $\Phi(F+G) = (F+G)' =$
$F' + G' = \Phi(F) + \Phi(G)$ となる. よって,
Φ は定義 7.4 の条件 (1) をみたす. さら
に, $k \in \mathbf{R}$ とすると, 定理 4.3 (2) より,
$\Phi(kF) = (kF)' = kF' = k\Phi(F)$ となる.
よって, Φ は定義 7.4 の条件 (2) をみたす.
したがって, Φ は線形写像である.

問題 7.4　まず, $f, g \in C(I)$, $x \in I$
とすると, 定理 5.7 (1) より, $(\Psi(f +$
$g))(x) = \int_a^x (f + g)(t)\,dt = \int_a^x f(t)\,dt +$

7

$\int_a^x g(t)\,dt = (\Psi(f))(x) + (\Psi(g))(x) = (\Psi(f) + \Psi(g))(x)$ となる. よって, x は I の任意の元であることより, Ψ は定義 7.4 の条件 (1) をみたす. さらに, $k \in \mathbf{R}$ とすると, 定理 5.7 (2) より, $(\Psi(kf))(x) = \int_a^x (kf)(t)\,dt = k\int_a^x f(t)\,dt = k(\Psi(f))(x) = (k\Psi(f))(x)$ となる. よって, x は I の任意の元であることより, Ψ は定義 7.4 の条件 (2) をみたす. したがって, Ψ は線形写像である.

問題 7.5 (1) $x \in V$ とする. このとき, W が V の部分空間であることより, $x - x = \mathbf{0} \in W$ となる. よって, $\sim$ の定義より, $x \sim x$ となり, $\sim$ は反射律をみたす.

(2) $x, y \in V$, $x \sim y$ とする. このとき, $\sim$ の定義より, $x - y \in W$ である. よって, W が V の部分空間であることより, $y - x = -(x - y) \in W$ となる. したがって, $\sim$ の定義より, $y \sim x$ となり, $\sim$ は対称律をみたす.

(3) $x, y, z \in V$, $x \sim y$, $y \sim z$ とする. このとき, $\sim$ の定義より, $x - y, y - z \in W$ である. よって, W が V の部分空間であることより, $x - z = (x - y) + (y - z) \in W$ となる. したがって, $\sim$ の定義より, $x \sim z$ となり, $\sim$ は推移律をみたす.

(4) $x \sim u$, $y \sim v$ および $\sim$ の定義より, $x - u, y - v \in W$ である. よって, W が V の部分空間であることより, $(x + y) - (u + v) = (x - u) + (y - v) \in W$ となる. したがって, $\sim$ の定義より, (7.61) がなりたつ.

(5) $x \sim u$ および $\sim$ の定義より, $x - u \in W$ である. よって, W が V の部分空間であることより, $kx - ku = k(x - u) \in W$ となる. したがって, $\sim$ の定義より, (7.63) がなりたつ.

(6) $[x], [y] \in V/W$ とすると, V/W の和の定義 (7.62) および V に対するベクトル空間の定義の条件 (1) より, $[x] + [y] = [x + y] = [y + x] = [y] + [x]$ となる. よって, V/W はベクトル空間の定義の条件 (1) をみたす.

(7) $[x], [y], [z] \in V/W$ とすると, V/W の和の定義 (7.62) および V に対するベクトル空間の定義の条件 (2) より, $([x] + [y]) + [z] = [x + y] + [z] = [(x + y) + z] = [x + (y + z)] = [x] + [y + z] = [x] + ([y] + [z])$ となる. よって, V/W はベクトル空間の定義の条件 (2) をみたす.

(8) $\mathbf{0}$ を V の零ベクトルとすると, $[\mathbf{0}]$ が V/W の零ベクトルである. ここで, $[x] \in V/W$ とする. このとき, (6) より, $[x] + [\mathbf{0}] = [\mathbf{0}] + [x]$ である. また, V/W の和の定義 (7.62) および V に対するベクトル空間の定義の条件 (3) より, $[x] + [\mathbf{0}] = [x + \mathbf{0}] = [x]$ となる. よって, V/W はベクトル空間の定義の条件 (3) をみたす. 次に, V/W のスカラー倍の定義 (7.64) および V に対するベクトル空間の定義の条件 (8) より, $0[x] = [0x] = [\mathbf{0}]$ となる. よって, V/W はベクトル空間の定義の条件 (8) をみたす.

(9) $[x] \in V/W$, $k, l \in \mathbf{R}$ とすると, V/W のスカラー倍の定義 (7.64) および V に対するベクトル空間の定義の条件 (4) より, $k(l[x]) = k[lx] = [k(lx)] = [(kl)x] = (kl)[x]$ となる. よって, V/W はベクトル空間の定義の条件 (4) をみたす.

(10) $[x] \in V/W$, $k, l \in \mathbf{R}$ とすると, V/W のスカラー倍の定義 (7.64) および V に対するベクトル空間の定義の条件 (5) より, $(k + l)[x] = [(k + l)x] = [kx + lx] = [kx] + [lx] = k[x] + l[x]$ となる. よって, V/W はベクトル空間の定義の条件 (5) をみたす.

(11) $[x], [y] \in V/W$, $k \in \mathbf{R}$ とすると, V/W の和の定義 (7.62), スカラー倍の定義 (7.64) および V に対するベクトル空間の定義の条件 (6) より, $k([x] + [y]) = k[x + y] =$

$[k(\boldsymbol{x}+\boldsymbol{y})]=[k\boldsymbol{x}+k\boldsymbol{y}]=[k\boldsymbol{x}]+[k\boldsymbol{y}]=k[\boldsymbol{x}]+k[\boldsymbol{y}]$ となる．よって，V/W はベクトル空間の定義の条件 (6) をみたす．

(12)　$[\boldsymbol{x}]\in V/W$ とすると，V/W のスカラー倍の定義 (7.64) および V に対するベクトル空間の定義の条件 (7) より，$1[\boldsymbol{x}]=[1\boldsymbol{x}]=[\boldsymbol{x}]$ となる．よって，V/W はベクトル空間の定義の条件 (7) をみたす．

(13)　$W=V$ のとき，任意の $\boldsymbol{x},\boldsymbol{y}\in V$ に対して，$\boldsymbol{x}-\boldsymbol{y}\in W$，すなわち，$\sim$ の定義より，$\boldsymbol{x}\sim\boldsymbol{y}$ である．よって，$\sim$ は V 上の自明な同値関係である．したがって，V/W は 1 つの元からなる．すなわち，V/W は零空間である．

(14)　$W=\{\boldsymbol{0}\}$ のとき，$\boldsymbol{x},\boldsymbol{y}\in V$ とすると，$\boldsymbol{x}\sim\boldsymbol{y}$ となるのは $\boldsymbol{x}-\boldsymbol{y}=\boldsymbol{0}$ のとき，すなわち，$\boldsymbol{x}=\boldsymbol{y}$ のときである．よって，$\sim$ は V 上の相等関係である．したがって，V/W は V 自身とみなすことができる．

問題 7.6　(1)　$\boldsymbol{x},\boldsymbol{y}\in V$，$\boldsymbol{x}\sim_V\boldsymbol{y}$ とする．このとき，$\sim_V$ の定義より，$\boldsymbol{x}-\boldsymbol{y}\in V'$ である．さらに，f は $f(V')\subset W'$ となる線形写像なので，$f(\boldsymbol{x})-f(\boldsymbol{y})=f(\boldsymbol{x}-\boldsymbol{y})\in W'$ となる．よって，$\sim_W$ の定義より，$f(\boldsymbol{x})\sim_W f(\boldsymbol{y})$ である．したがって，$\boldsymbol{x},\boldsymbol{y}\in V$，$\boldsymbol{x}\sim_V\boldsymbol{y}$ ならば $f(\boldsymbol{x})\sim_W f(\boldsymbol{y})$ となり，$[f]$ の定義 (7.65) は well-defined である．

(2)　まず，$[\boldsymbol{x}]_V,[\boldsymbol{y}]_V\in V/V'$ とすると，V/V' の和の定義 (7.62)，$[f]$ の定義 (7.65)，f が線形写像であること，W/W' の和の定義より，$[f]([\boldsymbol{x}]_V+[\boldsymbol{y}]_V)=[f]([\boldsymbol{x}+\boldsymbol{y}]_V)=[f(\boldsymbol{x}+\boldsymbol{y})]_W=[f(\boldsymbol{x})+f(\boldsymbol{y})]_W=[f(\boldsymbol{x})]_W+[f(\boldsymbol{y})]_W=[f]([\boldsymbol{x}]_V)+[f]([\boldsymbol{y}]_V)$ となる．よって，$[f]$ は定義 7.4 の条件 (1) をみたす．

さらに，$k\in\mathbf{R}$ とすると，V/V' のスカラー倍の定義 (7.64)，$[f]$ の定義，f が線形写像であること，W/W' のスカラー倍の定義より，$[f](k[\boldsymbol{x}]_V)=[f]([k\boldsymbol{x}]_V)=[f(k\boldsymbol{x})]_W=[kf(\boldsymbol{x})_W]=k[f(\boldsymbol{x})]_W=k[f]([\boldsymbol{x}]_V)$ とな

る．よって，$[f]$ は定義 7.4 の条件 (2) をみたす．したがって，$[f]$ は線形写像である．

━━━━━ **第 8 章** ━━━━━

問 8.1　(1)　行列の相等関係の定義 定義 8.1 より，$a^2+b^2=1$，$ab+bc=0$，$b^2-ca=4$ である．第 2 式より，$b(a+c)=0$，すなわち，$b=0$ または $a+c=0$ である．$a+c=0$ のとき，$c=-a$ となり，第 3 式より，$a^2+b^2=4$ となる．これは第 1 式に矛盾する．よって，$b=0$ である．このとき，第 1 式より，$a=\pm1$ である．さらに，第 3 式より，$c=\mp4$（複号同順）である．したがって，$(a,b,c)=(1,0,-4),(-1,0,4)$ である．

(2)　行列の相等関係の定義 定義 8.1 より，$a^2+b^2=2$，$bc=1$，$ca=1$，$c^2+a^2=2$，$ab=1$，$b^2+c^2=2$ である．第 1 式，第 5 式より，$(a-b)^2=0$ となるので，$a=b$ である．同様に，$b=c$ となるので，$a=b=c$ である．よって，第 1 式，第 2 式より，$(a,b,c)=(1,1,1),(-1,-1,-1)$ となる．

問 8.2　零行列の定義より，$x^3-6x^2+11x-6=0$，$x^3-2x^2-5x+6=0$，$x^3-4x^2+x+6=0$，$x^3-7x-6=0$ である．第 4 式より，$0=x^3-7x-6=(x+1)(x^2-x-6)=(x+1)(x+2)(x-3)$ である．よって，$x=-2,-1,3$ である．ここで，$x=-2,-1$ は第 1 式をみたさない．また，$x=3$ はすべての式をみたす．したがって，求める値は $x=3$ である．

問 8.3　(1)　まず，$\boldsymbol{x},\boldsymbol{y}\in\mathbf{R}^n$ とすると，f の定義 (8.13) および分配律より，$f(\boldsymbol{x}+\boldsymbol{y})=c(\boldsymbol{x}+\boldsymbol{y})=c\boldsymbol{x}+c\boldsymbol{y}=f(\boldsymbol{x})+f(\boldsymbol{y})$ となる．よって，f は定義 7.4 の条件 (1) をみたす．さらに，$k\in\mathbf{R}$ とすると，f の定義およびスカラー倍に関する結合律より，$f(k\boldsymbol{x})=c(k\boldsymbol{x})=(ck)\boldsymbol{x}=(kc)\boldsymbol{x}=k(c\boldsymbol{x})=kf(\boldsymbol{x})$ となる．よって，f は定義 7.4 の条件 (2) をみたす．したがって，f は線形写像である．

(2) $\boldsymbol{x} = (x_1, x_2, \ldots, x_n) \in \mathbf{R}^n$ とすると，$f(\boldsymbol{x}) = c\boldsymbol{x} = c(x_1, x_2, \ldots, x_n) = (cx_1, cx_2, \ldots, cx_n) = (x_1 c + x_2 \cdot 0 + \cdots + x_n \cdot 0, \ldots, x_1 \cdot 0 + x_2 \cdot 0 + \cdots + x_n c) =$

$$(x_1, x_2, \ldots, x_n) \begin{pmatrix} c & 0 & \cdots & 0 \\ 0 & c & \cdots & 0 \\ \vdots & \vdots & \ddots & \vdots \\ 0 & 0 & \cdots & c \end{pmatrix}$$ と

なる．よって，(8.14) がなりたつ．

問 8.4 $\boldsymbol{x} = (x_1, x_2, \ldots, x_n) \in \mathbf{R}^n$ とすると，(8.19) より，$f(\boldsymbol{x}) = \lambda_1 x_1 \boldsymbol{e}_1 + \lambda_2 x_2 \boldsymbol{e}_2 + \cdots + \lambda_n x_n \boldsymbol{e}_n = (\lambda_1 x_1, \lambda_2 x_2, \ldots, \lambda_n x_n) = (x_1 \lambda_1 + x_2 \cdot 0 + \cdots + x_n \cdot 0, \ldots, x_1 \cdot 0 + x_2 \cdot 0 + \cdots + x_n \lambda_n)$

$$= (x_1, x_2, \ldots, x_n) \begin{pmatrix} \lambda_1 & 0 & \cdots & 0 \\ 0 & \lambda_2 & \cdots & 0 \\ \vdots & \vdots & \ddots & \vdots \\ 0 & 0 & \cdots & \lambda_n \end{pmatrix}$$

となる．よって，(8.20) がなりたつ．

問 8.5 定理 7.5 より，$\boldsymbol{x} \in \mathbf{R}^n$ とし，$i = 1, 2, \ldots, n$ に対して，x_i を $\boldsymbol{x}$ の第 i 成分とすると，$\boldsymbol{x} = x_1 \boldsymbol{e}_1 + x_2 \boldsymbol{e}_2 + \cdots + x_n \boldsymbol{e}_n$ である．さらに，f は線形変換なので，定理 7.4 (2)，(8.22) および (8.23) より，$f(\boldsymbol{x}) = x_1 f(\boldsymbol{e}_1) + x_2 f(\boldsymbol{e}_2) + \cdots + x_n f(\boldsymbol{e}_n) = x_1(a_{11}\boldsymbol{e}_1) + x_2(a_{21}\boldsymbol{e}_1 + a_{22}\boldsymbol{e}_2) + \cdots + x_n(a_{n1}\boldsymbol{e}_1 + a_{n2}\boldsymbol{e}_2 + \cdots + a_{nn}\boldsymbol{e}_n) = (x_1 a_{11} + x_2 a_{21} + \cdots + x_n a_{n1})\boldsymbol{e}_1 + (x_2 a_{22} + \cdots + x_n a_{n2})\boldsymbol{e}_2 + \cdots + x_n a_{nn}\boldsymbol{e}_n = (x_1 a_{11} + x_2 a_{21} + \cdots + x_n a_{n1}, x_2 a_{22} + \cdots + x_n a_{n2}, \cdots, x_n a_{nn}) =$

$$(x_1, x_2, \ldots, x_n) \begin{pmatrix} a_{11} & 0 & \cdots & 0 \\ a_{21} & a_{22} & \cdots & 0 \\ \vdots & \vdots & \ddots & \vdots \\ a_{n1} & a_{n2} & \cdots & a_{nn} \end{pmatrix}$$ と

なる．よって，(8.24) がなりたつ．

問 8.6 (1) $1\delta_{11} = 1 \cdot 1 = 1$, $1\delta_{12} = 1 \cdot 0 = 0$, $2\delta_{21} = 2 \cdot 0 = 0$, $2\delta_{22} = 2 \cdot 1 = 2$.
(2) $\delta_{1+1,1} = \delta_{21} = 0$, $\delta_{1+1,2} = \delta_{22} =$

1, $\delta_{2+1,1} = \delta_{31} = 0$, $\delta_{2+1,2} = \delta_{32} = 0$.

問 8.7 (1) $\boldsymbol{x}, \boldsymbol{y} \in V$ とすると，スカラー倍の定義 (8.35) 第 2 式 および $f \in \mathrm{Hom}\,(V, W)$ より，$(kf)(\boldsymbol{x} + \boldsymbol{y}) = kf(\boldsymbol{x} + \boldsymbol{y}) = k(f(\boldsymbol{x}) + f(\boldsymbol{y})) = kf(\boldsymbol{x}) + kf(\boldsymbol{y}) = (kf)(\boldsymbol{x}) + (kf)(\boldsymbol{y})$ となる．よって，kf は定義 7.4 の条件 (1) をみたす．

(2) $\boldsymbol{x} \in V$, $c \in \mathbf{R}$ とすると，スカラー倍の定義 (8.35) 第 2 式 および $f \in \mathrm{Hom}\,(V, W)$ より，$(kf)(c\boldsymbol{x}) = kf(c\boldsymbol{x}) = k(cf(\boldsymbol{x})) = (kc)f(\boldsymbol{x}) = (ck)f(\boldsymbol{x}) = c(kf(\boldsymbol{x})) = c(kf)(\boldsymbol{x})$ となる．よって，kf は定義 7.4 の条件 (2) をみたす．

問 8.8 (1) $f, g, h \in \mathrm{Hom}\,(V, W)$, $\boldsymbol{x} \in V$ とする．W に対してはベクトル空間の定義の条件 (2) がなりたつことに注意すると，和の定義 (8.35) 第 1 式 より，$((f + g) + h)(\boldsymbol{x}) = (f + g)(\boldsymbol{x}) + h(\boldsymbol{x}) = (f(\boldsymbol{x}) + g(\boldsymbol{x})) + h(\boldsymbol{x}) = f(\boldsymbol{x}) + (g(\boldsymbol{x}) + h(\boldsymbol{x})) = f(\boldsymbol{x}) + (g + h)(\boldsymbol{x}) = (f + (g + h))(\boldsymbol{x})$ となる．よって，$\boldsymbol{x}$ は V の任意の元であることより，$(f + g) + h = f + (g + h)$ となり，$\mathrm{Hom}\,(V, W)$ はベクトル空間の定義の条件 (2) をみたす．

(2) V から W への零写像を $\boldsymbol{0}$ とおくと，$\boldsymbol{0} \in \mathrm{Hom}\,(V, W)$ であり，$\boldsymbol{0}$ が零ベクトルである．ここで，$f \in \mathrm{Hom}\,(V, W)$ とする．このとき，和の交換律より，$f + \boldsymbol{0} = \boldsymbol{0} + f$ である．また，和の定義 (8.35) 第 1 式 より，$(f + \boldsymbol{0})(\boldsymbol{x}) = f(\boldsymbol{x}) + \boldsymbol{0}(\boldsymbol{x}) = f(\boldsymbol{x}) + \boldsymbol{0}_W = f(\boldsymbol{x})$ となる．よって，$\boldsymbol{x}$ は V の任意の元であることより，$f + \boldsymbol{0} = f$ である．したがって，$\mathrm{Hom}\,(V, W)$ はベクトル空間の定義の条件 (3) をみたす．次に，スカラー倍の定義 (8.35) 第 2 式 より，$(0f)(\boldsymbol{x}) = 0f(\boldsymbol{x}) = \boldsymbol{0}_W$ となる．よって，$\boldsymbol{x}$ は V の任意の元であることより，$0f = \boldsymbol{0}$ である．したがって，$\mathrm{Hom}\,(V, W)$ はベクトル空間の定義の条件 (8) をみたす．

(3) $f \in \mathrm{Hom}\,(V, W)$, $k, l \in \mathbf{R}$, $\boldsymbol{x} \in V$ とする．W に対してはベクトル空間の定

義の条件 (4) がなりたつことに注意する
と，スカラー倍の定義 (8.35) 第 2 式 より，
$(k(lf))(\boldsymbol{x}) = k(lf)(\boldsymbol{x}) = k(lf(\boldsymbol{x})) = (kl)(f(\boldsymbol{x})) = ((kl)f)(\boldsymbol{x})$ となる．よって，
$\boldsymbol{x}$ は V の任意の元であることより，$k(lf) = (kl)f$ である．したがって，$\mathrm{Hom}\,(V, W)$ は
ベクトル空間の定義の条件 (4) をみたす．

(4)　$f \in \mathrm{Hom}\,(V, W)$, $k, l \in \mathbf{R}$, $\boldsymbol{x} \in V$
とする．W に対してはベクトル空間の定
義の条件 (5) がなりたつことに注意する
と，スカラー倍および和の定義 (8.35) より，
$((k+l)f)(\boldsymbol{x}) = (k+l)f(\boldsymbol{x}) = kf(\boldsymbol{x}) + lf(\boldsymbol{x}) = (kf)(\boldsymbol{x}) + (lf)(\boldsymbol{x}) = (kf + lf)(\boldsymbol{x})$
となる．よって，$\boldsymbol{x}$ は V の任意の元である
ことより，$(k+l)f = kf + lf$ である．し
たがって，$\mathrm{Hom}\,(V, W)$ はベクトル空間の
定義の条件 (5) をみたす．

(5)　$f, g \in \mathrm{Hom}\,(V, W)$, $k \in \mathbf{R}$, $\boldsymbol{x} \in V$
とする．W に対してはベクトル空間の定義
の条件 (6) がなりたつことに注意すると，和
およびスカラー倍の定義 (8.35) より，$(k(f+g))(\boldsymbol{x}) = k(f+g)(\boldsymbol{x}) = k(f(\boldsymbol{x}) + g(\boldsymbol{x})) = kf(\boldsymbol{x}) + kg(\boldsymbol{x}) = (kf)(\boldsymbol{x}) + (kg)(\boldsymbol{x}) = (kf + kg)(\boldsymbol{x})$ となる．よって，$\boldsymbol{x}$ は V の任
意の元であることより，$k(f+g) = kf + kg$
である．したがって，$\mathrm{Hom}\,(V, W)$ はベク
トル空間の定義の条件 (6) をみたす．

(6)　$f \in \mathrm{Hom}\,(V, W)$, $\boldsymbol{x} \in V$ とする
と，スカラー倍の定義 (8.35) 第 2 式 より，
$(1f)(\boldsymbol{x}) = 1f(\boldsymbol{x}) = f(\boldsymbol{x})$ となる．よって，
$\boldsymbol{x}$ は V の任意の元であることより，$1f = f$
である．したがって，$\mathrm{Hom}\,(V, W)$ はベク
トル空間の定義の条件 (7) をみたす．

問 8.9　$\boldsymbol{x} = (x_1, x_2, \ldots, x_m)$ とすると，
$(kf)(\boldsymbol{x}) = kf(\boldsymbol{x}) = k(\boldsymbol{x}A) = k(x_1 a_{11} + x_2 a_{21} + \cdots + x_m a_{m1}, \ldots, x_1 a_{1n} + x_2 a_{2n} + \cdots + x_m a_{mn}) = (x_1(ka_{11}) + \cdots + x_m(ka_{m1}), \ldots, x_1(ka_{1n}) + \cdots + x_m(ka_{mn}))$ となる．よって，kf に対応す
る行列は (i, j) 成分が ka_{ij} の $m \times n$ 行列
である．

問 8.10　(1)　$A = (a_{ij})_{m \times n}$, $B = (b_{ij})_{m \times n} \in M_{m,n}(\mathbf{R})$ とすると，和の定
義 (8.41) より，$A + B = (a_{ij} + b_{ij})_{m \times n} = (b_{ij} + a_{ij})_{m \times n} = B + A$ となる．よって，
$M_{m,n}(\mathbf{R})$ はベクトル空間の定義の条件 (1)
をみたす．

(2)　$A = (a_{ij})_{m \times n}$, $B = (b_{ij})_{m \times n}$, $C = (c_{ij})_{m \times n} \in M_{m,n}(\mathbf{R})$ とすると，和の定
義 (8.41) より，$(A + B) + C = (a_{ij} + b_{ij})_{m \times n} + (c_{ij})_{m \times n} = ((a_{ij} + b_{ij}) + c_{ij})_{m \times n} = (a_{ij} + (b_{ij} + c_{ij}))_{m \times n} = A + (B + C)$ となる．よって，$M_{m,n}(\mathbf{R})$
はベクトル空間の定義の条件 (2) をみたす．

(3)　零行列 $O_{m,n}$ が零ベクトルである．
ここで，$A = (a_{ij})_{m \times n} \in M_{m,n}(\mathbf{R})$ と
する．このとき，(1) より，$A + O_{m,n} = O_{m,n} + A$ である．また，和の定義 (8.41)
より，$A + O_{m,n} = (a_{ij} + 0)_{m \times n} = (a_{ij})_{m \times n} = A$ となる．よって，$M_{m,n}(\mathbf{R})$
はベクトル空間の定義の条件 (3) をみた
す．次に，スカラー倍の定義 (8.42) より，
$0A = (0a_{ij})_{m \times n} = (0)_{m \times n} = O_{m,n}$ と
なる．よって，$M_{m,n}(\mathbf{R})$ はベクトル空間
の定義の条件 (8) をみたす．

(4)　$A = (a_{ij})_{m \times n} \in M_{m,n}(\mathbf{R})$,
$k, l \in \mathbf{R}$ とすると，スカラー倍の定義
(8.42) より，$(k(lA)) = (k(la_{ij}))_{m \times n} = ((kl)a_{ij}))_{m \times n} = (kl)A$ となる．よって，
$M_{m,n}(\mathbf{R})$ はベクトル空間の定義の条件 (4)
をみたす．

(5)　$A = (a_{ij})_{m \times n} \in M_{m,n}(\mathbf{R})$, $k, l \in \mathbf{R}$ とすると，スカラー倍および和の定義
(8.42), (8.41) より，$(k + l)A = ((k + l)a_{ij})_{m \times n} = (ka_{ij} + la_{ij})_{m \times n} = (ka_{ij})_{m \times n} + (la_{ij})_{m \times n} = kA + lA$ と
なる．よって，$M_{m,n}(\mathbf{R})$ はベクトル空間
の定義の条件 (5) をみたす．

(6)　$A = (a_{ij})_{m \times n}$, $B = (b_{ij})_{m \times n} \in M_{m,n}(\mathbf{R})$, $k \in \mathbf{R}$ とすると，和および
スカラー倍の定義 (8.41), (8.42) より，
$k(A + B) = (k(a_{ij} + b_{ij}))_{m \times n} = (ka_{ij} + $

8

$kb_{ij})_{m \times n} = (ka_{ij})_{m \times n} + (kb_{ij})_{m \times n} = kA + kB$ となる. よって, $M_{m,n}(\mathbf{R})$ はベクトル空間の定義の条件 (6) をみたす.

(7) $A = (a_{ij})_{m \times n} \in M_{m,n}(\mathbf{R})$ とすると, スカラー倍の定義 (8.42) より, $1A = (1a_{ij})_{m \times n} = (a_{ij})_{m \times n} = A$ となる. よって, $M_{m,n}(\mathbf{R})$ はベクトル空間の定義の条件 (7) をみたす.

問 8.11 (1) $\begin{pmatrix} 0 & 1 & 2 \\ -2 & -1 & 0 \end{pmatrix} +$

$3 \begin{pmatrix} 4 & 5 & 6 \\ 6 & 5 & 4 \end{pmatrix} = \begin{pmatrix} 0 & 1 & 2 \\ -2 & -1 & 0 \end{pmatrix}$

$+ \begin{pmatrix} 3 \cdot 4 & 3 \cdot 5 & 3 \cdot 6 \\ 3 \cdot 6 & 3 \cdot 5 & 3 \cdot 4 \end{pmatrix} =$

$\begin{pmatrix} 0 & 1 & 2 \\ -2 & -1 & 0 \end{pmatrix} + \begin{pmatrix} 12 & 15 & 18 \\ 18 & 15 & 12 \end{pmatrix}$

$= \begin{pmatrix} 0+12 & 1+15 & 2+18 \\ -2+18 & -1+15 & 0+12 \end{pmatrix}$

$= \begin{pmatrix} 12 & 16 & 20 \\ 16 & 14 & 12 \end{pmatrix}$ である.

(2) $3 \begin{pmatrix} 4 & 6 \\ 5 & 5 \\ 6 & 4 \end{pmatrix} + \begin{pmatrix} 0 & -2 \\ 1 & -1 \\ 2 & 0 \end{pmatrix} =$

$\begin{pmatrix} 3 \cdot 4 & 3 \cdot 6 \\ 3 \cdot 5 & 3 \cdot 5 \\ 3 \cdot 6 & 3 \cdot 4 \end{pmatrix} + \begin{pmatrix} 0 & -2 \\ 1 & -1 \\ 2 & 0 \end{pmatrix} =$

$\begin{pmatrix} 12 & 18 \\ 15 & 15 \\ 18 & 12 \end{pmatrix} + \begin{pmatrix} 0 & -2 \\ 1 & -1 \\ 2 & 0 \end{pmatrix} =$

$\begin{pmatrix} 12+0 & 18-2 \\ 15+1 & 15-1 \\ 18+2 & 12+0 \end{pmatrix} = \begin{pmatrix} 12 & 16 \\ 16 & 14 \\ 20 & 12 \end{pmatrix}$

である.

問 8.12 (1) $\begin{pmatrix} 0 & 1 & 2 \\ -2 & -1 & 0 \end{pmatrix} \begin{pmatrix} 3 \\ 4 \\ 5 \end{pmatrix}$

$= \begin{pmatrix} 0 \cdot 3 + 1 \cdot 4 + 2 \cdot 5 \\ (-2) \cdot 3 + (-1) \cdot 4 + 0 \cdot 5 \end{pmatrix}$

$= \begin{pmatrix} 14 \\ -10 \end{pmatrix}$ である.

(2) $\begin{pmatrix} 1 \\ 2 \end{pmatrix} \begin{pmatrix} 3 & 4 \end{pmatrix} =$

$\begin{pmatrix} 1 \cdot 3 & 1 \cdot 4 \\ 2 \cdot 3 & 2 \cdot 4 \end{pmatrix} = \begin{pmatrix} 3 & 4 \\ 6 & 8 \end{pmatrix}$ である.

(3) $\begin{pmatrix} 5 & 6 \end{pmatrix} \begin{pmatrix} 7 \\ 8 \end{pmatrix} =$

$(5 \cdot 7 + 6 \cdot 8) = (83) = 83$ である.

問 8.13 (1) まず, $AB =$

$\begin{pmatrix} 1 & 0 \\ 0 & 2 \end{pmatrix} \begin{pmatrix} 3 & 0 \\ 0 & 4 \end{pmatrix} =$

$\begin{pmatrix} 1 \cdot 3 + 0 \cdot 0 & 1 \cdot 0 + 0 \cdot 4 \\ 0 \cdot 3 + 2 \cdot 0 & 0 \cdot 0 + 2 \cdot 4 \end{pmatrix} =$

$\begin{pmatrix} 3 & 0 \\ 0 & 8 \end{pmatrix}$ である. また,

$BA = \begin{pmatrix} 3 & 0 \\ 0 & 4 \end{pmatrix} \begin{pmatrix} 1 & 0 \\ 0 & 2 \end{pmatrix} =$

$\begin{pmatrix} 3 \cdot 1 + 0 \cdot 0 & 3 \cdot 0 + 0 \cdot 2 \\ 0 \cdot 1 + 4 \cdot 0 & 0 \cdot 0 + 4 \cdot 2 \end{pmatrix} =$

$\begin{pmatrix} 3 & 0 \\ 0 & 8 \end{pmatrix}$ である. よって, A と B は可換である.

(2) まず, $AB = \begin{pmatrix} 1 & 0 \\ 0 & 0 \end{pmatrix} \begin{pmatrix} 1 & 2 \\ 3 & 4 \end{pmatrix}$

$= \begin{pmatrix} 1 \cdot 1 + 0 \cdot 3 & 1 \cdot 2 + 0 \cdot 4 \\ 0 \cdot 1 + 0 \cdot 3 & 0 \cdot 2 + 0 \cdot 4 \end{pmatrix}$

$= \begin{pmatrix} 1 & 2 \\ 0 & 0 \end{pmatrix}$ である. また,

$BA = \begin{pmatrix} 1 & 2 \\ 3 & 4 \end{pmatrix} \begin{pmatrix} 1 & 0 \\ 0 & 0 \end{pmatrix}$

$= \begin{pmatrix} 1 \cdot 1 + 2 \cdot 0 & 1 \cdot 0 + 2 \cdot 0 \\ 3 \cdot 1 + 4 \cdot 0 & 3 \cdot 0 + 4 \cdot 0 \end{pmatrix}$

$= \begin{pmatrix} 1 & 0 \\ 3 & 0 \end{pmatrix}$ である. よって, A と B は可換ではない.

問 8.14 まず, $\begin{pmatrix} 1 & 0 \\ a & a^2 \end{pmatrix} \begin{pmatrix} a^2 & 0 \\ a & 1 \end{pmatrix}$

$$
= \begin{pmatrix} 1 \cdot a^2 + 0 \cdot a & 1 \cdot 0 + 0 \cdot 1 \\ a \cdot a^2 + a^2 \cdot a & a \cdot 0 + a^2 \cdot 1 \end{pmatrix}
$$

$$
= \begin{pmatrix} a^2 & 0 \\ 2a^3 & a^2 \end{pmatrix} \text{である. また,}
$$

$$
\begin{pmatrix} a^2 & 0 \\ a & 1 \end{pmatrix} \begin{pmatrix} 1 & 0 \\ a & a^2 \end{pmatrix}
$$

$$
= \begin{pmatrix} a^2 \cdot 1 + 0 \cdot a & a^2 \cdot 0 + 0 \cdot a^2 \\ a \cdot 1 + 1 \cdot a & a \cdot 0 + 1 \cdot a^2 \end{pmatrix}
$$

$$
= \begin{pmatrix} a^2 & 0 \\ 2a & a^2 \end{pmatrix} \text{である. よって, (8.48)}
$$

の 2 つの行列が可換となるのは $2a^3 = 2a$ のときである. これを解くと, $a = 0, \pm 1$ である.

問 8.15 (1) $\boldsymbol{x} \in \mathbf{R}^l$ とすると, 和の定義 (8.35) 第 1 式 および $h \in \mathrm{Hom}(\mathbf{R}^m, \mathbf{R}^n)$ より, $\{h \circ (f+g)\}(\boldsymbol{x}) = h((f+g)(\boldsymbol{x})) = h(f(\boldsymbol{x}) + g(\boldsymbol{x})) = h(f(\boldsymbol{x})) + h(g(\boldsymbol{x})) = (h \circ f)(\boldsymbol{x}) + (h \circ g)(\boldsymbol{x}) = (h \circ f + h \circ g)(\boldsymbol{x})$ となる. よって, $\boldsymbol{x}$ は $\mathbf{R}^l$ の任意の元であることより, (8.55) がなりたつ.

(2) A, B, C の定義より, $f(\boldsymbol{x}) = \boldsymbol{x}A$, $g(\boldsymbol{x}) = \boldsymbol{x}B$ ($\boldsymbol{x} \in \mathbf{R}^l$), $h(\boldsymbol{y}) = \boldsymbol{y}C$ ($\boldsymbol{y} \in \mathbf{R}^m$) である. まず, (8.40) の計算および行列の和の定義 (8.41) より, $(f+g)(\boldsymbol{x}) = \boldsymbol{x}(A+B)$ である. さらに, (8.44) の計算および行列の積の定義 (8.45) より, $\{h \circ (f+g)\}(\boldsymbol{x}) = \boldsymbol{x}\{(A+B)C\}$ である. よって, $h \circ (f+g)$ に対応する行列は $(A+B)C$ である. 同様に, $(h \circ f)(\boldsymbol{x}) = \boldsymbol{x}(AC)$, $(h \circ g)(\boldsymbol{x}) = \boldsymbol{x}(BC)$ である. さらに, $(h \circ f + h \circ g)(\boldsymbol{x}) = \boldsymbol{x}(AC + BC)$ である. よって, $h \circ f + h \circ g$ に対応する行列は $AC + BC$ である.

問 8.16 (1) $\boldsymbol{x} \in \mathbf{R}^l$ とすると, 和の定義 (8.35) 第 1 式 より, $\{(g+h) \circ f\}(\boldsymbol{x}) = (g+h)(f(\boldsymbol{x})) = g(f(\boldsymbol{x})) + h(f(\boldsymbol{x})) = (g \circ f)(\boldsymbol{x}) + (h \circ f)(\boldsymbol{x}) = (g \circ f + h \circ f)(\boldsymbol{x})$ となる. よって, $\boldsymbol{x}$ は $\mathbf{R}^l$ の任意の元であることより, (8.56) がなりたつ.

(2) A, B, C の定義より, $f(\boldsymbol{x}) = \boldsymbol{x}A$ ($\boldsymbol{x} \in \mathbf{R}^l$), $g(\boldsymbol{y}) = \boldsymbol{y}B$, $h(\boldsymbol{y}) = \boldsymbol{y}C$ ($\boldsymbol{y} \in \mathbf{R}^m$) である. まず, (8.40) の計算および行列の和の定義 (8.41) より, $(g+h)(\boldsymbol{y}) = \boldsymbol{y}(B+C)$ である. さらに, (8.44) の計算および行列の積の定義 (8.45) より, $\{(g+h) \circ f\}(\boldsymbol{x}) = \boldsymbol{x}\{A(B+C)\}$ である. よって, $(g+h) \circ f$ に対応する行列は $A(B+C)$ である. 同様に, $(g \circ f)(\boldsymbol{x}) = \boldsymbol{x}(AB)$, $(h \circ f)(\boldsymbol{x}) = \boldsymbol{x}(AC)$ である. さらに, $(g \circ f + h \circ f)(\boldsymbol{x}) = \boldsymbol{x}(AB + AC)$ である. よって, $g \circ f + h \circ f$ に対応する行列は $AB + AC$ である.

問 8.17 (1) $\boldsymbol{x} \in \mathbf{R}^l$ とすると, スカラー倍の定義 (8.35) 第 2 式 および $g \in \mathrm{Hom}(\mathbf{R}^m, \mathbf{R}^n)$ より, $\{g \circ (kf)\}(\boldsymbol{x}) = g((kf)(\boldsymbol{x})) = g(kf(\boldsymbol{x})) = kg(f(\boldsymbol{x})) = kg(f(\boldsymbol{x}))$ である. さらに, $kg(f(\boldsymbol{x})) = (kg)(f(\boldsymbol{x})) = \{(kg) \circ f\}(\boldsymbol{x})$ である. また, $kg(f(\boldsymbol{x})) = k(g \circ f)(\boldsymbol{x}) = \{k(g \circ f)\}(\boldsymbol{x})$ である. よって, $\boldsymbol{x}$ は $\mathbf{R}^l$ の任意の元であることより, (8.57) がなりたつ.

(2) A, B, C の定義より, $f(\boldsymbol{x}) = \boldsymbol{x}A$ ($\boldsymbol{x} \in \mathbf{R}^l$), $g(\boldsymbol{y}) = \boldsymbol{y}B$ ($\boldsymbol{y} \in \mathbf{R}^m$) である. まず, 問 8.9 の計算および行列のスカラー倍の定義 (8.42) より, $(kf)(\boldsymbol{x}) = \boldsymbol{x}(kA)$ である. さらに, (8.44) の計算および行列の積の定義 (8.45) より, $\{g \circ (kf)\}(\boldsymbol{x}) = (kA)B$ である. 同様に, $(kg)(\boldsymbol{y}) = \boldsymbol{y}(kB)$, $\{(kg) \circ f\}(\boldsymbol{x}) = \boldsymbol{x}\{A(kB)\}$ である. また, $(g \circ f)(\boldsymbol{x}) = \boldsymbol{x}(AB)$, $\{k(g \circ f)\}(\boldsymbol{x}) = \boldsymbol{x}\{k(AB)\}$ である. よって, $g \circ (kf)$, $(kg) \circ f$, $k(g \circ f)$ に対応する行列はそれぞれ $(kA)B$, $A(kB)$, $k(AB)$ である.

問 8.18 まず, $\begin{pmatrix} 0 & 0 & 0 \\ a & 0 & 0 \\ b & c & 0 \end{pmatrix}^2 =$

$$
\begin{pmatrix} 0 & 0 & 0 \\ a & 0 & 0 \\ b & c & 0 \end{pmatrix} \begin{pmatrix} 0 & 0 & 0 \\ a & 0 & 0 \\ b & c & 0 \end{pmatrix} =
$$

$$\begin{pmatrix} 0 & 0 & 0 \\ 0 & 0 & 0 \\ ca & 0 & 0 \end{pmatrix} \text{ となる. よって,}$$

$$\begin{pmatrix} 0 & 0 & 0 \\ a & 0 & 0 \\ b & c & 0 \end{pmatrix}^3 =$$

$$\begin{pmatrix} 0 & 0 & 0 \\ a & 0 & 0 \\ b & c & 0 \end{pmatrix}^2 \begin{pmatrix} 0 & 0 & 0 \\ a & 0 & 0 \\ b & c & 0 \end{pmatrix} =$$

$$\begin{pmatrix} 0 & 0 & 0 \\ 0 & 0 & 0 \\ ca & 0 & 0 \end{pmatrix} \begin{pmatrix} 0 & 0 & 0 \\ a & 0 & 0 \\ b & c & 0 \end{pmatrix} = O$$

となる. したがって, $\begin{pmatrix} 0 & 0 & 0 \\ a & 0 & 0 \\ b & c & 0 \end{pmatrix}$ は

べき零行列である.

問 8.19 A はべき零行列なので, ある $n \in$ **N** が存在し, $A^n = O$ となる. さらに, B は A と可換なので, $(AB)^n = A^n B^n = OB^n = O$ となる. よって, AB はべき零行列である.

・・・・・・・・・・・・・・・ **章末問題** ・・・・・・・・・・・・・・・

問題 8.1 $m = n$ のとき, 半角の公式より, $\int_{-\pi}^{\pi} \sin mx \sin nx \, dx = \int_{-\pi}^{\pi} \sin^2 mx \, dx = \int_{-\pi}^{\pi} \frac{1 - \cos 2mx}{2} \, dx = \left[\frac{1}{2}x - \frac{1}{4}\sin 2mx \right]_{-\pi}^{\pi} = \frac{1}{2}\{\pi - (-\pi)\} - \frac{1}{4}\{\sin 2m\pi - \sin 2m(-\pi)\} = \pi$ となる. $m \neq n$ のとき, 積和の公式より, $\int_{-\pi}^{\pi} \sin mx \sin nx \, dx = \int_{-\pi}^{\pi} \left[-\frac{1}{2}\{\cos(m+n)x - \cos(m-n)x\} \right] dx = \left[-\frac{1}{2(m+n)}\sin(m+n)x + \frac{1}{2(m-n)}\sin(m-n)x \right]_{-\pi}^{\pi} = -\frac{1}{2(m+n)} \cdot \{\sin(m+n)\pi - \sin(m+n)(-\pi)\} + \frac{1}{2(m-n)}\{\sin(m-n)\pi - \sin(m-n)(-\pi)\} = 0$ となる. よって, クロネッカーのデルタの定義 (8.30) より, (8.62) がなりたつ.

問題 8.2 $A = (a_{ij})_{m \times n}$ とおき, $\boldsymbol{e}_1$, $\boldsymbol{e}_2$, $\ldots$, $\boldsymbol{e}_m$ を $\mathbf{R}^m$ の基本ベクトルとする. このとき, $i = 1, 2, \ldots, m$ とすると, A に対する仮定より, $\boldsymbol{0}_{\mathbf{R}^n} = \boldsymbol{e}_i A =$

$(a_{i1}, a_{i2}, \ldots, a_{in})$ となる. よって, $a_{i1} = a_{i2} = \cdots = a_{in} = 0$ である. したがって, $A = O$ である.

問題 8.3 まず, $A^2 = \begin{pmatrix} a & b \\ c & d \end{pmatrix}^2 = \begin{pmatrix} a & b \\ c & d \end{pmatrix}\begin{pmatrix} a & b \\ c & d \end{pmatrix} = \begin{pmatrix} a^2 + bc & ab + bd \\ ca + dc & cb + d^2 \end{pmatrix}$ となる. よって, $A^2 - (a+d)A + (ad - bc)E = \begin{pmatrix} a^2 + bc & ab + bd \\ ca + dc & cb + d^2 \end{pmatrix} - (a+d)\begin{pmatrix} a & b \\ c & d \end{pmatrix} + (ad - bc)\begin{pmatrix} 1 & 0 \\ 0 & 1 \end{pmatrix} = \begin{pmatrix} a^2 + bc & ab + bd \\ ca + dc & cb + d^2 \end{pmatrix} - \begin{pmatrix} a^2 + da & ab + db \\ ac + dc & ad + d^2 \end{pmatrix} + \begin{pmatrix} ad - bc & 0 \\ 0 & ad - bc \end{pmatrix} = O$ となる. したがって, (8.63) がなりたつ.

問題 8.4 (1) $n = 1$ のとき, 明らかに (8.64) はなりたつ. $n = k \ (k \in \mathbf{N})$ のとき, (8.64) がなりたつと仮定する. このとき, $\begin{pmatrix} 1 & 0 \\ \lambda & 1 \end{pmatrix}^{k+1} = \begin{pmatrix} 1 & 0 \\ \lambda & 1 \end{pmatrix}^k \begin{pmatrix} 1 & 0 \\ \lambda & 1 \end{pmatrix} = \begin{pmatrix} 1 & 0 \\ k\lambda & 1 \end{pmatrix}\begin{pmatrix} 1 & 0 \\ \lambda & 1 \end{pmatrix} = \begin{pmatrix} 1 & 0 \\ (k+1)\lambda & 1 \end{pmatrix}$ となる. よって, $n = k + 1$ のとき, (8.64) はなりたつ. したがって, 任意の $n \in \mathbf{N}$ に対して, (8.64) はなりたつ.

(2) $n = 1$ のとき, 明らかに (8.65) はなりたつ. $n = k \ (k \in \mathbf{N})$ のとき,

(8.65) がなりたつと仮定する．このとき，

$$\begin{pmatrix} 1 & 0 & 0 \\ \lambda & 1 & 0 \\ 0 & \lambda & 1 \end{pmatrix}^{k+1} =$$

$$\begin{pmatrix} 1 & 0 & 0 \\ \lambda & 1 & 0 \\ 0 & \lambda & 1 \end{pmatrix}^{k} \begin{pmatrix} 1 & 0 & 0 \\ \lambda & 1 & 0 \\ 0 & \lambda & 1 \end{pmatrix} =$$

$$\begin{pmatrix} 1 & 0 & 0 \\ k\lambda & 1 & 0 \\ \frac{k(k-1)}{2}\lambda^2 & k\lambda & 1 \end{pmatrix} \begin{pmatrix} 1 & 0 & 0 \\ \lambda & 1 & 0 \\ 0 & \lambda & 1 \end{pmatrix}$$

$$= \begin{pmatrix} 1 & 0 & 0 \\ (k+1)\lambda & 1 & 0 \\ \frac{(k+1)\{(k+1)-1\}}{2}\lambda^2 & (k+1)\lambda & 1 \end{pmatrix}$$

となる．よって，$n = k+1$ のとき，(8.65) はなりたつ．したがって，任意の $n \in \mathbf{N}$ に対して，(8.65) はなりたつ．

問題 8.5　(1)　$\varphi^*(f)$ の定義 (8.66) および φ, f が線形写像であることより，
$(\varphi^*(f))(\boldsymbol{x} + \boldsymbol{y}) = (f \circ \varphi)(\boldsymbol{x} + \boldsymbol{y}) = f(\varphi(\boldsymbol{x} + \boldsymbol{y})) = f(\varphi(\boldsymbol{x}) + \varphi(\boldsymbol{y})) = f(\varphi(\boldsymbol{x})) + f(\varphi(\boldsymbol{y})) = (f \circ \varphi)(\boldsymbol{x}) + (f \circ \varphi)(\boldsymbol{y}) = (\varphi^*(f))(\boldsymbol{x}) + (\varphi^*(f))(\boldsymbol{y})$ となる．よって，(8.67) がなりたつ．

(2)　$\varphi^*(f)$ の定義 (8.66) および φ, f が線形写像であることより，$(\varphi^*(f))(k\boldsymbol{x}) = (f \circ \varphi)(k\boldsymbol{x}) = f(\varphi(k\boldsymbol{x})) = f(k\varphi(\boldsymbol{x})) = kf(\varphi(\boldsymbol{x})) = k(f \circ \varphi)(\boldsymbol{x}) = k(\varphi^*(f))(\boldsymbol{x})$ となる．よって，(8.68) がなりたつ．

(3)　$\boldsymbol{x} \in V$ とすると，$\varphi^*(f)$ の定義 (8.66)，W^*, V^* の和の定義より，$(\varphi^*(f+g))(\boldsymbol{x}) = \{(f+g) \circ \varphi\}(\boldsymbol{x}) = (f+g)(\varphi(\boldsymbol{x})) = f(\varphi(\boldsymbol{x})) + g(\varphi(\boldsymbol{x})) = (f \circ \varphi)(\boldsymbol{x}) + (g \circ \varphi)(\boldsymbol{x}) = (\varphi^*(f))(\boldsymbol{x}) + (\varphi^*(g))(\boldsymbol{x}) = (\varphi^*(f) + \varphi^*(g))(\boldsymbol{x})$ となる．よって，$\boldsymbol{x}$ は V の任意の元であることより，(8.69) がなりたつ．

(4)　$\boldsymbol{x} \in V$ とすると，$\varphi^*(f)$ の定義 (8.66)，W^*, V^* のスカラー倍の定義より，$(\varphi^*(kf))(\boldsymbol{x}) = \{(kf) \circ \varphi\}(\boldsymbol{x}) = (kf)(\varphi(\boldsymbol{x})) = kf(\varphi(\boldsymbol{x})) = k(f \circ \varphi)(\boldsymbol{x}) =$

$k(\varphi^*(f))(\boldsymbol{x}) = (k\varphi^*(f))(\boldsymbol{x})$ となる．よって，$\boldsymbol{x}$ は V の任意の元であることより，(8.70) がなりたつ．

問題 8.6　A と B は可換なので，pA と qB は可換となることに注意すると，二項定理より，$(pA + qB)^{2k+2l} = \sum_{m=0}^{2k+2l} {}_{2k+2l}C_m (pA)^{2k+2l-m}(qB)^m = \sum_{m=0}^{2k+2l} {}_{2k+2l}C_m p^{2k+2l-m} q^m A^{2k+2l-m} B^m$ となる．ここで，$m = 0, 1, 2, \ldots, 2k+2l$ に対して，$(2k+2l-m) + m = (k+l) + (k+l)$ なので，$2k+2l-m \geq k+l$ または $m \geq k+l$ である．よって，$A^k = O$, $B^l = O$ より，$A^{2k+2l-m}B^m = O$ となる．したがって，$(pA+qB)^{2k+2l} = O$ となり，$pA + qB$ はべき零行列である．

━━━━━ **第 9 章** ━━━━━

問 9.1　(9.10), (9.13) より，$(0,0) = \boldsymbol{0} = k_1(1,2) + k_2(2,4) = (k_1, 2k_1) + (2k_2, 4k_2) = (k_1+2k_2, 2k_1+4k_2)$ となる．よって，$k_1 + 2k_2 = 0$, $2k_1 + 4k_2 = 0$ である．これを解くと，$(k_1, k_2) = (-2k, k)$ $(k \in \mathbf{R})$ である．したがって，$\boldsymbol{a}_1$, $\boldsymbol{a}_2$ は自明でない 1 次関係をもち，1 次従属である．

問 9.2　(9.14), (9.15) より，$(0,0) = \boldsymbol{0} = k_1(1,0) + k_2(1,1) + k_3(1,2) = (k_1, 0) + (k_2, k_2) + (k_3, 2k_3) = (k_1+k_2+k_3, k_2+2k_3)$ となる．よって，$k_1 + k_2 + k_3 = 0$, $k_2 + 2k_3 = 0$ である．これを解くと，$(k_1, k_2, k_3) = (k, -2k, k)$ $(k \in \mathbf{R})$ である．したがって，$\boldsymbol{a}_1$, $\boldsymbol{a}_2$, $\boldsymbol{a}_3$ は自明でない 1 次関係をもち，1 次従属である．

問 9.3　(1)　行列単位の定義より，

$$\begin{pmatrix} 1 & 0 & 0 \\ 0 & 0 & 0 \end{pmatrix}, \begin{pmatrix} 0 & 0 & 0 \\ 1 & 0 & 0 \end{pmatrix},$$

$$\begin{pmatrix} 0 & 1 & 0 \\ 0 & 0 & 0 \end{pmatrix}, \begin{pmatrix} 0 & 0 & 0 \\ 0 & 1 & 0 \end{pmatrix},$$

$$\begin{pmatrix} 0 & 0 & 1 \\ 0 & 0 & 0 \end{pmatrix}, \begin{pmatrix} 0 & 0 & 0 \\ 0 & 0 & 1 \end{pmatrix}$$ である．

(2)　$M_{m,n}(\mathbf{R})$ の零ベクトルは零行列

$O_{m,n}$ であることに注意し，$E_{11}, E_{21}, \ldots,$ E_{mn} の 1 次関係 $k_{11}E_{11} + k_{21}E_{21} + \ldots + k_{mn}E_{mn} = O_{m,n}$ $(k_{11}, k_{21}, \ldots, k_{mn} \in \mathbf{R})$ を考える．このとき，

$$\begin{pmatrix} k_{11} & k_{12} & \cdots & k_{1n} \\ k_{21} & k_{22} & \cdots & k_{2n} \\ \vdots & \vdots & \ddots & \vdots \\ k_{m1} & k_{m2} & \cdots & k_{mn} \end{pmatrix} = O_{m,n}$$

となるので，$k_{11} = k_{21} = \cdots = k_{mn} = 0$ である．よって，$E_{11}, E_{21}, \ldots, E_{mn}$ は自明な 1 次関係しかもたず，1 次独立である．

問 9.4 Σ の零ベクトル $\mathbf{0}$ は任意の $n \in \mathbf{N}$ に対して第 n 項が 0 である実数列であることに注意し，$\{e_n^{(1)}\}_{n=1}^{\infty}, \{e_n^{(2)}\}_{n=1}^{\infty}, \ldots,$ $\{e_n^{(m)}\}_{n=1}^{\infty}$ の 1 次関係 $c_1\{e_n^{(1)}\}_{n=1}^{\infty} + c_2\{e_n^{(2)}\}_{n=1}^{\infty} + \cdots + c_m\{e_n^{(m)}\}_{n=1}^{\infty} = \mathbf{0}$ $(c_1, c_2, \ldots, c_m \in \mathbf{R})$ を考える．このとき，$\{c_1e_n^{(1)} + c_2e_n^{(2)} + \cdots + c_me_n^{(m)}\}_{n=1}^{\infty} = \mathbf{0}$ となる．ここで，(9.16) より，$k = 1, 2, \ldots, m$ に対して，$\{c_1e_n^{(1)} + c_2e_n^{(2)} + \cdots + c_me_n^{(m)}\}_{n=1}^{\infty}$ の第 k 項は c_k である．よって，$c_k = 0$ となり，$c_1 = c_2 = \cdots = c_m = 0$ である．したがって，$\{e_n^{(1)}\}_{n=1}^{\infty}, \{e_n^{(2)}\}_{n=1}^{\infty}, \ldots, \{e_n^{(m)}\}_{n=1}^{\infty}$ は自明な 1 次関係しかもたず，1 次独立である．

問 9.5 $C(I)$ の零ベクトル $\mathbf{0}$ は任意の $x \in I$ に対して値が 0 となる実数値関数であることに注意し，$f_0, f_1, f_2, \ldots, f_n$ の 1 次関係 $k_0f_0 + k_1f_1 + k_2f_2 + \cdots + k_nf_n = \mathbf{0}$ $(k_0, k_1, k_2, \ldots, k_n \in \mathbf{R})$ を考える．このとき，(9.17) より，

$$k_0 + k_1x + k_2x^2 + \cdots + k_nx^n = 0 \quad (\text{A.7})$$

である．(A.7) の両辺を x で n 回微分すると，$k_n n! = 0$ となる．よって，$k_n = 0$ である．これを (A.7) に代入すると，$k_0 + k_1x + k_2x^2 + \cdots + k_{n-1}x^{n-1} = 0$ である．この式の両辺を x で $(n-1)$ 回微分すると，$k_{n-1}(n-1)! = 0$ となる．したがって，$k_{n-1} = 0$ である．以下，同様の操作を

続けると，$k_0 = k_1 = k_2 = \cdots = k_n = 0$ となる．以上より，$f_0, f_1, f_2, \ldots, f_n$ は自明な 1 次関係しかもたず，1 次独立である．

問 9.6 (1) $\boldsymbol{x}, \boldsymbol{y} \in W$ とする．このとき，W の定義 (9.18) より，ある $k_1, k_2, \ldots, k_m, l_1, l_2, \ldots, l_m \in \mathbf{R}$ が存在し，$\boldsymbol{x} = k_1\boldsymbol{x}_1 + k_2\boldsymbol{x}_2 + \cdots + k_m\boldsymbol{x}_m,$ $\boldsymbol{y} = l_1\boldsymbol{x}_1 + l_2\boldsymbol{x}_2 + \cdots + l_m\boldsymbol{x}_m$ となる．よって，$\boldsymbol{x} + \boldsymbol{y} = (k_1 + l_1)\boldsymbol{x}_1 + (k_2 + l_2)\boldsymbol{x}_2 + \cdots + (k_m + l_m)\boldsymbol{x}_m$ となる．ここで，$k_1 + l_1, k_2 + l_2, \ldots, k_m + l_m \in \mathbf{R}$ なので，W の定義より，$\boldsymbol{x} + \boldsymbol{y} \in W$ である．したがって，$\boldsymbol{x}, \boldsymbol{y} \in W$ ならば $\boldsymbol{x} + \boldsymbol{y} \in W$ となり，W は定理 7.3 の条件 (b) をみたす．

(2) $\boldsymbol{x} \in W, k \in \mathbf{R}$ とする．このとき，W の定義 (9.18) より，ある $k_1, k_2, \ldots, k_m \in \mathbf{R}$ が存在し，$\boldsymbol{x} = k_1\boldsymbol{x}_1 + k_2\boldsymbol{x}_2 + \cdots + k_m\boldsymbol{x}_m$ となる．よって，$k\boldsymbol{x} = (kk_1)\boldsymbol{x}_1 + (kk_2)\boldsymbol{x}_2 + \cdots + (kk_m)\boldsymbol{x}_m$ となる．ここで，$kk_1, kk_2, \ldots, kk_m \in \mathbf{R}$ なので，W の定義より，$k\boldsymbol{x} \in W$ である．したがって，$\boldsymbol{x} \in W, k \in \mathbf{R}$ ならば $k\boldsymbol{x} \in W$ となり，W は定理 7.3 の条件 (c) をみたす．

問 9.7 (1) W_1, W_2 は V の部分空間なので，$\mathbf{0} \in W_1, \mathbf{0} \in W_2$ である．よって，$W_1 + W_2$ の定義より，$\mathbf{0} = \mathbf{0} + \mathbf{0} \in W_1 + W_2$ である．したがって，$\mathbf{0} \in W_1 + W_2$ となり，$W_1 + W_2$ は定理 7.3 の条件 (a) をみたす．

(2) $\boldsymbol{x}, \boldsymbol{y} \in W_1 + W_2$ とする．このとき，$W_1 + W_2$ の定義 (9.22) より，ある $\boldsymbol{x}_1, \boldsymbol{y}_1 \in W_1, \boldsymbol{x}_2, \boldsymbol{y}_2 \in W_2$ が存在し，$\boldsymbol{x} = \boldsymbol{x}_1 + \boldsymbol{x}_2, \boldsymbol{y} = \boldsymbol{y}_1 + \boldsymbol{y}_2$ となる．よって，$\boldsymbol{x} + \boldsymbol{y} = (\boldsymbol{x}_1 + \boldsymbol{y}_1) + (\boldsymbol{x}_2 + \boldsymbol{y}_2)$ となる．ここで，W_1, W_2 は V の部分空間なので，$\boldsymbol{x}_1 + \boldsymbol{y}_1 \in W_1, \boldsymbol{x}_2 + \boldsymbol{y}_2 \in W_2$ である．したがって，$W_1 + W_2$ の定義より，$\boldsymbol{x} + \boldsymbol{y} \in W_1 + W_2$ である．以上より，$\boldsymbol{x}, \boldsymbol{y} \in W_1 + W_2$ ならば $\boldsymbol{x} + \boldsymbol{y} \in W_1 + W_2$ となり，$W_1 + W_2$ は定理 7.3 の条件 (b)

（3）　$\boldsymbol{x} \in W_1 + W_2$, $k \in \mathbf{R}$ とする．このとき，$W_1 + W_2$ の定義 (9.22) より，ある $\boldsymbol{x}_1 \in W_1$, $\boldsymbol{x}_2 \in W_2$ が存在し，$\boldsymbol{x} = \boldsymbol{x}_1 + \boldsymbol{x}_2$ となる．よって，$k\boldsymbol{x} = k\boldsymbol{x}_1 + k\boldsymbol{x}_2$ となる．ここで，W_1, W_2 は V の部分空間なので，$k\boldsymbol{x}_1 \in W_1$, $k\boldsymbol{x}_2 \in W_2$ である．したがって，$W_1 + W_2$ の定義より，$k\boldsymbol{x} \in W_1 + W_2$ である．以上より，$\boldsymbol{x} \in W_1 + W_2$, $k \in \mathbf{R}$ ならば $k\boldsymbol{x} \in W_1 + W_2$ となり，$W_1 + W_2$ は定理 7.3 の条件 (c) をみたす．

（4）　$W = \langle \boldsymbol{x}_1, \ldots, \boldsymbol{x}_m, \boldsymbol{y}_1, \ldots, \boldsymbol{y}_n \rangle_{\mathbf{R}}$ とおく．まず，$\boldsymbol{x} \in W_1 + W_2$ とする．このとき，$W_1 + W_2$, W_1, W_2 の定義 (9.22), (9.23) より，ある $k_1, \ldots, k_m, l_1, \ldots, l_n \in \mathbf{R}$ が存在し，$\boldsymbol{x} = (k_1\boldsymbol{x}_1 + \cdots + k_m\boldsymbol{x}_m) + (l_1\boldsymbol{y}_1 + \cdots + l_n\boldsymbol{y}_n)$ となる．すなわち，$\boldsymbol{x} = k_1\boldsymbol{x}_1 + \cdots + k_m\boldsymbol{x}_m + l_1\boldsymbol{y}_1 + \cdots + l_n\boldsymbol{y}_n$ となり，$\boldsymbol{x} \in W$ である．よって，$\boldsymbol{x} \in W_1 + W_2$ ならば $\boldsymbol{x} \in W$ となり，包含関係の定義 §1.1.6 より，$W_1 + W_2 \subset W$ である．次に，$\boldsymbol{x} \in W$ とする．このとき，W の定義より，ある $k_1, \ldots, k_m, l_1, \ldots, l_n \in \mathbf{R}$ が存在し，$\boldsymbol{x} = k_1\boldsymbol{x}_1 + \cdots + k_m\boldsymbol{x}_m + l_1\boldsymbol{y}_1 + \cdots + l_n\boldsymbol{y}_n$ となる．すなわち，$\boldsymbol{x} = (k_1\boldsymbol{x}_1 + \cdots + k_m\boldsymbol{x}_m) + (l_1\boldsymbol{y}_1 + \cdots + l_n\boldsymbol{y}_n)$ となり，$W_1 + W_2$, W_1, W_2 の定義より，$\boldsymbol{x} \in W_1 + W_2$ である．よって，$\boldsymbol{x} \in W$ ならば $\boldsymbol{x} \in W_1 + W_2$ となり，包含関係の定義より，$W \subset W_1 + W_2$ である．以上および定理 1.1 (2) より，(9.24) がなりたつ．

問 9.8　（1）　$\boldsymbol{a}_1$, $\boldsymbol{a}_2$, $\boldsymbol{a}_3$ の 1 次関係 $k_1\boldsymbol{a}_1 + k_2\boldsymbol{a}_2 + k_3\boldsymbol{a}_3 = \boldsymbol{0}$ $(k_1, k_2, k_3 \in \mathbf{R})$ を考える．このとき，(9.29) より，$(0, 0, 0) = \boldsymbol{0} = k_1(1, 0, 0) + k_2(1, 1, 0) + k_3(1, 1, 1) = (k_1, 0, 0) + (k_2, k_2, 0) + (k_3, k_3, k_3) = (k_1 + k_2 + k_3, k_2 + k_3, k_3)$ となる．よって，$k_1 + k_2 + k_3 = 0$, $k_2 + k_3 = 0$, $k_3 = 0$ である．これを解くと，$(k_1, k_2, k_3) = (0, 0, 0)$ である．したがって，$\boldsymbol{a}_1$, $\boldsymbol{a}_2$, $\boldsymbol{a}_3$ は自明な 1 次関係

しかもたず，1 次独立である．

（2）　$(x_1, x_2, x_3) \in \mathbf{R}^3$ とし，$k_1, k_2, k_3 \in \mathbf{R}$ に対する方程式 $(x_1, x_2, x_3) = k_1\boldsymbol{a}_1 + k_2\boldsymbol{a}_2 + k_3\boldsymbol{a}_3$ を考える．このとき，(1) の計算より，$(x_1, x_2, x_3) = (k_1 + k_2 + k_3, k_2 + k_3, k_3)$ である．これを解くと，$k_1 = x_1 - x_2$, $k_2 = x_2 - x_3$, $k_3 = x_3$ である．よって，$\mathbf{R}^3 = \langle \boldsymbol{a}_1, \boldsymbol{a}_2, \boldsymbol{a}_3 \rangle_{\mathbf{R}}$ である．

問 9.9　（1）　$\boldsymbol{e}_n$, $\boldsymbol{e}_{n-1}$, $\ldots$, $\boldsymbol{e}_1$ の 1 次関係 $k_1\boldsymbol{e}_n + k_2\boldsymbol{e}_{n-1} + \cdots + k_n\boldsymbol{e}_1 = \boldsymbol{0}$ $(k_1, k_2, \ldots, k_n \in \mathbf{R})$ を考える．このとき，$k_n\boldsymbol{e}_1 + k_{n-1}\boldsymbol{e}_2 + \cdots + k_1\boldsymbol{e}_n = \boldsymbol{0}$ である．ここで，$\boldsymbol{e}_1$, $\boldsymbol{e}_2$, $\ldots$, $\boldsymbol{e}_n$ は 1 次独立なので，$k_n = k_{n-1} = \cdots = k_1 = 0$ である．よって，$\boldsymbol{e}_n$, $\boldsymbol{e}_{n-1}$, $\ldots$, $\boldsymbol{e}_1$ は自明な 1 次関係しかもたず，1 次独立である．

（2）　$\boldsymbol{x} = (x_1, x_2, \ldots, x_n) \in \mathbf{R}^n$ とすると，$\boldsymbol{x} = x_1\boldsymbol{e}_1 + x_2\boldsymbol{e}_2 + \cdots + x_n\boldsymbol{e}_n = x_n\boldsymbol{e}_n + x_{n-1}\boldsymbol{e}_{n-1} + \cdots + x_1\boldsymbol{e}_1$ である．よって，$\mathbf{R}^n = \langle \boldsymbol{e}_n, \boldsymbol{e}_{n-1}, \ldots, \boldsymbol{e}_1 \rangle_{\mathbf{R}}$ である．さらに，基底 $\{\boldsymbol{e}_n, \boldsymbol{e}_{n-1}, \ldots, \boldsymbol{e}_1\}$ に関する $\boldsymbol{x}$ の成分は x_n, x_{n-1}, $\ldots$, x_1 である．

問 9.10　（1）　$\boldsymbol{a}_1$, $\boldsymbol{a}_2$ の 1 次関係 $k_1\boldsymbol{a}_1 + k_2\boldsymbol{a}_2 = \boldsymbol{0}$ $(k_1, k_2 \in \mathbf{R})$ を考える．このとき，(9.37) より，$(0, 0) = \boldsymbol{0} = k_1(1, 1) + k_2(0, 1) = (k_1, k_1) + (0, k_2) = (k_1, k_1 + k_2)$ となる．よって，$k_1 = 0$, $k_1 + k_2 = 0$ である．これを解くと，$(k_1, k_2) = (0, 0)$ である．したがって，$\boldsymbol{a}_1$, $\boldsymbol{a}_2$ は自明な 1 次関係しかもたず，1 次独立である．

（2）　$(x_1, x_2) \in \mathbf{R}^2$ とし，$k_1, k_2 \in \mathbf{R}$ に対する方程式 $(x_1, x_2) = k_1\boldsymbol{a}_1 + k_2\boldsymbol{a}_2$ を考える．このとき，(1) の計算より，$(x_1, x_2) = (k_1, k_1 + k_2)$ である．これを解くと，$k_1 = x_1$, $k_2 = x_2 - x_1$ である．よって，$\mathbf{R}^2 = \langle \boldsymbol{a}_1, \boldsymbol{a}_2 \rangle_{\mathbf{R}}$ である．さらに，基底 $\{\boldsymbol{a}_1, \boldsymbol{a}_2\}$ に関する $\boldsymbol{x}$ の成分は x_1, $x_2 - x_1$ である．

問 9.11　$A \in M_{m,n}(\mathbf{R})$ とする．A の (i, j) 成分を a_{ij} とすると，$A = a_{11}E_{11} +$

$a_{21}E_{21} + \cdots + a_{mn}E_{mn}$ となる. よって,
(9.39) がなりたつ.

問 9.12 (1) $\boldsymbol{x}, \boldsymbol{y}$ をそれぞれ $\boldsymbol{x} = x_1\boldsymbol{v}_1 + x_2\boldsymbol{v}_2 + \cdots + x_n\boldsymbol{v}_n$, $\boldsymbol{y} = y_1\boldsymbol{v}_1 + y_2\boldsymbol{v}_2 + \cdots + y_n\boldsymbol{v}_n$ ($x_1, x_2, \ldots, x_n, y_1, y_2, \ldots, y_n \in \mathbf{R}$) と表しておく. このとき, $\boldsymbol{x} + \boldsymbol{y} = (x_1 + y_1)\boldsymbol{v}_1 + (x_2 + y_2)\boldsymbol{v}_2 + \cdots + (x_n + y_n)\boldsymbol{v}_n$ となる. よって, f の定義より, $f(\boldsymbol{x} + \boldsymbol{y}) = (x_1 + y_1)\boldsymbol{w}_1 + (x_2 + y_2)\boldsymbol{w}_2 + \cdots + (x_n + y_n)\boldsymbol{w}_n = (x_1\boldsymbol{w}_1 + x_2\boldsymbol{w}_2 + \cdots + x_n\boldsymbol{w}_n) + (y_1\boldsymbol{w}_1 + y_2\boldsymbol{w}_2 + \cdots + y_n\boldsymbol{w}_n) = f(\boldsymbol{x}) + f(\boldsymbol{y})$ となる. すなわち, (9.43) がなりたつ.

(2) $\boldsymbol{x}$ を $\boldsymbol{x} = x_1\boldsymbol{v}_1 + x_2\boldsymbol{v}_2 + \cdots + x_n\boldsymbol{v}_n$ ($x_1, x_2, \ldots, x_n \in \mathbf{R}$) と表しておく. このとき, $k\boldsymbol{x} = (kx_1)\boldsymbol{v}_1 + (kx_2)\boldsymbol{v}_2 + \cdots + (kx_n)\boldsymbol{v}_n$ となる. よって, f の定義より, $f(k\boldsymbol{x}) = (kx_1)\boldsymbol{w}_1 + (kx_2)\boldsymbol{w}_2 + \cdots + (kx_n)\boldsymbol{w}_n = k(x_1\boldsymbol{w}_1 + x_2\boldsymbol{w}_2 + \cdots + x_n\boldsymbol{w}_n) = kf(\boldsymbol{x})$ となる. すなわち, (9.44) がなりたつ.

(3) $\boldsymbol{z} \in W$ とする. このとき, $\boldsymbol{z}$ は $\boldsymbol{z} = z_1\boldsymbol{w}_1 + z_2\boldsymbol{w}_2 + \cdots + z_n\boldsymbol{w}_n$ ($z_1, z_2, \ldots, z_n \in \mathbf{R}$) と表される. ここで, $\boldsymbol{x} \in V$ を $\boldsymbol{x} = z_1\boldsymbol{v}_1 + z_2\boldsymbol{v}_2 + \cdots + z_n\boldsymbol{v}_n$ により定める. このとき, f の定義より, $f(\boldsymbol{x}) = \boldsymbol{z}$ である. よって, f は全射である.

(4) $\boldsymbol{x}, \boldsymbol{y} \in V$, $f(\boldsymbol{x}) = f(\boldsymbol{y})$ とする. また, $\boldsymbol{x}, \boldsymbol{y}$ をそれぞれ $\boldsymbol{x} = x_1\boldsymbol{v}_1 + x_2\boldsymbol{v}_2 + \cdots + x_n\boldsymbol{v}_n$, $\boldsymbol{y} = y_1\boldsymbol{v}_1 + y_2\boldsymbol{v}_2 + \cdots + y_n\boldsymbol{v}_n$ ($x_1, x_2, \ldots, x_n, y_1, y_2, \ldots, y_n \in \mathbf{R}$) と表しておく. このとき, f の定義より, $x_1\boldsymbol{w}_1 + x_2\boldsymbol{w}_2 + \cdots + x_n\boldsymbol{w}_n = y_1\boldsymbol{w}_1 + y_2\boldsymbol{w}_2 + \cdots + y_n\boldsymbol{w}_n$ となる. ここで, $\{\boldsymbol{w}_1, \boldsymbol{w}_2, \ldots, \boldsymbol{w}_n\}$ は W の基底なので, $x_1 = y_1$, $x_2 = y_2$, $\ldots$, $x_n = y_n$ となり, $\boldsymbol{x} = \boldsymbol{y}$ である. よって, f は単射である.

問 9.13 (1) 求める基底変換行列を $P = \begin{pmatrix} a & b \\ c & d \end{pmatrix}$ とする. このとき, 定理 9.7

および (9.55) 第 3 式, 第 4 式より,
$$\begin{pmatrix} 1 & 0 \\ 0 & 1 \end{pmatrix} = \begin{pmatrix} a & b \\ c & d \end{pmatrix}\begin{pmatrix} 1 & 1 \\ 0 & 1 \end{pmatrix} = \begin{pmatrix} a & a+b \\ c & c+d \end{pmatrix}$$ となる. よって, $a = 1$, $a + b = 0$, $c = 0$, $c + d = 1$ である. これを解くと, $a = 1$, $b = -1$, $c = 0$, $d = 1$ である. したがって, $P = \begin{pmatrix} 1 & -1 \\ 0 & 1 \end{pmatrix}$ である.

(2) 求める基底変換行列を $P = \begin{pmatrix} a & b \\ c & d \end{pmatrix}$ とする. このとき, 定理 9.7 および (9.55) より, $\begin{pmatrix} 1 & 1 \\ 0 & 1 \end{pmatrix} = \begin{pmatrix} a & b \\ c & d \end{pmatrix}\begin{pmatrix} 1 & 0 \\ 1 & 1 \end{pmatrix} = \begin{pmatrix} a+b & b \\ c+d & d \end{pmatrix}$ となる. よって, $a + b = 1$, $b = 1$, $c + d = 0$, $d = 1$ である. これを解くと, $a = 0$, $b = 1$, $c = -1$, $d = 1$ である. したがって, $P = \begin{pmatrix} 0 & 1 \\ -1 & 1 \end{pmatrix}$ である.

(3) 求める基底変換行列を $P = \begin{pmatrix} a & b \\ c & d \end{pmatrix}$ とする. このとき, 定理 9.7 および (9.55) より, $\begin{pmatrix} 1 & 0 \\ 1 & 1 \end{pmatrix} = \begin{pmatrix} a & b \\ c & d \end{pmatrix}\begin{pmatrix} 1 & 1 \\ 0 & 1 \end{pmatrix} = \begin{pmatrix} a & a+b \\ c & c+d \end{pmatrix}$ となる. よって, $a = 1$, $a + b = 0$, $c = 1$, $c + d = 1$ である. これを解くと, $a = 1$, $b = -1$, $c = 1$, $d = 0$ である. したがって, $P = \begin{pmatrix} 1 & -1 \\ 1 & 0 \end{pmatrix}$ である.

問 9.14 求める基底変換行列を $P = \begin{pmatrix} a_{11} & a_{12} & a_{13} \\ a_{21} & a_{22} & a_{23} \\ a_{31} & a_{32} & a_{33} \end{pmatrix}$ とする. このとき, 定理 9.7 および (9.56) より, $\begin{pmatrix} 1 & 0 & 0 \\ 0 & 1 & 0 \\ 0 & 0 & 1 \end{pmatrix}$

$$= \begin{pmatrix} a_{11} & a_{12} & a_{13} \\ a_{21} & a_{22} & a_{23} \\ a_{31} & a_{32} & a_{33} \end{pmatrix} \begin{pmatrix} 1 & 0 & 0 \\ 1 & 1 & 0 \\ 1 & 1 & 1 \end{pmatrix}$$

$$= \begin{pmatrix} a_{11}+a_{12}+a_{13} & a_{12}+a_{13} & a_{13} \\ a_{21}+a_{22}+a_{23} & a_{22}+a_{23} & a_{23} \\ a_{31}+a_{32}+a_{33} & a_{32}+a_{33} & a_{33} \end{pmatrix}$$

となる．よって，$a_{11}+a_{12}+a_{13}=1$, $a_{12}+a_{13}=0$, $a_{13}=0$, $a_{21}+a_{22}+a_{23}=0$, $a_{22}+a_{23}=1$, $a_{23}=0$, $a_{31}+a_{32}+a_{33}=0$, $a_{32}+a_{33}=0$, $a_{33}=1$ である．これを解くと，$a_{11}=1$, $a_{12}=0$, $a_{13}=0$, $a_{21}=-1$, $a_{22}=1$, $a_{23}=0$, $a_{31}=0$, $a_{32}=-1$, $a_{33}=1$ である．したがって，$P = \begin{pmatrix} 1 & 0 & 0 \\ -1 & 1 & 0 \\ 0 & -1 & 1 \end{pmatrix}$ である．

問 9.15 A を正則行列，B, C を A の逆行列とする．このとき，$B = BE = B(AC) = (BA)C = EC = C$ となる．よって，$B = C$ となり，A の逆行列は一意的である．すなわち，定理 9.9 がなりたつ．

問 9.16 $\boldsymbol{x} \in V$ とする．$\{\boldsymbol{v}_1, \boldsymbol{v}_2, \dots, \boldsymbol{v}_n\}$ は V の基底なので，$\boldsymbol{x}$ は $\boldsymbol{x} = (k_1, k_2, \dots, k_n) \begin{pmatrix} \boldsymbol{v}_1 \\ \boldsymbol{v}_2 \\ \vdots \\ \boldsymbol{v}_n \end{pmatrix}$ $(k_1, k_2, \dots, k_n \in \mathbf{R})$ と表される．ここで，P は正則なので，(9.46) より，$\begin{pmatrix} \boldsymbol{v}_1 \\ \boldsymbol{v}_2 \\ \vdots \\ \boldsymbol{v}_n \end{pmatrix} = E \begin{pmatrix} \boldsymbol{v}_1 \\ \boldsymbol{v}_2 \\ \vdots \\ \boldsymbol{v}_n \end{pmatrix} =$ $P^{-1}P \begin{pmatrix} \boldsymbol{v}_1 \\ \boldsymbol{v}_2 \\ \vdots \\ \boldsymbol{v}_n \end{pmatrix} = P^{-1} \begin{pmatrix} \boldsymbol{w}_1 \\ \boldsymbol{w}_2 \\ \vdots \\ \boldsymbol{w}_n \end{pmatrix}$ となる．よって，$\boldsymbol{x} = (k_1, k_2, \dots, k_n)P^{-1}$ $\times \begin{pmatrix} \boldsymbol{w}_1 \\ \boldsymbol{w}_2 \\ \vdots \\ \boldsymbol{w}_n \end{pmatrix}$ である．したがって，$V = \langle \boldsymbol{w}_1, \boldsymbol{w}_2, \dots, \boldsymbol{w}_n \rangle_{\mathbf{R}}$ である．

問 9.17 正方行列 $\begin{pmatrix} 1 & 1 \\ 1 & 1 \end{pmatrix}$ の逆行列 $\begin{pmatrix} a & b \\ c & d \end{pmatrix}$ が存在すると仮定する．このとき，$\begin{pmatrix} 1 & 0 \\ 0 & 1 \end{pmatrix} = \begin{pmatrix} 1 & 1 \\ 1 & 1 \end{pmatrix} \begin{pmatrix} a & b \\ c & d \end{pmatrix}$ $= \begin{pmatrix} a+c & b+d \\ a+c & b+d \end{pmatrix}$ となる．よって，$a+c=1$, $b+d=0$, $a+c=0$, $b+d=1$ である．これらをみたす a, b, c, d は存在しないので，これは矛盾である．したがって，$\begin{pmatrix} 1 & 1 \\ 1 & 1 \end{pmatrix}$ の逆行列は存在しない．

問 9.18 まず，$(AB)(B^{-1}A^{-1}) = A(BB^{-1})A^{-1} = AE_nA^{-1} = AA^{-1} = E_n$ である．また，$(B^{-1}A^{-1})(AB) = B^{-1}(A^{-1}A)B = B^{-1}E_nB = B^{-1}B = E_n$ である．よって，定理 9.14 (2) がなりたつ．

問 9.19 (1) まず，(9.85), (9.93) より，$f(\boldsymbol{b}_1) = (1, 0, 0) \begin{pmatrix} 1 & 0 \\ 0 & 2 \\ 0 & 0 \end{pmatrix} = (1, 0)$, $f(\boldsymbol{b}_2) = (1, 1, 0) \begin{pmatrix} 1 & 0 \\ 0 & 2 \\ 0 & 0 \end{pmatrix} = (1, 2)$, $f(\boldsymbol{b}_3) = (1, 1, 1) \begin{pmatrix} 1 & 0 \\ 0 & 2 \\ 0 & 0 \end{pmatrix} = (1, 2)$ である．よって，求める表現行列を $A = \begin{pmatrix} p & q \\ r & s \\ t & u \end{pmatrix}$ とおくと，(9.80), (9.84) より，

$$\begin{pmatrix} 1 & 0 \\ 1 & 2 \\ 1 & 2 \end{pmatrix} = \begin{pmatrix} p & q \\ r & s \\ t & u \end{pmatrix} \begin{pmatrix} 1 & 0 \\ 1 & 1 \end{pmatrix}$$

$$= \begin{pmatrix} p+q & q \\ r+s & s \\ t+u & u \end{pmatrix}$$ となる. したがって,

$p+q=1$, $q=0$, $r+s=1$, $s=2$, $t+u=1$, $u=2$ である. これを解くと, $p=1$, $q=0$, $r=-1$, $s=2$, $t=-1$, $u=2$ である. 以上より, $A = \begin{pmatrix} 1 & 0 \\ -1 & 2 \\ -1 & 2 \end{pmatrix}$ である.

(2) まず, (9.84), (9.94) より, $f(\boldsymbol{a}_1) = (1,0) \begin{pmatrix} 1 & 0 \\ 0 & 2 \end{pmatrix} = (1,0)$, $f(\boldsymbol{a}_2) = (1,1) \begin{pmatrix} 1 & 0 \\ 0 & 2 \end{pmatrix} = (1,2)$ である. よっ

て, 求める表現行列を $A = \begin{pmatrix} p & q \\ r & s \end{pmatrix}$

とおくと, (9.80) より, $\begin{pmatrix} 1 & 0 \\ 1 & 2 \end{pmatrix} = \begin{pmatrix} p & q \\ r & s \end{pmatrix} \begin{pmatrix} 1 & 0 \\ 1 & 1 \end{pmatrix} = \begin{pmatrix} p+q & q \\ r+s & s \end{pmatrix}$ と

なる. したがって, $p+q=1$, $q=0$, $r+s=1$, $s=2$ である. これを解くと, $p=1$, $q=0$, $r=-1$, $s=2$ である. 以上より, $A = \begin{pmatrix} 1 & 0 \\ -1 & 2 \end{pmatrix}$ である.

(3) まず, (9.85), (9.95) より, $f(\boldsymbol{b}_1) = (1,0,0) \begin{pmatrix} 1 & 0 & 0 \\ 0 & 2 & 0 \\ 0 & 0 & 3 \end{pmatrix} = (1,0,0)$, $f(\boldsymbol{b}_2) = (1,1,0) \begin{pmatrix} 1 & 0 & 0 \\ 0 & 2 & 0 \\ 0 & 0 & 3 \end{pmatrix} = (1,2,0)$,

$f(\boldsymbol{b}_3) = (1,1,1) \begin{pmatrix} 1 & 0 & 0 \\ 0 & 2 & 0 \\ 0 & 0 & 3 \end{pmatrix} = (1,2,3)$ である. よって, 求める表現行

列を $A = \begin{pmatrix} a_{11} & a_{12} & a_{13} \\ a_{21} & a_{22} & a_{23} \\ a_{31} & a_{32} & a_{33} \end{pmatrix}$ とお

くと, (9.80) より, $\begin{pmatrix} 1 & 0 & 0 \\ 1 & 2 & 0 \\ 1 & 2 & 3 \end{pmatrix} =$

$\begin{pmatrix} a_{11} & a_{12} & a_{13} \\ a_{21} & a_{22} & a_{23} \\ a_{31} & a_{32} & a_{33} \end{pmatrix} \begin{pmatrix} 1 & 0 & 0 \\ 1 & 1 & 0 \\ 1 & 1 & 1 \end{pmatrix} =$

$\begin{pmatrix} a_{11}+a_{12}+a_{13} & a_{12}+a_{13} & a_{13} \\ a_{21}+a_{22}+a_{23} & a_{22}+a_{23} & a_{23} \\ a_{31}+a_{32}+a_{33} & a_{32}+a_{33} & a_{33} \end{pmatrix}$ と

なる. したがって, $a_{11}+a_{12}+a_{13}=1$, $a_{12}+a_{13}=0$, $a_{13}=0$, $a_{21}+a_{22}+a_{23}=1$, $a_{22}+a_{23}=2$, $a_{23}=0$, $a_{31}+a_{32}+a_{33}=1$, $a_{32}+a_{33}=2$, $a_{33}=3$ である. これを解くと, $a_{11}=1$, $a_{12}=0$, $a_{13}=0$, $a_{21}=-1$, $a_{22}=2$, $a_{23}=0$, $a_{31}=-1$, $a_{32}=-1$, $a_{33}=3$ である. 以上より, $A = \begin{pmatrix} 1 & 0 & 0 \\ -1 & 2 & 0 \\ -1 & -1 & 3 \end{pmatrix}$

である.

問 9.20 (1) B, Q の定義より,

$$\begin{pmatrix} f(\boldsymbol{v}_1') \\ f(\boldsymbol{v}_2') \\ \vdots \\ f(\boldsymbol{v}_m') \end{pmatrix} = B \begin{pmatrix} \boldsymbol{w}_1' \\ \boldsymbol{w}_2' \\ \vdots \\ \boldsymbol{w}_n' \end{pmatrix} =$$

$$BQ \begin{pmatrix} \boldsymbol{w}_1 \\ \boldsymbol{w}_2 \\ \vdots \\ \boldsymbol{w}_n \end{pmatrix}$$ となる. よって, (9.97) が

なりたつ.

(2) まず, P の定義より, $\begin{pmatrix} \boldsymbol{v}_1' \\ \boldsymbol{v}_2' \\ \vdots \\ \boldsymbol{v}_m' \end{pmatrix} =$

$$P\begin{pmatrix}\boldsymbol{v}_1\\\boldsymbol{v}_2\\\vdots\\\boldsymbol{v}_m\end{pmatrix}$$ である. さらに, f が線形写像であることと A の定義より,

$$\begin{pmatrix}f(\boldsymbol{v}_1')\\f(\boldsymbol{v}_2')\\\vdots\\f(\boldsymbol{v}_m')\end{pmatrix}=P\begin{pmatrix}f(\boldsymbol{v}_1)\\f(\boldsymbol{v}_2)\\\vdots\\f(\boldsymbol{v}_m)\end{pmatrix}=$$

$$PA\begin{pmatrix}\boldsymbol{w}_1\\\boldsymbol{w}_2\\\vdots\\\boldsymbol{w}_n\end{pmatrix}$$ となる. よって, (9.98) がなりたつ.

(3) (1), (2) より, $$BQ\begin{pmatrix}\boldsymbol{w}_1\\\boldsymbol{w}_2\\\vdots\\\boldsymbol{w}_n\end{pmatrix}=$$

$$PA\begin{pmatrix}\boldsymbol{w}_1\\\boldsymbol{w}_2\\\vdots\\\boldsymbol{w}_n\end{pmatrix}$$ である. ここで, $\{\boldsymbol{w}_1, \boldsymbol{w}_2, \ldots, \boldsymbol{w}_n\}$ は W の基底なので, $BQ=PA$ である. さらに, 定理 9.11 (1) より, 基底変換行列 Q は正則であり, Q の逆行列 Q^{-1} が存在する. よって, $B=BQQ^{-1}=PAQ^{-1}$ となり, (9.96) がなりたつ.

問 9.21 $f\in V^*$, $j=1, 2, \ldots, n$ とすると, (9.103) の計算と同様に, $(f(\boldsymbol{v}_1)f_1+f(\boldsymbol{v}_2)f_2+\cdots+f(\boldsymbol{v}_n)f_n)(\boldsymbol{v}_j)=f(\boldsymbol{v}_j)$ となる. ここで, $\{\boldsymbol{v}_1, \boldsymbol{v}_2, \ldots, \boldsymbol{v}_n\}$ は V の基底なので, 任意の $\boldsymbol{x}\in V$ に対して, $(f(\boldsymbol{v}_1)f_1+f(\boldsymbol{v}_2)f_2+\cdots+f(\boldsymbol{v}_n)f_n)(\boldsymbol{x})=f(\boldsymbol{x})$ となる. さらに, $\boldsymbol{x}$ は V の任意の元なので, $f=f(\boldsymbol{v}_1)f_1+f(\boldsymbol{v}_2)f_2+\cdots+f(\boldsymbol{v}_n)f_n$ である. よって, $V^*=\langle f_1, f_2, \ldots, f_n\rangle_{\mathbf{R}}$ である.

問 9.22 (1) $\iota(\boldsymbol{x})$ の定義 (9.105) および V^* の和の定義より, $(\iota(\boldsymbol{x}))(f+g)=(f+g)(\boldsymbol{x})=f(\boldsymbol{x})+g(\boldsymbol{x})=(\iota(\boldsymbol{x}))(f)+(\iota(\boldsymbol{x}))(g)$ となる. よって, (9.106) がなりたつ.

(2) $\iota(\boldsymbol{x})$ の定義 (9.105) および V^* のスカラー倍の定義より, $(\iota(\boldsymbol{x}))(kf)=(kf)(\boldsymbol{x})=kf(\boldsymbol{x})=k(\iota(\boldsymbol{x}))(f)$ となる. よって, (9.107) がなりたつ.

問 9.23 (1) $f\in V^*$ とすると, ι の定義, V^* の元が線形写像であること, $(V^*)^*$ の和の定義より, $(\iota(\boldsymbol{x}+\boldsymbol{y}))(f)=f(\boldsymbol{x}+\boldsymbol{y})=f(\boldsymbol{x})+f(\boldsymbol{y})=(\iota(\boldsymbol{x}))(f)+(\iota(\boldsymbol{y}))(f)=(\iota(\boldsymbol{x})+\iota(\boldsymbol{y}))(f)$ となる. よって, f が V^* の任意の元であることより, (9.108) がなりたつ.

(2) $f\in V^*$ とすると, ι の定義, V^* の元が線形写像であること, $(V^*)^*$ のスカラー倍の定義より, $(\iota(k\boldsymbol{x}))(f)=f(k\boldsymbol{x})=kf(\boldsymbol{x})=k(\iota(\boldsymbol{x}))(f)=(k\iota(\boldsymbol{x}))(f)$ となる. よって, f が V^* の任意の元であることより, (9.109) がなりたつ.

問 9.24 (1) $F\in(V^*)^*$ とする. このとき, $\{\iota(\boldsymbol{v}_1), \iota(\boldsymbol{v}_2), \ldots, \iota(\boldsymbol{v}_n)\}$ は $(V^*)^*$ の基底なので, F は $F=k_1\iota(\boldsymbol{v}_1)+k_2\iota(\boldsymbol{v}_2)+\cdots+k_n\iota(\boldsymbol{v}_n)$ $(k_1, k_2, \ldots, k_n\in\mathbf{R})$ と表される. さらに, 定理 9.19 より, ι は線形写像なので, $\iota(k_1\boldsymbol{v}_1+k_2\boldsymbol{v}_2+\cdots+k_n\boldsymbol{v}_n)=F$ となる. よって, ι は全射である.

(2) $\boldsymbol{x}\in V$, $\iota(\boldsymbol{x})=\boldsymbol{0}_{(V^*)^*}$ とする. このとき, $\{\boldsymbol{v}_1, \boldsymbol{v}_2, \ldots, \boldsymbol{v}_n\}$ は V の基底なので, $\boldsymbol{x}$ は $\boldsymbol{x}=k_1\boldsymbol{v}_1+k_2\boldsymbol{v}_2+\cdots+k_n\boldsymbol{v}_n$ $(k_1, k_2, \ldots, k_n\in\mathbf{R})$ と表される. さらに, 定理 9.19 より, ι は線形写像なので, $k_1\iota(\boldsymbol{v}_1)+k_2\iota(\boldsymbol{v}_2)+\cdots+k_n\iota(\boldsymbol{v}_n)=\boldsymbol{0}_{(V^*)^*}$ となる. ここで, $\{\iota(\boldsymbol{v}_1), \iota(\boldsymbol{v}_2), \ldots, \iota(\boldsymbol{v}_n)\}$ は $(V^*)^*$ の基底なので, $k_1=k_2=\cdots=k_n=0$ である. よって, $\boldsymbol{x}=\boldsymbol{0}_V$ である. したがって, 定理 7.10 (2) より, ι は単射である.

問 9.25 (1) 転置行列の定義より, ${}^t(kA)$ の (j,i) 成分 $=kA$ の (i,j) 成分

$= k \times A$ の (i, j) 成分

$= k \times {}^t A$ の (j, i) 成分,である.よって,定理 9.22 (2) がなりたつ.

(2) 転置行列の定義より,

${}^t(AB)$ の (k, i) 成分 $= AB$ の (i, k) 成分

$=$「A の (i, j) 成分 $\times B$ の (j, k) 成分」の j に関する和

$=$「B の (j, k) 成分 $\times A$ の (i, j) 成分」の j に関する和

$=$「${}^t B$ の (k, j) 成分 $\times {}^t A$ の (j, i) 成分」の j に関する和 $= {}^t B {}^t A$ の (k, i) 成分,である.よって,定理 9.22 (3) がなりたつ.

問 9.26 (1) (9.121) 第 2 式より,$a^2 = a$ である.これを解くと,$a = 0, 1$ である.

(2) (9.121) 第 3 式より,$a^3 = a$,$a^6 = a^2$,$a^7 = a^5$ である.第 1 式より,$a = 0, \pm 1$ である.これは第 2 式,第 3 式をみたす.よって,$a = 0, \pm 1$ である.

問 9.27 $A = (a_{ij})_{m \times n}$ とおく.このとき,$A {}^t A$ の (i, k) 成分は $\sum_{j=1}^{n} a_{ij} a_{kj} = \sum_{j=1}^{n} a_{kj} a_{ij}$ となり,これは $A {}^t A$ の (k, i) 成分に等しい.よって,$A {}^t A$ は対称行列である.さらに,$A {}^t A$ の (i, i) 成分は $\sum_{j=1}^{n} a_{ij} a_{ij} = \sum_{j=1}^{n} a_{ij}^2 \geq 0$ となり,0 以上である.

問 9.28 (1) (9.123) 第 2 式より,$a^2 = -a$,$a + b = 0$ である.これを解くと,$(a, b) = (0, 0), (-1, 1)$ である.

(2) (9.123) 第 3 式より,$-a^3 = -a$,$-a^6 = -a^2$,$-a^7 = -a^5$,$a + b = 0$,$b - a^2 b = 0$ である.第 1 式より,$a = 0, \pm 1$ である.これは第 2 式,第 3 式をみたす.さらに,第 4 式より,$(a, b) = (0, 0), (\pm 1, \mp 1)$(複号同順)である.これは第 5 式をみたす.よって,$(a, b) = (0, 0), (\pm 1, \mp 1)$ である.

········· **章末問題** ·········

問題 9.1 (1) まず,定理 9.22 (1) および

対称行列の定義 定義 9.5 より,${}^t(A + B) = {}^t A + {}^t B = A + B$ である.よって,対称行列の定義より,$A + B \in W$ である.次に,定理 9.22 (2) および対称行列の定義より,${}^t(kA) = k {}^t A = kA$ である.よって,対称行列の定義より,$kA \in W$ である.

(2) $E_{ii} \ (i = 1, 2, \ldots, n)$,$E_{ij} + E_{ji}$ $(1 \leq i < j \leq n)$ の 1 次関係 $\sum_{i=1}^{n} k_{ii} E_{ii} + \sum_{1 \leq i < j \leq n} k_{ij}(E_{ij} + E_{ji}) = O$ $(k_{ij} \in \mathbf{R} \ (1 \leq i \leq j \leq n))$ を考える.ただし,$\sum_{1 \leq i < j \leq n}$ は $1 \leq i < j \leq n$ をみたすすべての i, j についての和を表す.このとき,行列単位の定義より,

$$\begin{pmatrix} k_{11} & k_{12} & \cdots & k_{1n} \\ k_{12} & k_{22} & \cdots & k_{2n} \\ \vdots & \vdots & \ddots & \vdots \\ k_{1n} & k_{2n} & \cdots & k_{nn} \end{pmatrix} = O$$

となる.よって,$k_{ij} = 0 \ (1 \leq i \leq j \leq n)$ である.したがって,$E_{ii} \ (i = 1, 2, \ldots, n)$,$E_{ij} + E_{ji} \ (1 \leq i < j \leq n)$ は自明な 1 次関係しかもたず,1 次独立である.

(3) $A = (a_{ij})_{n \times n} \in W$ とする.このとき,定理 9.23 より,$a_{ij} = a_{ji}$ $(i, j = 1, 2, \ldots, n)$ である.よって,$A = \sum_{i=1}^{n} a_{ii} E_{ii} + \sum_{1 \leq i < j \leq n} a_{ij}(E_{ij} + E_{ji})$ となる.したがって,$W = \langle E_{ii} \ (i = 1, 2, \ldots, n),\ E_{ij} + E_{ji} \ (1 \leq i < j \leq n) \rangle_{\mathbf{R}}$ である.

(4) W の基底 $\{E_{ii} \ (i = 1, 2, \ldots, n),\ E_{ij} + E_{ji} \ (1 \leq i < j \leq n)\}$ を構成する行列の個数は $1 + 2 + \cdots + n = \frac{n(n+1)}{2}$ である.よって,$\dim W = \frac{n(n+1)}{2}$ である.

問題 9.2 (1) まず,定理 9.22 (1) および交代行列の定義 定義 9.6 より,${}^t(A + B) = {}^t A + {}^t B = -A + (-B) = -(A + B)$ である.よって,交代行列の定義より,$A + B \in W$ である.次に,定理 9.22 (2) および交代行列の定義より,${}^t(kA) = k {}^t A = k(-A) =$

$-kA$ である．よって，交代行列の定義より，$kA \in W$ である．

(2) $E_{ij} - E_{ji}$ $(1 \leq i < j \leq n)$ の1次関係 $\sum_{1 \leq i < j \leq n} k_{ij}(E_{ij} - E_{ji}) = O$ $(k_{ij} \in \mathbf{R}$ $(1 \leq i < j \leq n))$ を考える．このとき，行列単位の定義より，

$$\begin{pmatrix} 0 & k_{12} & \cdots & k_{1n} \\ -k_{12} & 0 & \cdots & k_{2n} \\ \vdots & \vdots & \ddots & \vdots \\ -k_{1n} & -k_{2n} & \cdots & 0 \end{pmatrix} = O$$

となる．よって，$k_{ij} = 0$ $(1 \leq i < j \leq n)$ である．したがって，$E_{ij} - E_{ji}$ $(1 \leq i < j \leq n)$ は自明な1次関係しかもたず，1次独立である．

(3) $A = (a_{ij})_{n \times n} \in W$ とする．このとき，定理9.24より，$a_{ij} = -a_{ji}$ $(i, j = 1, 2, \ldots, n)$ であり，とくに，$a_{ii} = 0$ である．よって，$A = \sum_{1 \leq i < j \leq n} a_{ij}(E_{ij} - E_{ji})$ となる．したがって，$W = \langle E_{ij} - E_{ji}$ $(1 \leq i < j \leq n)\rangle_{\mathbf{R}}$ である．

(4) W の基底 $\{E_{ij} - E_{ji}$ $(1 \leq i < j \leq n)\}$ を構成する行列の個数は $1 + 2 + \cdots + (n-1) = \frac{n(n-1)}{2}$ である．よって，$\dim W = \frac{n(n-1)}{2}$ である．

問題 9.3 背理法により示す．A が正則であると仮定する．このとき，A の逆行列 A^{-1} が存在する．よって，(9.124) 第1式より，$O = A^{-1}O = A^{-1}(AB) = (A^{-1}A)B = E_n B = B$ となる．すなわち，$B = O$ となり，これは (9.124) 第2式に矛盾する．したがって，A は正則ではない．

問題 9.4 (1) 分配律より，$(E_n - A)(E_n + A + A^2 + \cdots + A^{m-1}) = E_n(E_n + A + A^2 + \cdots + A^{m-1}) - A(E_n + A + A^2 + \cdots + A^{m-1}) = E_n E_n + E_n A + E_n A^2 + \cdots + E_n A^{m-1} - AE_n - AA - AA^2 - \cdots - AA^{m-1} = E_n + A + A^2 + \cdots + A^{m-1} - A - A^2 - A^3 - \cdots - A^m = E_n - A^m$ である．

(2) べき零行列の定義より，ある $m \in \mathbf{N}$ が存在し，$A^m = O$ となる．このとき，(1) より，$(E_n - A)(E_n + A + A^2 + \cdots + A^{m-1}) = E$ である．よって，定理9.10 より，$E_n - A$ は正則であり，$(E_n - A)^{-1} = E_n + A + A^2 + \cdots + A^{m-1}$ である．

(3) べき零行列の定義より，ある $m \in \mathbf{N}$ が存在し，$A^m = O$ となる．このとき，$(E_n + A)\{E_n - A + A^2 - \cdots + (-1)^m A^{m-1}\} = E_n\{E_n - A + A^2 - \cdots + (-1)^m A^{m-1}\} + A\{E_n - A + A^2 - \cdots + (-1)^m A^{m-1}\} = E_n E_n - E_n A + E_n A^2 - \cdots + (-1)^m E_n A^{m-1} + AE_n - AA + AA^2 - \cdots + (-1)^m AA^{m-1} = E_n - A + A^2 - \cdots + (-1)^m A^{m-1} + A - A^2 + A^3 - \cdots + (-1)^m A^m = E_n + (-1)^m A^m = E_n + (-1)^m O = E_n$ である．よって，定理9.10 より，$E_n + A$ は正則であり，$(E_n + A)^{-1} = E_n - A + A^2 - \cdots + (-1)^m A^{m-1}$ である．

問題 9.5 逆行列の定義より，$AA^{-1} = E$ である．よって，定理9.22 (3) より，$E = {}^tE = {}^t(AA^{-1}) = {}^t(A^{-1}){}^tA$ となる．すなわち，${}^t(A^{-1}){}^tA = E$ である．よって，定理9.10 より，${}^tA$ は正則であり，(9.126) がなりたつ．

問題 9.6 (1) 行列単位の定義より，$i, j, k, l = 1, 2, \ldots, n$ とすると，$E_{ij}E_{kl} = \delta_{jk}E_{il}$ となる．よって，$i = l$, $j = k$ とすると，$E_{ij}E_{ji} = E_{ii}$ である．また，$i \neq l$, $j = k$ とすると，$E_{ij}E_{jl} = E_{il}$ である．よって，(9.127) より，$i, j = 1, 2, \ldots, n$ とすると，$\Phi(E_{ii}) = \Phi(E_{ij}E_{ji}) = \Phi(E_{ji}E_{ij}) = \Phi(E_{jj})$ である．また，$i, j, l = 1, 2, \ldots, n$, $i \neq l$ とすると，$\Phi \in (M_n(\mathbf{R}))^*$ より，$\Phi(E_{il}) = \Phi(E_{ij}E_{jl}) = \Phi(E_{jl}E_{ij}) = \Phi(\delta_{li}E_{jj}) = \Phi(0E_{jj}) = 0\Phi(E_{jj}) = 0$ である．したがって，(9.128) がなりたつ．

(2) まず，$A = (a_{ij})_{n \times n} \in M_n(\mathbf{R})$ とすると，$\Phi \in (M_n(\mathbf{R}))^*$ および (1)

9

より，$\Phi(A) = \Phi\left(\sum_{i,j=1}^{n} a_{ij}E_{ij}\right) = \sum_{i,j=1}^{n} a_{ij}\Phi(E_{ij}) = (a_{11} + a_{22} + \cdots + a_{nn})\Phi(E_{11})$ となる．よって，$c = \Phi(E_{11})$ とおくと，(9.129) がなりたつ．逆に，関数 $\Phi : M_n(\mathbf{R}) \to \mathbf{R}$ を (9.129) により定め，$A = (a_{ij})_{n \times n}, B = (b_{ij})_{n \times n} \in M_n(\mathbf{R}), k \in \mathbf{R}$ とする．このとき，$\Phi(A + B) = c\sum_{i=1}^{n}(a_{ii} + b_{ii}) = c\sum_{i=1}^{n} a_{ii} + c\sum_{i=1}^{n} b_{ii} = \Phi(A) + \Phi(B)$ である．また，$\Phi(kA) = c\sum_{i=1}^{n} ka_{ii} = kc\sum_{i=1}^{n} a_{ii} = k\Phi(A)$ である．したがって，$\Phi \in (M_n(\mathbf{R}))^*$ である．さらに，AB の (i, i) 成分は $\sum_{j=1}^{n} a_{ij}b_{ji}$ なので，$\Phi(AB) = c\sum_{i=1}^{n}\sum_{j=1}^{n} a_{ij}b_{ji} = c\sum_{i=1}^{n}\sum_{j=1}^{n} b_{ji}a_{ij} = \Phi(BA)$ となる．以上より，(9.127) をみたす $\Phi \in (M_n(\mathbf{R}))^*$ は (9.129) のように表される．

(3)　(9.127) より，$\Phi(PAP^{-1}) = \Phi(P(AP^{-1})) = \Phi((AP^{-1})P) = \Phi(A(P^{-1}P)) = \Phi(AE) = \Phi(A)$ である．よって，(9.130) がなりたつ．

問題 9.7　(1)　まず，$\mathrm{tr}(A+B) = \mathrm{tr}\,A + \mathrm{tr}\,B = 0 + 0 = 0$ となる．よって，$A + B \in W$ である．次に，$\mathrm{tr}(kA) = k\,\mathrm{tr}\,A = k0 = 0$ となる．よって，$kA \in W$ である．

(2)　$E_{ij} - E_{nn}$ $(i = 1, 2, \ldots, n-1)$，$E_{ij} \in W(i, j = 1, 2, \ldots, n,\ i \neq j)$ の 1 次関係 $\sum_{i=1}^{n-1} k_{ii}(E_{ii} - E_{nn}) + \sum_{i,j=1,\ldots,n,\ i\neq j} k_{ij}E_{ij} = O$ $(k_{ij} \in \mathbf{R},\ i, j = 1, 2, \ldots, n,\ (i, j) \neq (n, n))$ を考える．このとき，行列単位の定義より，

$\begin{pmatrix} k_{11} & k_{12} & \cdots & & & k_{1n} \\ k_{21} & k_{22} & \cdots & & & k_{2n} \\ \vdots & \vdots & \ddots & & & \vdots \\ k_{n1} & k_{n2} & \cdots & -k_{11} - \cdots - k_{n-1,n-1} \end{pmatrix}$

$= O$ となる．よって，$k_{ij} = 0$ $(i, j = 1, 2, \ldots, n,\ (i, j) \neq (n, n))$ である．したがって，$E_{ij} - E_{nn}$ $(i = 1, 2, \ldots, n-1)$，$E_{ij} \in W$ $(i, j = 1, 2, \ldots, n,\ i \neq j)$ は自明な 1 次関係しかもたず，1 次独立である．

(3)　$A = (a_{ij})_{n \times n} \in W$ とする．このとき，$\mathrm{tr}\,A = 0$ より，$a_{11} + a_{22} + \cdots + a_{nn} = 0$ である．よって，$A = \sum_{i=1}^{n-1} a_{ii}(E_{ii} - E_{nn}) + \sum_{i,j=1,\ldots,n,\ i\neq j} a_{ij}E_{ij}$ となる．したがって，$W = \langle E_{ii} - E_{nn}\ (i = 1, 2, \ldots, n-1),\ E_{ij}\ (i, j = 1, 2, \ldots, n,\ i \neq j) \rangle_{\mathbf{R}}$ である．

(4)　W の基底 $\{E_{ii} - E_{nn}\ (i = 1, 2, \ldots, n-1),\ E_{ij}\ (i, j = 1, 2, \ldots, n,\ i \neq j)\}$ を構成する行列の個数は $n^2 - 1$ である．よって，$\dim W = n^2 - 1$ である．

問題 9.8　(1)　定理 9.22 (1), (2) および (9.118) より，${}^t\left\{\frac{1}{2}(A + {}^tA)\right\} = \frac{1}{2}\left({}^tA + {}^t({}^tA)\right) = \frac{1}{2}({}^tA + A) = \frac{1}{2}(A + {}^tA)$ である．よって，対称行列の定義 定義 9.5 より，$\frac{1}{2}(A + {}^tA)$ は対称行列である．

(2)　定理 9.22 (1), (2) および (9.118) より，${}^t\left\{\frac{1}{2}(A - {}^tA)\right\} = \frac{1}{2}\left\{{}^tA - {}^t({}^tA)\right\} = \frac{1}{2}({}^tA - A) = -\frac{1}{2}(A + {}^tA)$ である．よって，交代行列の定義 定義 9.6 より，$\frac{1}{2}(A - {}^tA)$ は交代行列である．

(3)　A を対称行列かつ交代行列となる実正方行列とする．このとき，対称行列および交代行列の定義 定義 9.5 定義 9.6 より，$A = {}^tA = -A$，すなわち，$A = -A$ である．よって，$A = O$ となる．すなわち，対称行列かつ交代行列となる実正方行列は零行列に限る．

(4)　A を実正方行列とすると，$A = \frac{1}{2}(A + {}^tA) + \frac{1}{2}(A - {}^tA)$ である．よって，(1), (2)

より, A は対称行列 $\frac{1}{2}(A + {}^t\!A)$ と交代行列 $\frac{1}{2}(A - {}^t\!A)$ で表される. ここで, 対称行列 X_1, X_2, 交代行列 Y_1, Y_2 を用いて, $A = X_1 + Y_1 = X_2 + Y_2$ と表されるとする. このとき, $X_1 - X_2 = Y_2 - Y_1$ である. さらに, 章末問題 9.1 (1) より, $X_1 - X_2$ は対称行列であり, 章末問題 9.2 (1) より, $Y_2 - Y_1$ は交代行列である. したがって, (3) より, $X_1 - X_2 = Y_2 - Y_1 = O$ である. すなわち, $X_1 = X_2$, $Y_1 = Y_2$ である. 以上より, 任意の実正方行列は対称行列と交代行列の和で一意的に表される.

問題 9.9 (1) E_n は n 次の実行列であり, $E_n{}^t\!E_n = {}^t\!E_n = E_n$, すなわち, $E_n{}^t\!E_n = E_n$ である. よって, $E_n \in \mathrm{O}(n)$ である.

(2) $x \in \mathrm{O}(1)$ とすると, (9.133) より, $x^2 = 1$ である. これを解くと, $x = \pm 1$ である. よって, $\mathrm{O}(1)$ を外延的記法により表すと, $\mathrm{O}(1) = \{\pm 1\}$ である.

(3) $A \in \mathrm{O}(2)$ とし, $A = \begin{pmatrix} a & b \\ c & d \end{pmatrix}$ ($a, b, c, d \in \mathbf{R}$) と表しておく. このとき, 直交行列の定義より, ${}^t\!AA = E$, すなわち, $\begin{pmatrix} a & c \\ b & d \end{pmatrix}\begin{pmatrix} a & b \\ c & d \end{pmatrix} = \begin{pmatrix} 1 & 0 \\ 0 & 1 \end{pmatrix}$ である. 左辺を計算し, 両辺の各成分を比較すると,

$$a^2 + c^2 = 1, \quad ab + cd = 0, \quad b^2 + d^2 = 1 \tag{A.8}$$

である. (A.8) 第 1 式, 第 3 式より, ある $\theta, \varphi \in [0, 2\pi)$ が存在し, $a = \cos\theta$, $c = \sin\theta$, $b = \sin\varphi$, $d = \cos\varphi$ と表すことができる. さらに, (A.8) 第 2 式と加法定理より, $\sin(\theta + \varphi) = 0$ である. ここで, $0 \le \theta + \varphi < 4\pi$ なので, $\theta + \varphi = 0, \pi, 2\pi, 3\pi$ である. よって, $(\sin\varphi, \cos\varphi) =$

$$\begin{cases} (-\sin\theta, \cos\theta) & (\theta + \varphi = 0, 2\pi), \\ (\sin\theta, -\cos\theta) & (\theta + \varphi = \pi, 3\pi) \end{cases}$$

とな

り, $A = \begin{pmatrix} \cos\theta & \mp\sin\theta \\ \sin\theta & \pm\cos\theta \end{pmatrix}$ (複号同順) である. したがって, $\mathrm{O}(2)$ は (9.134) のように表される.

(4) 直交行列の定義および定理 9.22 (3) より, $(AB)^t(AB) = (AB)({}^t\!B^t\!A) = A(B^t\!B)^t\!A = AE_n{}^t\!A = A^t\!A = E_n$ となる. すなわち, $(AB)^t(AB) = E_n$ である. よって, $AB \in \mathrm{O}(n)$ である.

(5) (9.133) より, A は正則であり, $A^{-1} = {}^t\!A$ である. さらに, (9.133) および (9.118) より, ${}^t({}^t\!A)^t\!A = {}^t\!A^t({}^t\!A) = E$ である. よって, ${}^t\!A \in \mathrm{O}(n)$ である. したがって, $A^{-1} \in \mathrm{O}(n)$ である.

10

第 10 章

問 10.1 例えば, $\begin{pmatrix} 1 & 2 & 3 & 4 \\ 1 & 4 & 3 & 2 \end{pmatrix}$, $\begin{pmatrix} 2 & 1 & 3 & 4 \\ 4 & 1 & 3 & 2 \end{pmatrix}$, $\begin{pmatrix} 2 & 4 \\ 4 & 2 \end{pmatrix}$ である.

問 10.2 まず, $(\sigma\tau)(1) = \sigma(\tau(1)) = \sigma(2) = 1$, $(\sigma\tau)(2) = \sigma(\tau(2)) = \sigma(1) = 3$, $(\sigma\tau)(3) = \sigma(\tau(3)) = \sigma(3) = 2$ である. よって, $\sigma\tau = \begin{pmatrix} 1 & 2 & 3 \\ 1 & 3 & 2 \end{pmatrix}$ である. また, $(\tau\sigma)(1) = \tau(\sigma(1)) = \tau(3) = 3$, $(\tau\sigma)(2) = \tau(\sigma(2)) = \tau(1) = 2$, $(\tau\sigma)(3) = \tau(\sigma(3)) = \tau(2) = 1$ である. よって, $\tau\sigma = \begin{pmatrix} 1 & 2 & 3 \\ 3 & 2 & 1 \end{pmatrix}$ である.

問 10.3 まず, $1 \mapsto 4 \mapsto 7 \mapsto 3 \mapsto 1$ である. 次に, $2 \mapsto 5 \mapsto 6 \mapsto 2$ である. よって, $\sigma = (2\ 5\ 6)(1\ 4\ 7\ 3)$ である.

問 10.4 (10.28) より, $(1\ 2)(3\ 4\ 5)(6\ 7\ 8\ 9) = (1\ 2)(3\ 5)(3\ 4)(6\ 9)(6\ 8)(6\ 7)$ である. よって, 求める符号は $(-1)^6 = 1$ である.

問 10.5 定理 10.5 (1) において, $\tau = \sigma^{-1}$ とすると, $\mathrm{sgn}\,\varepsilon = (\mathrm{sgn}\,\sigma)(\mathrm{sgn}\,(\sigma^{-1}))$ となる. さらに, $\mathrm{sgn}\,\varepsilon = 1$ および置換の符号のとりうる値が ± 1 であることより, 定理 10.5 (2) がなりたつ.

問 10.6 まず，(10.28) より，$(1\ 2\ 3) =$ $(1\ 3)(1\ 2)$，$(1\ 3\ 2) = (1\ 2)(1\ 3)$ である．よって，S_3 の部分集合で，偶置換全体からなるものは $\{\varepsilon, (1\ 2\ 3), (1\ 3\ 2)\}$ である．また，S_3 の部分集合で，奇置換全体からなるものは $\{(1\ 2), (1\ 3), (2\ 3)\}$ である．

問 10.7 (1) $\tau \in B_n$ とする．このとき，$(1\ 2)\tau$ は偶置換となるので，$(1\ 2)\tau \in A_n$ である．さらに，$f((1\ 2)\tau) = (1\ 2)(1\ 2)\tau = \varepsilon\tau = \tau$ となる．よって，f は全射である．(2) $\sigma_1, \sigma_2 \in A_n$，$f(\sigma_1) = f(\sigma_2)$ とする．このとき，$(1\ 2)\sigma_1 = (1\ 2)\sigma_2$ である．よって，$\sigma_1 = \varepsilon\sigma_1 = (1\ 2)(1\ 2)\sigma_1 = (1\ 2)(1\ 2)\sigma_2 = \varepsilon\sigma_2 = \sigma_2$ となり，$\sigma_1 = \sigma_2$ である．したがって，f は単射である．

問 10.8 (1) (10.47) より，$\boldsymbol{a}_1 = a_{11}\boldsymbol{e}_1 + a_{12}\boldsymbol{e}_2 + a_{13}\boldsymbol{e}_3$，$\boldsymbol{a}_2 = a_{21}\boldsymbol{e}_1 + a_{22}\boldsymbol{e}_2 + a_{23}\boldsymbol{e}_3$，$\boldsymbol{a}_3 = a_{31}\boldsymbol{e}_1 + a_{32}\boldsymbol{e}_2 + a_{33}\boldsymbol{e}_3$ である．また，条件 (3) より，$i, j, k = 1, 2, 3$ とし，$i = j$ または $i = k$ または $j = k$ とすると，(10.53), (10.54) の計算と同様に，$\Phi(\boldsymbol{e}_i, \boldsymbol{e}_j, \boldsymbol{e}_k) = 0$ となる．さらに，$\Phi(\boldsymbol{e}_1, \boldsymbol{e}_2, \boldsymbol{e}_3) = -\Phi(\boldsymbol{e}_1, \boldsymbol{e}_3, \boldsymbol{e}_2) = -\Phi(\boldsymbol{e}_2, \boldsymbol{e}_1, \boldsymbol{e}_3) = \Phi(\boldsymbol{e}_2, \boldsymbol{e}_3, \boldsymbol{e}_1) = \Phi(\boldsymbol{e}_3, \boldsymbol{e}_1, \boldsymbol{e}_2) = -\Phi(\boldsymbol{e}_3, \boldsymbol{e}_2, \boldsymbol{e}_1)$ となる．よって，条件 (1), (2) より，$\Phi(\boldsymbol{a}_1, \boldsymbol{a}_2, \boldsymbol{a}_3) = \Phi(a_{11}\boldsymbol{e}_1 + a_{12}\boldsymbol{e}_2 + a_{13}\boldsymbol{e}_3, a_{21}\boldsymbol{e}_1 + a_{22}\boldsymbol{e}_2 + a_{23}\boldsymbol{e}_3, a_{31}\boldsymbol{e}_1 + a_{32}\boldsymbol{e}_2 + a_{33}\boldsymbol{e}_3) = (a_{11}a_{22}a_{33} - a_{11}a_{23}a_{32} - a_{12}a_{21}a_{33} + a_{12}a_{23}a_{31} + a_{13}a_{21}a_{32} - a_{13}a_{22}a_{31}) \cdot \Phi(\boldsymbol{e}_1, \boldsymbol{e}_2, \boldsymbol{e}_3)$ となる．したがって，$c = \Phi(\boldsymbol{e}_1, \boldsymbol{e}_2, \boldsymbol{e}_3)$ とおくと，(10.57) が得られる．

(2) 問 10.6 より，$a_{11}a_{22}a_{33} = (\operatorname{sgn}\varepsilon)a_{\varepsilon(1)1}a_{\varepsilon(2)2}a_{\varepsilon(3)3}$，$a_{12}a_{23}a_{31} = a_{31}a_{12}a_{23} = (\operatorname{sgn}(1\ 3\ 2))a_{(1\ 3\ 2)(1),1} \cdot a_{(1\ 3\ 2)(2),2}a_{(1\ 3\ 2)(3),3}$，$a_{13}a_{21}a_{32} = a_{21}a_{32}a_{13} = (\operatorname{sgn}(1\ 2\ 3))a_{(1\ 2\ 3)(1),1} \cdot a_{(1\ 2\ 3)(2),2}a_{(1\ 2\ 3)(3),3}$，$-a_{13}a_{22}a_{31} = -a_{31}a_{22}a_{13} = (\operatorname{sgn}(1\ 3))a_{(1\ 3)(1),1}a_{(1\ 3)(2),2}a_{(1\ 3)(3),3}$，

$-a_{12}a_{21}a_{33} = -a_{21}a_{12}a_{33} = (\operatorname{sgn}(1\ 2))a_{(1\ 2)(1),1}a_{(1\ 2)(2),2}a_{(1\ 2)(3),3}$，$-a_{11}a_{23}a_{32} = -a_{11}a_{32}a_{23} = (\operatorname{sgn}(2\ 3))a_{(2\ 3)(1),1}a_{(2\ 3)(2),2}a_{(2\ 3)(3),3}$ となる．よって，(10.48) がなりたつ．

問 10.9 A を下三角行列とすると，A は

$$A = \begin{pmatrix} a_{11} & 0 & \cdots & 0 \\ a_{21} & a_{22} & \cdots & 0 \\ \vdots & \vdots & \ddots & \vdots \\ a_{n1} & a_{n2} & \cdots & a_{nn} \end{pmatrix}$$ と表

すことができる．このとき，定理 10.8 より，$|A| = a_{nn} \times$

$$\begin{vmatrix} a_{11} & 0 & \cdots & 0 \\ a_{21} & a_{22} & \cdots & 0 \\ \vdots & \vdots & \ddots & \vdots \\ a_{n-1,1} & a_{n-1,2} & \cdots & a_{n-1,n-1} \end{vmatrix}$$

$= \cdots = a_{nn}a_{n-1,n-1}\cdots a_{11}$ となる．よって，下三角行列の行列式は対角成分の積である．

問 10.10 A を上三角行列とすると，${}^t A$ は下三角行列である．また，A の (i, i) 成分と ${}^t A$ の (i, i) 成分は等しい．よって，定理 10.9 および問 10.9 より，上三角行列の行列式は対角成分の積となる．

問 10.11 (1) 定理 10.7 の条件 (3) より，$\Phi(\boldsymbol{a}_1, \ldots, \boldsymbol{a}_{i-1}, \boldsymbol{b}, \boldsymbol{a}_{i+1}, \ldots, \boldsymbol{a}_{j-1}, \boldsymbol{b}, \boldsymbol{a}_{j+1}, \ldots, \boldsymbol{a}_n) = -\Phi(\boldsymbol{a}_1, \ldots, \boldsymbol{a}_{i-1}, \boldsymbol{b}, \boldsymbol{a}_{i+1}, \ldots, \boldsymbol{a}_{j-1}, \boldsymbol{b}, \boldsymbol{a}_{j+1}, \ldots, \boldsymbol{a}_n)$ である．よって，(10.68) がなりたつ．

(2) 定理 10.7 の条件 (1), (2) および (10.68) より，$\Phi(\boldsymbol{a}_1, \ldots, \boldsymbol{a}_{i-1}, \boldsymbol{a}_i + k\boldsymbol{a}_j, \boldsymbol{a}_{i+1}, \ldots, , \boldsymbol{a}_n)$
$= \Phi(\boldsymbol{a}_1, \ldots, \boldsymbol{a}_{i-1}, \boldsymbol{a}_i, \boldsymbol{a}_{i+1}, \ldots, \boldsymbol{a}_n) + \Phi(\boldsymbol{a}_1, \ldots, \boldsymbol{a}_{i-1}, k\boldsymbol{a}_j, \boldsymbol{a}_{i+1}, \ldots, \boldsymbol{a}_n)$
$= \Phi(\boldsymbol{a}_1, \boldsymbol{a}_2, \ldots, \boldsymbol{a}_n) + k\Phi(\boldsymbol{a}_1, \ldots, \boldsymbol{a}_{i-1}, \boldsymbol{a}_j, \boldsymbol{a}_{i+1}, \ldots, \boldsymbol{a}_n)$
$= \Phi(\boldsymbol{a}_1, \boldsymbol{a}_2, \ldots, \boldsymbol{a}_n) + k \cdot 0$
$= \Phi(\boldsymbol{a}_1, \boldsymbol{a}_2, \ldots, \boldsymbol{a}_n)$ となる．よって，(10.69) がなりたつ．

問 10.12 $n \in \mathbf{N}$ とし，A を $(2n-1)$ 次の

交代行列とする．このとき，定理 10.9, 交代行列の定義および行列式の多重線形性より，$|A| = |^tA| = |-A| = (-1)^{2n-1}|A| = -|A|$ となる．よって，$|A| = -|A|$ となり，$|A| = 0$ である．したがって，奇数次の交代行列の行列式は 0 である．

問 10.13 定理 10.10 (2) および定理 10.11 より，$\det \begin{pmatrix} A & -B \\ B & A \end{pmatrix} =$

$\det \begin{pmatrix} A+iB & -B+iA \\ B & A \end{pmatrix} =$

$\det \begin{pmatrix} A+iB & O_{n,n} \\ B & A-iB \end{pmatrix} =$

$\det(A+iB)\det(A-iB)$ となる．ただし，最初の等式では，各 $j = 1, 2, \ldots, n$ に対して，第 j 行に第 $(n+j)$ 行の i 倍を加えて，定理 10.10 (2) を用いた．また，2 つめの等式では，各 $j = 1, 2, \ldots, n$ に対して，第 $(n+j)$ 列から第 j 列の i 倍を引いて，定理 10.10 (2) を用いた．さらに，最後の等式では，定理 10.11 を用いた．ここで，A, B は実行列なので，$A-iB$ の各成分は $A+iB$ の各成分の共役複素数である．よって，行列式の定義 (10.58) より，$\det(A+iB)\det(A-iB) = \det(A+iB)\overline{\det(A+iB)} = |\det(A+iB)|^2$ となる．したがって，(10.74) がなりたつ．

問 10.14 (10.72), (10.63) より，

$\begin{vmatrix} 1 & 1 & 1 & a \\ 1 & 1 & a & 1 \\ 1 & a & 1 & 1 \\ a & 1 & 1 & 1 \end{vmatrix} =$

$\left| \begin{pmatrix} 1 & 1 \\ 1 & 1 \end{pmatrix} + \begin{pmatrix} 1 & a \\ a & 1 \end{pmatrix} \right|$

$\times \left| \begin{pmatrix} 1 & 1 \\ 1 & 1 \end{pmatrix} - \begin{pmatrix} 1 & a \\ a & 1 \end{pmatrix} \right|$

$= \begin{vmatrix} 2 & 1+a \\ 1+a & 2 \end{vmatrix} \begin{vmatrix} 0 & 1-a \\ 1-a & 0 \end{vmatrix}$

$= \{2^2 - (1+a)^2\}\{0^2 - (1-a)^2\}$

$= -\{2 + (1+a)\}\{2 - (1+a)\}(1-a)^2$

$= -(3+a)(1-a)^3$ である．よって，求める値は $-(3+a)(1-a)^3 = 0$ より，$a = -3, 1$ である．

問 10.15 定理 10.12 より，$|PAP^{-1}| = |(PA)P^{-1}| = |P^{-1}(PA)| = |(P^{-1}P)A| = |E_n A| = |A|$ となる．よって，定理 10.14 がなりたつ．

問 10.16 (1) まず，$A = \begin{pmatrix} x_1 & x_2 \\ x_2 & x_1 \end{pmatrix}$,

$B = \begin{pmatrix} y_1 & y_2 \\ y_2 & y_1 \end{pmatrix}$ $(x_1, x_2, y_1, y_2 \in \mathbf{R})$ と表しておくと，$x_1 + y_1, x_2 + y_2 \in \mathbf{R}$ より，

$A + B = \begin{pmatrix} x_1+y_1 & x_2+y_2 \\ x_2+y_2 & x_1+y_1 \end{pmatrix} \in W$

である．次に，$kx_1, kx_2 \in \mathbf{R}$ より，$kA = \begin{pmatrix} kx_1 & kx_2 \\ kx_2 & kx_1 \end{pmatrix} \in W$ である．

(2) E_1, E_2 の 1 次関係 $k_1 X_1 + k_2 X_2 = O$ $(k_1, k_2 \in \mathbf{R})$ を考える．このとき，

$O = k_1 \begin{pmatrix} 1 & 0 \\ 0 & 1 \end{pmatrix} + k_2 \begin{pmatrix} 0 & 1 \\ 1 & 0 \end{pmatrix} =$

$\begin{pmatrix} k_1 & 0 \\ 0 & k_1 \end{pmatrix} + \begin{pmatrix} 0 & k_2 \\ k_2 & 0 \end{pmatrix} =$

$\begin{pmatrix} k_1 & k_2 \\ k_2 & k_1 \end{pmatrix}$ である．よって，$k_1 = k_2 = 0$ である．したがって，X_1, X_2 は自明な 1 次関係しかもたず，1 次独立である．

(3) $A = \begin{pmatrix} x_1 & x_2 \\ x_2 & x_1 \end{pmatrix} \in W$ $(x_1, x_2 \in \mathbf{R})$ とする．このとき，$A = \begin{pmatrix} x_1 & 0 \\ 0 & x_1 \end{pmatrix} +$

$\begin{pmatrix} 0 & x_2 \\ x_2 & 0 \end{pmatrix} = x_1 \begin{pmatrix} 1 & 0 \\ 0 & 1 \end{pmatrix} +$

$x_2 \begin{pmatrix} 0 & 1 \\ 1 & 0 \end{pmatrix} = x_1 X_1 + x_2 X_2$ である．よって，$W = \langle X_1, X_2 \rangle_{\mathbf{R}}$ である．

(4) $A = \begin{pmatrix} a_1 & a_2 \\ a_2 & a_1 \end{pmatrix}$, $X = \begin{pmatrix} x_1 & x_2 \\ x_2 & x_1 \end{pmatrix}$ $(a_1, a_2, x_1, x_2 \in \mathbf{R})$ と表しておく．この

とき, $f(X) = \begin{pmatrix} x_1 & x_2 \\ x_2 & x_1 \end{pmatrix} \begin{pmatrix} a_1 & a_2 \\ a_2 & a_1 \end{pmatrix}$

$= \begin{pmatrix} x_1a_1 + x_2a_2 & x_1a_2 + x_2a_1 \\ x_2a_1 + x_1a_2 & x_2a_2 + x_1a_1 \end{pmatrix}$

$= \begin{pmatrix} x_1a_1 + x_2a_2 & x_1a_2 + x_2a_1 \\ x_1a_2 + x_2a_1 & x_1a_1 + x_2a_2 \end{pmatrix} \in$

W となる. よって, $f(W) \subset W$ である.

(5) まず, $X, Y \in W$ とすると, (10.82) より, $f(X+Y) = (X+Y)A = XA+YA = f(X)+f(Y)$ である. よって, f は定義 7.4 の条件 (1) をみたす. さらに, $k \in \mathbf{R}$ とすると, (10.82) より, $f(kX) = (kX)A = k(XA) = kf(X)$ である. よって, f は定義 7.4 の条件 (2) をみたす. したがって, f は W の線形変換である.

(6) $A = \begin{pmatrix} a_1 & a_2 \\ a_2 & a_1 \end{pmatrix}$ $(a_1, a_2 \in \mathbf{R})$

と表しておく. このとき, $f(X_1) =$

$\begin{pmatrix} 1 & 0 \\ 0 & 1 \end{pmatrix} \begin{pmatrix} a_1 & a_2 \\ a_2 & a_1 \end{pmatrix} =$

$\begin{pmatrix} a_1 & a_2 \\ a_2 & a_1 \end{pmatrix} = a_1X_1 + a_2X_2, f(X_2) =$

$\begin{pmatrix} 0 & 1 \\ 1 & 0 \end{pmatrix} \begin{pmatrix} a_1 & a_2 \\ a_2 & a_1 \end{pmatrix} =$

$\begin{pmatrix} a_2 & a_1 \\ a_1 & a_2 \end{pmatrix} = a_2X_1 + a_1X_2$ となる.

よって, $(f(X_1), f(X_2)) =$

$(X_1, X_2) \begin{pmatrix} a_1 & a_2 \\ a_2 & a_1 \end{pmatrix} = (X_1, X_2)A$ で

ある. したがって, W の基底 $\{X_1, X_2\}$ に関する f の表現行列は A である.

問 10.17 (1) $0_{\mathbf{K}}$, $0'_{\mathbf{K}}$ をともに $\mathbf{K}$ の零元とする. このとき, $0_{\mathbf{K}} = 0'_{\mathbf{K}} + 0_{\mathbf{K}} = 0_{\mathbf{K}}$ である. ただし, 1 つめの等号では $0_{\mathbf{K}}$ を零元とみなし, 2 つめの等号では $0'_{\mathbf{K}}$ を零元とみなし, 定義 10.1 の条件 (3) を用いた. よって, $0_{\mathbf{K}} = 0'_{\mathbf{K}}$ となり, 零元は一意的である.

(2) a', $\tilde{a}$ をともに a の和に関する逆元とすると, 零元の条件, 和に関する逆元の

条件, 和の交換律および和の結合律より, $\tilde{a} = 0_{\mathbf{K}} + \tilde{a} = (a+a') + \tilde{a} = (a'+a) + \tilde{a} = a' + (a+\tilde{a}) = a' + 0_{\mathbf{K}} = a'$ となる. よって, $a' = \tilde{a}$ となり, a の和に関する逆元は一意的である.

(3) $1_{\mathbf{K}}$, $1'_{\mathbf{K}}$ をともに $\mathbf{K}$ の単位元とする. このとき, $1'_{\mathbf{K}} = 1_{\mathbf{K}}1'_{\mathbf{K}} = 1'_{\mathbf{K}}1_{\mathbf{K}} = 1_{\mathbf{K}}$ である. ただし, 1 つめの等号では $1_{\mathbf{K}}$ を単位元とみなし, 3 つめの等号では $1'_{\mathbf{K}}$ を単位元とみなし, 定義 10.1 の条件 (9) を用いた. また, 2 つめの等号では和の交換律を用いた. よって, $1_{\mathbf{K}} = 1'_{\mathbf{K}}$ となり, 単位元は一意的である.

(4) a'', $\tilde{a}$ をともに a の積に関する逆元とすると, 単位元の条件, 積に関する逆元の条件, 積の交換律および積の結合律より, $\tilde{a} = 1_{\mathbf{K}}\tilde{a} = (aa'')\tilde{a} = (a''a)\tilde{a} = a''(a\tilde{a}) = a''1_{\mathbf{K}} = 1_{\mathbf{K}}a'' = a''$ となる. よって, $a'' = \tilde{a}$ となり, a の積に関する逆元は一意的である.

問 10.18 (1) $\mathbf{X}$ の定義 (10.83) より, Z, W は $Z = \begin{pmatrix} a & b \\ -b & a \end{pmatrix}$, $W = \begin{pmatrix} c & d \\ -d & c \end{pmatrix}$ $(a, b, c, d \in \mathbf{R})$ と表される. このとき, $Z + W = \begin{pmatrix} a & b \\ -b & a \end{pmatrix} + \begin{pmatrix} c & d \\ -d & c \end{pmatrix} = \begin{pmatrix} a+c & b+d \\ -b-d & a+c \end{pmatrix} = \begin{pmatrix} a+c & b+d \\ -(b+d) & a+c \end{pmatrix}$ である. ここで, $a+c, b+d \in \mathbf{R}$ なので, $\mathbf{X}$ の定義より, $Z + W \in \mathbf{X}$ である.

(2) $\mathbf{X}$ の定義 (10.83) より, Z, W は $Z = \begin{pmatrix} a & b \\ -b & a \end{pmatrix}$, $W = \begin{pmatrix} c & d \\ -d & c \end{pmatrix}$ $(a, b, c, d \in \mathbf{R})$ と表される. このとき, $ZW = \begin{pmatrix} a & b \\ -b & a \end{pmatrix} \begin{pmatrix} c & d \\ -d & c \end{pmatrix} =$

$$\begin{pmatrix} ac-bd & ad+bc \\ -bc-ad & -bd+ac \end{pmatrix} =$$

$$\begin{pmatrix} ac-bd & ad+bc \\ -(ad+bc) & ac-bd \end{pmatrix}$$ である. ここ

で, $ac-bd, ad+bc \in \mathbf{R}$ なので, $\mathbf{X}$ の定義より, $ZW \in \mathbf{X}$ である.

問 10.19 (1) $Z, W \in \mathbf{X}$ とすると,

Z, W は $Z = \begin{pmatrix} a & b \\ -b & a \end{pmatrix}$, $W = \begin{pmatrix} c & d \\ -d & c \end{pmatrix}$ $(a, b, c, d \in \mathbf{R})$ と表される. このとき, $ZW = \begin{pmatrix} a & b \\ -b & a \end{pmatrix} \times$

$\begin{pmatrix} c & d \\ -d & c \end{pmatrix} = \begin{pmatrix} ac-bd & ad+bc \\ -(ad+bc) & ac-bd \end{pmatrix}$

である. また, $WZ = \begin{pmatrix} c & d \\ -d & c \end{pmatrix} \times$

$\begin{pmatrix} a & b \\ -b & a \end{pmatrix} = \begin{pmatrix} ca-db & cb+da \\ -da-cb & -db+ca \end{pmatrix}$

$= \begin{pmatrix} ac-bd & ad+bc \\ -(ad+bc) & ac-bd \end{pmatrix}$ である.

よって, $ZW = WZ$ である. したがって, $\mathbf{X}$ は定義 10.1 の条件 (5) をみたす.

(2) $Z = \begin{pmatrix} a & b \\ -b & a \end{pmatrix} \in \mathbf{Z} \setminus \{O\}$

$(a, b \in \mathbf{R})$ とする. このとき, $a \neq 0$ または $b \neq 0$ なので, 定理 9.13 より, Z は正則となり, Z の逆行列 Z^{-1} が存在する. さらに, $Z^{-1} = \frac{1}{a^2+b^2} \begin{pmatrix} a & -b \\ -(-b) & a \end{pmatrix}$ である. よって, $Z^{-1} \in X$, $ZZ^{-1} = E_2$ となり, Z^{-1} は Z の積に関する逆元である. したがって, $\mathbf{X}$ は定義 10.1 の条件 (10) をみたす.

問 10.20 (1) Z, W を $Z = \begin{pmatrix} a & b \\ -b & a \end{pmatrix}$,

$W = \begin{pmatrix} c & d \\ -d & c \end{pmatrix}$ $(a, b, c, d \in \mathbf{R})$ と表しておくと, Φ の定義 (10.93) およ

び $\mathbf{C}$ の和の定義 (10.91) より, $\Phi(Z + W) = \Phi\left(\begin{pmatrix} a+c & b+d \\ -(b+d) & a+c \end{pmatrix}\right) = (a+c)+(b+d)i = (a+bi)+(c+di) = \Phi\left(\begin{pmatrix} a & b \\ -b & a \end{pmatrix}\right) + \Phi\left(\begin{pmatrix} c & d \\ -d & c \end{pmatrix}\right)$ $= \Phi(Z) + \Phi(W)$ となる. よって, 定理 10.19 (1) がなりたつ.

(2) Z, W を $Z = \begin{pmatrix} a & b \\ -b & a \end{pmatrix}$, $W = \begin{pmatrix} c & d \\ -d & c \end{pmatrix}$ $(a, b, c, d \in \mathbf{R})$ と表しておくと, Φ の定義 (10.93) および $\mathbf{C}$ の積の定義 (10.92) より, $\Phi(ZW) = \Phi\left(\begin{pmatrix} ac-bd & ad+bc \\ -(ad+bc) & ac-bd \end{pmatrix}\right) = (ac-bd) + (ad+bc)i = (a+bi)(c+di) = \Phi\left(\begin{pmatrix} a & b \\ -b & a \end{pmatrix}\right)\Phi\left(\begin{pmatrix} c & d \\ -d & c \end{pmatrix}\right) = \Phi(Z)\Phi(W)$ となる. よって, 定理 10.19 (2) がなりたつ.

問 10.21 (1) まず, $\Phi(\Phi^{-1}(z+w)) = z+w$ である. また, 定理 10.19 (1) より, $\Phi(\Phi^{-1}(z)+\Phi^{-1}(w)) = \Phi(\Phi^{-1}(z)) + \Phi(\Phi^{-1}(w)) = z+w$ である. さらに, Φ は単射なので, (1) がなりたつ.

(2) まず, $\Phi(\Phi^{-1}(zw)) = zw$ である. また, 定理 10.19 (2) より, $\Phi(\Phi^{-1}(z)\Phi^{-1}(w)) = \Phi(\Phi^{-1}(z))\Phi(\Phi^{-1}(w)) = zw$ である. さらに, Φ は単射なので, (2) がなりたつ.

問 10.22 (1) (10.99), 問 10.21 (1) および定理 9.22 (1) より, $\Phi^{-1}(\overline{z+w}) = {}^t(\Phi^{-1}(z+w)) = {}^t(\Phi^{-1}(z) + \Phi^{-1}(w)) = {}^t(\Phi^{-1}(z)) + {}^t(\Phi^{-1}(w)) = \Phi^{-1}(\bar{z}) + \Phi^{-1}(\bar{w}) = \Phi^{-1}(\bar{z}+\bar{w})$ となる. すなわち, $\Phi^{-1}(\overline{z+w}) = \Phi^{-1}(\bar{z}+\bar{w})$ である. さらに, Φ^{-1} は単射なので, 定理 10.20 (2) がなりたつ.

(2) (10.99), 問 10.21 (2), 定理 9.22 (3) および $\mathbf{C}$ の積の交換律より, $\Phi^{-1}(\overline{zw}) = {}^t(\Phi^{-1}(zw)) = {}^t(\Phi^{-1}(z)\Phi^{-1}(w)) =$

$^t(\Phi^{-1}(w))^t(\Phi^{-1}(z)) = \Phi^{-1}(\bar{w})\Phi^{-1}(\bar{z}) = \Phi^{-1}(\bar{w}\bar{z}) = \Phi^{-1}(\bar{z}\bar{w})$ となる. すなわち, $\Phi^{-1}(\overline{zw}) = \Phi^{-1}(\bar{z}\bar{w})$ である. さらに, Φ^{-1} は単射なので, 定理 10.20 (3) がなりたつ.

問 10.23　問 10.21 (2) および定理 10.12 より, $\det\Phi^{-1}(zw) = \det(\Phi^{-1}(z)\Phi^{-1}(w)) = (\det\Phi^{-1}(z))(\det\Phi^{-1}(w))$, すなわち, $\det\Phi^{-1}(zw) = (\det\Phi^{-1}(z))(\det\Phi^{-1}(w))$ である. 両辺の正の平方根をとると, (10.104) が得られる.

問 10.24　(1) P, Q を $P = \begin{pmatrix} z & w \\ -\bar{w} & \bar{z} \end{pmatrix}$, $Q = \begin{pmatrix} u & v \\ -\bar{v} & \bar{u} \end{pmatrix}$ $(z, w, u, v \in \mathbf{C})$ と表しておくと, 定理 10.20 (2) より, $P+Q = \begin{pmatrix} z & w \\ -\bar{w} & \bar{z} \end{pmatrix} + \begin{pmatrix} u & v \\ -\bar{v} & \bar{u} \end{pmatrix} = \begin{pmatrix} z+u & w+v \\ -\bar{w}-\bar{v} & \bar{z}+\bar{u} \end{pmatrix} = \begin{pmatrix} z+u & w+v \\ -\overline{(w+v)} & \overline{z+u} \end{pmatrix}$ である. ここで, $z+u, w+v \in \mathbf{C}$ なので, $\mathbf{Y}$ の定義より, $P+Q \in \mathbf{Y}$ である.

(2)　P, Q を $P = \begin{pmatrix} z & w \\ -\bar{w} & \bar{z} \end{pmatrix}$, $Q = \begin{pmatrix} u & v \\ -\bar{v} & \bar{u} \end{pmatrix}$ $(z, w, u, v \in \mathbf{C})$ と表しておくと, 定理 10.20 より, $PQ = \begin{pmatrix} z & w \\ -\bar{w} & \bar{z} \end{pmatrix}\begin{pmatrix} u & v \\ -\bar{v} & \bar{u} \end{pmatrix}$ $= \begin{pmatrix} zu-w\bar{v} & zv+w\bar{u} \\ -\bar{w}u-\bar{z}\bar{v} & -\bar{w}v+\bar{z}\bar{u} \end{pmatrix}$ $= \begin{pmatrix} zu-w\bar{v} & zv+w\bar{u} \\ -\overline{(zv+w\bar{u})} & \overline{zu-w\bar{v}} \end{pmatrix}$ である. ここで, $zu-w\bar{v}, zv+w\bar{u} \in \mathbf{C}$ なので, $\mathbf{Y}$ の定義より, $PQ \in \mathbf{Y}$ である.

問 10.25　(1)　P, Q を $P = \begin{pmatrix} z & w \\ -\bar{w} & \bar{z} \end{pmatrix}$,

$Q = \begin{pmatrix} u & v \\ -\bar{v} & \bar{u} \end{pmatrix}$ $(z, w, u, v \in \mathbf{C})$ と表しておくと, Ψ の定義 (10.115) より, $\Psi(P+Q) = \Psi\left(\begin{pmatrix} z+u & w+v \\ -\overline{(w+v)} & \overline{z+u} \end{pmatrix}\right)$ $= (z+u) + (w+v)k = (z+wk) + (u+vk) = \Psi\left(\begin{pmatrix} z & w \\ -\bar{w} & \bar{z} \end{pmatrix}\right) + \Psi\left(\begin{pmatrix} u & v \\ -\bar{v} & \bar{u} \end{pmatrix}\right) = \Psi(P) + \Psi(Q)$ となる. よって, 定理 10.24 (1) がなりたつ.

(2)　P, Q を $P = \begin{pmatrix} z & w \\ -\bar{w} & \bar{z} \end{pmatrix}$, $Q = \begin{pmatrix} u & v \\ -\bar{v} & \bar{u} \end{pmatrix}$ $(z, w, u, v \in \mathbf{C})$ と表しておくと, Ψ の定義 (10.115) より, $\Psi(PQ) = \Psi\left(\begin{pmatrix} zu-w\bar{v} & zv+w\bar{u} \\ -\overline{(zv+w\bar{u})} & \overline{zu-w\bar{v}} \end{pmatrix}\right) = (zu-w\bar{v}) + (zv+w\bar{u})k$ である. また, $\Psi(P)\Psi(Q) = \Psi\left(\begin{pmatrix} z & w \\ -\bar{w} & \bar{z} \end{pmatrix}\right)\Psi\left(\begin{pmatrix} u & v \\ -\bar{v} & \bar{u} \end{pmatrix}\right) = (z+wk)(u+vk) = zu + zvk + wku + wkvk$ である. ここで, $a, b \in \mathbf{C}$ とすると, (10.105) 第 4 式, (10.110) 第 2 式より, $k(a+bi) = ak + bki = ak + bj = ak - bik = (a-bi)k$ となる. よって, $\Psi(P)\Psi(Q) = zu + zvk + w\bar{u}k + w\bar{v}k^2 = (zu-w\bar{v}) + (zv+w\bar{u})k$ である. したがって, 定理 10.24 (2) がなりたつ.

・・・・・・・・・・・・ **章末問題** ・・・・・・・・・・・・

問題 10.1　A をべき零行列とする. このとき, ある $n \in \mathbf{N}$ が存在し, $A^n = O$ となる. よって, 定理 10.12 および (10.59) より, $|A|^n = 0$ となる. したがって, $|A| = 0$ である. すなわち, べき零行列の行列式は 0 である.

問題 10.2　A を直交行列とする. このとき, $A^t A = E$ である. よって, 定理 10.12, 定理 10.9 および (10.60) より, $|A|^2 = 1$ と

なる．したがって，$|A| = \pm 1$ である．すなわち，直交行列の行列式は 1 または -1 である．

問題 10.3　(1)　随伴行列の定義より，$(A+B)^*$ の (j,i) 成分 $= A+B$ の (i,j) 成分の共役複素数 $= A$ の (i,j) 成分の共役複素数 $+ B$ の (i,j) 成分の共役複素数 $= A^*$ の (j,i) 成分 $+ B^*$ の (j,i) 成分，である．よって，(1) がなりたつ．

(2)　随伴行列の定義より，$(kA)^*$ の (j,i) 成分 $= kA$ の (i,j) 成分の共役複素数 $= \bar{k} \times A$ の (i,j) 成分の共役複素数 $= \bar{k} \times A^*$ の (j,i) 成分，である．よって，(2) がなりたつ．

(3)　随伴行列の定義より，$(AB)^*$ の (k,i) 成分 $= AB$ の (i,k) 成分の共役複素数 $=$「A の (i,j) 成分の共役複素数 $\times B$ の (j,k) 成分の共役複素数」の j に関する和 $=$「B の (j,k) 成分の共役複素数 $\times A$ の (i,j) 成分の共役複素数」の j に関する和 $=$「B^* の (k,j) 成分 $\times A^*$ の (j,i) 成分」の j に関する和 $= B^*A^*$ の (k,i) 成分，である．よって，(3) がなりたつ．

問題 10.4　(1)　E_n は n 次の複素行列であり，$E_n E_n^* = E_n^* = E_n$，すなわち，$E_n E_n^* = E_n$ である．よって，$E_n \in U(n)$ である．

(2)　$z \in U(1)$ とすると，(10.120) より，$|z|^2 = 1$ となる．すなわち，$|z| = 1$ である．よって，U(1) の元は絶対値が 1 の複素数である．

(3)　$A \in U(2)$ を $A = \begin{pmatrix} z & w \\ u & v \end{pmatrix}$ ($z, w, u, v \in \mathbf{C}$) と表しておく．このとき，(10.120) より，$\begin{pmatrix} z & w \\ u & v \end{pmatrix} \begin{pmatrix} \bar{z} & \bar{u} \\ \bar{w} & \bar{v} \end{pmatrix} = \begin{pmatrix} 1 & 0 \\ 0 & 1 \end{pmatrix}$，すなわち，

$$\begin{pmatrix} |z|^2 + |w|^2 & z\bar{u} + w\bar{v} \\ u\bar{z} + v\bar{w} & |u|^2 + |v|^2 \end{pmatrix} =$$

$\begin{pmatrix} 1 & 0 \\ 0 & 1 \end{pmatrix}$ である．よって，

$$|z|^2 + |w|^2 = 1, \quad z\bar{u} + w\bar{v} = 0,$$
$$|u|^2 + |v|^2 = 1 \tag{A.9}$$

である．(A.9) 第 2 式より，ある $\lambda \in \mathbf{C}$ が存在し，$(\bar{u}, \bar{v}) = \bar{\lambda}(-w, z)$ となる．すなわち，$(u, v) = \lambda(-\bar{w}, \bar{z})$ である．これを，(A.9) 第 3 式に代入すると，$|\lambda|^2(|w|^2 + |z|^2) = 1$ である．さらに，(A.9) 第 1 式より，$|\lambda| = 1$ となる．したがって，U(2) は (10.121) のように表される．

(4)　ユニタリ行列の定義および章末問題 10.3 (3) より，$(AB)(AB)^* = (AB)(B^*A^*) = A(BB^*)A^* = AE_n A^* = AA^* = E_n$ となる．すなわち，$(AB)(AB)^* = E_n$ である．よって，$AB \in U(n)$ である．

(5)　(10.120) より，A は正則であり，$A^{-1} = A^*$ である．さらに，(10.120) および (10.119) より，$(A^*)^* A^* = A^*(A^*)^* = E_n$ である．よって，$A^* \in U(n)$ である．したがって，$A^{-1} \in U(n)$ である．

問題 10.5　(1)　$(1,1)$ 余因子は $\tilde{a}_{11} = (-1)^{1+1} \begin{vmatrix} a_{22} & a_{23} \\ a_{32} & a_{33} \end{vmatrix} = a_{22}a_{33} - a_{23}a_{32}$,

$(2,1)$ 余因子は $\tilde{a}_{21} = (-1)^{2+1} \begin{vmatrix} a_{12} & a_{13} \\ a_{32} & a_{33} \end{vmatrix} = -(a_{12}a_{33} - a_{13}a_{32}) = -a_{12}a_{33} + a_{13}a_{32}$, $(2,2)$ 余因子は $\tilde{a}_{22} = (-1)^{2+2} \begin{vmatrix} a_{11} & a_{13} \\ a_{31} & a_{33} \end{vmatrix} = a_{11}a_{33} - a_{13}a_{31}$ である．

(2)　第 2 行に関する余因子展開より，$|A| = a_{21}\tilde{a}_{21} + a_{22}\tilde{a}_{22} = a_{21} \cdot (-1)^{2+1}|a_{12}| + a_{22} \cdot (-1)^{2+2}|a_{11}| = a_{11}a_{22} - a_{12}a_{21}$ である．

(3)　第 3 列に関する余因子展開より，$|A| = a_{13}\tilde{a}_{13} + a_{23}\tilde{a}_{23} + a_{33}\tilde{a}_{33} = a_{13} \cdot (-1)^{1+3} \begin{vmatrix} a_{21} & a_{22} \\ a_{31} & a_{32} \end{vmatrix} +$

$a_{23} \cdot (-1)^{2+3} \begin{vmatrix} a_{11} & a_{12} \\ a_{31} & a_{32} \end{vmatrix} +$

$a_{33} \cdot (-1)^{3+3} \begin{vmatrix} a_{11} & a_{12} \\ a_{21} & a_{22} \end{vmatrix} = a_{13}(a_{21}a_{32}$

$-a_{22}a_{31}) - a_{23}(a_{11}a_{32} - a_{12}a_{31}) +$

$a_{33}(a_{11}a_{22} - a_{12}a_{21}) = a_{11}a_{22}a_{33} +$

$a_{12}a_{23}a_{31} + a_{13}a_{21}a_{32} - a_{13}a_{22}a_{31} -$

$a_{12}a_{21}a_{33} - a_{11}a_{23}a_{32}$ である.

問題 10.6 (1) 第 3 行に関する余因子展開および定理 10.10 (1) より,

$$\begin{vmatrix} 1 & 2 & 10 & 4 & 5 \\ 6 & 7 & 11 & 8 & 9 \\ 0 & 0 & 12 & 0 & 0 \\ 9 & 8 & 13 & 7 & 6 \\ 1 & 2 & 14 & 4 & 5 \end{vmatrix} = 12 \cdot$$

$$(-1)^{3+3} \begin{vmatrix} 1 & 2 & 4 & 5 \\ 6 & 7 & 8 & 9 \\ 9 & 8 & 7 & 6 \\ 1 & 2 & 4 & 5 \end{vmatrix} = 0 \text{ である.}$$

(2) 第 2 列 − 第 1 列, 第 3 列 − 第 1 列, 第 4 列 − 第 1 列と計算した後, 第 1 行に関する余因子展開を行い, さらに, サラスの方法を用いると,

$$\begin{vmatrix} 100 & 100 & 100 & 100 \\ 99 & 99 & 100 & 100 \\ 99 & 100 & 99 & 100 \\ 99 & 100 & 100 & 99 \end{vmatrix} =$$

$$\begin{vmatrix} 100 & 0 & 0 & 0 \\ 99 & 0 & 1 & 1 \\ 99 & 1 & 0 & 1 \\ 99 & 1 & 1 & 0 \end{vmatrix} = 100 \cdot$$

$$(-1)^{1+1} \begin{vmatrix} 0 & 1 & 1 \\ 1 & 0 & 1 \\ 1 & 1 & 0 \end{vmatrix} =$$

$100(0 \cdot 0 \cdot 0 + 1 \cdot 1 \cdot 1 + 1 \cdot 1 \cdot 1 - 1 \cdot 0 \cdot 1 - 1 \cdot 1 \cdot 0 - 0 \cdot 1 \cdot 1) = 200$ である.

問題 10.7 (1) (10.127) および (10.125) 第 1 式より, $A^{-1} = \frac{1}{a_{11}a_{22} - a_{12}a_{21}} \times$

$\begin{pmatrix} (-1)^{1+1}|a_{22}| & (-1)^{2+1}|a_{12}| \\ (-1)^{1+2}|a_{21}| & (-1)^{2+2}|a_{11}| \end{pmatrix} =$

$\frac{1}{a_{11}a_{22} - a_{12}a_{21}} \begin{pmatrix} a_{22} & -a_{12} \\ -a_{21} & a_{11} \end{pmatrix}$ である.

(2) $AB = E_n$, 定理 10.12 および (10.60) より, $|A||B| = 1$ である. よって, $|A| \neq 0$ である. したがって, A は正則である. さらに, $A^{-1} = A^{-1}E_n = A^{-1}(AB) = (A^{-1}A)B = E_nB = B$ となり, $B = A^{-1}$ である.

問題 10.8 (1) $z = a + bi$, $w = c + di$ ($a, b, c, d \in \mathbf{R}$) と表しておくと, (10.110) 第 2 式より, $q = (a + bi) + (c + di)k = a + bi - dj + ck$ となる. また, $\bar{z} - wk = \overline{a + bi} - (c + di)k = a - bi - (ck - dj) = a - bi + dj - ck$ である. よって, 共役四元数の定義 (10.128) より, (10.129) がなりたつ.

(2) $q = z + wk$ ($z, w \in \mathbf{C}$) と表しておくと, (1), Ψ の定義 (10.115) および随伴行列の定義 (10.116) より, $\Psi^{-1}(q^*) = \Psi^{-1}(\bar{z} - wk) = \begin{pmatrix} \bar{z} & -w \\ -(\overline{-w}) & \bar{\bar{z}} \end{pmatrix} = \begin{pmatrix} \bar{z} & -w \\ \bar{w} & z \end{pmatrix} = \begin{pmatrix} z & w \\ -\bar{w} & \bar{z} \end{pmatrix}^* = (\Psi^{-1}(z + wk))^* = (\Psi^{-1}(q))^*$ となる. よって, (10.130) がなりたつ.

(3) (10.130), (10.119) より, $\Psi^{-1}((q^*)^*) = (\Psi^{-1}(q^*))^* = ((\Psi^{-1}(q))^*)^* = \Psi^{-1}(q)$ となる. すなわち, $\Psi^{-1}((q^*)^*) = \Psi^{-1}(q)$ である. さらに, Ψ^{-1} は単射なので, (10.131) がなりたつ.

(4) まず, 問 10.21 (1) と同様に, $\Psi^{-1}(p + q) = \Psi^{-1}(p) + \Psi^{-1}(q)$ がなりたつ. よって, (10.130) および章末問題 10.3 (1) より, $\Psi^{-1}((p + q)^*) = (\Psi^{-1}(p + q))^* = (\Psi^{-1}(p) + \Psi^{-1}(q))^* = (\Psi^{-1}(p))^* + (\Psi^{-1}(q))^* = \Psi^{-1}(p^*) + \Psi^{-1}(q^*) = \Psi^{-1}(p^* + q^*)$ となる. すなわち, $\Psi^{-1}((p + q)^*) = \Psi^{-1}(p^* + q^*)$ である. さらに, Ψ^{-1} は単射なので, (10.132) がなりたつ.

(5) まず, 問 10.21 (2) と同様に, $\Psi^{-1}(pq) = \Psi^{-1}(p)\Psi^{-1}(q)$ がなりたつ. よって, (10.130) および章末問題 10.3 (3) より, $\Psi^{-1}((pq)^*) = (\Psi^{-1}(pq))^* = (\Psi^{-1}(p)\Psi^{-1}(q))^* = (\Psi^{-1}(q))^*(\Psi^{-1}(p))^* = \Psi^{-1}(q^*)\Psi^{-1}(p^*) = \Psi^{-1}(q^*p^*)$ となる. すなわち, $\Psi^{-1}((pq)^*) = \Psi^{-1}(q^*p^*)$ である. さらに, Ψ^{-1} は単射なので, (10.133) がなりたつ.

問題 10.9 (1) $q = z + wk$ $(z, w \in \mathbf{C})$ と表しておくと, Ψ の定義 (10.115) より, $\det \Psi^{-1}(q) = \det \begin{pmatrix} z & w \\ -\bar{w} & \bar{z} \end{pmatrix} = |z|^2 + |w|^2 = |q|^2$ となる. よって, (10.135) がなりたつ.

(2) まず, 問 10.21 (2) と同様に, $\Psi^{-1}(pq) = \Psi^{-1}(p)\Psi^{-1}(q)$ がなりたつ. よって, 定理 10.12 より, $\det \Psi^{-1}(pq) = \det(\Psi^{-1}(p)\Phi^{-1}(q)) = (\det \Psi^{-1}(p))(\det \Psi^{-1}(q))$, すなわち, $\det \Psi^{-1}(pq) = (\det \Psi^{-1}(p))(\det \Psi^{-1}(q))$ である. したがって, (10.135) より, $|pq|^2 = |p|^2|q|^2$ となり, 両辺の正の平方根をとると, (10.136) が得られる.

10

索 引

【か 行】

【著者紹介】

藤岡　敦（ふじおか あつし）

1996 年　東京大学 大学院数理科学研究科 博士課程 修了
現　在　関西大学 システム理工学部 教授・博士（数理科学）
専　門　微分幾何学
主　著　『手を動かしてまなぶ 線形代数』，裳華房（2015 年）
　　　　『具体例から学ぶ 多様体』，裳華房（2017 年）
　　　　『手を動かしてまなぶ 微分積分』，裳華房（2019 年）
　　　　『手を動かしてまなぶ 集合と位相』，裳華房（2020 年）
　　　　『入門 情報幾何』，共立出版（2021 年）
　　　　『手を動かしてまなぶ 続・線形代数』，裳華房（2021 年）
　　　　『手を動かしてまなぶ ε-δ 論法』，裳華房（2021 年）

学んで解いて身につける
大学数学 入門教室
Basic Introduction to College Mathematics

2022 年 11 月 30 日　初版 1 刷発行
2023 年 9 月 10 日　初版 2 刷発行

検印廃止
NDC 410
ISBN 978–4–320–11482–1

著　者　藤岡　敦　ⓒ 2022
発行者　南條光章
発行所　**共立出版株式会社**

〒112–0006
東京都文京区小日向 4–6–19
電話　03–3947–2511（代表）
振替口座 00110–2–57035
www.kyoritsu-pub.co.jp

印　刷　藤原印刷
製　本

一般社団法人
自然科学書協会
会員

Printed in Japan

数学の かんどころ

編集委員会：飯高 茂・中村 滋・岡部恒治・桑田孝泰

www.kyoritsu-pub.co.jp　共立出版　【各巻：A5判・並製・税込価格】